Illustrator
汉服款式设计与表现

■ 丁雯　编著

人 民 邮 电 出 版 社
北 京

图书在版编目（CIP）数据

Illustrator汉服款式设计与表现 / 丁雯编著. --
北京 : 人民邮电出版社, 2018.10（2023.6重印）
ISBN 978-7-115-49208-1

Ⅰ. ①I… Ⅱ. ①丁… Ⅲ. ①汉族－民族服装－服装设计－计算机辅助设计－图形软件 Ⅳ. ①TS941.742.811-39

中国版本图书馆CIP数据核字(2018)第196461号

内 容 提 要

Adobe Illustrator 是由 Adobe 公司开发的一款优秀的矢量图形绘制和排版软件，它广泛应用于服装设计、平面广告设计、包装设计、标志设计、网页及排版等领域。本书的编写目的是让读者从零开始学习并掌握如何使用 Illustrator 设计汉服款式。

全书共分为 6 章：第 1 章主要介绍了汉服的基本结构和 3 种常见的形制；第 2 章讲解了本书中用来设计汉服款式的 Illustrator CC 软件，包括工作界面、文件的基本操作、常用绘图工具及操作、颜色模式和常用快捷键；第 3 章则从汉服的面料和图案出发，分别讲解了汉代、唐代、明代的服饰图案，并安排了富有朝代特色的图案设计案例；第 4 章是传统汉服款式的设计案例，包括曲裾、直裾、朱子等深衣，直领、交领等襦裙，以及中衣、玄端、褙子、绛纱袍、曳撒等；第 5 章是校服、常服和婚礼服的改良汉服款式设计，共 17 个案例；第 6 章则是 9 款改良版的汉服款式欣赏图。

本书图文并茂，讲解细致，不仅适合服装设计初学者、汉服爱好者阅读使用，也可作为服装设计院校及相关培训机构的教材。

◆ 编　　著　丁　雯
责任编辑　王　铁
责任印制　陈　犇
◆ 人民邮电出版社出版发行　　北京市丰台区成寿寺路 11 号
邮编　100164　　电子邮件　315@ptpress.com.cn
网址　http://www.ptpress.com.cn
北京捷迅佳彩印刷有限公司印刷

◆ 开本：787×1092　1/16
印张：16　　2018 年 10 月第 1 版
字数：565 千字　　2023 年 6 月北京第 9 次印刷

定价：79.80 元

读者服务热线：(010)81055296　印装质量热线：(010)81055316
反盗版热线：(010)81055315
广告经营许可证：京东市监广登字 20170147 号

目 录

Chapter 1
汉服的基本知识

Chapter 2
Illustrator CC 软件介绍

Chapter 3
汉服面料与图案设计

目 录

Chapter 4 传统汉服款式设计

Chapter 5 改良汉服款式设计

Chapter 6 改良汉服款式图欣赏

Chapter 1
汉服的基本知识

汉服，即中国汉民族的传统服饰，又称“衣冠”“汉装”“华服”。它始于“垂衣裳而天下治”的轩辕黄帝，至清代汉服开始衰落，但并未消失。汉服是世界上历史最悠久的民族服饰之一，凝聚着华夏民族的文化风貌，是华夏五千年文化的缩影。

Lesson 1 汉服的基本结构

汉服是最能体现汉族特色的服装，它也是华夏礼仪文化的必要组成部分。汉服的基本特点是交领、右衽，用绳带系结，也兼用带钩等（图1-1-1所示为汉服曲裾深衣的各部位名称）。汉服分为领、襟、衽、衿、裾、袪、缘、袂、带、韨等部分。领：衣领。襟：与衽是同义词，但使用时特指衣服的交叠重合处，以内、外（或前后）襟区分。衽:指的是衣襟，根据掩襟的方向可分为左衽（从左向右掩）和右衽（从右向左掩）。衿：汉服下连到前襟的衣领。裾：指的是衣服的下摆，又特指衣前襟。裾的长度分为腰中、膝上、足上三种。根据裾的长短，汉服有三种长度：襦、裋、深衣。袪：指袖口。缘：指的是衣物上的镶边，如领缘、袖缘、衣缘等。袂：指的是衣袖，汉服分为窄袖和大袖两种。带：是指大带、束衣的腰带。韨：形似围裙，系在腰间，其长蔽膝，为跪拜时所用。一套完整的汉服通常有三层：小衣（内衣）、中衣、大衣。

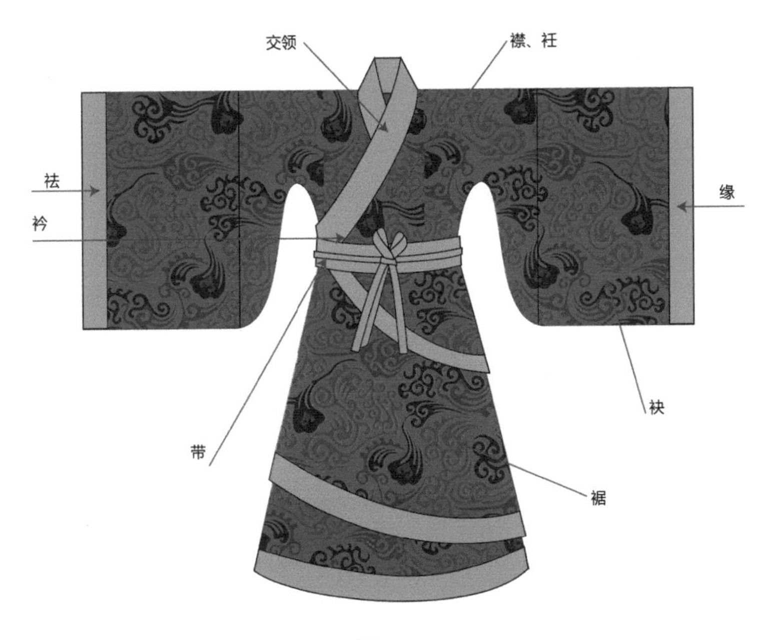

图1-1-1

1 交领右衽

汉服左侧的衣襟与右侧的衣襟交叉于胸前的时候，就自然形成了领口的交叉，所以形象地叫做“交领”；交领的两条直线相交于衣中线，体现出传统文化的对称美学，显示出独特的中正气韵，代表做人要不偏不倚。如果说汉服表现天人合一的话，那么交领即代表天圆地方中的地，地即人道，即方与正。

汉服的领型最典型的是“交领右衽”，就是衣领直接与衣襟相连，衣襟在胸前相交叉，左侧的衣襟压住右侧的衣襟，在外观上表现为“y”字形，形成整体服装向右倾斜的效果。衽，本义衣襟。左前襟掩向右腋系带，将右襟掩覆于内，称右衽，反之称左衽。这就是汉服在历代变革款式上一直保持不变的“交领右衽”传统，也和中国历来的“以右为尊”的思想密不可分，这些特点都明显有别于其他民族的服饰。

② 褒衣广袖

汉服自古礼服褒衣博带、常服短衣宽袖。汉服的袖子又称“袂”，其造型在整个世界民族服装史中都是比较独特的。袖子，其实都是圆袂，代表天圆地方中的天圆。袖宽且长是汉服中礼服袖型的一个显著特点，但是，并非所有的汉服都是这样。汉服的礼服一般是宽袖，显示出雍容大度、典雅庄重、飘逸灵动的风采。一直以来，汉服袖子的标准样式就是圆袂收祛，从先秦到汉朝所反映的实物无一例外都是如此。一直以来，除了唐代以后在常服中有敞口的小袖外，汉服袖的主流依然是圆袂收祛。

③ 系带隐扣

汉服中的隐扣，其实包括有扣和无扣两种情况。一般情况下，汉服是不用系扣子的，即使有用扣子的，也是把扣子隐藏起来，而不显露在外面。通常就是用带子打个结来系住衣服。同时，在腰间还有大带和长带。所有的带子都是用制作衣服时的布料做成。一件衣服的带子有两对，左侧腋下的一根带子与右衣襟的带子是一对打结相系，右侧腋下的带子与左衣襟的带子是一对相系，将两对带子分别打结系住，完成穿衣过程。

④ 汉服布料

汉服布料自黄帝以来主要有苎麻和蚕丝两种，总称为布帛，分别由典枲、典丝执掌，另设掌葛征收做葛布的苎麻。葛布又称为夏布，是制作丧服、祭服及深衣的布料。夏布中的细密者称为紵丝。夏季服葛麻纱罗、冬季以丝绵充絮，故称为冬绵夏葛、夏纱冬绉。至东汉时，海南、云南开始兴起用棉花纺纱织布。布帛根据纺织工艺、经纬组织可细分为锦、绫、罗、绢、纱、绨、绡、绉、绸、缎等。秦汉时期，除齐纨、鲁缟享有盛名外，尚有吴绫、越罗、楚绢、蜀锦等名品。后来北宋朝廷在东京设“绫锦院”，网罗了很多蜀锦织工为贵族制作礼服，从而形成宋锦。明代建都南京，又形成了云锦。金、锦、罗、绫是最昂贵的织物，冕服用青罗衣、赤罗裳、赤罗蔽膝制成。圆领袍官服则皆用绫。官服胸背就是用云锦中最精美的妆花缎制作。

Lesson ② 汉服的常见形制

汉服的形制主要有“深衣制”（把上衣下裳缝连起来）、“上衣下裳制”（上衣和下裳分开）、“襦裙制”（襦，即短衣）等类型。其中，上衣下裳的冕服朝服为帝王百官最隆重正式的礼服；袍服（深衣）为百官及士人常服，襦裙则为妇女喜爱的穿着。普通劳动人民一般上身着短衣，下穿长裤。

汉服的款式虽然繁多复杂，且有礼服、常服、特种服饰之分，但是仔细分析，根据其整体结构主要分为三大种类。第一种是“上衣下裳”相连在一起的“深衣制”，因为它上下相连，“被体深邃”，称之为深衣。深衣包括直裾深衣、曲裾深衣、袍、直裰、褙子、长衫等，这类属于长衣类。深衣最大的特点是上衣和下裳分开裁剪，在腰部相连，形成整体；衣服缝成一体是为了方便，但上下分裁则是为了遵循古制传统。深衣男女均可穿，既被用作礼服，又可日常穿着，是一种非常实用的服饰。它也是君主百官及士人燕居（指非正式场合）时的服装，属于休闲类服饰。从先秦到明代末年，深衣普及率很高，流传的时间有三千多年，其服饰形制逐渐形成了深衣制，图1-2-1所示为曲裾深衣。

图1-2-1

第二种是“上衣下裳分开的‘深衣’制”，包括冕服、玄端等，是君主百官参加祭祀等隆重仪式的正式礼服。“上衣下裳”，顾名思义是分为上身穿的衣物和下身穿的衣物。华夏服饰自古以来，崇尚“上衣下裳”，并规定“衣正色，裳间色”，也就是说，上衣颜色端正且纯一，下裳则色彩相交错。这种方式好比是“天玄地黄”，因为天是清轻之气上升而成，所以用纯色，地是重浊之气下降而成，所以用间色。图1-2-2所示为玄端，主要用于祭祀、成人礼、婚礼等重大礼仪场合，多为男子穿着。

图1-2-2

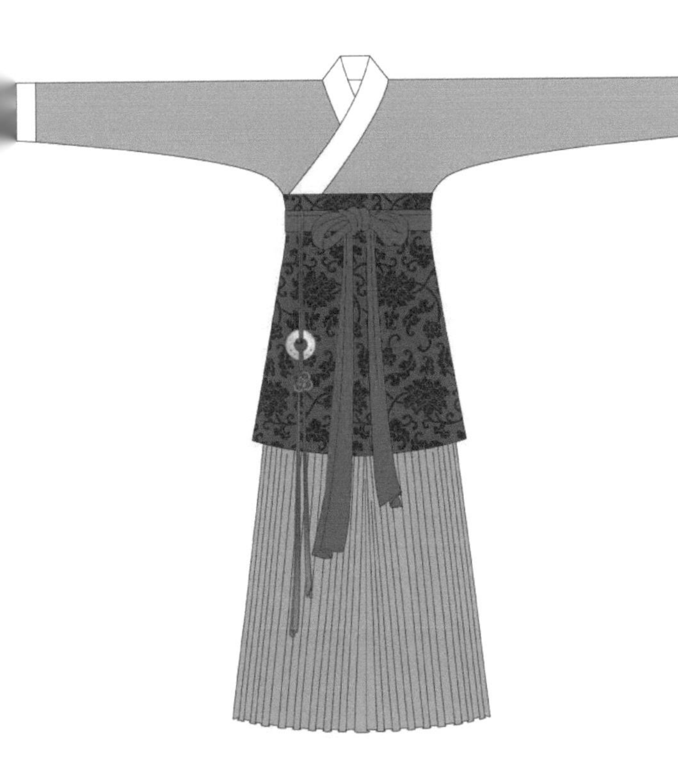

图1-2-3

第三种为“襦裙制”，主要有齐胸襦裙、齐腰襦裙、对襟襦裙等，图1-2-3所示为宋代高腰襦裙。“襦裙”实际上也属于“上衣下裳”制，但是，这种划分方式没有严格的礼仪规定，且在汉服的类别上地位特殊，因此单独分类进行介绍。

汉服是汉民族传承四千多年的传统民族服装，汉服体系展现了华夏文明的等级文化、亲属文化、政治文化、重嫡轻庶、重长轻幼及儒家的仁义思想。在中国古代的宗法文化背景下，服饰具有昭名分、辨等威、别贵贱的作用，为吉礼、凶礼、宾礼、军礼、嘉礼的礼服。除去国家大事的礼仪，普通汉人的家礼包括冠、婚、丧、祭四礼，对着装都有不同的要求。四书五经对汉服礼服有详细的描述。汉服不仅是中华民族中主体民族汉族的宝贵财富，亦是中华民族各民族的宝贵财富。汉民族服装尽管受到其他民族服饰的影响，但其基本民族特征则并未改变，汉服是一个庞大的系统，根据各个职业、社会阶层、年龄、场合等因素都有其对应的不同的衣冠制度。庶民怎么穿、学者文人怎么穿、官员怎么穿、在家怎么穿、会客怎么穿和仪式怎么穿等都有严格的规定。

汉服是汉族的礼仪文化的必要组成部分。

Chapter 2

Illustrator CC 软件介绍

Adobe Illustrator 是由Adobe公司开发的一款优秀的矢量图形绘制和排版软件，该软件主要应用于印刷出版、海报书籍排版、专业插画、多媒体图像处理和互联网页面的制作等方面，可以为线稿提供较高的精度和控制，还可以广泛应用于服装设计、平面广告设计、包装设计、标志设计、书籍装帧设计、CIS设计、名片设计等方面。Adobe 在2013年发布了Illustrator CC，新增或改进的功能包括：触控文字工具、以影像为笔刷、字体搜寻、同步设定、多个档案位置、CSS 摘取、同步色彩、区域和点状文字转换、用笔刷自动制作角位的样式和创作时自由转换。能以较快的速度和稳定性处理复杂的图稿。全新的CC版本增加了可变宽度笔触、针对Web和移动互联网的改进；增加了多个画板、触摸式创意工具等新特性。使用全新的Illustrator CC，可以用云端同步及快速分享你的设计！本章将全面讲解Illustrator CC的操作界面、管理窗口和面板操作、绘图工具及操作、常用组合键等内容。

Lesson ❶ Illustrator CC操作界面

学习目的： 了解Illustrator CC的操作界面。

内容要点： 启动Illustrator CC程序；了解Illustrator CC的操作界面。

执行“开始/所有程序/Adobe Illustrator CC”命令，将启动Illustrator CC程序，进入Illustrator CC的操作界面，如图2-1-1所示。

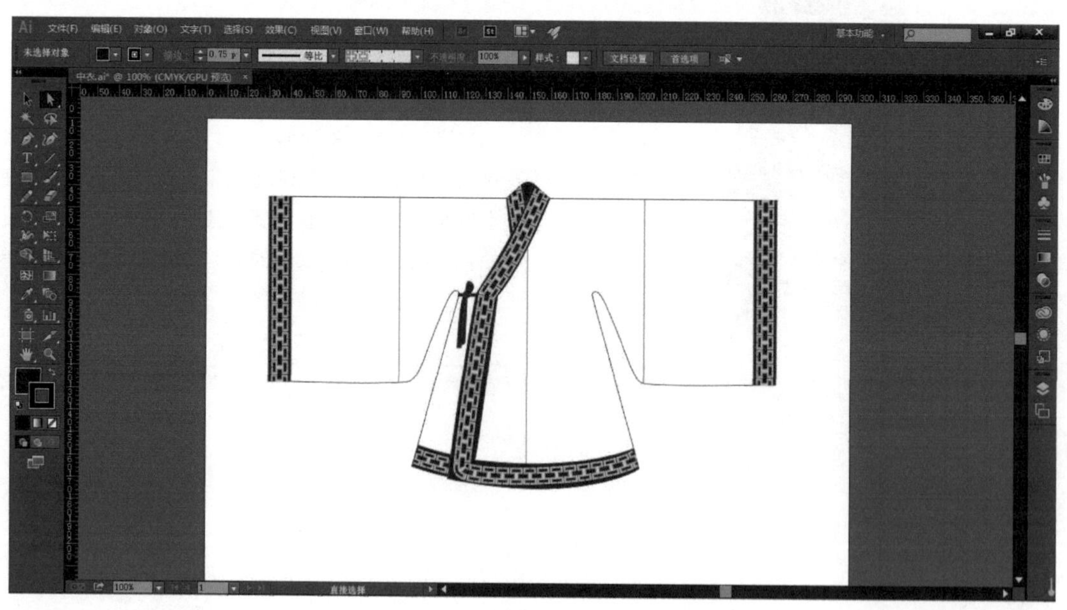

图2-1-1

专家提示

除了上述启动Illustrator CC程序的方法外，还可以在桌面上双击Illustrator CC快捷方式图标■，或双击电脑中已经存储的任意一个ai格式的文件。

1. 菜单栏

“菜单栏”位于整个工作界面的顶端，显示了当前应用程序的名称和相应功能的快速图标，以及用于控制文件窗口显示大小的最小化、最大化（还原）、关闭等几个按钮。“菜单栏”主要包括“文件”“编辑”“对象”“文字”“选择”“效果”“视图”“窗口”和“帮助”9个菜单，如图2-1-2所示。

图2-1-2

单击菜单栏左侧的程序图标Ai，即可弹出下拉菜单，可以执行最小化、最大化窗口，以及关闭窗口等操作，如图2-1-3所示。

单击菜单栏中的“基本功能”按钮，将会弹出下拉列表，如图2-1-4所示。根据图像处理的需要，可以对操作界面的显示形式进行更换或新建工作区等操作。

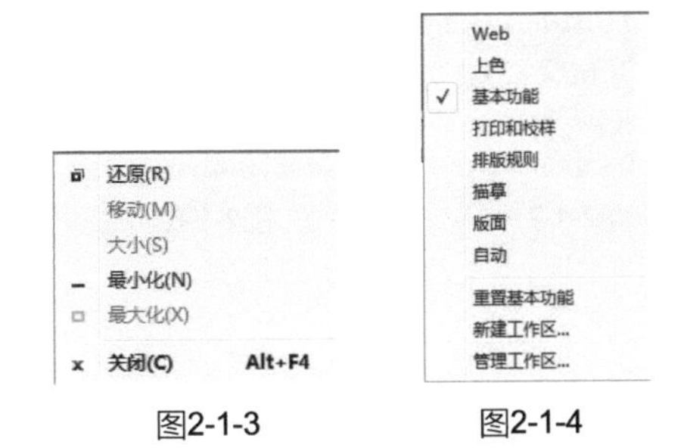

图2-1-3 图2-1-4

用户单击任意一个菜单项都会弹出其包含的命令，Illustrator CC中的绝大部分功能都可以利用菜单栏中的命令来实现。

专家提示

操作界面的显示形式可以根据需要对各种浮动面板或图像窗口进行自定义，再通过新建工作区的操作，将自定义的工作区进行存储，以便其他图像的编辑操作。

若菜单中的命令呈现灰色，则表示该命令在当前编辑状态下不可用；若菜单命令右侧有一个三角符号，则表示此菜单包含有子菜单，将鼠标指针移至该菜单上，即可打开其子菜单；若菜单命令的右侧有省略号“…”，执行此菜单命令时将会弹出与之对应的对话框。

2. 状态栏

状态栏位于绘图窗口的左下方，主要用于显示当前页面缩放级别、当前正在使用的工具、面板、日期和时间、可用的还原和重做次数、文档颜色配置文件等各种参数信息，如图2-1-5所示。单击状态栏中 “选择”右侧的小三角形按钮▶，即可弹出快捷菜单，如图2-1-6所示。

图2-1-5

图2-1-6

专家提示

选择“显示”子菜单中的选项，可更改状态栏中所显示信息的类型；选择“在Bridge中显示”选项，可在 Adobe Bridge 中显示当前文件。

3. 工具箱

工具箱位于操作界面的左侧，如图**2-1-7**所示。若工具按钮的右下角有一个小三角形，则表示该工具箱中还有其他工具，在工具箱上单击鼠标右键，即可弹出所隐藏的工具选项，如图**2-1-8**所示。

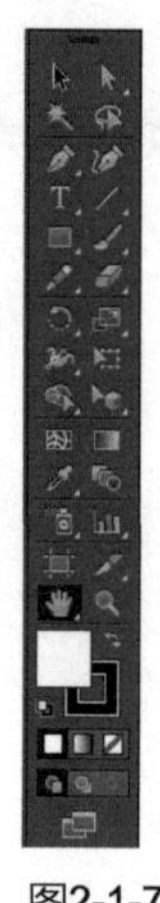

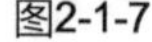

图2-1-7

图2-1-8

专家提示

用户还可以通过以下方法来选择工具箱中的隐藏工具。

- 按住【Alt】键的同时，在工具组上用鼠标左键反复单击，即可循环显示每个隐藏的工具按钮。
- 移动鼠标指针至有小三角形的工具按钮上，按住鼠标左键不放，将弹出隐藏工具选项，拖曳鼠标指针至需要的工具选项上并单击，即可选择该工具。

4. 属性栏

属性栏一般位于菜单栏的下方，主要用于对所选择工具的属性进行设置，它提供了控制工具属性的相关选项，其显示的内容会根据所选工具的不同而改变。在工具箱中选择相应的工具后，属性栏将显示该工具可使用的功能，图**2-1-9**所示为属性栏。

图2-1-9

5. 绘图窗口

绘图窗口是指操作界面中的图像编辑区域，可以设定打印纸张的大小，页面中的图像才会被打印输出，如图**2-1-10**所示。

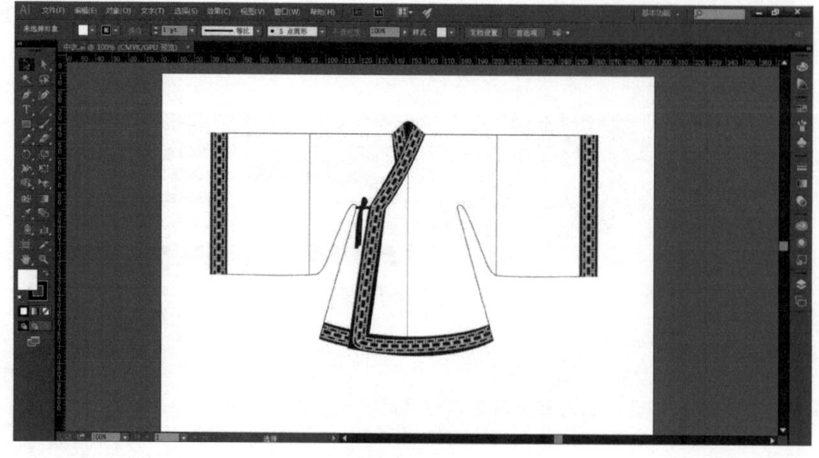

图2-1-10

6. 浮动面板

Illustrator的功能面板保留了Adobe层叠式工具面板特色。由于功能面板可“浮”在操作界面上，用此称为“浮动面板”。用户可以根据自己的需要，随意把面板收起或展开，以节省桌面工作空间。不同面板还可结合在一起使用，增添灵活性。浮动面板是Illustrator软件中重要的组成部分，用来辅助工具箱或菜单命令的使用，对图形或图像的修改起着重要的作用，它主要用于对当前图像的颜色、画笔、描边、图形样式、图层及相关的操作进行设置，如图2-1-11、图2-1-12所示，分别为“色板”面板和“画笔”面板。

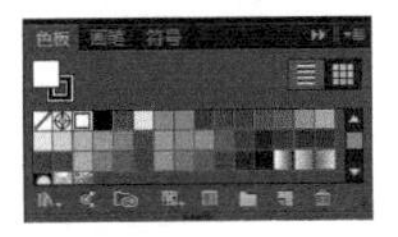

图2-1-11

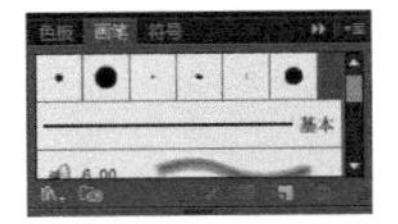

图2-1-12

默认情况下，浮动面板是以面板组的形式出现的，主要位于工作界面的右侧，其最大的优点就是可以根据工作的需要随意进行隐藏和显示。用户可以进行分离、移动和组合等操作。

用户还可以通过以下几种方法对浮动面板进行选择或设置。

- 在“窗口”菜单中，可以选择需要显示或者隐藏的浮动面板选项。

运用组合键，如按【F5】键可显示或隐藏“画笔”面板；按【F6】键可显示或隐藏“颜色”面板；按【F7】键可显示或隐藏“图层”面板。

- 按键盘上的【Tab】键，将显示或隐藏工具箱和浮动面板。
- 按键盘上的【Shift】+【Tab】组合键，将显示或隐藏浮动面板。
- 单击浮动面板右上角的“折叠为图标”按钮，可将面板折叠为相应的图标。

专家提示

若要分离面板，可将鼠标指针移至需要分离的面板标签上，按住鼠标左键并拖曳至窗口中的任意位置后释放鼠标即可；若要组合面板，只需要将面板的标签拖入所需组合的标签即可。

内容小结：本节主要介绍了Illustrator CC的操作界面及各组成部分的功能与作用。

Lesson 2 文件的基本操作

文件的基本操作步骤如下。

操作步骤

步骤 01 启动Illustrator CC应用程序，执行菜单栏中的【文件】/【新建】命令，如图2-2-1所示。

步骤 02 弹出“新建文档”对话框，设置名称、文档大小、页面方向、颜色模式和分辨率，如图2-2-2所示。

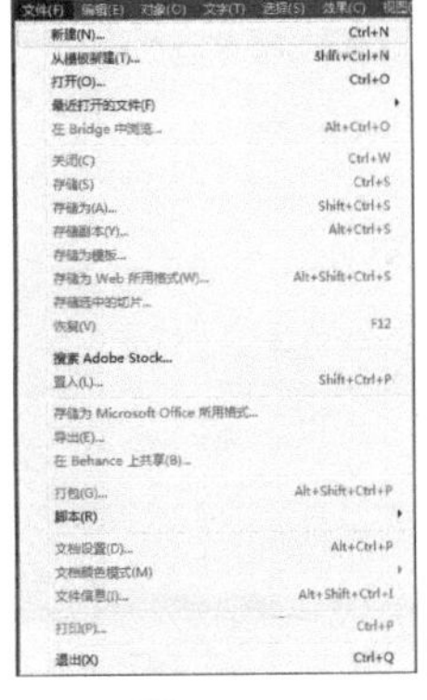

图2-2-1

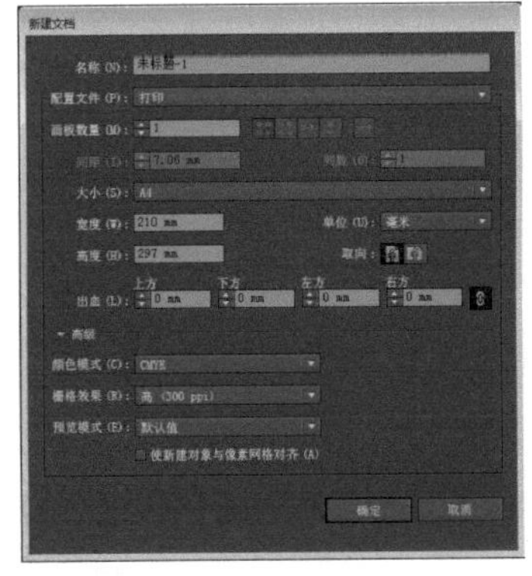

图2-2-2

专家提示

除了直接执行“新建”命令外，也可以按【Ctrl】+【N】组合键，或者在已经打开的图像文件标题名称栏上单击鼠标右键，在弹出的快捷菜单中选择“新建文档”选项，也可以打开“新建文档”对话框。

步骤03 设置完毕后单击“确定”按钮，即可新建一个空白文档，如图2-2-3所示。

图2-2-3

步骤04 执行菜单栏中的【文件】/【打开】命令，如图2-2-4所示。

步骤05 弹出“打开”对话框，选择需要打开的绘图文件，如图2-2-5所示。

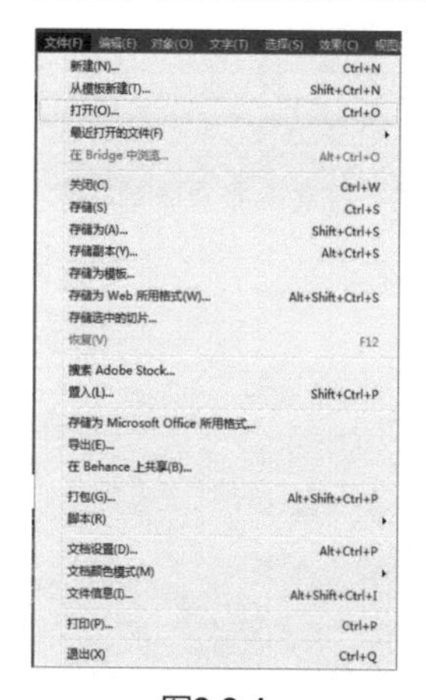

图2-2-4

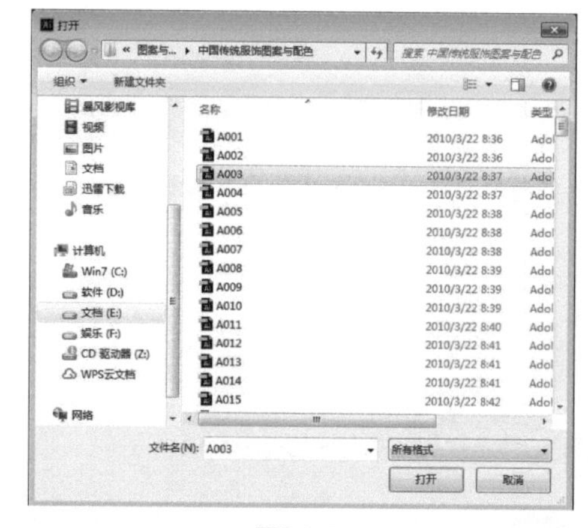

图2-2-5

步骤06 单击“打开”按钮，即可打开所选择的绘图文件，效果如图2-5-6所示。

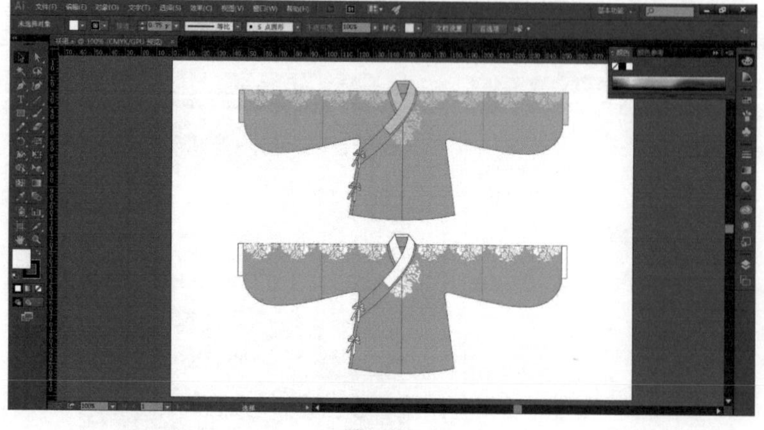

图2-2-6

专家提示

除了直接执行【打开】命令外，也可以按【Ctrl】+【O】组合键，弹出“打开”对话框；或者在欢迎界面中单击“打开”按钮即可弹出“打开”对话框。

步骤07 执行菜单栏中的【文件】/【导出】命令，打开“导出”对话框，可以导出为不同类型的文件，包括“Dwq”“PSD”“TIF”“JPG”和“BMP”等多种格式，如图2-2-7所示。

步骤08 执行菜单栏中的【文件】/【存储】，或【文件】/【存储为】命令，打开“存储为”对话框，绘图文件默认保存为“ai”格式，如图2-2-8所示。

图 2-2-7

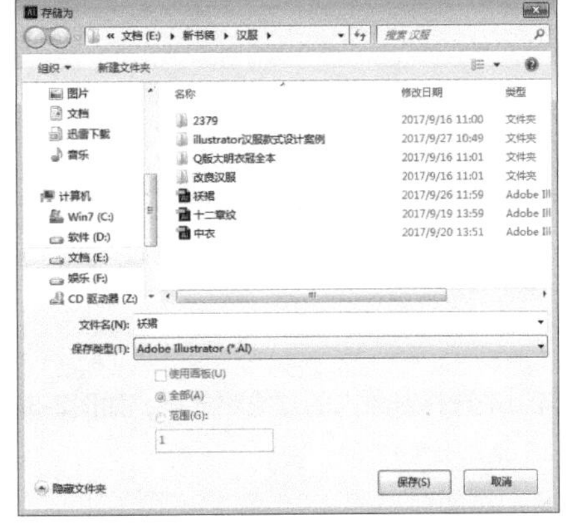

图2-2-8

专家提示

除了直接执行【存储】/【存储为】命令外，也可以按【Ctrl】+【S】或【Shift】+【Ctrl】+【S】组合键，弹出“存储为“对话框，在制作过程中和制作完成时都需要保存文件，最好是每十分钟保存一次。

步骤09 对文件进行绘制、编辑和保存后，若不想再对此文件进行任何操作，就可以执行【文件】/【退出】命令，也可以单击图形文件标题栏右侧的【关闭】按钮。

内容小结：本节主要介绍了Illustrator CC软件中文件的新建、打开、导出、存储和关闭操作。

Lesson 3 常用工具及操作

学习目的：了解Illustrator CC的常用工具及操作。

1. 选择工具

选择工具：组合键【V】，可以选取和移动单个对象或编组对象，还可以旋转、拉伸对象（按住【Shift】键，同时拖动鼠标指针可等比缩放对象）。按住【Shift】键可加选图形，如图2-3-1、图2-3-2所示。

2. 直接选择工具组

直接选择工具 (A)
编组选择工具

（1）直接选择工具：用来编辑图形形态，以及选取编组对象中的某些图形，如图2-3-3所示，按住【Shift】键可加选或取消选择可用来选择对象内的点和路径段，通过选取和控制锚点和调节手柄物体。

（2）编组选择工具：选择编组中的图形，如单击一个编组中的图形，就只选中此图形，再单击一次则选中编组图形。

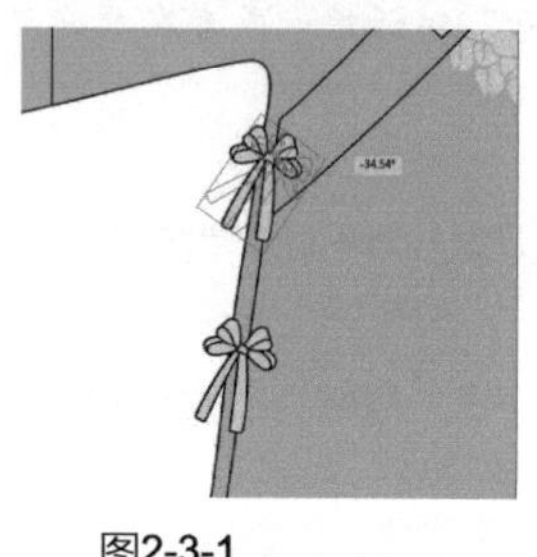

图2-3-1

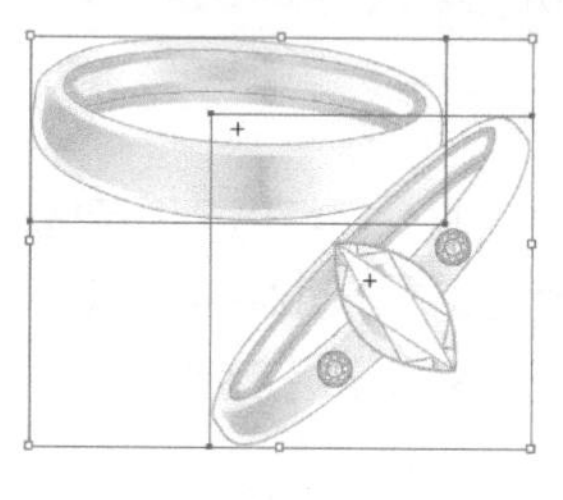

图2-3-2

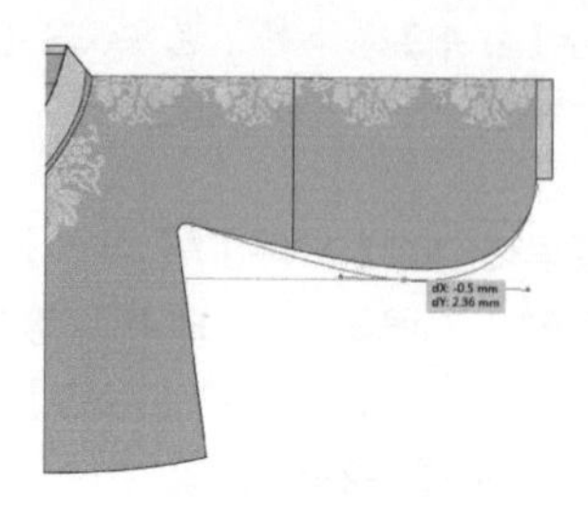

图2-3-3

3. 魔棒工具

魔棒工具：用于选择具有相同属性（填充颜色、画笔颜色、画笔宽度、不透明度、混合模式等属性）的对象，如图2-3-4所示。

4. 套索工具

套索工具：可用来选择对象内的点或路径段，如图2-3-5所示。

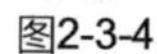

图2-3-4

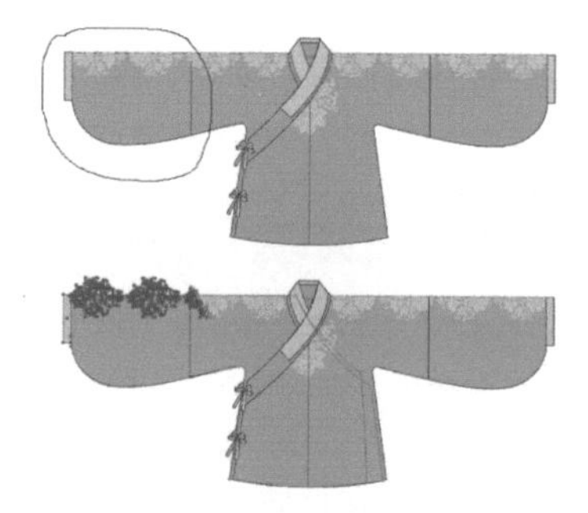

图2-3-5

5. 钢笔工具组

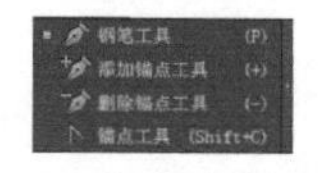

（1）钢笔工具：用于绘制直线和曲线，如图2-3-6、图2-3-7所示。

（2）添加锚点工具：用于添加锚点到路径上。按住【Ctrl】键可切换为选择工具；按住【Alt】键，可切换为删除节点工具。

（3）删除锚点工具：用于从路径上删除锚点。按住【Ctrl】键可切换为选择工具；按住【Alt】键，可切换为添加节点工具。

（4）锚点工具：在角点和平滑节点间转换。按住【Ctrl】键可切换为直接选择工具；按住【Alt】键可复制路径；按住【Shift】键绘画，可以限制以45° 角为步长变化。

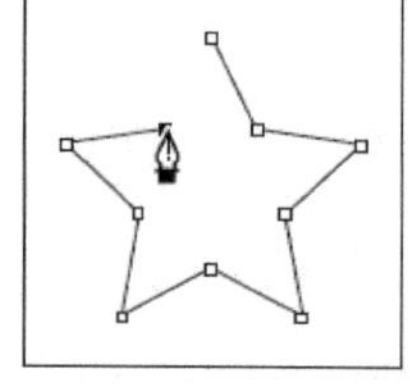

图2-3-6

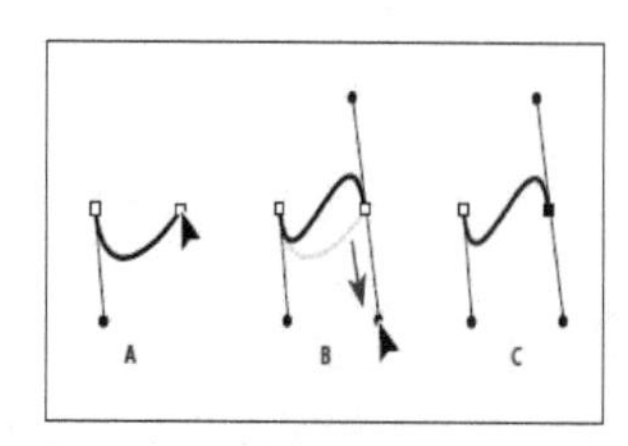

图2-3-7

6. 曲率工具

在画板上使用曲率工具设置两个点，移动曲率工具图标，系统会根据鼠标指针悬停位置显示生成路径的形状。曲率工具可简化路径的创建，使绘图变得简单直观，还可以创建、切换、编辑、添加或删除平滑点或角点。

使用曲率工具可以执行以下几项操作。

- “按【Option】键(Mac)/【Alt】键(Win)+单击”可继续向现有的路径或形状添加点。
- 双击一个点，可在平滑点和角点之间切换。
- 单击按住一个点并拖动，可移动该点。
- 单击一个点，然后按【Delete】键可删除该点。
- 按【Esc】键可停止绘制。

7. 文字工具组

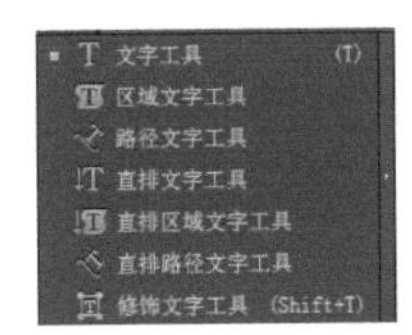

（1）文字工具：选择该工具，在画板中单击后输入的文字为美术文本；若使用该工具先拉出一个框后再输入文字，那么这些文字为段落文本。

（2）区域文字工具：选中工具，单击一条闭合路径可创建段落文字，且文字限制在闭合路径之内。

（3）路径文字工具：选中工具，单击路径可使文字沿着路径排列。

（4）直排文字工具：选中工具，在画板上单击可创建直排文字。

（5）直排区域文字工具：选中工具，单击一条闭合路径，可使直排文字限制在闭合路径之内。

（6）直排路径文字工具：选中工具，单击路径可使直排文字沿路径分布。

（7）修饰文字工具：使用该工具可以创造性地处理文本，文本的每个字符都可编辑，选取一个单词或一个字母，然后可移动、缩放或旋转，如图2-3-8、图2-3-9所示。

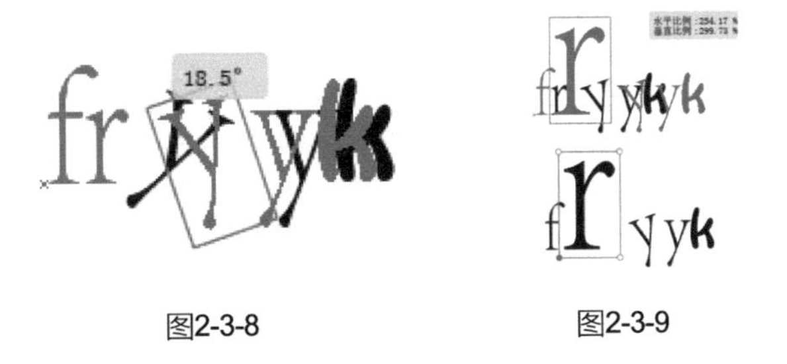

图2-3-8　　图2-3-9

8. 直线段工具组

（1）直线段工具：用于绘制直线段。选中工具，按住【Shift】键，可以45°角的倍数绘制直线段；按住【Alt】键，以单击点为中心向两侧延伸绘制直线段。

（2）弧形工具：用于绘制弧形。选中工具，按住【X】键，可切换弧线的凹凸角度；按住或释放【C】键，可在开放与闭合式弧线间切换。

（3）螺旋线工具：用于绘制顺时针或逆时针方向的螺旋线。选中工具，按住【Ctrl】键，可调整螺旋线的紧密程度。

（4）矩形网格工具：用于绘制矩形网格。选中工具，按住【Shift】键，可使绘制的网格长宽相等。如图2-3-10所示，分别为直线段工具、弧形工具、螺旋线工具及矩形网格工具的使用。

（5）极坐标网格工具：用于绘制极坐标网格。选中工具，按住【Shift】键，可使绘制的极坐标网格为同心圆；分别按住键盘上的上、下方向键，可增加或减少图形中同心圆的数量。

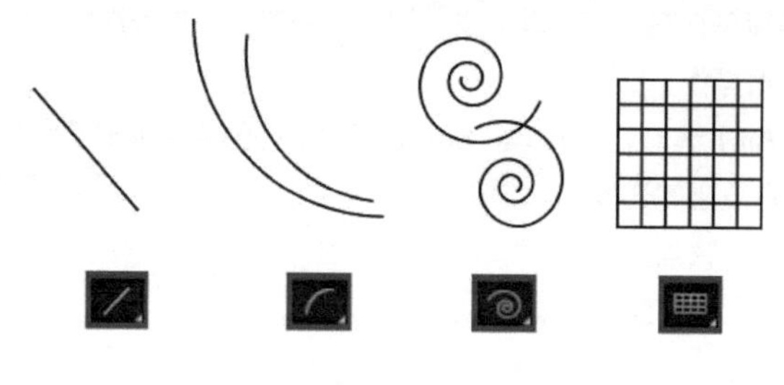

图2-3-10

9. 矩形工具组

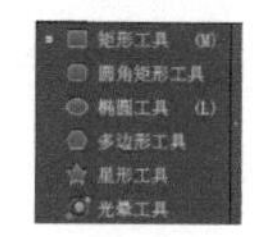

（1）矩形工具：用于绘制矩形和正方形。选中工具，按住【Shift】键，可绘制正方形；按住【Alt】键，可以单击点为中心向外绘制图形；按住【Alt】+ 【Shift】组合键，可以单击点为中心向外绘制正方形；按住【Space】键，可冻结正在绘制的图形，移动任意图形到需要的位置。

（2）圆角矩形工具：用于绘制圆角正方形和选中工具，圆角矩形，可设置圆角的大小。

（3）椭圆工具：用于绘制圆形和椭圆形。选中工具，按住【Shift】键，可绘制圆形。如图**2-3-11**所示，分别为矩形工具、圆角矩形工具和椭圆工具的使用。

（4）多边形工具：用于绘制各种多边形。选中工具，按住【Shift】键，可绘制正多边形。

（5）星形工具：用于绘制各种多角星形。选中工具，按住【Shift】键，可绘制正多边星形。

（6）光晕工具：用来制作类似镜头光晕的效果。选中工具，在某一点按下鼠标左键并拖动（设置光晕的大小及光线的数量）,在另一位置按下鼠标左键并拖动（调整光环的数量及炫光的长度）。如图**2-3-12**所示，分别为多边形工具、星形工具和光晕工具的使用。

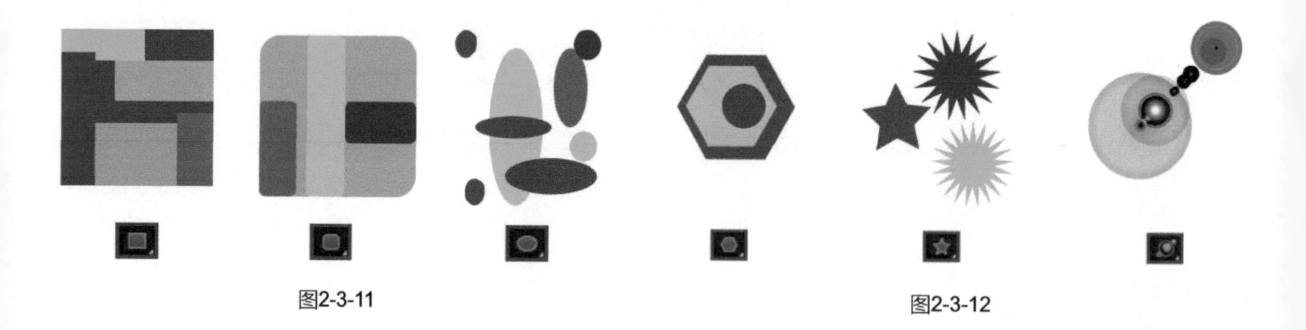

图2-3-11　　图2-3-12

10. 画笔工具组

画笔工具 (B)
斑点画笔工具 (Shift+B)

（1）画笔工具:选中工具，再选择“画笔”面板中的笔刷，在画板绘制后可以得到书法效果及任意路径效果。图**2-3-13**所示为各种画笔效果。

（2）斑点画笔工具:用于绘制“填充图案、无描边的路径与形状，如图**2-3-14**所示，可以与其他具有相同颜色的形状进行合并（绘制的图形只要是有相交的部分就会融合成一个整体）。如果希望将“斑点画笔”路径与现有图稿合并，要确保图稿中有相同的填充颜色并且没有描边。

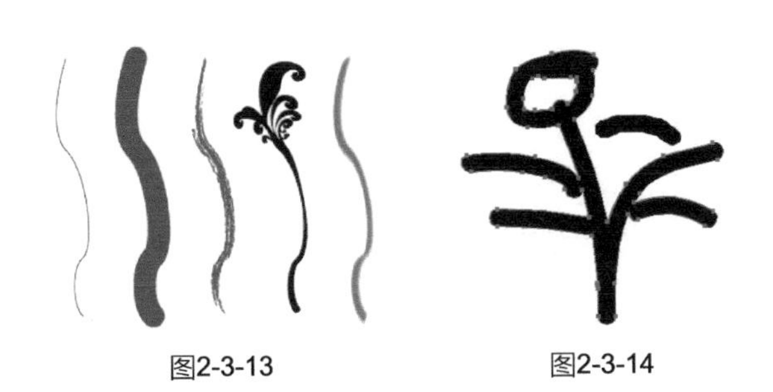

图2-3-13　　图2-3-14

11. 铅笔工具组

（1）铅笔工具：用于绘制任意路径。路径上节点的多少取决于绘制路径的速度，速度越快节点越少。

（2）平滑工具：用于对一条路径的现有曲段进行平滑处理，并尽可能地保持原曲线的形状。

（3）路径橡皮擦工具：用于删除路径或画笔的一部分。

（4）连接工具：使用该工具，不需要选择图形，直接涂抹就可连接小的缺口，使之成为封闭图形。

12. 橡皮擦工具组

（1）橡皮擦工具：用于擦除任何对象区域，也可以擦除、分割路径，如图2-3-15所示。

（2）剪刀工具：用来剪断路径，可将一条路径剪成两条或多条独立的路径，也可将闭合路径变成开放路径。

（3）刻刀工具：可将封闭的区域裁开，使之成为两个独立的封闭区域。

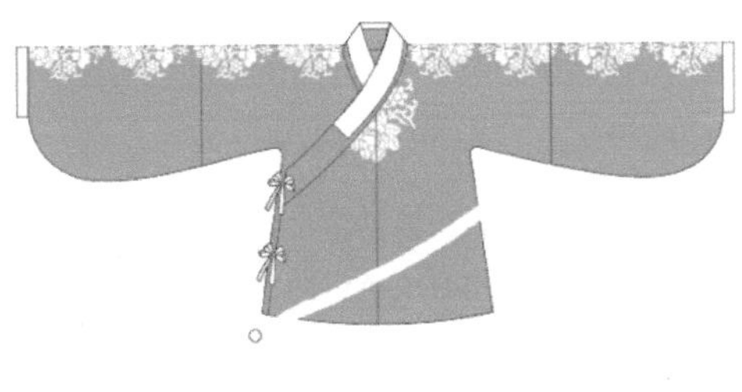

图2-3-15

13. 旋转工具组

旋转工具 (R)
镜像工具 (O)

（1）旋转工具：用于旋转所选对象（包括图形、文字块及置入的图像）。

（2）镜像工具：用于生成对称图像（包括图形、文字块及置入的图像）。

14. 比例缩放工具组

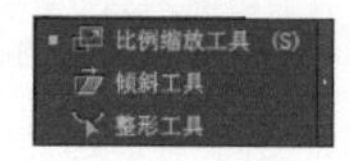

（1）比例缩放工具：用于放大或缩小所选对象。

（2）倾斜工具：用于倾斜所选对象。

（3）整形工具：用于改变路径上的节点位置，但不影响路径的形状。

15. 宽度工具组

（1）宽度工具：用于创建具有不同宽度的描边。

（2）变形工具：可以使对象产生变形效果，就像用黏土塑形一样。

（3）旋转扭曲工具：使对象产生卷曲变形。

（4）缩拢工具：使对象产生收缩变形。

（5）膨胀工具：使对象产生膨胀变形。

（6）扇贝工具：使对象产生类似于贝壳表面的效果。

（7）晶格化工具：可在对象的轮廓线上产生类似于尖锥状凸起的效果。

（8）皱褶工具：可在对象的轮廓线上产生褶皱的效果。

16. 自由变换工具

用于对所选对象进行比例缩放、旋转或倾斜。

17. 形状生成器工具组

（1）形状生成器工具：可以合并多个简单的形状，以创建自定义的复杂形状。

（2）实时上色工具：可按当前的上色属性绘制实时上色组图形的表面和边缘。

（3）实时上色选择工具：用于选择实时上色组图形中的表面和边缘。

18. 透视网格工具组

（1）透视网格工具：用于在透视中创建和渲染图稿。

（2）透视选区工具：用于在透视中选择对象、文本、符号，以及移动对象。

19. 网格工具

可将图形转换成具有多种渐变颜色的网格图形。在网格上颜色由一种颜色平滑地过渡到另一种颜色。

20. 渐变工具

可以不同角度和方向拖动鼠标指针，从而改变颜色渐变的方向。

21. 吸管工具组

（1）吸管工具：可吸取其他图形的颜色作为当前图形的轮廓色或填充色。

（2）度量工具：用于测量两个点之间的距离，同时也显示角度。

22. 混合工具

混合工具用于制作两个图形之间从形状到颜色的混合效果。

23. 符号喷枪工具组

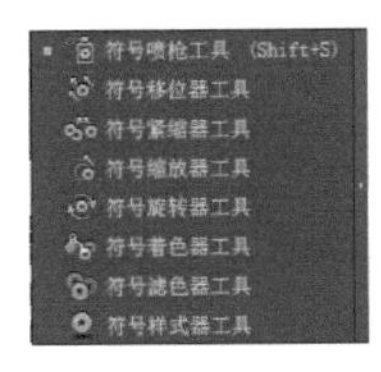

（1）符号喷枪工具：能迅速快捷地绘制很多符号。

（2）符号移位器工具：拖动此工具，可以使符号移动到鼠标指针拖动的位置。

（3）符号紧缩器工具：可以改变符号之间的间隔。

（4）符号缩放器工具：可以放大或者缩小符号。

（5）符号旋转器工具：可以稍微改变符号的方向。

（6）符号着色器工具：可以改变符号现有的颜色。

（7）符号滤色器工具：可使符号变得透明。

（8）符号样式器工具：可对符号应用丰富的样式效果。

24. 柱形图工具组

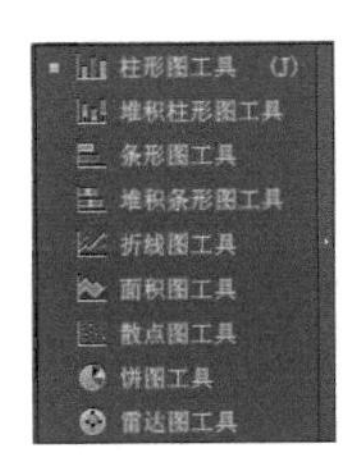

（1）柱形图工具：用于创建图表，可用垂直柱形来比较数值。

（2）堆积柱形图工具：创建的图表与柱形图类似，但柱形图是堆积起来的，而不是互相并列。

（3）条形图工具：创建的图表与柱形图类似，但使用该工具会水平放置条形图而不是垂直放置柱形图。

（4）堆积条形图工具：创建的图表与堆积柱形图类似，但条形图会被水平堆积而不是垂直堆积。

（5）折线图工具：创建的图表用点来表示一组或多组数值，并且对每组中的点都采用不同的线段来连接。

（6）面积图工具：创建的图表与折线图类似，但它强调数值的整体和变化情况。

（7）散点图工具：创建的图表沿***x***轴和***y***轴将数据点作为成对的坐标进行绘制。

（8）饼图工具：可创建圆形图表，它的楔形表示所比较的数值的相对比例。

（9）雷达图工具：创建的图表可在某一特定时间点或特定类别上比较数值组，并以圆形格式表示。

25. 画板工具

画板工具：用于创建或删除画板。

26. 切片工具组

切片工具 (Shift+K)
切片选择工具

（1）切片工具：用来分割画面，以输出若干用于网络发布的图片。

（2）切片选择工具：用来选择切片，以进行编辑修改。

27. 抓手工具组

抓手工具 (H)
打印拼贴工具

（1）抓手工具：用来移动画面，以观看画面的不同部分。

（2）打印拼贴工具：用来确定页面的范围。

28. 缩放工具

缩放工具：用于放大或缩小图形，以获得局部或整体的观察效果，但只是视野的放大与缩小，实际物体的大小没有改变。

29. 填充与描边

（1）填色□：用于在形状区域内填充颜色，双击该区域，弹出拾色器，可设置颜色。

（2）描边：用于给形状周围的轮廓填色。

（3）无填色：用于设置无填充或无描边。

Lesson 4 颜色模式

学习目的：了解Illustrator CC的颜色模式。

颜色模式是指将某种颜色表现为数字形式的模型，或者说是一种记录图像颜色的方式。可以分为RGB模式、CMYK模式、HSB模式、Lab模式、位图模式、灰度模式、索引颜色模式、双色调模式和多通道模式。Illustrator CC中的色彩面板主要用来设置物体填充和笔画的颜色，它有五种颜色模式：灰度、RGB、HSB、CMYK和Web Safe RGB。

1. 色彩模式的选择

色彩模式的选择取决于所绘制图形的最终用途。如果图形是被数字化再现，例如，网络、电脑或电视，一般采用RGB颜色模式；如果图形是用于印刷，则一般采用CMYK颜色模式。

2. RGB颜色模式

RGB颜色模式是工业界的一种颜色标准，通过对红（R）、绿（G）、蓝（B）3个颜色通道的改变，以及它们相互之间的叠加来得到各式各样的颜色。这个标准几乎包括了人类视力所能感知的所有颜色，是目前运用最为广泛的颜色系统之一。

3. CMYK颜色模式

CMYK颜色模式是一种印刷模式，其中四个字母分别指青（Cyan）、洋红（Magenta）、黄（Yellow）和黑（Black），在印刷中代表四种颜色的油墨。

Lesson 5 常用组合键

学习目的： 了解Illustrator CC的常用组合键及其功能。

移动工具【V】

直接选取工具、编组选择工具【A】

钢笔、改变路径角度【P】

添加锚点工具【+】

删除锚点工具【-】

文字、区域文字、路径文字、直排文字、直排区域文字、直排路径文字【T】

椭圆工具【L】

增加边数、倒角半径及螺旋圈数（在【L】、【M】状态下绘图）【↑】

减少边数、倒角半径及螺旋圈数（在【L】、【M】状态下绘图）【↓】

矩形、圆角矩形工具【M】

画笔工具【B】

铅笔、平滑、路径橡皮擦工具【N】

旋转、转动工具【R】

缩放、倾斜、整形工具【S】

镜像工具【O】

自由变换工具【E】

混合工具【W】

柱形图工具【J】

网格工具【U】

渐变工具【G】

吸管工具【I】

剪刀、刻刀工具【C】

抓手工具【H】

缩放工具【Z】

默认填充和描边【D】

切换填充和描边【X】

标准屏幕模式、带有菜单栏的全屏模式、全屏模式【F】

切换为颜色填充【<】

切换为渐变填充【>】

切换为无填充【/】

临时使用抓手工具【空格】

复制物体 在【R】、【O】、【V】等状态下按【Alt】键+【拖动鼠标】

新建图形文件【Ctrl】+【N】

打开已有的图像【Ctrl】+【O】

关闭当前图像【Ctrl】+【W】

保存当前图像【Ctrl】+【S】

另存为【Ctrl】+【Shift】+【S】

存储副本【Ctrl】+【Alt】+【S】

打印文件【Ctrl】+【P】

还原前面的操作（步数可在预置中）【Ctrl】+【Z】

重复操作【Ctrl】+【Shift】+【Z】

删除所选对象【Delete】

选取全部对象【Ctrl】+【A】

取消选择【Ctrl】+【Shift】+【A】

再次转换【Ctrl】+【D】

发送到最前面【Ctrl】+【Shift】+【]】

向前发送【Ctrl】+【]】

发送到最后面【Ctrl】+【Shift】+【[】

向后发送【Ctrl】+【[】

编组所选物体【Ctrl】+【G】

放大视图【Ctrl】+【+】

缩小视图【Ctrl】+【-】

显示/隐藏“字体”面板【Ctrl】+【T】

显示/隐藏“段落”面板【Ctrl】+【M】

显示/隐藏“制表”面板【Ctrl】+【Shift】+【T】

显示/隐藏“画笔”面板【F5】

显示/隐藏“颜色”面板【F6】/【Ctrl】+【I】

显示/隐藏“图层”面板【F7】

显示/隐藏“信息”面板【F8】

显示/隐藏“渐变”面板【F9】

显示/隐藏“描边”面板【F10】

显示/隐藏“属性”面板【F11】

显示/隐藏所有命令面板【Tab】

显示或隐藏工具箱以外的所有面板【Shift】+【Tab】

任何时候按【Ctrl】键可切换选取工具，按【Alt】键拖动可复制对象；

就地粘贴【Shift】+【Ctrl】+【V】

编组【Ctrl】+【G】，取消编组【Ctrl】+【Shift】+【G】

锁定对象【Ctrl】+【2】，解锁【Ctrl】+【Alt】+【2】

隐藏对象【Ctrl】+【3】，显示【Ctrl】+【Alt】+【3】

专家提示

查看Illustrator CC组合键的方法：执行菜单栏中的【编辑】/【键盘组合键】命令，弹出“键盘组合键”对话框；或者按【Alt】+【Shift】+【Ctrl】+【K】组合键。

Chapter 3
汉服面料与图案设计

汉服面料主要是麻织品和丝织品两大类。汉代织物品种繁多，棉、毛、丝、麻俱全，织物的纹样题材也很丰富。唐代织物中的晕裥锦、联珠纹锦、蜡缬（蜡染）、绞缬（扎染）等极其精美。北宋朝廷在东京设立了"绫锦院"，网罗了很多蜀锦织工为贵族制作礼服，从而形成宋锦；宋锦色泽华丽，图案精致，被赋予中国"锦绣之冠"的美称。元代开始，云锦一直为皇家服饰专用品。元代纺织品以织金锦(纳石失)最负盛名。明代以后，云锦开始取代蜀锦和宋锦成为中国第一名锦。云锦用料考究，织造精细，图案精美，锦纹绚丽，格调高雅。明清纺织品以江南三织造(江宁、苏州、杭州)生产的贡品技艺最高，其中各种花纹图案的妆花纱、妆花罗、妆花锦、妆花缎等富有特色。

Lesson 1 传统织锦图案设计

织锦是用染好颜色的彩色经纬线，经提花、织造工艺织出图案的织物。中国织锦技术起源久远，花纹绚烂，技艺成熟，在历代织锦中以宋锦和明锦的艺术成就最高。织锦是彩线提花的多重丝织品，唐以前起花靠经线，唐代前期仍沿用传统经锦织法，后期逐渐改用纬线起花。从提花图案来看，纬线起花可以织出千姿百态的图案，纬线起花是吸收了波斯与中亚的织锦工艺。南京云锦、四川蜀锦、苏州宋锦、杭州织锦被称为"中国四大织锦"。

实例1 织锦——缠枝花图案设计

实例目的：掌握位图转换为矢量图的快捷方法，四方连续图案的绘制方法以及图案配色。
实例要点：图像描摹功能；四方连续图案的绘制方法以及图案配色。

最终效果如图3-1-1所示。

图3-1-1

操作步骤

步骤01 启动Illustrator CC应用程序，执行菜单栏中的【文件】/【新建】命令，弹出"新建文档"对话框，设置文件名为"织锦-缠枝花图案"，页面取向为"横向"，如图3-1-2所示。单击"确定"按钮，得到的效果如图3-1-3所示。

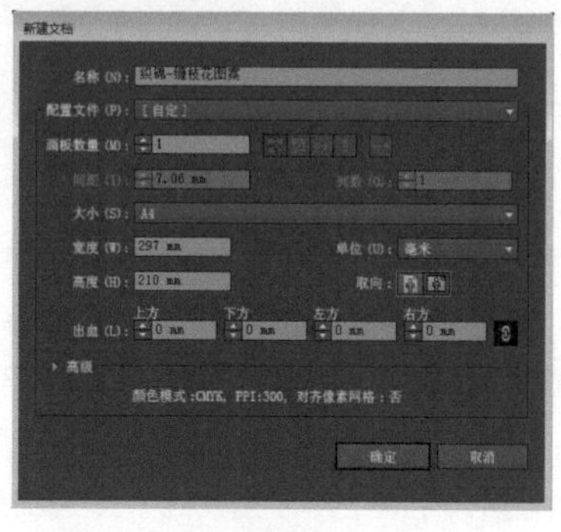

图3-1-2

图3-1-3

步骤02 执行菜单栏中的【视图】/【标尺】/【显示标尺】命令，得到的效果如图3-1-4所示。

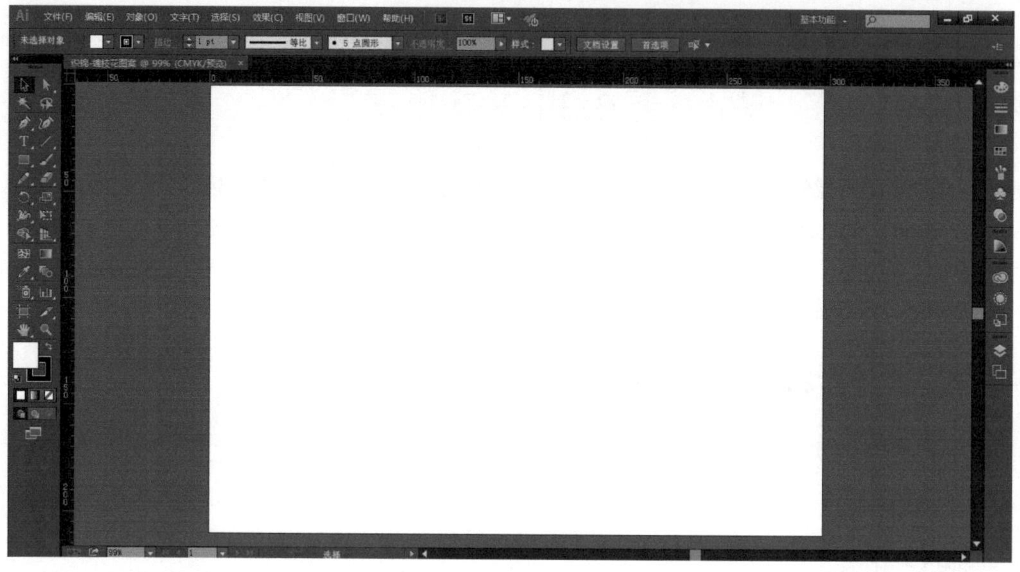

图3-1-4

步骤03 执行菜单栏中的【文件】/【置入】命令，置入“素材图片”中的“缠枝花”图片，单击属性栏中的“嵌入”按钮，把图片置入绘图窗口，得到的效果如图3-1-5所示。

步骤04 单击属性栏中的“图像描摹”按钮，把图片转换为矢量图，得到的效果如图3-1-6所示。再单击属性栏中的“扩展”按钮，得到的效果如图3-1-7所示。

图3-1-5

图3-1-6

图3-1-7

步骤05 按【Shift】+【Ctrl】+【G】组合键取消编组，使用魔棒工具单击图案边缘白色部分，按【Delete】键删除。使用选择工具框选图案，按【Ctrl】+【G】组合键重新编组图案，得到的效果如图3-1-8所示。

步骤06 使用矩形工具在页面空白处单击，弹出“矩形”对话框，设置矩形宽度和高度参数，如图3-1-9所示，单击“确定”按钮，绘制的矩形如图3-1-10所示。

图3-1-8

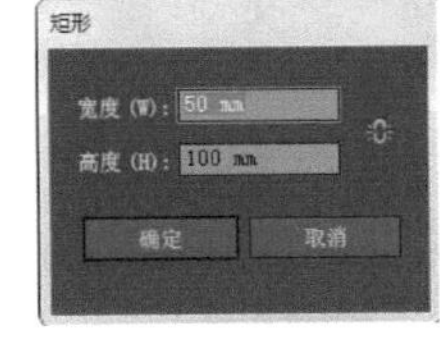

图3-1-9

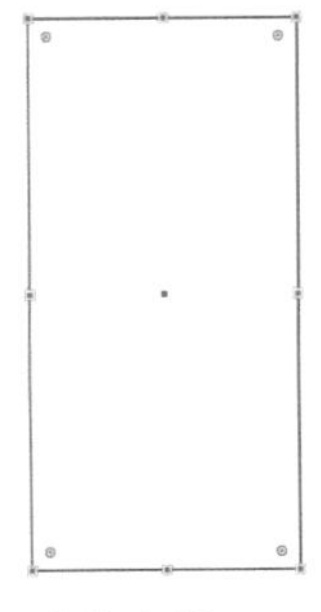

图3-1-10

步骤 07 双击工具箱中的填色按钮□，弹出“拾色器”对话框，设置各项参数，如图3-1-11所示。单击“确定”按钮，再单击工具箱中的无描边按钮☑，得到的效果如图3-1-12所示。

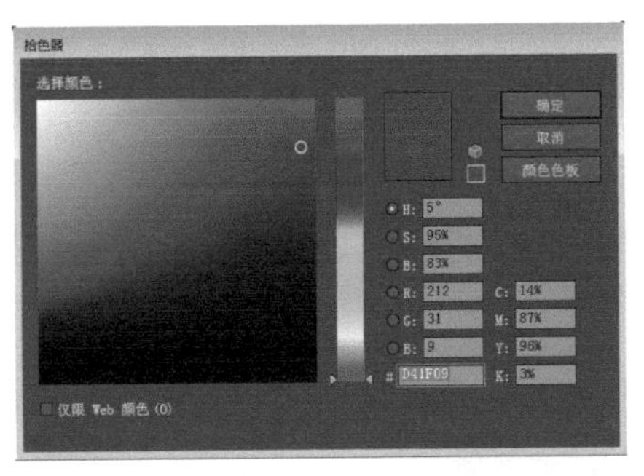

图3-1-11

图3-1-12

步骤 08 使用选择工具▶框选图案，按【Ctrl】+【G】组合键编组图案，把图案和矩形摆放在一起，如图3-1-13所示。

步骤 09 执行菜单栏中的【对象】/【排列】/【置于顶层】命令，得到的效果如图3-1-14所示。

步骤 10 按【Ctrl】+【C】组合键复制图案，再按【Shift】+【Ctrl】+【V】组合键就地粘贴图案。按【Ctrl】+【K】组合键弹出“首选项”对话框，设置“键盘增量”为50mm，和矩形的宽度一致。按键盘上的向右方向键→，把复制的图案向右移动到图3-1-15所示的位置。

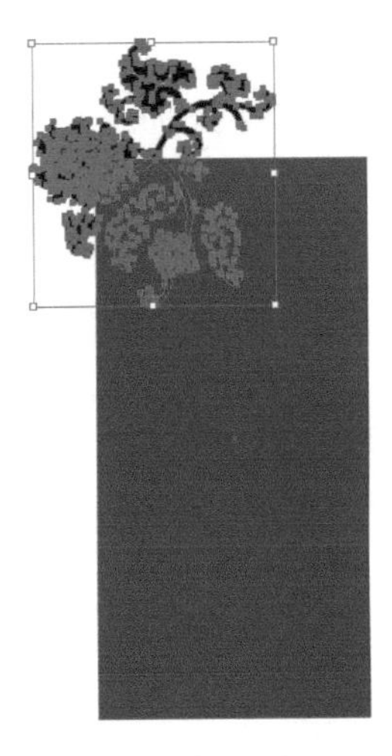

图3-1-13

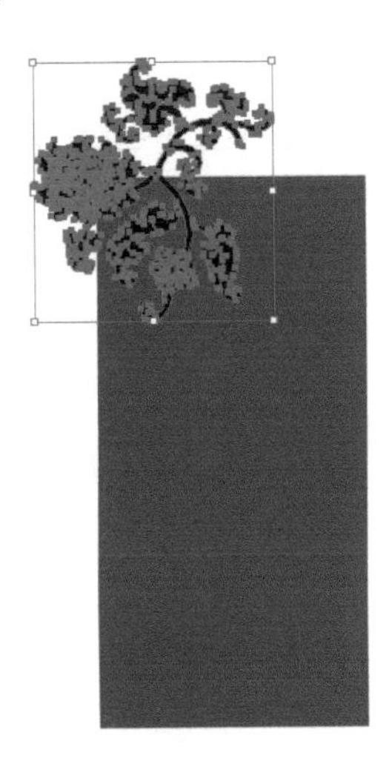

图3-1-14

图3-1-15

步骤 11 执行菜单栏中的【对象】/【变换】/【对称】命令，弹出“镜像”对话框，选择“轴→垂直”，单击“复制”按钮，得到的效果如图3-1-16所示。

步骤 12 按键盘上的向下方向键↓，把复制的图案向下移动到图3-1-17所示的位置。

图3-1-16

图3-1-17

步骤13 执行菜单栏中的【对象】/【变换】/【对称】命令，弹出“镜像”对话框，选择“轴→水平”，单击“确定”按钮，得到的效果如图3-1-18所示。

步骤14 使用选择工具把图案平移到图3-1-19所示的位置。

步骤15 按【Ctrl】+【C】组合键复制图案，再按【Shift】+【Ctrl】+【V】组合键就地粘贴图案。按键盘上的向左方向键，把复制的图案向左移动到图3-1-20所示的位置。

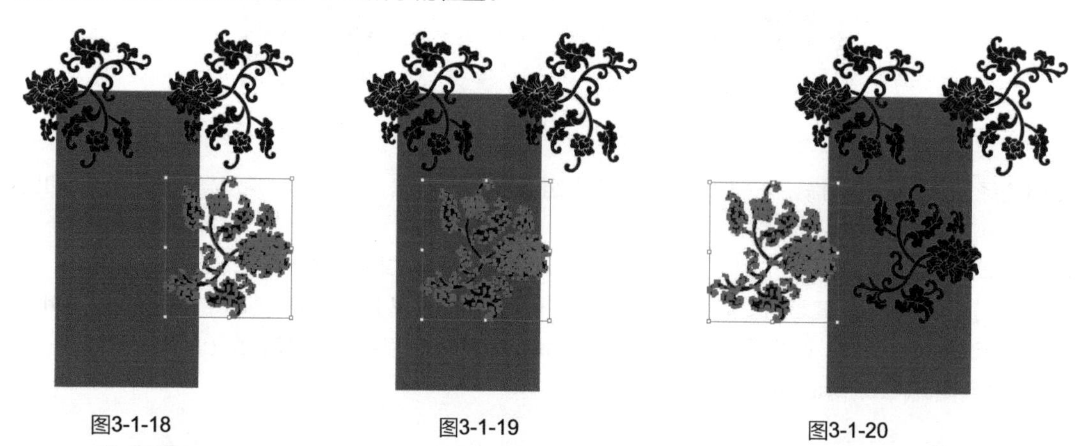

图3-1-18　　图3-1-19　　图3-1-20

步骤16 使用选择工具选择最上方的两个图案，按【Ctrl】+【C】组合键复制图案，再按【Shift】+【Ctrl】+【V】组合键就地粘贴图案。按向下方向键↓，把复制的图案向下移动到图3-1-21所示的位置。

步骤17 使用选择工具选择红色矩形，按【Ctrl】+【C】组合键复制图案，再按【Shift】+【Ctrl】+【V】组合键就地粘贴图案，得到的效果如图3-1-22所示。

图3-1-21

图3-1-22

步骤18 单击工具箱中的无填色按钮，执行菜单栏中的【对象】/【排列】/【置于底层】命令，得到的效果如图3-1-23所示。

步骤19 使用选择工具框选所有图形，按【Ctrl】+【G】组合键编组图形。打开“色板”面板，把图形拖动到“色板”面板中，新建图案色板6，如图3-1-24所示。

图3-1-23

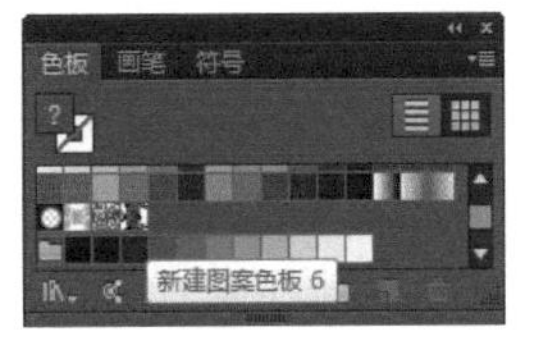

图3-1-24

步骤20 使用矩形工具并按住【Shift】键，绘制一个无边框的正方形，单击色板中的“新建图案色板6”，得到的效果如图3-1-25所示。

步骤21 选择正方形执行菜单栏中的【对象】/【变换】/【缩放】命令，弹出“比例缩放”对话框，设置各项参数，如图3-1-26所示。单击“确定”按钮，得到的效果如图3-1-27所示。

图3-1-25

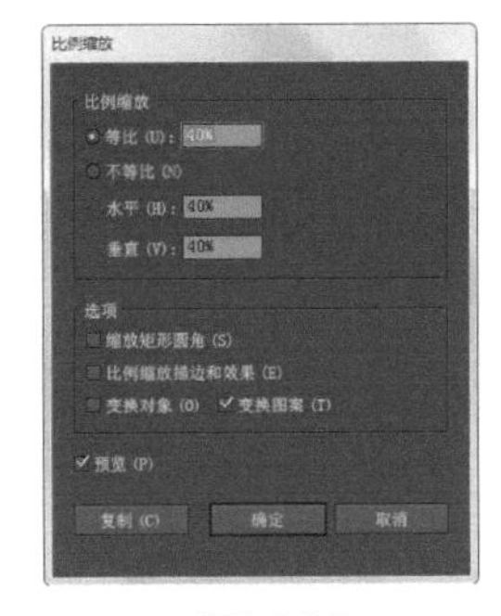

图3-1-26

图3-1-27

步骤22 使用直接选择工具选择红色矩形，填充黄色，如图3-1-28所示。把图形拖动到“色板”面板中，新建图案色板7，如图3-1-29所示。

图3-1-28

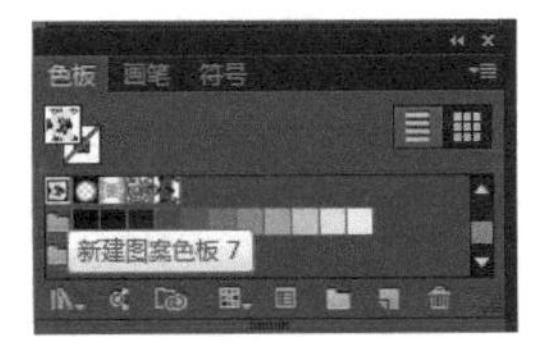

图3-1-29

步骤23 使用选择工具选择正方形，单击色板中的“新建图案色板7”，得到的效果如图3-1-30所示。

① 专家提示

新建图案色板后，将其存储到色板库中，可以快速地给图案重新配色，图3-1-31所示为图案的四种配色方案。

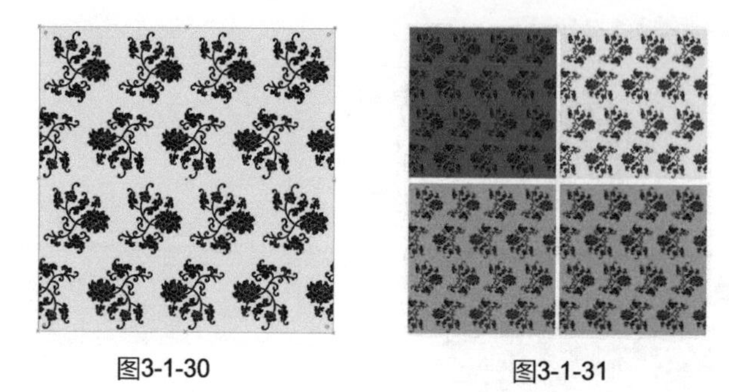

图3-1-30　　图3-1-31

Lesson 2 汉代服饰图案

汉代服饰的整体美学风格或审美风范，是肃穆凝重、质朴大方的；其图案制作精密，具有追求大气、明快、丰富、多变的格调。汉代服饰图案的装饰题材主要以动物、织物、几何纹、汉体铭文等为主，特别是一些几何状的卷草纹饰、涡纹、卷云纹或者说有些纯抽象因素的线条、边纹对主题纹样的辅助装饰，使图案的装饰性更具意象和抽象性。汉代服饰中经常出现的几何纹样主要有“双菱纹”“菱形”“六角形”和“回纹型”等。“双菱纹”是汉代服饰中最为流行的纹样，它是由一个大的菱形两角附以小菱形构成，由于类似耳杯的形状，所以又称为“杯纹”，如图3-2-1所示。

图3-2-1

实例2 双菱纹图案设计

实例目的：掌握四方连续图案的绘制方法以及图案配色。

实例要点：多边形工具的使用；四方连续图案的绘制方法以及图案配色。

最终效果如图3-2-2所示。

图3-2-2

步骤01 启动Illustrator CC应用程序，执行菜单栏中的【文件】/【新建】命令，弹出“新建文档”对话框，设置文件名为“双菱纹图案”，页面取向为“横向”，如图3-2-3所示。单击“确定”按钮，得到的效果如图3-2-4所示。

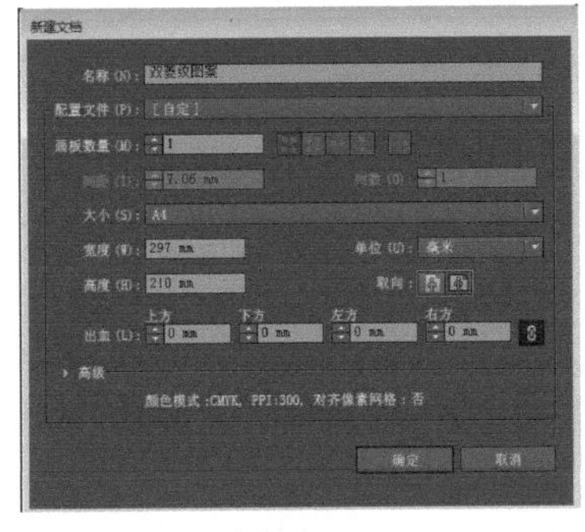

图3-2-3

图3-2-4

步骤02 执行菜单栏中的【视图】/【标尺】/【显示标尺】命令，得到的效果如图3-2-5所示。

步骤03 选择多边形工具，在页面空白处单击鼠标左键，弹出“多边形”对话框，设置边数为4，按住【Alt】键绘制一个菱形，在属性栏中设置轮廓描边为，得到的效果如图3-2-6所示。

图3-2-5

步骤04 双击工具箱中的描边按钮，弹出“拾色器”对话框，设置各项参数，如图3-2-7所示。单击“确定”按钮，得到的效果如图3-2-8所示。

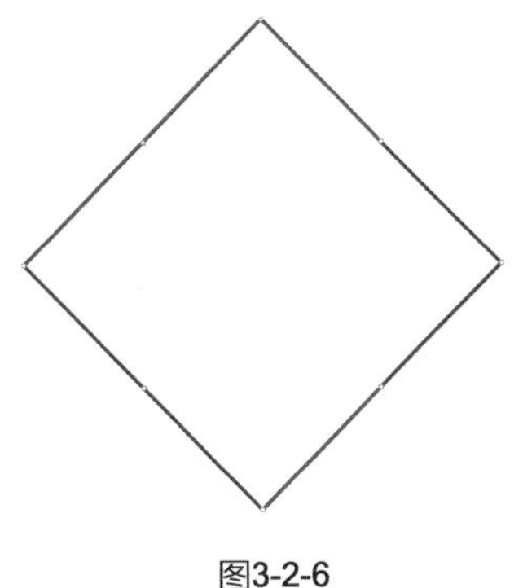

图3-2-6

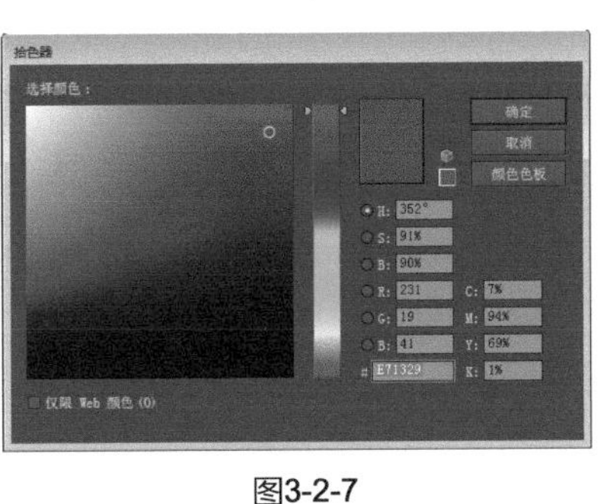

图3-2-7

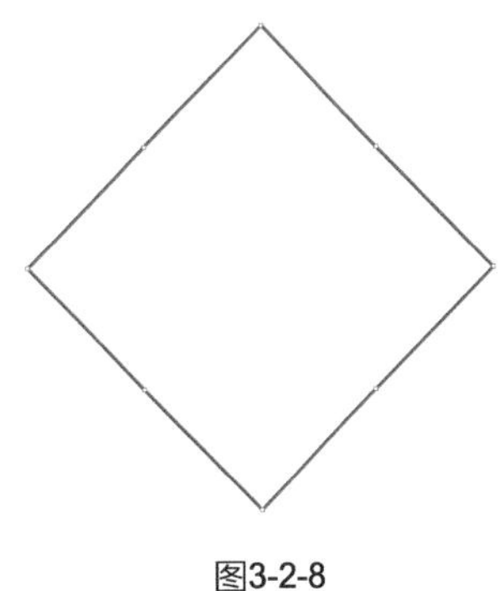

图3-2-8

步骤05 单击选择工具，执行菜单栏中的【对象】/【变换】/【缩放】命令，弹出“比例缩放”对话框，设置各项参数，如图3-2-9所示。单击“复制”按钮，得到的效果如图3-2-10所示。

步骤06 执行菜单栏中的【对象】/【变换】/【缩放】命令，弹出“比例缩放”对话框，设置等比参数为50%。单击“复制”按钮，得到的效果如图3-2-11所示。

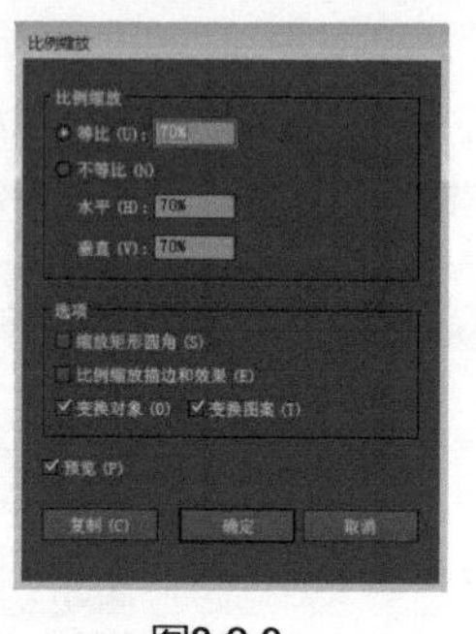

图3-2-9

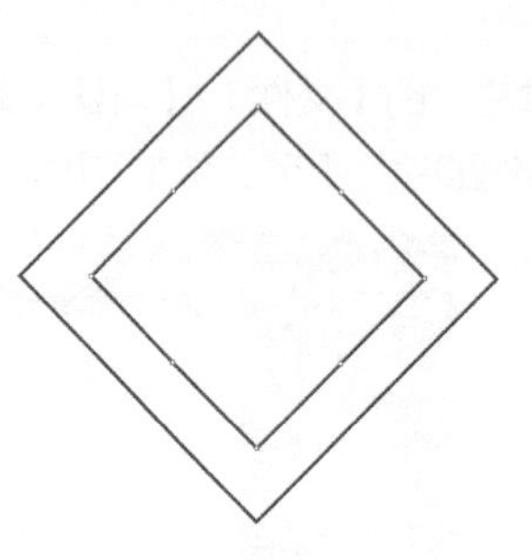

图3-2-10

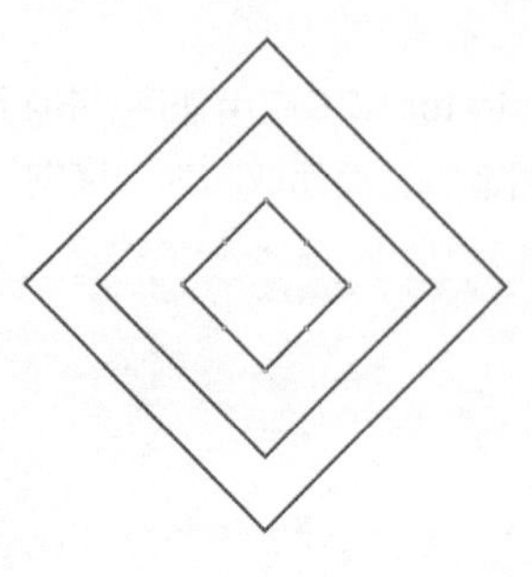

图3-2-11

步骤07 执行菜单栏中的【对象】/【变换】/【缩放】命令，弹出“比例缩放”对话框，设置等比参数为70%。单击“复制”按钮，得到的效果如图3-2-12所示。

步骤08 使用选择工具并按住【Shift】键，选择中间两个菱形，按住【Alt】键，同时按住鼠标左键向右拖动鼠标复制两个菱形，把复制的菱形移动到图3-2-13所示的位置。

步骤09 使用添加锚点工具在四个菱形相交的位置添加四个锚点，如图3-2-14所示。

步骤10 使用剪刀工具分别单击添加的四个锚点，剪断路径，如图3-2-15所示。

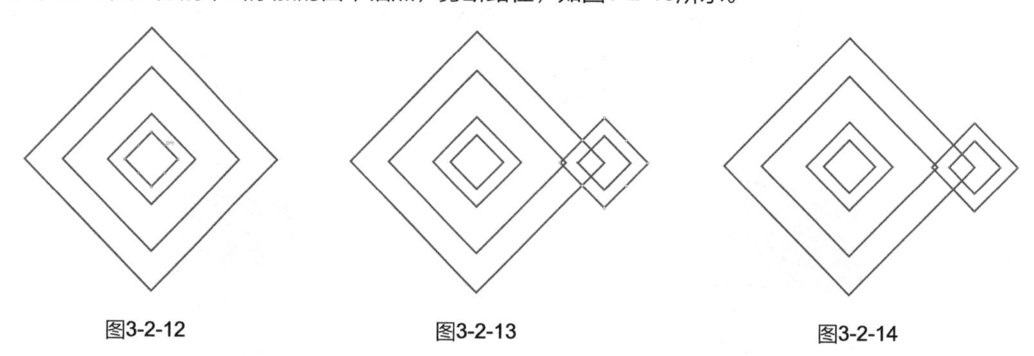

图3-2-12　　图3-2-13　　图3-2-14

步骤11 使用选择工具选择剪断的路径，按【Delete】键删除，得到的效果如图3-2-16所示。

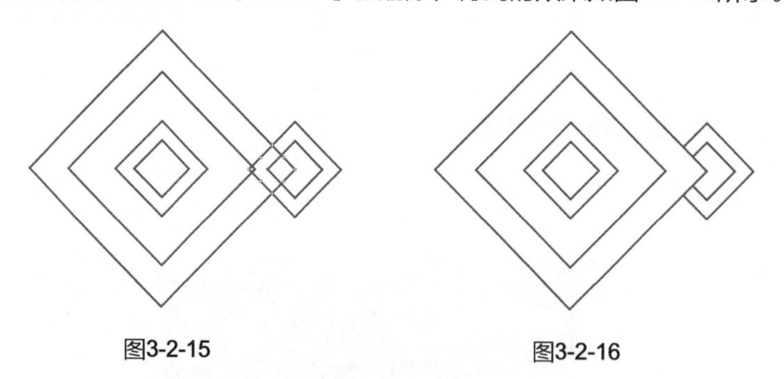

图3-2-15　　图3-2-16

步骤12 使用选择工具选择图形，执行菜单栏中的【对象】/【变换】/【对称】命令，弹出“镜像”对话框，选择“轴→垂直”，单击“复制”按钮，得到的效果如图3-2-17所示。

步骤13 按住键盘上的向左方向键←，把复制的图形向左平移到一定的位置，得到的效果如图3-2-18所示。

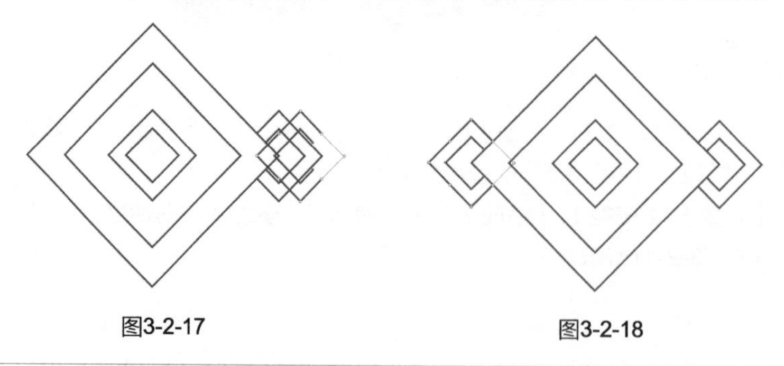

图3-2-17　　图3-2-18

步骤14 使用钢笔工具在菱形中间绘制两条直线，在属性栏中设置轮廓描边为，得到的效果如图3-2-19所示。

步骤15 使用选择工具框选图形，按住【Alt】键缩小图形，得到的效果如图3-2-20所示。

步骤16 使用选择工具旋转图形，使其与水平线齐平，得到的效果如图3-2-21所示。

步骤17 按住【Alt】键，同时按住鼠标左键往右拖动鼠标复制图形，把复制的图形移动到图3-2-22所示的位置。

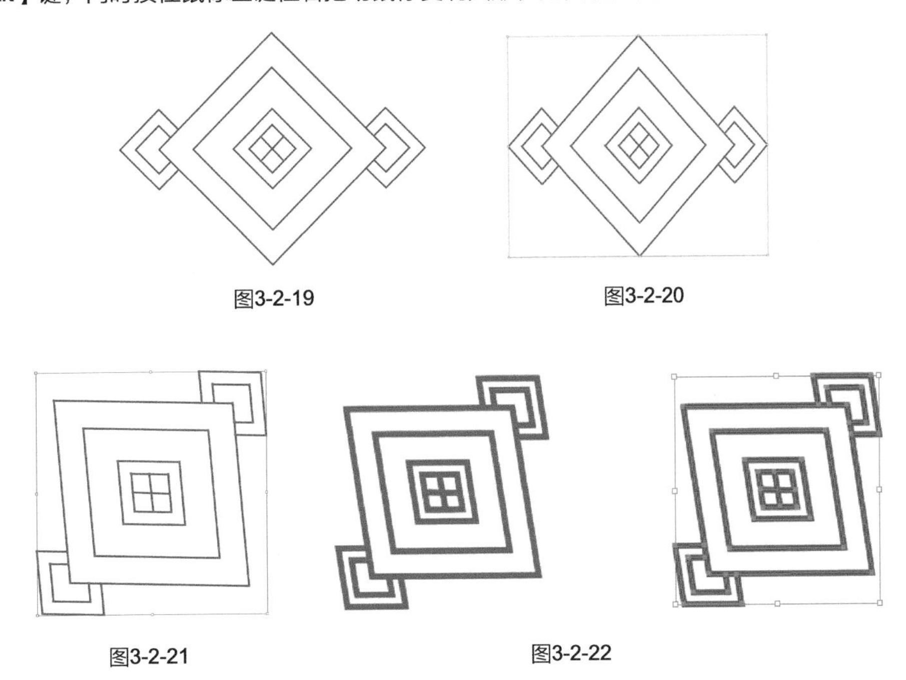

图3-2-19

图3-2-20

图3-2-21

图3-2-22

步骤18 按【Ctrl】+【D】组合键复制第三个图形，得到的效果如图3-2-23所示。

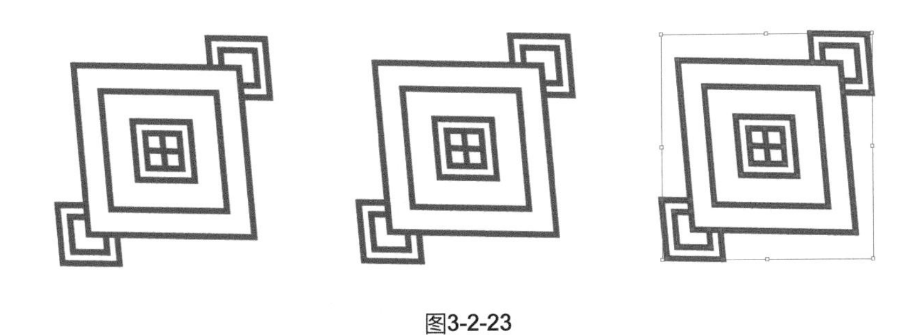

图3-2-23

步骤19 使用选择工具框选整排图案，按住【Alt】键，同时按住鼠标左键往下拖动鼠标复制图形，把复制的图形移动到图3-2-24所示的位置。

步骤20 按【Ctrl】+【D】组合键复制第三排图案，得到的效果如图3-2-25所示。

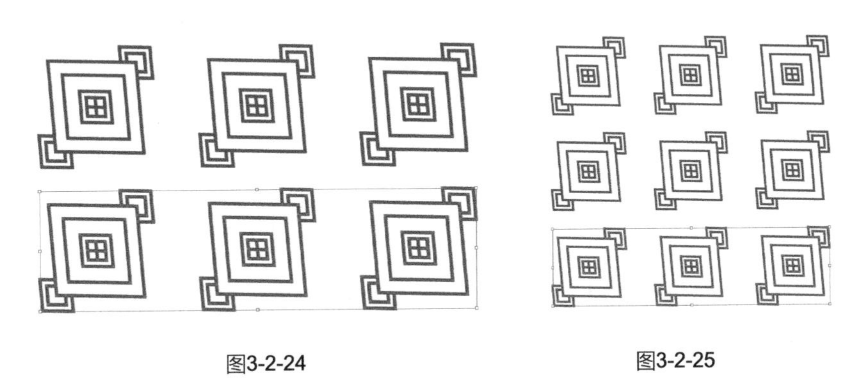

图3-2-24

图3-2-25

步骤21 单击选择工具■按住【Shift】键，选择图3-2-26所示图形中的十条直线，按【Delete】键删除，得到的效果如图3-2-27所示。

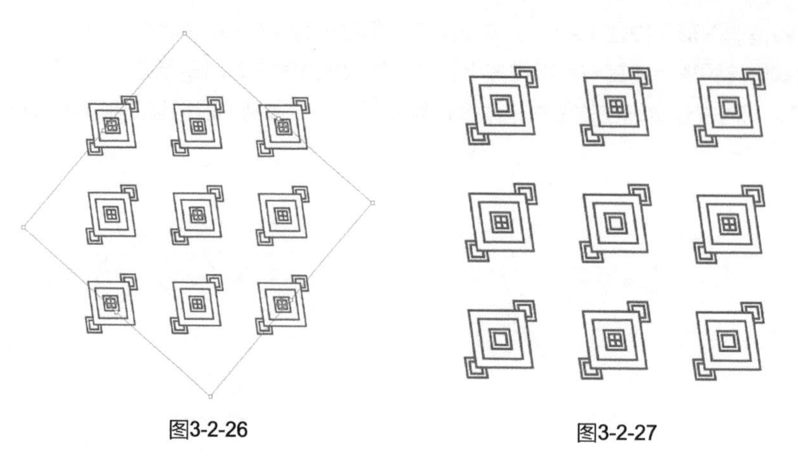

图3-2-26　　图3-2-27

步骤22 使用选择工具■并按住【Shift】键，选择如图3-2-28所示图形中的八条路径，按【Delete】键删除，得到的效果如图3-2-29所示。

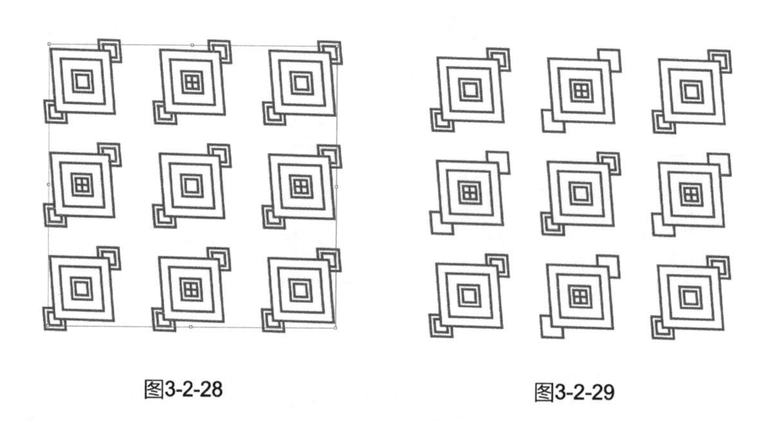

图3-2-28　　图3-2-29

步骤23 使用矩形工具■在图3-2-30所示的位置绘制一个矩形，然后填充黑色，无描边。

步骤24 执行菜单栏中的【对象】/【排列】/【置于底层】命令，得到的效果如图3-2-31所示。

步骤25 按【Ctrl】+【C】组合键复制矩形，再按【Shift】+【Ctrl】+【V】组合键就地粘贴，得到的效果如图3-2-32所示。

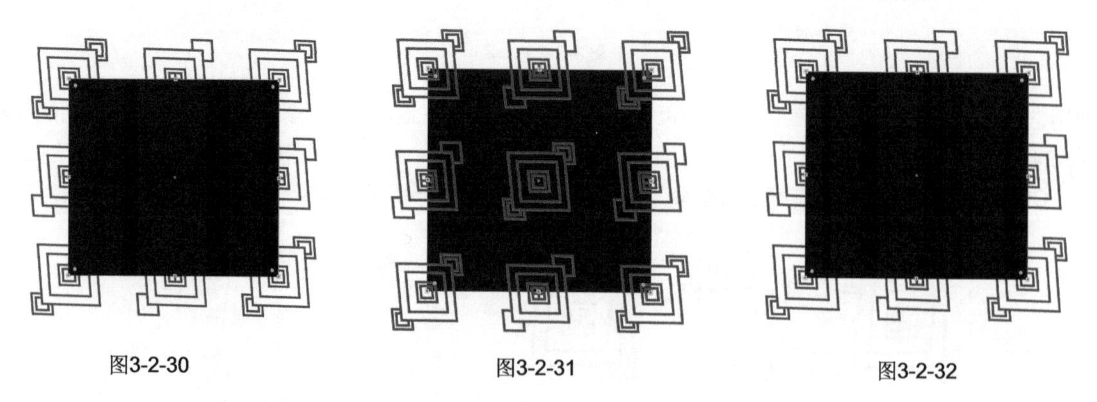

图3-2-30　　图3-2-31　　图3-2-32

步骤26 单击工具箱中的无填色按钮■，执行菜单栏中的【对象】/【排列】/【置于底层】命令，得到的效果如图3-2-33所示。

步骤27 使用选择工具■框选所有图形，按【Ctrl】+【G】组合键编组图形。打开“色板”面板，把图形拖动到“色板”面板中，新建图案色板12，如图3-2-34所示。

图3-2-33

图3-2-34

步骤28 使用矩形工具按住【Shift】键绘制一个无描边的正方形，单击色板中的“新建图案色板12”，得到的效果如图3-2-35所示。

步骤29 使用直接选择工具选中黑色矩形，填充白色，把图形拖动到“色板”面板中，新建图案色板13，如图3-2-36所示。

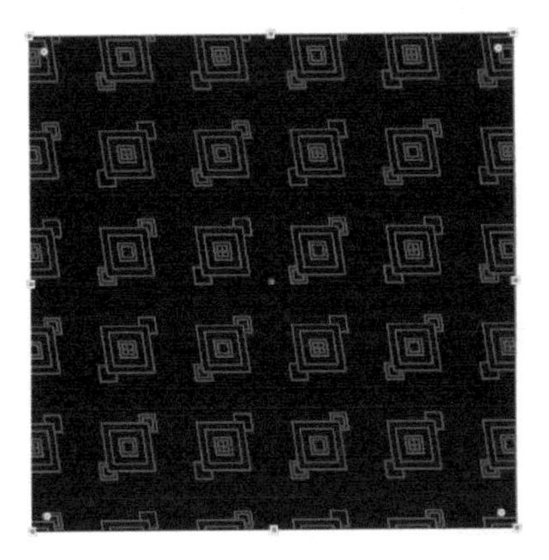

图3-2-35

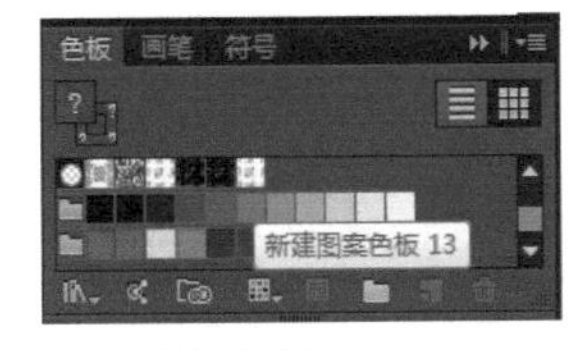

图3-2-36

步骤30 使用选择工具选择正方形，单击色板中的“新建图案色板13”，得到的效果如图3-2-37所示。图3-2-38所示为双菱纹图案的四种配色方案另外三种可自己制作。

图3-2-37

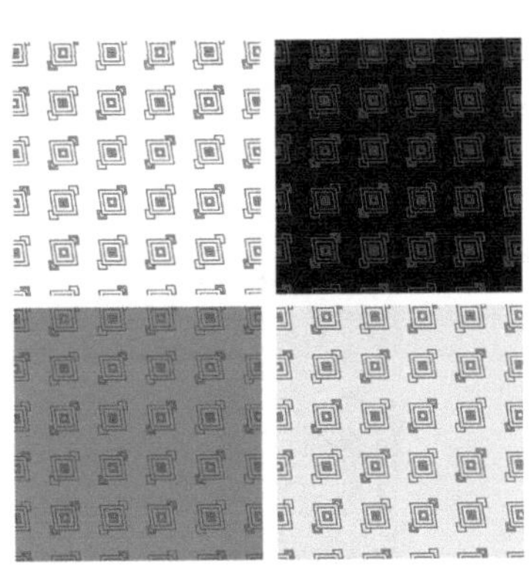

图3-2-38

Lesson ❸ 唐代服饰图案

唐代作为封建王朝的鼎盛时期，其服饰图案继承了周、战国、魏晋时期的风格，融合了周代服饰图案设计上的严谨、战国时期的舒展、汉代的明快、魏晋的飘逸，还吸取了诸多异域风采，兼容并蓄为一体，唐代的图案艺术达到了一个前所未有的辉煌时期。唐代流行的服饰图案花纹复杂、色彩华丽，当时流行的图案纹样可以分为：团窠纹、联珠纹、宝相花纹、瑞锦纹、散点纹、缠枝花、陵阳公样、几何纹等，这些纹样主要表现在唐锦、金银器、陶瓷及建筑装饰等方方面面。

实例3 宝相花图案设计

实例目的：掌握位图转换为矢量图的快捷方法，四方连续图案的绘制方法以及图案配色。

实例要点：图像描摹功能；四方连续图案的绘制方法以及图案配色。

最终效果如图3-3-1所示。

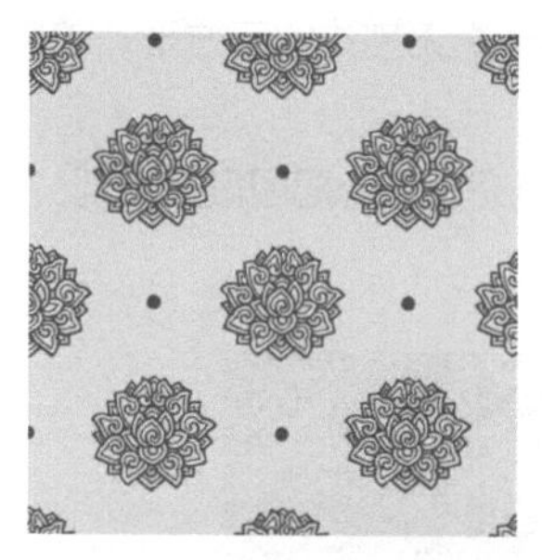

图3-3-1

操作步骤

步骤01 启动Illustrator CC应用程序，执行菜单栏中的【文件】/【新建】命令，弹出“新建文档”对话框，设置文件名为“宝相花图案”，页面取向为“横向”，如图3-3-2所示。单击“确定”按钮，得到的效果如图3-3-3所示。

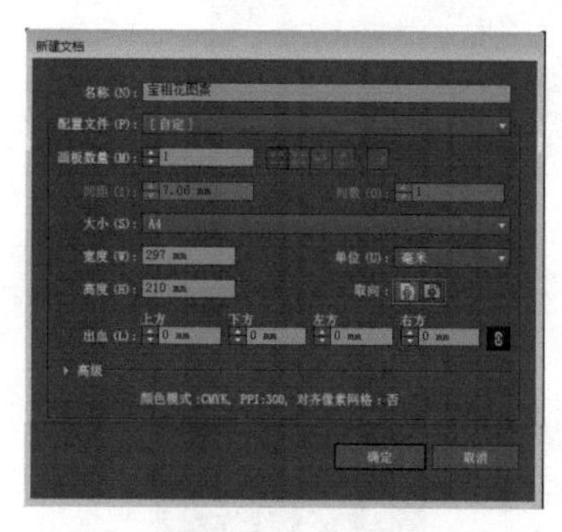

图3-3-2

图3-3-3

步骤02 执行菜单栏中的【视图】/【标尺】/【显示标尺】命令，得到的效果如图3-3-4所示。

图3-3-4

步骤 03 执行菜单栏中的【文件】/【置入】命令，置入“素材图片”中的“宝相花”图片，单击属性栏中的“嵌入”按钮，把图片置入画板，得到的效果如图3-3-5所示。

步骤 04 单击属性栏中的“图像描摹”按钮，把图片转换为矢量图，得到的效果如图3-3-6所示。再单击属性栏中的“扩展”按钮，得到的效果如图3-3-7所示。

图3-3-5

图3-3-6

图3-3-7

步骤 05 按【Shift】+【Ctrl】+【G】组合键取消编组，使用魔棒工具单击图案边缘白色部分，按【Delete】键删除。使用选择工具框选图案，按【Ctrl】+【G】组合键重新编组图案，得到的效果如图3-3-8所示。

步骤 06 双击工具箱中的填色按钮，弹出“拾色器”对话框，设置各项参数，如图3-3-9所示。单击“确定”按钮，再单击工具箱中的无描边按钮，得到的效果如图3-3-10所示。

图3-3-8

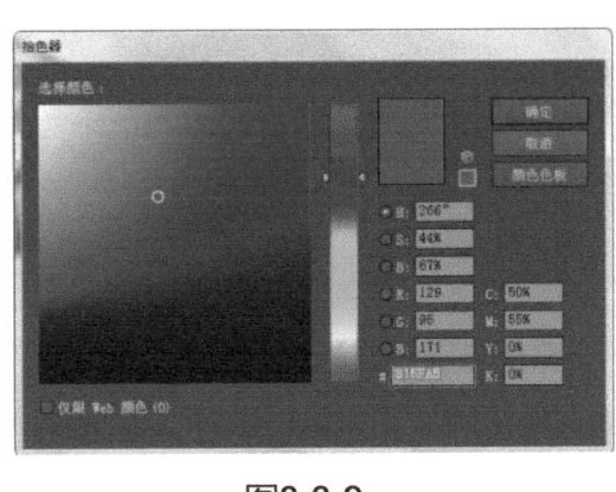

图3-3-9

图3-3-10

步骤 07 选择矩形工具，在页面空白处单击，弹出“矩形”对话框，设置矩形大小参数，如图3-3-11所示。单击“确定”按钮，绘制出图3-3-12所示的矩形。

步骤 08 双击工具箱中的填色按钮，弹出“拾色器”对话框，设置各项参数，如图3-3-13所示。单击“确定”按钮，再单击工具箱中的无描边按钮，得到的效果如图3-3-14所示。

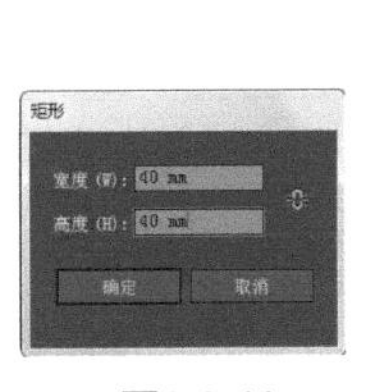

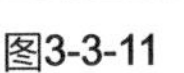

图3-3-11

图3-3-12

图3-3-13

步骤 09 用鼠标单击上方和左方的标尺栏，按住鼠标左键分别从上往下、从左往右拖动鼠标，添加两条辅助线，并与矩形的中心点相交，如图3-3-15所示。

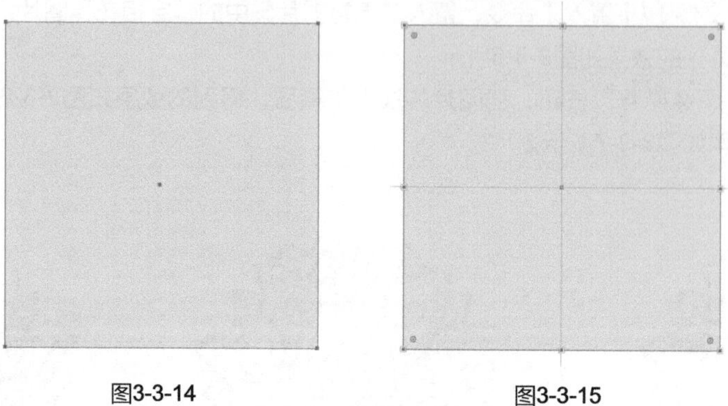

图3-3-14　　图3-3-15

步骤10 使用选择工具选择宝相花图案，摆在矩形的左上角，如图3-3-16所示。

步骤11 使用选择工具按住【Shift】+【Ctrl】+【Alt】组合键缩小图案，执行菜单栏中的【对象】/【排列】/【置于顶层】命令，得到的效果如图3-3-17所示。

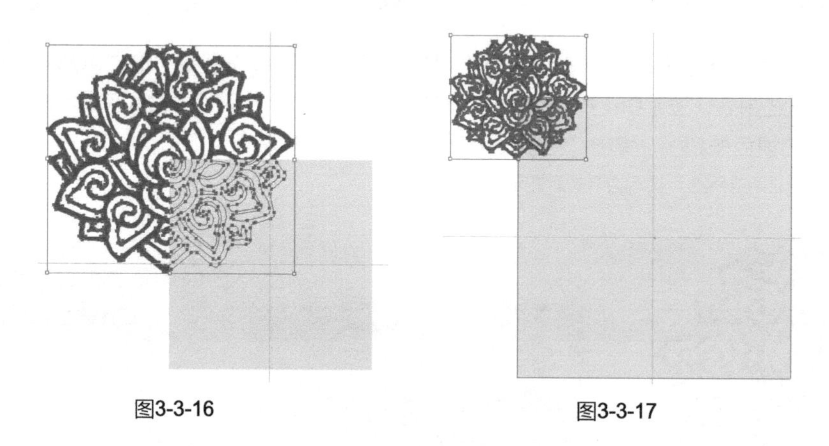

图3-3-16　　图3-3-17

步骤12 按【Ctrl】+【C】组合键复制图案，再按【Shift】+【Ctrl】+【V】组合键就地粘贴图案。按【Ctrl】+【K】组合键，弹出“首选项”对话框，设置“键盘增量”为40mm，和矩形的宽度一致。使用键盘上的向右方向键→,把复制的图案向右移动到图3-3-18所示的位置。

步骤13 使用选择工具按住【Shift】键选择两个图案，按【Ctrl】+【C】组合键复制图案，再按【Shift】+【Ctrl】+【V】组合键就地粘贴图案。使用键盘上的向下方向键↓，把复制的图案向下移动到图3-3-19所示的位置。

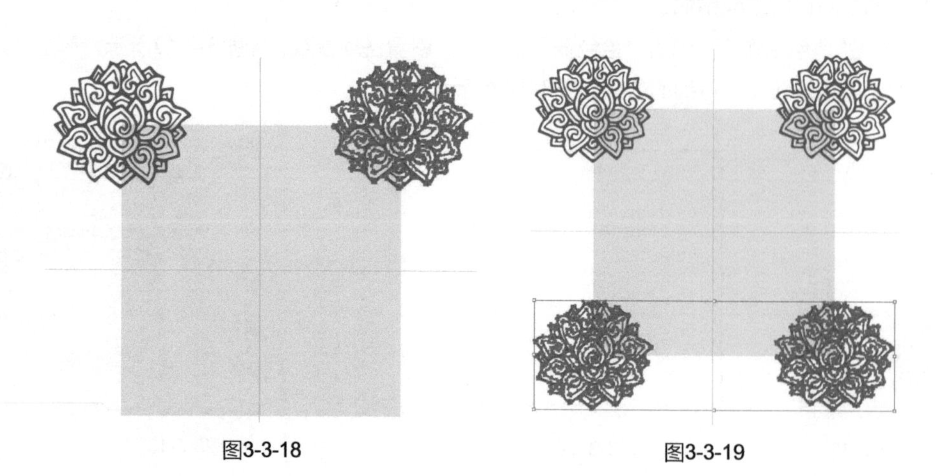

图3-3-18　　图3-3-19

步骤14 使用选择工具选择单个图案，按住【Alt】键的同时按住鼠标左键，拖动鼠标复制图案，把复制的图案参照辅助线移动到矩形的中心位置，如图3-3-20所示。

步骤15 使用椭圆工具并按住【Shift】+【Ctrl】+【Alt】组合键，以辅助线与矩形的相交点为圆心绘制一个圆形，得到的效果如图3-3-21所示。

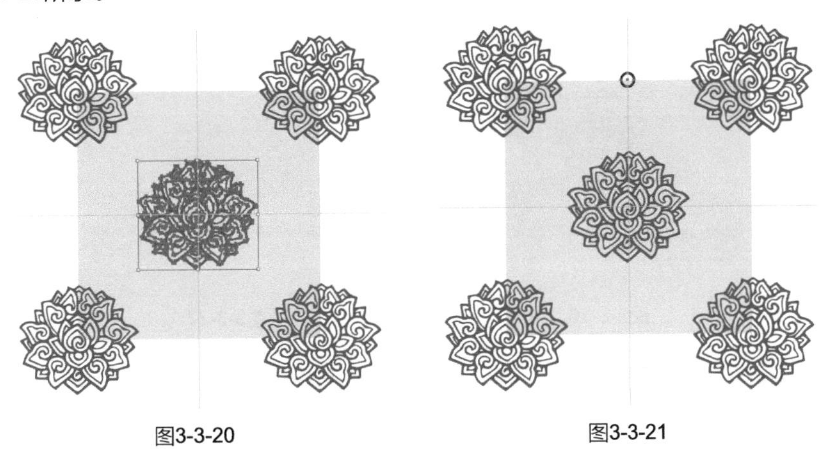

图3-3-20　　图3-3-21

步骤16 使用吸管工具单击宝相花图案吸取颜色，得到的效果如图3-3-22所示。

步骤17 按【Ctrl】+【C】组合键复制图案，再按【Shift】+【Ctrl】+【V】组合键就地粘贴图案。使用键盘上的向下方向键↓，把复制的圆形向下移动到图3-3-23所示的位置。

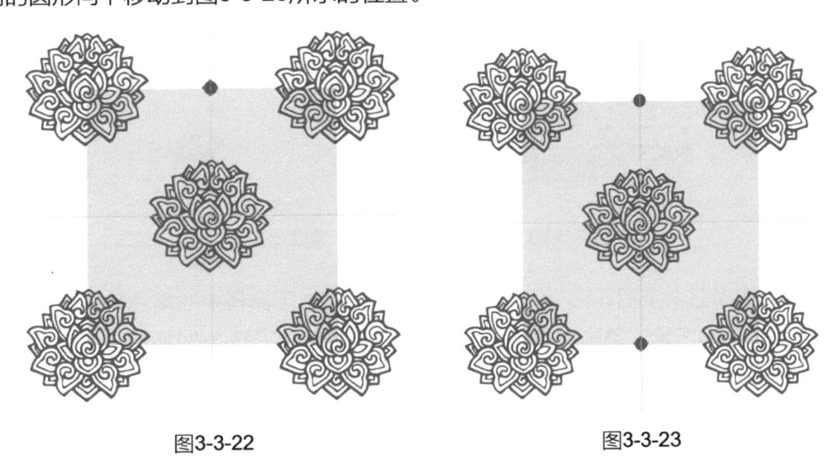

图3-3-22　　图3-3-23

步骤18 重复步骤（15）~（17）的操作，绘制图3-3-24所示的两个圆形。

步骤19 使用选择工具选择矩形，按【Ctrl】+【C】组合键复制图案，再按【Shift】+【Ctrl】+【V】组合键就地粘贴图案，得到的效果如图3-3-25所示。

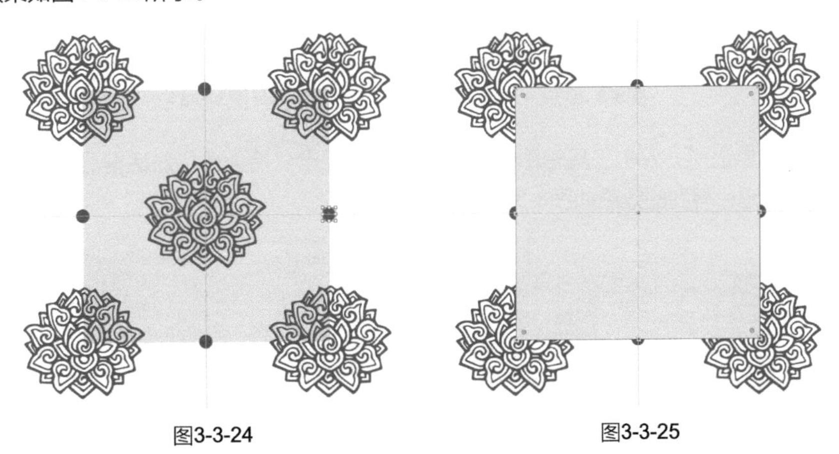

图3-3-24　　图3-3-25

步骤20 单击工具箱中的无填色按钮，执行菜单栏中的【对象】/【排列】/【置于底层】命令，得到的效果如图3-3-26所示。

步骤21 执行菜单栏中的【视图】/【参考线】/【清除参考线】命令，得到的效果如图3-3-27所示。

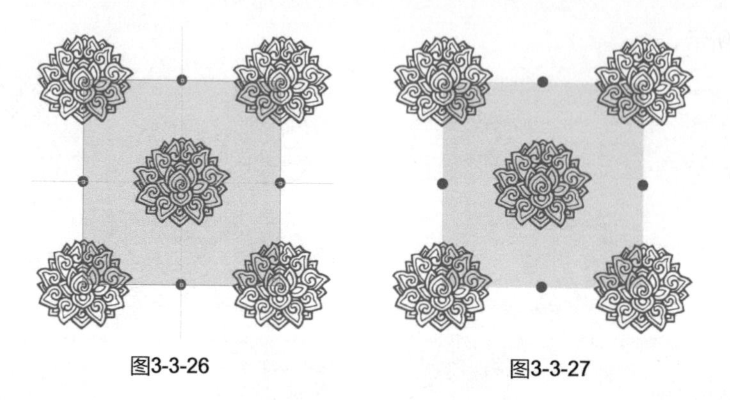

图3-3-26　　图3-3-27

步骤22 使用选择工具框选所有图形，打开“色板”面板，把图形拖动到“色板”面板中，新建图案色板5，如图3-3-28所示。

步骤23 单击矩形工具，并按住【Shift】键，绘制一个无描边的正方形，单击色板中的“新建图案色板5”，得到的效果如图3-3-29所示。

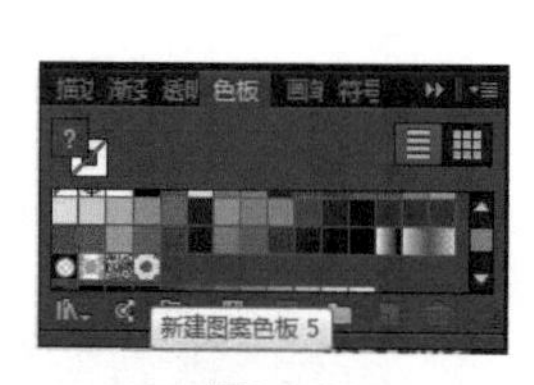

图3-3-28　　图3-3-29

步骤24 使用接选择工具选择五个宝相花图案和四个圆形图案，双击工具箱中的填色按钮□，弹出“拾色器”对话框，设置各项参数，如图3-3-30所示。单击“确定”按钮，得到的效果如图3-3-31所示。

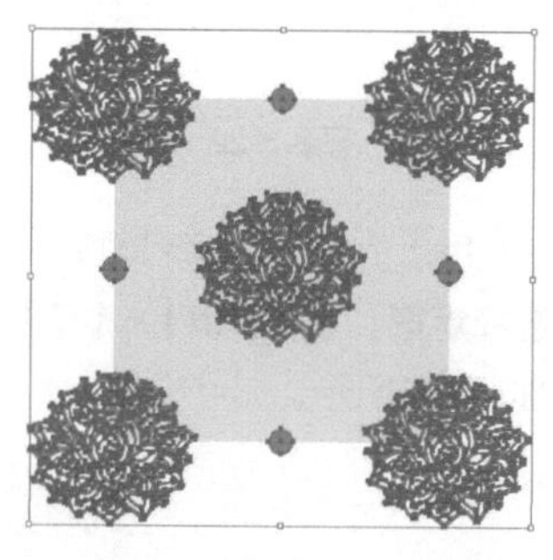

图3-3-30　　图3-3-31

步骤25 使用选择工具选择矩形，双击工具箱中的填色按钮，弹出“拾色器”对话框，设置各项参数，如图3-3-32所示。单击“确定”按钮，得到的效果如图3-3-33所示。

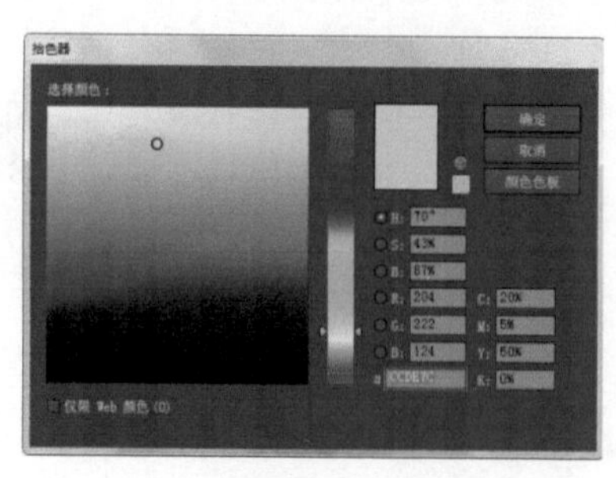

图3-3-32　　图3-3-33

步骤26 使用选择工具框选所有图形，打开“色板”面板，把图形拖动到“色板”面板中，新建图案色板6，如图3-3-34所示。

步骤27 使用矩形工具并按住【Shift】键。绘制一个无描边的正方形，单击色板中的“新建图案色板6”，得到的效果如图3-3-35所示。图3-3-36为宝相花图案的四种配色方案。

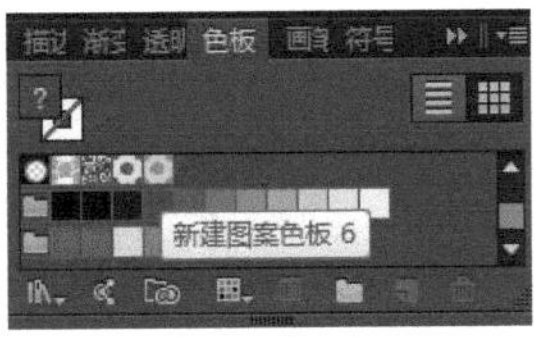

图3-3-34

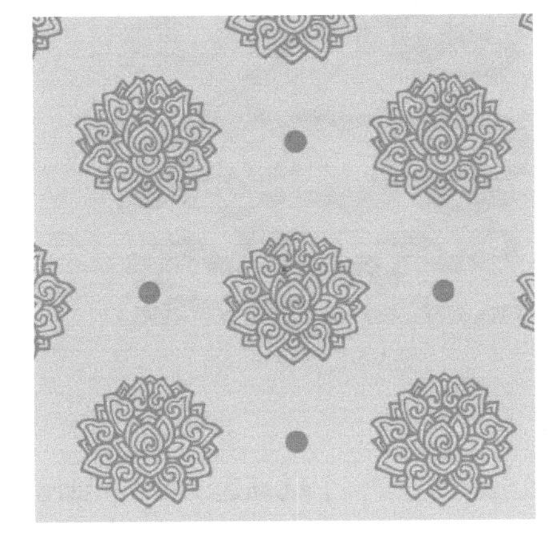

图3-3-35

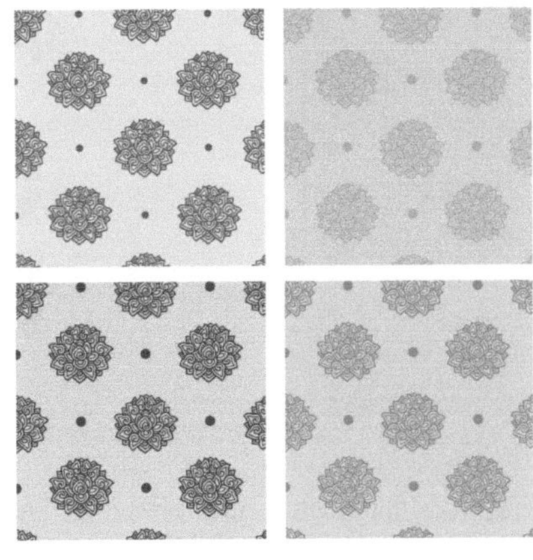

图3-3-36

Lesson 4 明代服饰图案

明代服饰图案在继承前代图案的同时，创造并丰富了谐音图案和寓意图。明代吉祥图案利用象征、寓意、文字等方法以寄托美好的愿望，主要有祥云、文字、如意、花卉、鸟兽等纹样。文字如万字、福字、寿字、喜字等都是明代服饰纹样中常见的。明代服饰纹样中云纹最突出，有四合如意朵云、四合如意连云、四合如意八宝连云、八宝流云等，图3-4-1所示为四合如意云纹。雷纹一般作为图案的衬底，水浪纹多作为服装底边等处的装饰，也有作落花流水纹的。

图3-4-1

实例4 四合如意云纹图案设计

实例目的： 掌握位图转换为矢量图的快捷方法，四方连续图案的绘制方法以及图案配色。

实例要点： 图像描摹功能；四方连续图案的绘制方法以及图案配色。

最终效果如图3-4-2所示。

图3-4-2

操作步骤

步骤01 启动Illustrator CC应用程序，执行菜单栏中的【文件】/【新建】命令，弹出“新建文档”对话框，设置文件名为“四合如意云纹图案”，页面取向为“横向”，如图3-4-3所示。单击“确定”按钮，得到的效果如图3-4-4所示。

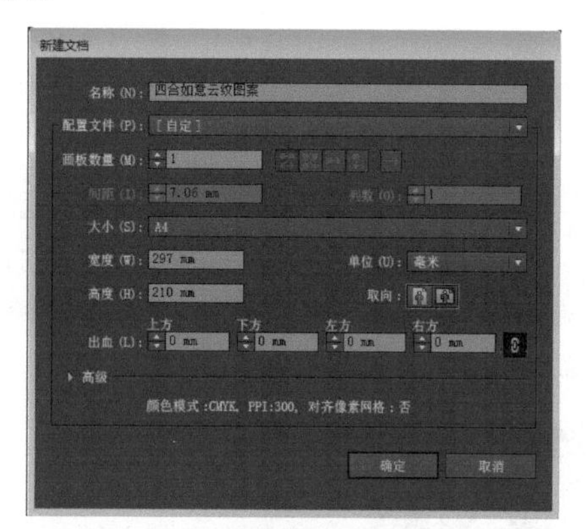

图3-4-3

图3-4-4

步骤02 执行菜单栏中的【视图】/【标尺】/【显示标尺】命令，得到的效果如图3-4-5所示。

图3-4-5

步骤03 执行菜单栏中的【文件】/【置入】命令，置入“素材图片”中的“云纹”图片，单击属性栏中的“嵌入”按钮，把图片置入画板，得到的效果如图3-4-6所示。

步骤04 单击属性栏中的“图像描摹”按钮，把图片转换为矢量图，得到的效果如图3-4-7所示。再单击属性栏中的“扩展”按钮，得到的效果如图3-4-8所示。

步骤05 按【Shift】+【Ctrl】+【G】组合键取消编组，使用魔棒工具单击图案边缘白色部分，按【Delete】键删除，得到的效果如图3-4-9所示。

图3-4-6

图3-4-7

图3-4-8

图3-4-9

步骤06 使用选择工具框选图3-4-10所示的图案，按【Ctrl】+【G】组合键编组图案。

步骤07 执行菜单栏中的【对象】/【变换】/【对称】命令，弹出“镜像”对话框，选择“轴＞垂直”，单击“复制”按钮。

步骤08 执行菜单栏中的【对象】/【变换】/【对称】命令，弹出“镜像”对话框，选择“轴＞水平”，单击“复制”按钮，得到的效果如图3-4-11所示。

图3-4-10

图3-4-11

步骤09 使用选择工具把图案向下移动到图3-4-12所示的位置。

步骤10 使用选择工具选择中间的图形，执行菜单栏中的【对象】/【变换】/【对称】命令，弹出“镜像”对话框，选择“轴＞水平”，单击“复制”按钮，得到的效果如图3-4-13所示。

步骤11 使用选择工具把图案向下移动到图3-4-14所示的位置。

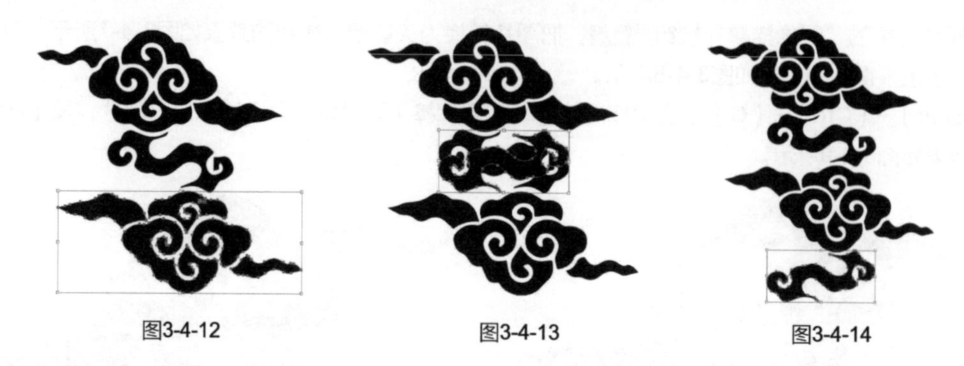
图3-4-12　　图3-4-13　　图3-4-14

步骤12 使用选择工具选择最上方的图案，按住【Alt】键的同时按住鼠标左键，向下拖动鼠标复制图案，把复制的图案移动到图3-4-15所示的位置。

步骤13 使用选择工具框选所有图案，按住【Alt】键的同时向左拖动鼠标复制图案，把复制的图案移动到图3-4-16所示的位置。

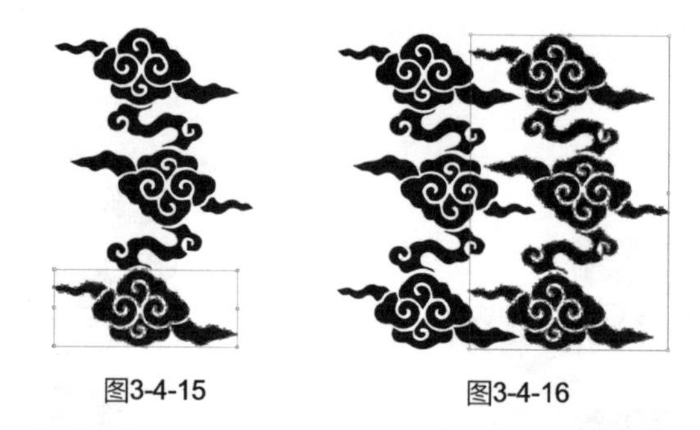
图3-4-15　　图3-4-16

步骤14 用矩形工具绘制一个矩形，填充白色并设置无描边，得到的效果如图3-4-17所示。

步骤15 执行菜单栏中的【对象】/【排列】/【置于底层】命令，得到的效果如图3-4-18所示。

图3-14-17　　图3-4-18

步骤16 按【Ctrl】+【C】组合键复制矩形，再按【Shift】+【Ctrl】+【V】组合键就地粘贴矩形，得到的效果如图3-4-19所示。

步骤17 单击工具箱中的无填色按钮，执行菜单栏中的【对象】/【排列】/【置于底层】命令，得到的效果如图3-4-20所示。

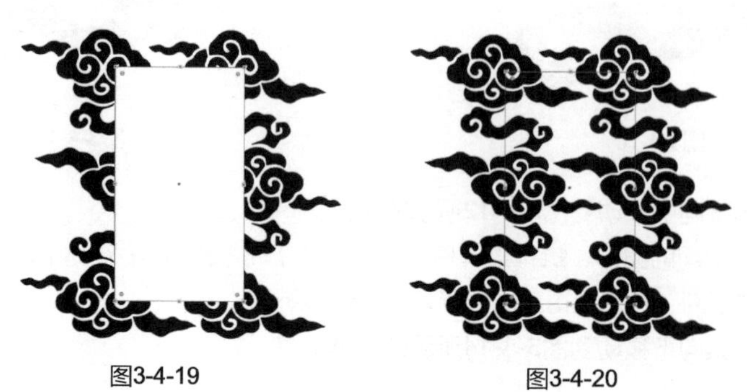
图3-4-19　　图3-4-20

步骤18 打开“色板”面板，把所有图形拖动到“色板”面板中，新建图案色板12，如图3-4-21所示。

步骤19 使用矩形工具并按住【Shift】键，绘制一个无描边的正方形，单击色板中的“新建图案色板12”，得到的效果如图3-4-22所示。

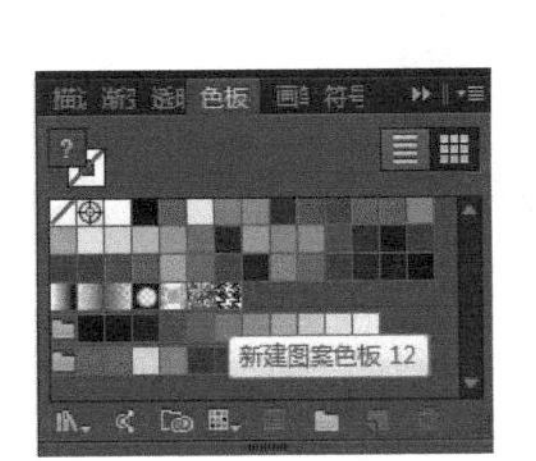

图3-4-21

图3-4-22

步骤20 执行菜单栏中的【对象】/【变换】/【缩放】命令，弹出“比例缩放”对话框，设置各项参数，如图3-4-23所示，单击“确定”按钮，得到的四合如意云纹图案如图3-4-24所示。

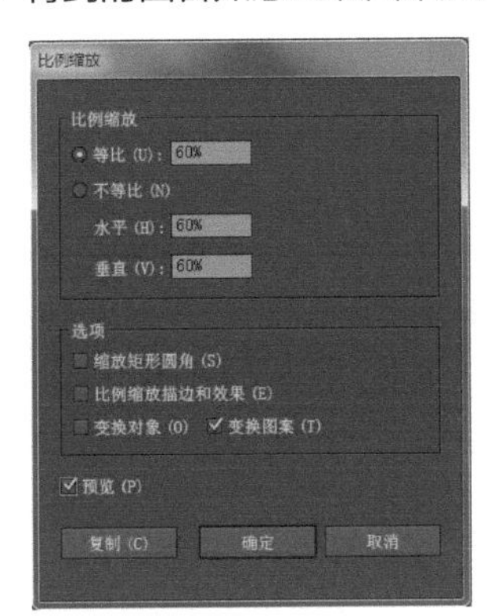

图3-4-23

图3-4-24

步骤21 用直接选择工具选择矩形，双击工具箱中的填色按钮，弹出“拾色器”对话框，设置各项参数，如图3-4-25所示。单击“确定”按钮，得到的效果如图3-4-26所示。

图3-4-25

图3-4-26

步骤22 用选择工具选择所有图形，打开“色板”面板，把图形拖动到“色板”面板中，新建图案色板13，如图3-4-27所示。

步骤23 使用矩形工具并按住【Shift】键，绘制一个无描边的正方形，单击色板中的“新建图案色板13”，得到的效果如图3-4-28所示。图3-4-29为四合如意云纹图案的四种配色方案。

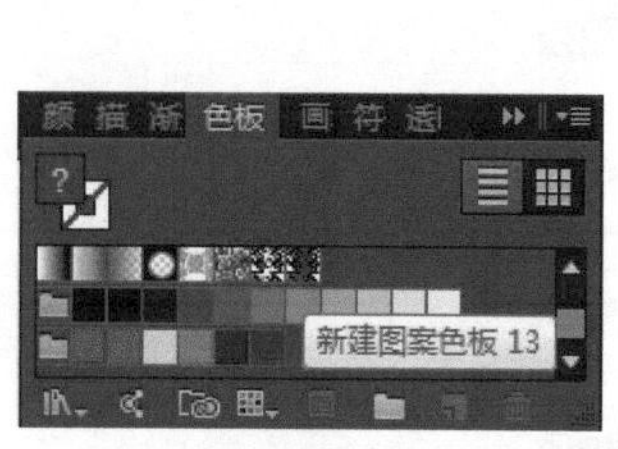

图3-4-27

图3-4-28

图3-4-29

Lesson 5 款式设计的基本原理

1 服装款式图绘制的基本方法

汉服款式设计最常见的表现形式是平面款式图，款式图绘制的基本方法有以下两种。

a. 比例法

手绘款式图时首先要把握服装外形及服装细节的比例关系。各种不同的服装有其各自不同的比例关系。在绘制服装的比例时，应注意“从整体到局部”，绘制好服装的外形及主要部位之间的比例，如服装的肩宽与衣身长度之比，裤子的腰宽和裤长之间的比例，领口和肩宽之间的比例，腰头宽度与腰头长度之间的比例等。图3-5-1所示为运用比例法绘制款式图。使用Illustrator CC绘制汉服款式图时，一定要掌握好服装各部位的比例，在绘制过程中可以通过添加辅助线来快速掌握服装比例，以帮助绘图。

图3-5-1

b. 对称法

人体左右两部分是对称的，所以服装的主体结构必然呈现出对称的结构。在款式图的绘制过程中，一定要注意服装的对称规律。在手绘款式图时可以使用“对称法”来绘制服装款式图，这是一种先画好服装的一半（左或右），然后再沿中线对折，复制描画另一半的方法，这种方法可以轻松地画出左右对称的服装款式图，如图3-5-2所示。

图3-5-2

❷ 绘制服装款式图时所使用的人体比例

人体从头顶到下颌骨的区域称为头身，在进行服装款式设计时，人体比例可设为1:8，称为8头身，意思是人的身高应有8个头长。为了方便快速地掌握款式图绘制的比例，我们以1:8的比例绘制人体模型（款式图比较关键的地方在于确定肩线、胸围线、腰围线和臀围线，图3-5-3、图3-5-4所示为男装人台模型和女装人台模型）。

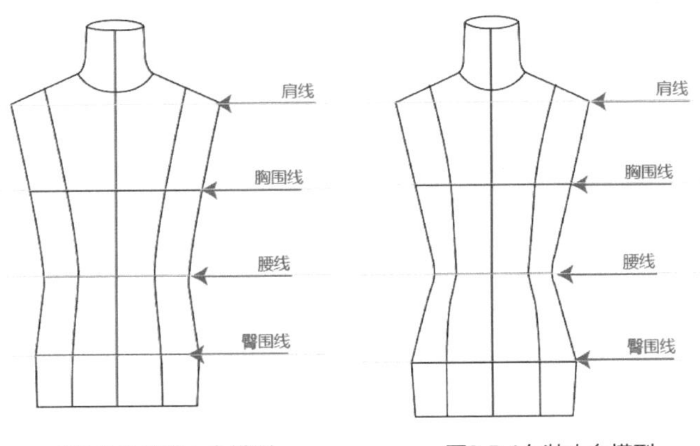

图3-5-3 男装人台模型　　图3-5-4女装人台模型

男装人台模型肩宽等于2个头长，腰围等于1个头长，臀围等于1.5个头长，下颌到胸围的1/2处是肩线，肩线的1/3处为领窝线。女装人台模型肩宽等于1.5个头长，腰围等于1个头长，臀围等于1.5个头长，下颌到胸围的1/2处是肩线，肩线的1/3处为领窝线。款式图的绘制可以在人台模型基础上添加造型变化，这样可以准确地把握款式图的比例。腰节的上衣长度约在肩宽的1倍处（男装款式可以把腰节线下移、女装款式可以把腰节线往上提）。在人台模型的基础上添加辅助线，以确定领、肩、腰、臀，衣长、裤长、裙长等位置，这样便于快速地掌握款式图绘制的准确比例。

Chapter 4
传统汉服款式设计

Lesson 1 深衣款式设计

深衣是中国古代最具有代表意义的一种服装，它也是汉族的传统礼服，从春秋战国时代起，一直沿革到明代。深衣把衣、裳连在一起包住身子，分开裁但是上下缝合，因为“被体深邃”，因而得名。通俗地说，就是上衣和下裳相连在一起，用不同色彩的布料作为边缘（称为“衣缘”或者“纯”），其特点是使身体深藏不露，雍容典雅。

深衣从制作到穿着都有一定的制度。古代圣贤之人都喜欢穿着深衣，据汉代《礼记•深衣》记载：深衣长度齐脚裸，以不露体肤和不拖地为宜。下裳要续衽钩边，用12幅布制作，与一年12月相对应。衣袖圆如圆规，背缝直如垂线。父母、祖父母均健在，深衣就镶带花纹的边；父母健在就镶青边。如果都不健在，深衣就镶白边。

深衣主要有两种式样，曲裾和直裾，它流行于不同的年代，图4-1-1、图4-1-2所示分别为曲裾深衣和直裾深衣。从春秋战国到秦汉时期，一直流行曲裾深衣。特别是到了汉代，深衣已成为女性的礼服。与战国时期比，汉代的深衣在形制上多为单层，下裳裁成12片；在外观上，衣襟更长，缠绕层数更多，下摆增大呈喇叭状，衣长曳地，行不露足；在穿着上，腰身通常紧裹，腰带系扎在缠绕的衣襟末端，以防止松散。由于这种深衣的右衽斜领领口很低，能露出其内的里衣衣领，因而得名为“三重衣”。其袖型有宽窄两种，袖口都要镶边。

图4-1-1

图4-1-2

实例5 曲裾深衣款式设计

实例目的：了解绘制曲裾深衣基本造型的基础工具的使用，以及深衣装饰细节设计。

实例要点：使用钢笔工具和锚点工具绘制深衣的基本轮廓；面料图案的填充及细节表现（衣缘、腰带等）。

最终效果如图4-1-3所示。

图4-1-3

操作步骤

步骤01 启动Illustrator CC应用程序，执行菜单栏中的【文件】/【新建】命令，弹出“新建文档”对话框，设置文件名为“曲裾深衣”，页面取向为“横向”，如图4-1-4所示。单击“确定”按钮，得到的效果如图4-1-5所示。

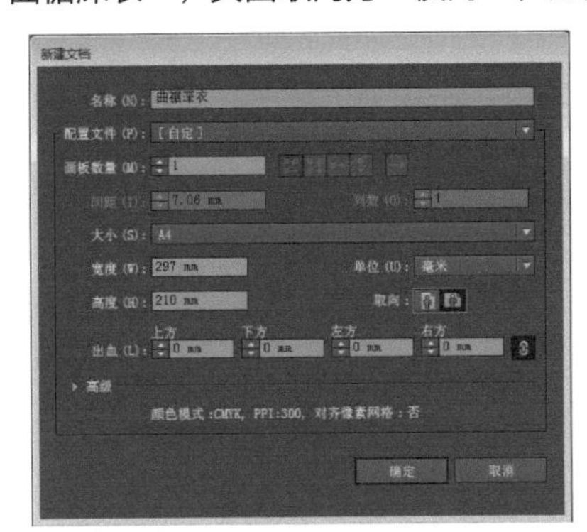

图4-1-4

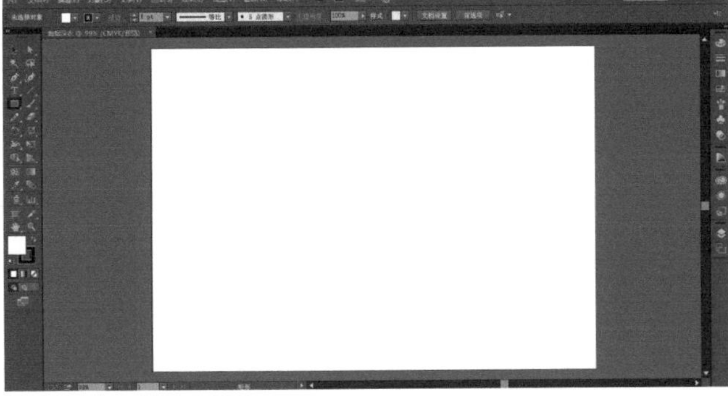

图4-1-5

步骤02 执行菜单栏中的【视图】/【标尺】/【显示标尺】命令，得到的效果如图4-1-6所示。

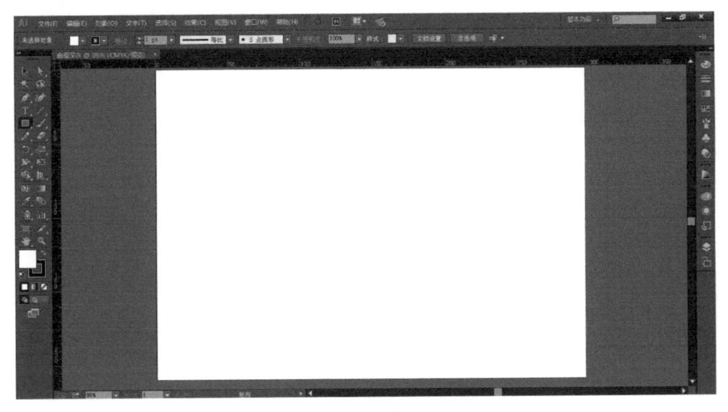

图4-1-6

步骤03 用鼠标左键分别按住上方和左方的标尺栏，分别从上往下、从左往右拖动鼠标，添加十一条辅助线，确定衣长、领口、肩线、袖肥、腰线等位置，如图4-1-7示。

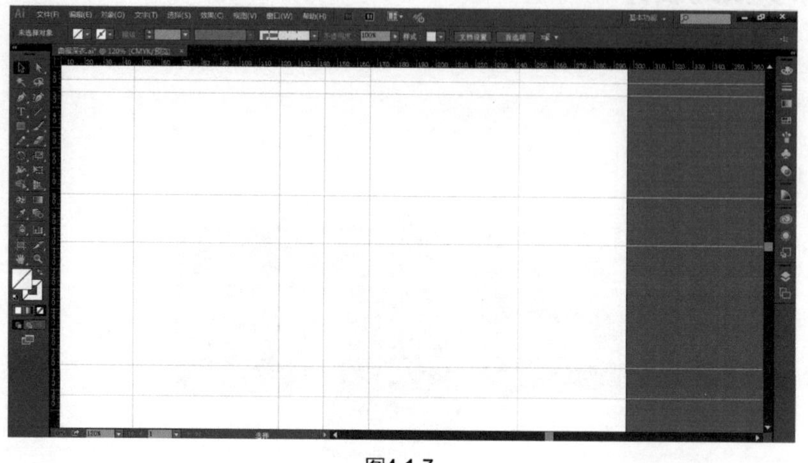

图4-1-7

步骤04 在辅助线的基础上使用钢笔工具绘制路径，如图4-1-8所示。在属性栏中设置轮廓描边为。使用锚点工具调整路径造型，得到的衣身效果如图4-1-9所示。

步骤05 使用选择工具，单击“颜色”面板中的白色，给图形填充色彩，如图4-1-10所示。

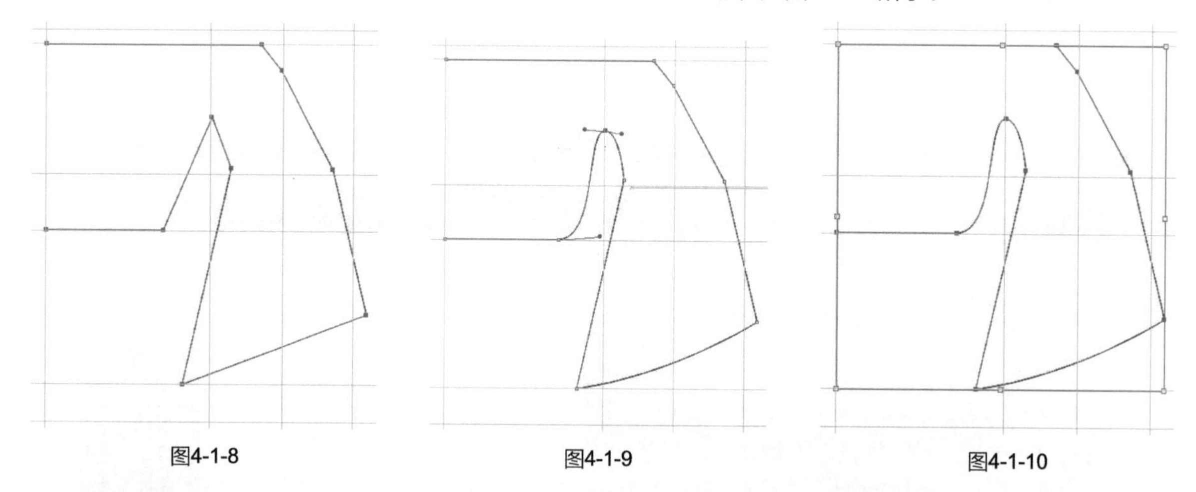

图4-1-8　　图4-1-9　　图4-1-10

步骤06 执行菜单栏中的【对象】/【变换】/【对称】命令，弹出“镜像”对话框，设置各项参数，如图4-1-11所示。

步骤07 单击“复制”按钮，得到的效果如图4-1-12所示。

步骤08 用向右方向键→把复制的图形向右平移到一定的位置，得到的效果如图4-1-13所示。

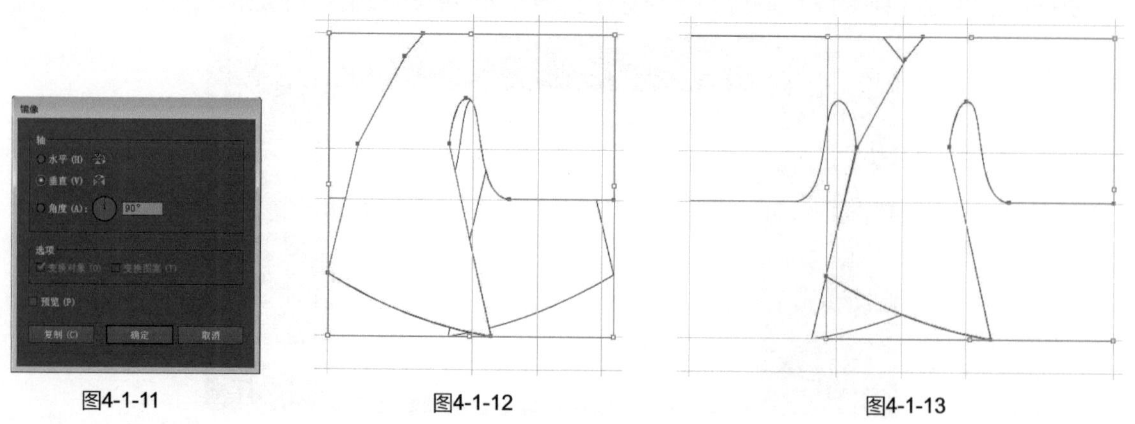

图4-1-11　　图4-1-12　　图4-1-13

步骤09 分别使用钢笔工具和锚点工具在辅助线的基础上绘制路径，如图4-1-14所示，在属性栏中设置轮廓描边为。

步骤10 双击工具箱中的填色按钮□，弹出“拾色器”对话框，设置各项参数，如图4-1-15所示，单击“确定”按钮，得到的效果如图4-1-16所示。

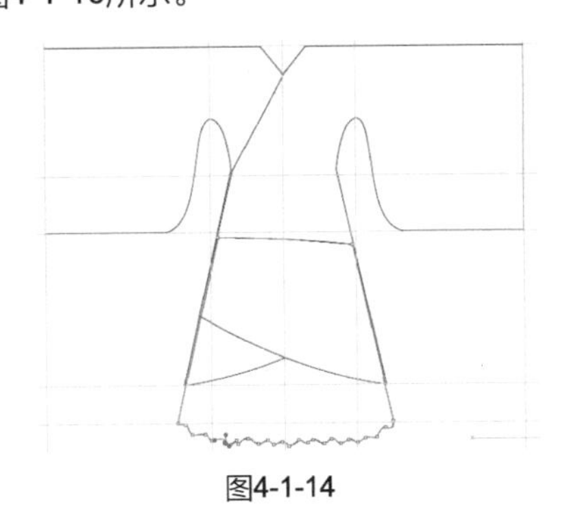

图4-1-14

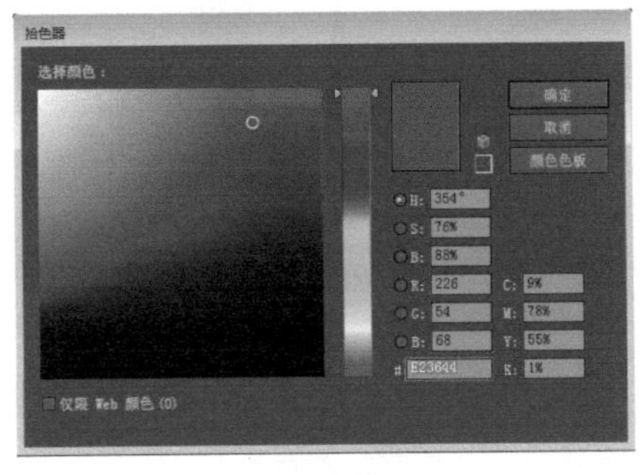

图4-1-15

步骤11 分别使用钢笔工具和锚点工具绘制褶裥线，在属性栏中设置轮廓描边为，得到的效果如图4-1-17所示。

步骤12 单击选择工具，按住【Shift】键的同时选择所有褶裥线和红色的图形，执行菜单栏中的【对象】/【排列】/【置于底层】命令，得到的效果如图4-1-18所示。

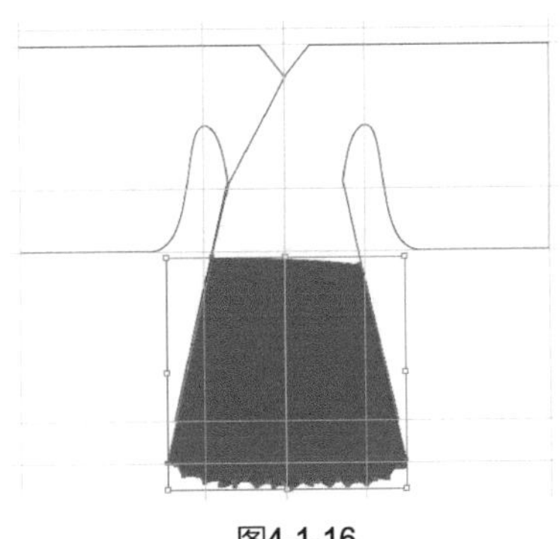

图4-1-16

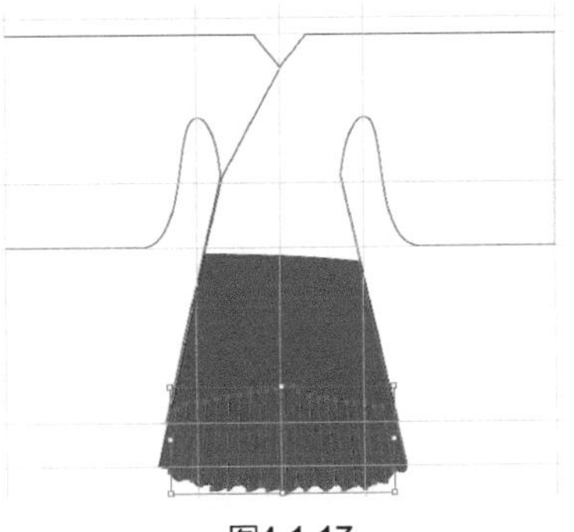

图4-1-17

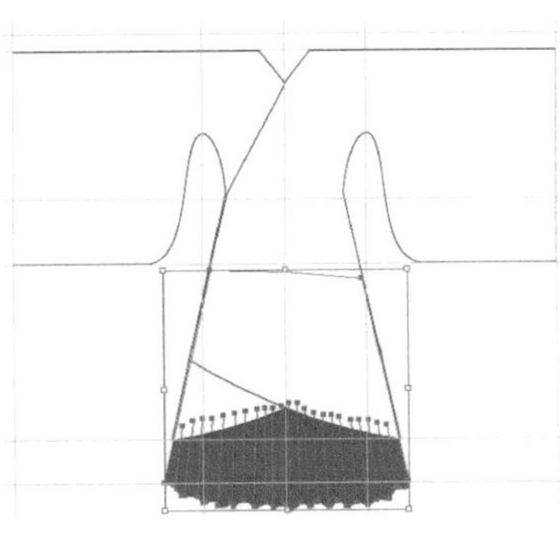

图4-1-18

步骤13 执行菜单栏中的【文件】/【打开】命令，打开“图案素材”中的“汉代缠枝纹样”，如图4-1-19所示。用选择工具选择图案，按【Ctrl】+【X】组合键剪切图案，再单击“曲裾深衣”文件，按【Ctrl】+【V】组合键粘贴图案，得到的效果如图4-1-20所示。

步骤14 使用选择工具按住【Shift】+【Ctrl】+【Alt】组合键，等比例缩小图案，得到的效果如图4-1-21所示。

图4-1-19

图4-1-20

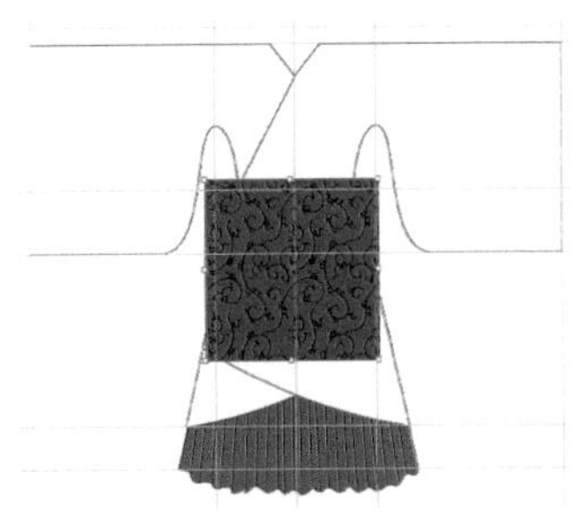

图4-1-21

步骤15 使用选择工具选择绘制好的右片衣身，并移动到页面外，如图4-1-22所示。

步骤16 使用选择工具选择缩小后的图案，并移动到复制的衣身上，如图4-1-23所示。

步骤17 单击选择工具并按住【Alt】键的同时按住鼠标左键，拖动鼠标复制图案，把复制的图案向左边移动到图4-1-24所示的位置。

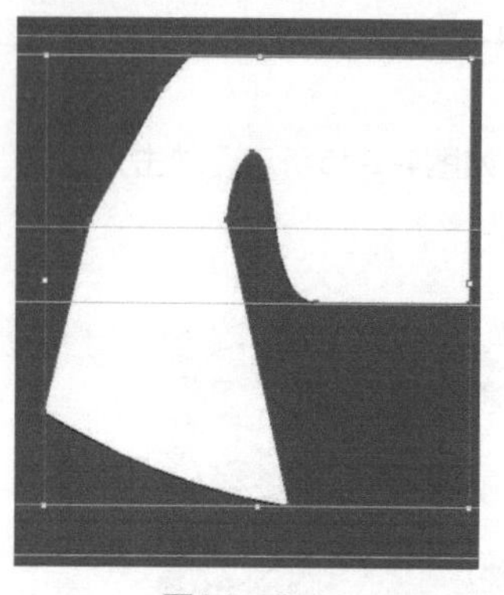

图4-1-22

图4-1-23

图4-1-24

注意：此处移动图案时需注意四方连续图案的衔接。

步骤18 重复上一步的操作，分别复制六次图案，把它们摆放至图4-1-25所示的位置。

注意：复制的图案必须把衣身全部覆盖。

步骤19 使用选择工具并按住【Shift】键选择所有的图案，执行菜单栏中的【对象】/【排列】/【置于底层】命令，得到的效果如图4-1-26所示。

步骤20 按住【Shift】键加选衣身图形，执行菜单栏中的【对象】/【剪切蒙版】/【建立】命令，或者按【Ctrl+7】组合键创建剪切蒙版，得到的效果如图4-1-27所示。

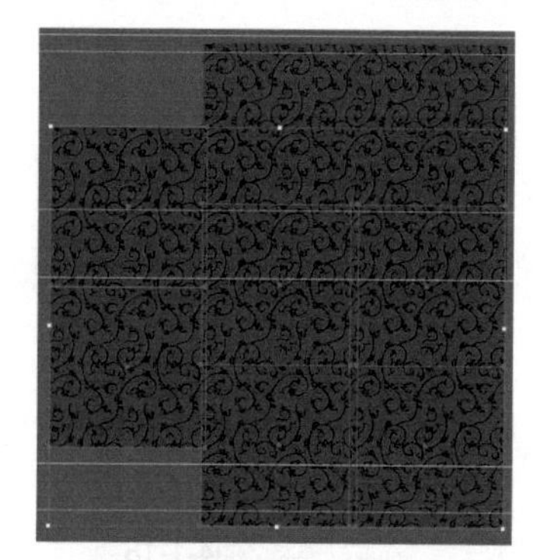

图4-1-25

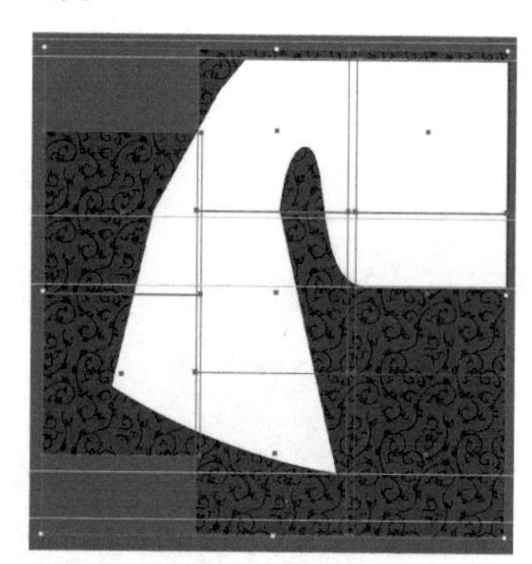

图4-1-26

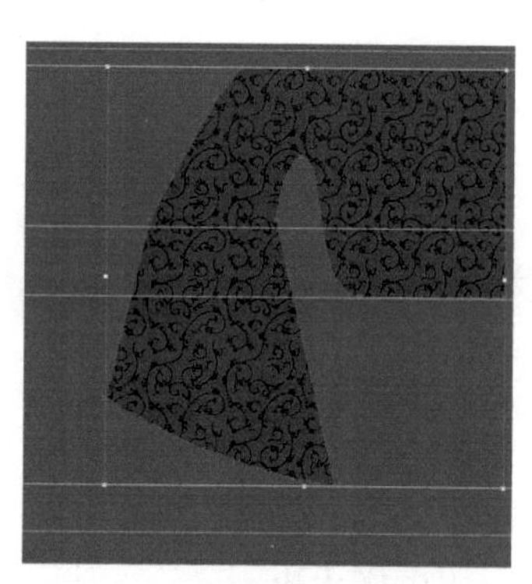

图4-1-27

步骤21 把完成的图案剪切蒙版移动到衣身上，如图4-1-28所示。

步骤22 执行菜单栏中的【对象】/【排列】/【后移一层】命令，得到的效果如图4-1-29所示。

图4-1-28

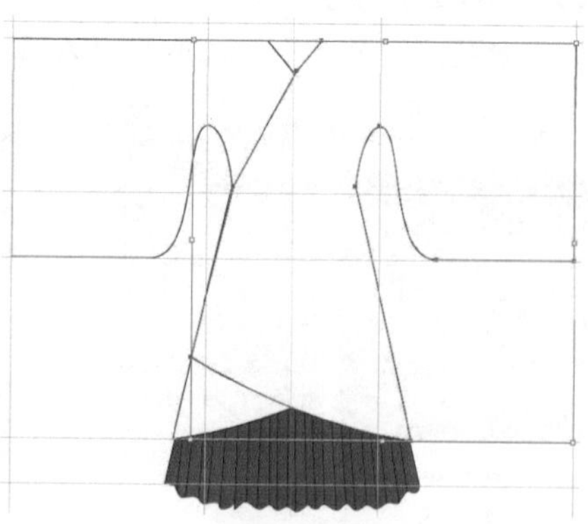

图4-1-29

步骤23 使用选择工具选择白色图形，单击工具箱中的无填色按钮，使图形无颜色填充，得到的效果如图4-1-30所示。

步骤24 重复步骤（15）~（23）的操作，完成左片衣身的图案效果，如图4-1-31所示。

步骤25 使用钢笔工具在左右衣袖上绘制两条分割线，在属性栏中设置轮廓描边为，得到的效果如图4-1-32所示。

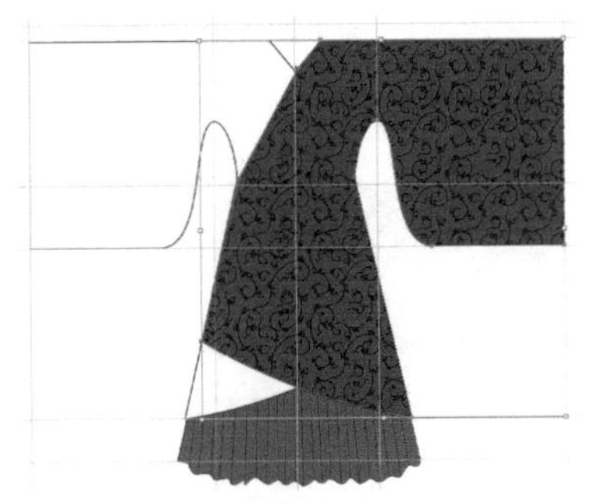

图4-1-30

图4-1-31

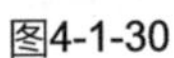

步骤26 使用矩形工具绘制左袖的袖缘（袖口镶边部分），填充黑色，得到的效果如图4-1-33所示。

图4-1-32

图4-1-33

步骤27 分别使用钢笔工具和锚点工具在辅助线基础上绘制左右门襟衣缘（门襟镶边），在属性栏中设置轮廓描边为并填充黑色，得到的效果如图4-1-34所示。

步骤28 分别使用钢笔工具和锚点工具在辅助线基础上绘制后领领缘（后领镶边），在属性栏中设置轮廓描边为并填充黑色，得到的效果如图4-1-35所示。

图4-1-34

图4-1-35

步骤29 执行菜单栏中的【对象】/【排列】/【置于底层】命令，得到的效果如图4-1-36所示。

步骤30 使用矩形工具在衣身上绘制一个长方形，如图4-1-37所示。

图4-1-36

图4-1-37

步骤31 使用吸管工具单击袖身吸取颜色，并填充到长方形内，得到的效果如图4-1-38所示。

步骤32 执行菜单栏中的【对象】/【排列】/【置于底层】命令，得到的效果如图4-1-39所示。

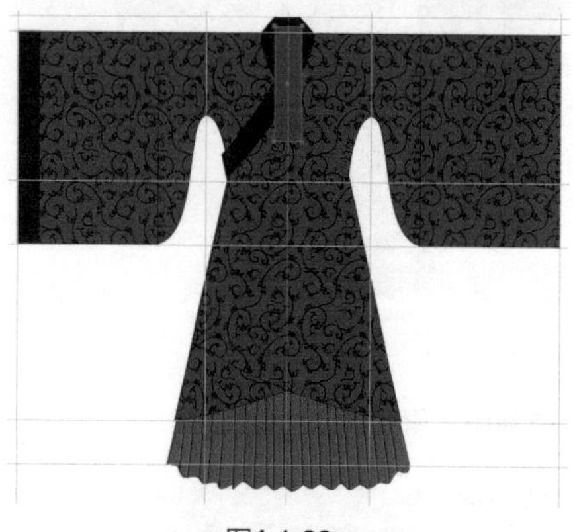
图4-1-38

图4-1-39

步骤33 使用矩形工具绘制右袖的袖缘（袖口镶边部分），填充黑色，得到的效果如图4-1-40所示。

步骤34 执行菜单栏中的【视图】/【参考线】/【清除参考线】命令，得到的效果如图4-1-41所示。

图4-1-40

图4-1-41

步骤35 使用钢笔工具和锚点工具绘制下摆的衣缘部分，在属性栏中设置轮廓描边为并填充黑色，得到的效果如图4-1-42所示。

步骤36 使用钢笔工具和锚点工具绘制图4-1-43所示的图形，在属性栏中设置轮廓描边为并填充白色。

图4-1-42

图4-1-43

步骤37 重复步骤（15）~（23）的操作，完成图案效果如图4-1-44所示。

步骤38 使用钢笔工具和锚点工具绘制衣缘部分，在属性栏中设置轮廓描边为并填充黑色，得到的效果如图4-1-45所示。

图4-1-44

图4-1-45

步骤 39 使用钢笔工具和锚点工具绘制腰封，在属性栏中设置轮廓描边为并填充黑色，得到的效果如图4-1-46所示。

步骤 40 执行菜单栏中的【文件】/【打开】命令，打开“图案素材”中的“衣缘图案”，如图4-1-47所示。用选择工具选择图案，按【Ctrl】+【X】组合键剪切图案，再单击“曲裾深衣”文件，按【Ctrl】+【V】组合键粘贴图案，得到的效果如图4-1-48所示。

步骤 41 使用吸管工具单击裙摆吸取颜色，填充图案，单击工具箱中的无描边按钮，使图案无描边，得到的效果如图4-1-49所示。

图4-1-46

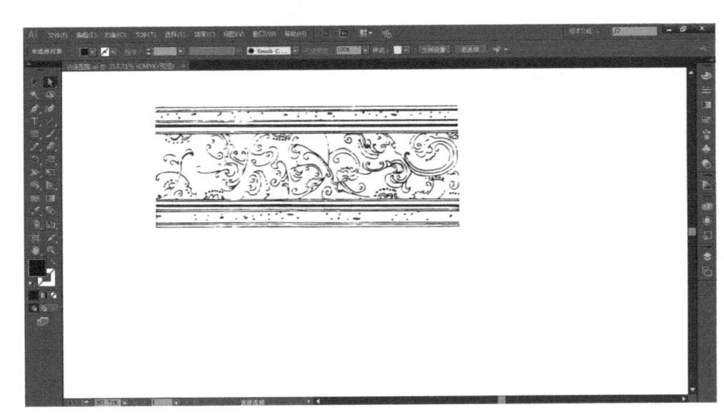

图4-1-47

图4-1-48

图4-1-49

步骤 42 单击界面右侧的画笔按钮，弹出“画笔”面板，如图4-1-50所示。

步骤 43 使用选择工具把图案直接拖入“画笔”面板中，弹出“新建画笔”对话框，选择“图案”画笔，单击“确定”按钮，弹出“图案画笔选项”对话框，设置参数，如图4-1-51所示。单击“确定”按钮，在“画笔”面板中出现“图案画笔2”笔触，如图4-1-52所示。按【Delete】键删除画板中的图案。

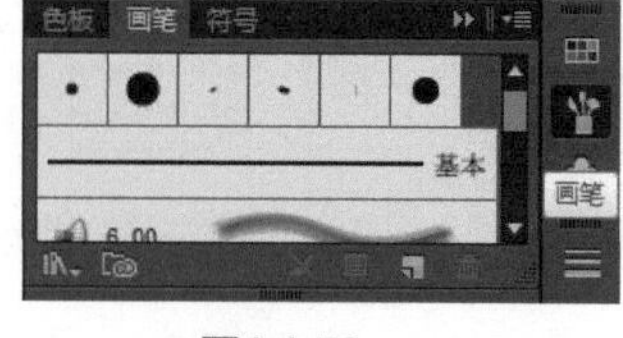

图4-1-50

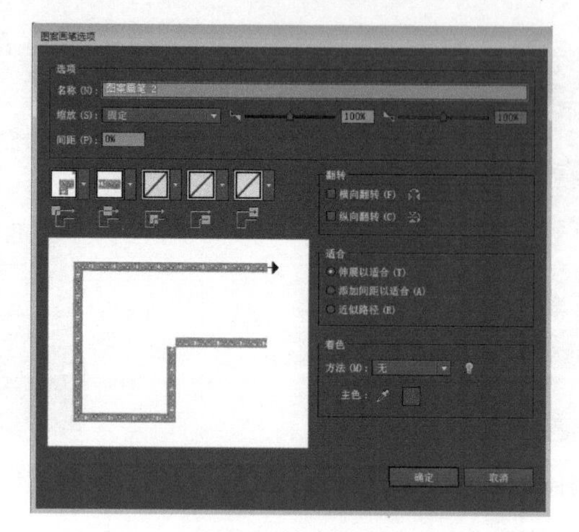

图4-1-51

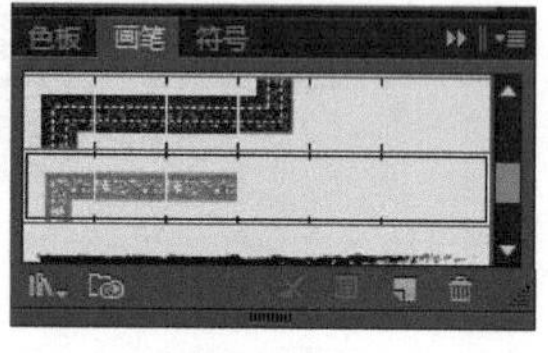

图4-1-52

步骤44 使用钢笔工具在袖缘上绘制一条直线，如图4-1-53所示。单击“画笔”面板中的“图案画笔”，得到的效果如图4-1-54所示。

步骤45 单击“画笔”面板中的所选对象选项按钮，弹出“描边选项”对话框，设置参数，如图4-1-55所示。单击“确定”按钮，得到的效果如图4-1-56所示。

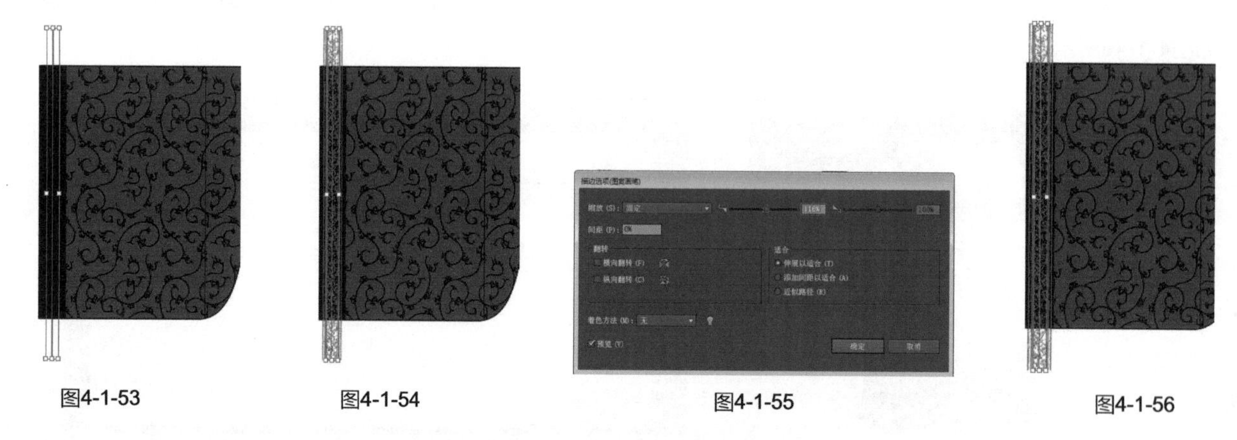

图4-1-53 图4-1-54 图4-1-55 图4-1-56

步骤46 使用矩形工具重新绘制左袖的袖缘，填充黑色，得到的效果如图4-1-57所示。

步骤47 使用选择工具并按住【Shift】键加选图案，执行菜单栏中的【对象】/【剪切蒙版】/【建立】命令，或者按【Ctrl+7】组合键创建剪切蒙版，得到的效果如图4-1-58所示。

图4-1-57 图4-1-58

步骤48 重复步骤（44）~（47）的操作，分别绘制领口、袖口、腰带及衣摆的图案，得到的效果如图4-1-59所示。注意：图案摆放的前后顺序。

步骤49 使用钢笔工具和锚点工具绘制腰封上的绑带轮廓，在属性栏中设置轮廓描边为，得到的效果如

图4-1-60所示。

图4-1-59

图4-1-60

步骤50 使用吸管工具单击裙摆吸取颜色，填充绑带，得到的效果如图4-1-61所示。

步骤51 使用选择工具单击页面空白处，曲裾深衣的最终效果如图4-1-62所示。

图4-1-61

图4-1-62

实例6 直裾深衣款式设计

实例目的：了解绘制直裾深衣基本造型的基础工具的使用，以及深衣装饰细节设计。

实例要点：使用钢笔工具和锚点工具绘制深衣的基本轮廓造型；面料图案的表现。

最终效果如图4-1-63所示。

图4-1-63

步骤 01 启动Illustrator CC应用程序，执行菜单栏中的【文件】/【新建】命令，弹出“新建文档”对话框，设置文件名为“直裾深衣”，页面取向为“横向”，如图4-1-64所示。单击“确定”按钮，得到的效果如图4-1-65所示。

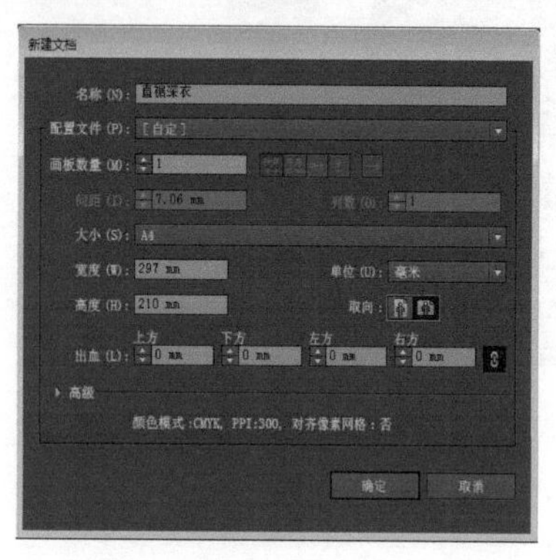

图4-1-64

图4-1-65

步骤 02 执行菜单栏中的【视图】/【标尺】/【显示标尺】命令，用鼠标单击上方和左方的标尺栏，按住鼠标右键分别从上往下、从左往右拖动鼠标，添加八条辅助线，确定衣长、领高、肩线、袖肥、腰线等位置，如图4-1-66所示。

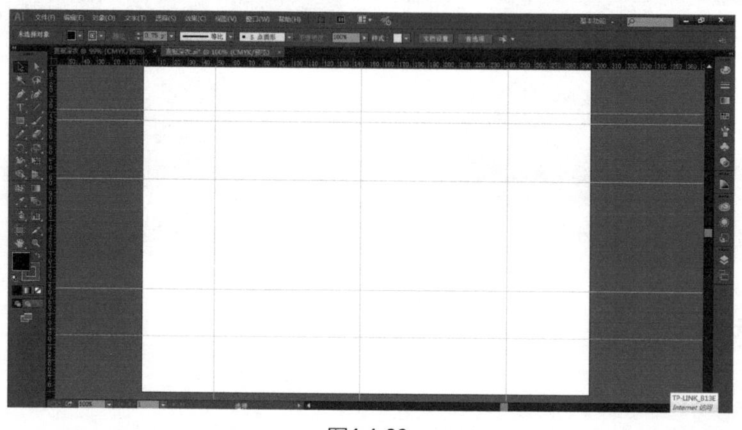

图4-1-66

步骤 03 使用钢笔工具在辅助线的基础上绘制路径，如图4-1-67所示。在属性栏中设置轮廓描边为0.75 pt，使用锚点工具调整路径造型，得到的衣身效果如图4-1-68所示。

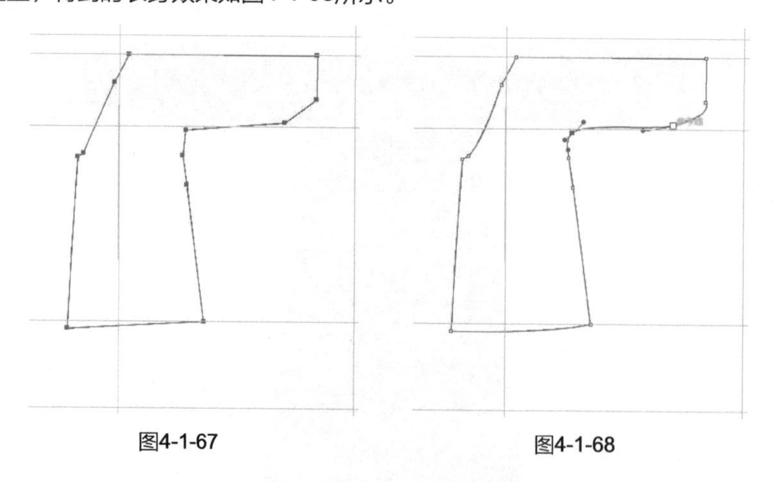

图4-1-67　　图4-1-68

步骤 04 执行菜单栏中的【文件】/【置入】命令，弹出“置入”对话框，选择“图案素材”中的“卷草纹”，单击

“置入”按钮，再单击属性栏中的“嵌入”按钮，得到的效果如图4-1-69所示。

步骤 05 单击属性栏中的“图像描摹/3色”选项，如图4-1-70所示，得到的矢量图案效果如图4-1-71所示。

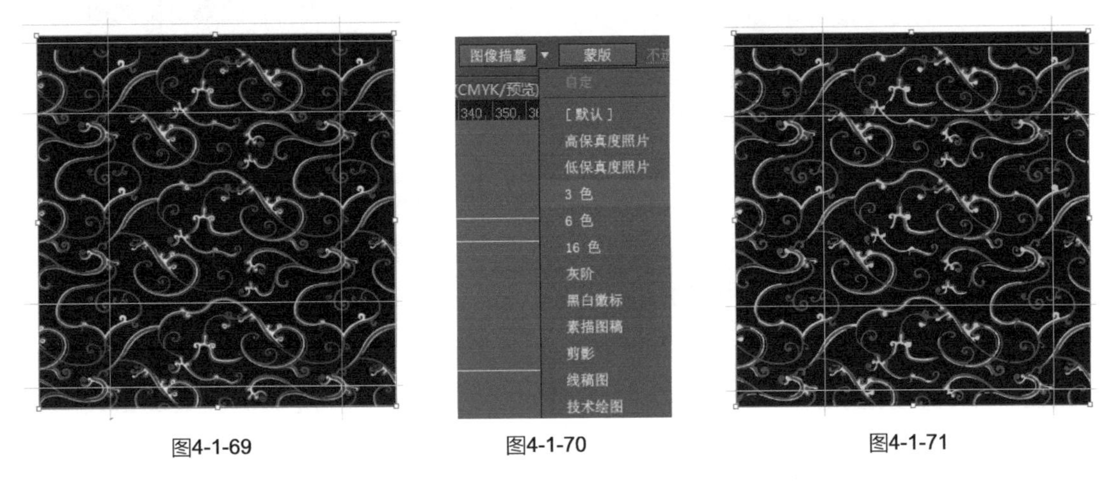

图4-1-69　　图4-1-70　　图4-1-71

步骤 06 执行菜单栏中的【对象】/【扩展】命令，得到的效果如图4-1-72所示。

步骤 07 使用魔棒工具单击图案中的浅灰色部分，选择所有相同的色彩，如图4-1-73所示。单击拾色器中的白色，为图形填充颜色，得到的效果如图4-1-74所示。

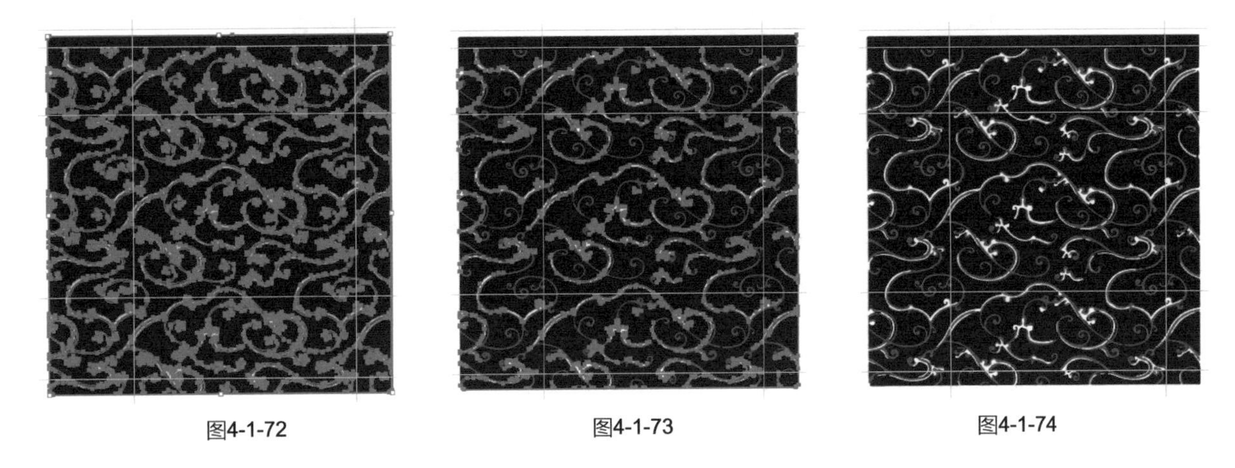

图4-1-72　　图4-1-73　　图4-1-74

步骤 08 使用魔棒工具单击图案中的底色部分，填充黑色，得到的效果如图4-1-75所示。

步骤 09 使用魔棒工具单击图案中的暗红色部分，选择所有相同的色彩，如图4-1-76所示。双击工具箱中的填色按钮，弹出“拾色器”对话框，设置各项参数，如图4-1-77所示。单击“确定”按钮得到的效果如图4-1-78所示。

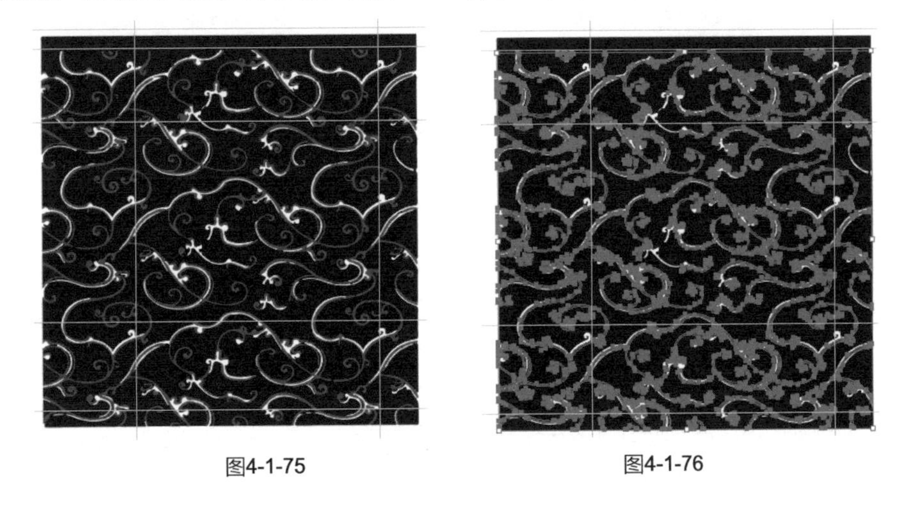

图4-1-75　　图4-1-76

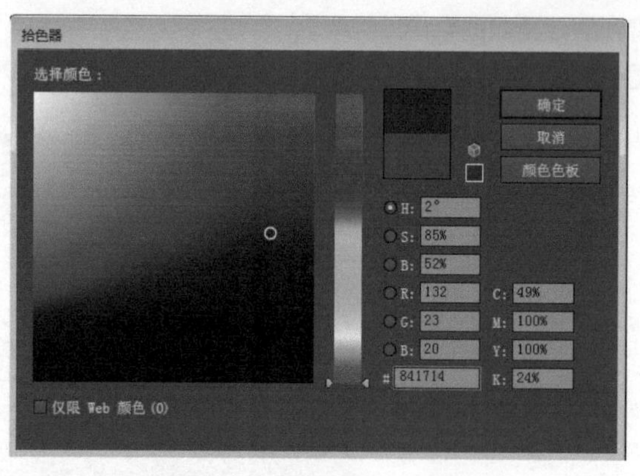

图4-1-77

图4-1-78

步骤10 使用选择工具选择图案，执行菜单栏中的【对象】/【排列】/【置于底层】命令，把图案摆放在衣身轮廓下面，得到的效果如图**4-1-79**所示。

步骤11 使用选择工具并按住【Shift】键加选绘制好的衣身路径，执行菜单栏中的【对象】/【剪切蒙版】/【建立】命令，得到的效果如图**4-1-80**所示。

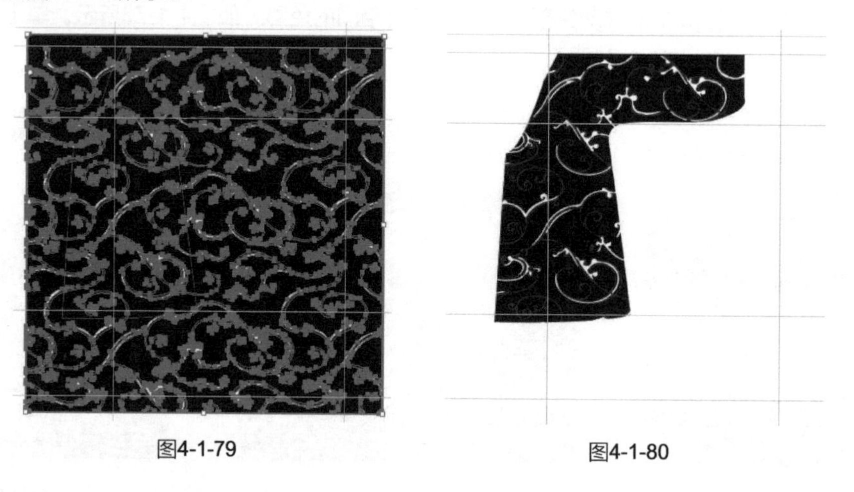

图4-1-79　　图4-1-80

步骤12 在辅助线和衣身的基础上使用钢笔工具绘制路径，如图**4-1-81**所示。在属性栏中设置轮廓描边为，使用锚点工具调整路径造型，得到的衣领和衣缘效果如图**4-1-82**所示。

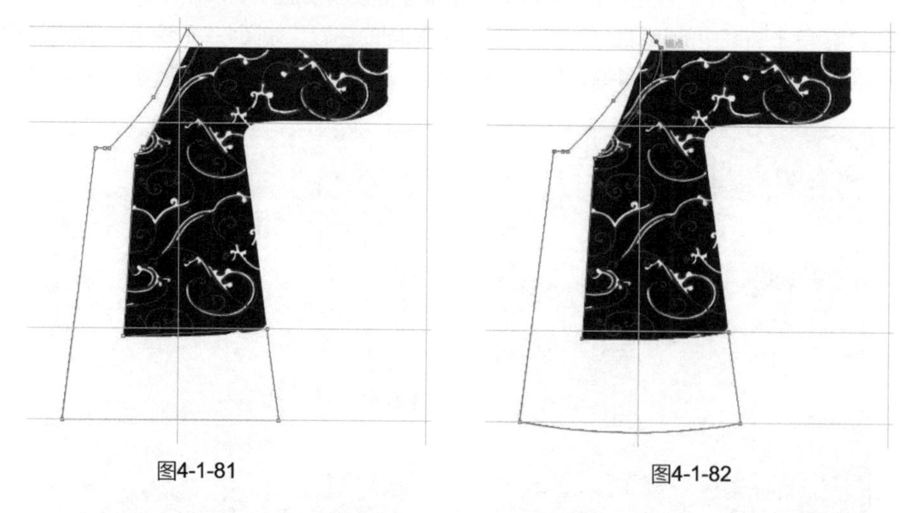

图4-1-81　　图4-1-82

步骤13 双击工具箱中的描边按钮，弹出“拾色器”对话框，设置各项参数，如图**4-1-83**所示。单击“确定”按钮，将描边填充为灰色，图形填充为黑色，得到的效果如图**4-1-84**所示。

图4-1-83

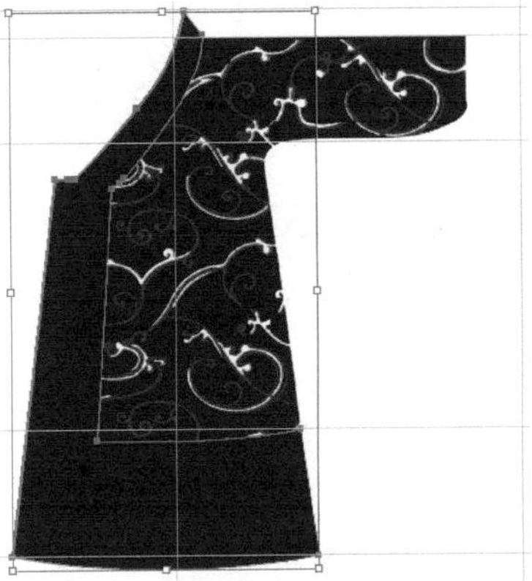

图4-1-84

步骤14 使用矩形工具绘制袖口，如图4-1-85所示。

步骤15 使用吸管工具单击衣领部分，得到的效果如图4-1-86所示。

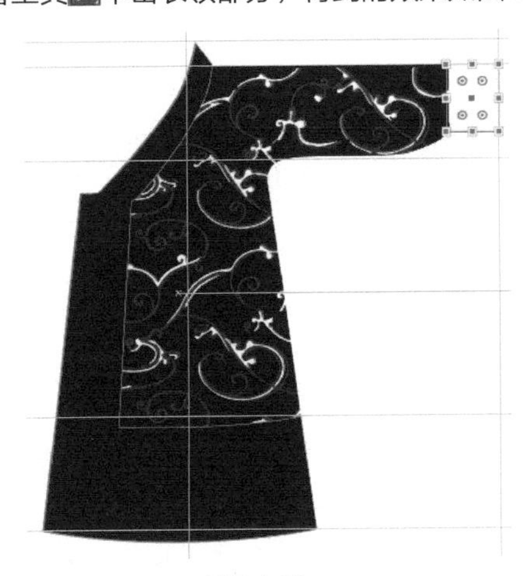

图4-1-85

图4-1-86

步骤16 使用钢笔工具在衣袖上绘制分割线，在属性栏中设置轮廓描边为，得到的效果如图4-1-87所示。

图4-1-87

图4-1-88

步骤17 使用选择工具选择所有图形，执行菜单栏中的【对象】/【变换】/【对称】命令，弹出“镜像”对话框，设置各项参数，如图4-1-88所示。单击“复制”按钮，得到的效果如图4-1-89所示。

步骤18 用向左方向键←把复制的图形向左平移到一定的位置，得到的效果如图4-1-90所示。

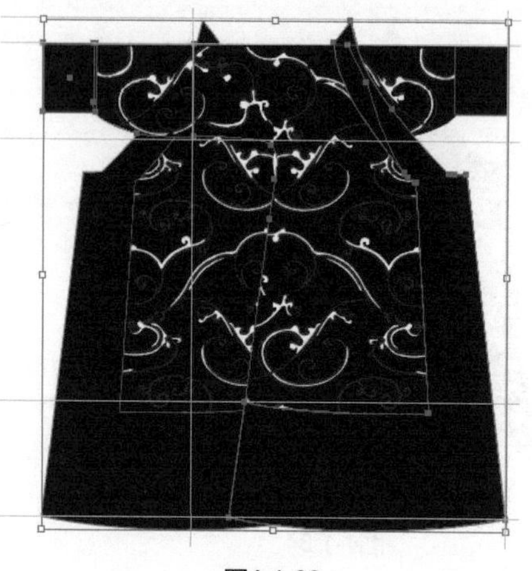

图4-1-89

图4-1-90

步骤19 执行菜单栏中的【对象】/【排列】/【置于底层】命令，得到的效果如图4-1-91所示。

步骤20 使用直接选择工具调整图形，得到的效果如图4-1-92所示。

图4-1-91

图4-1-92

步骤21 使用钢笔工具绘制后领部分，如图4-1-93所示，在属性栏中设置轮廓描边为。

步骤22 使用吸管工具单击衣领部分，得到的效果如图4-1-94所示。

步骤23 执行菜单栏中的【对象】/【排列】/【置于底层】命令，得到的效果如图4-1-95所示。

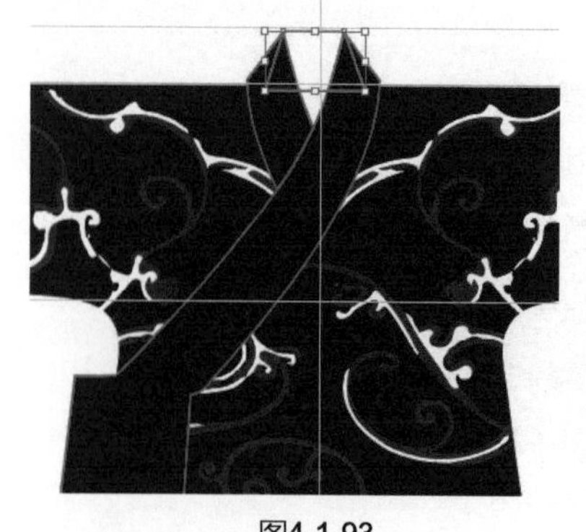

图4-1-93

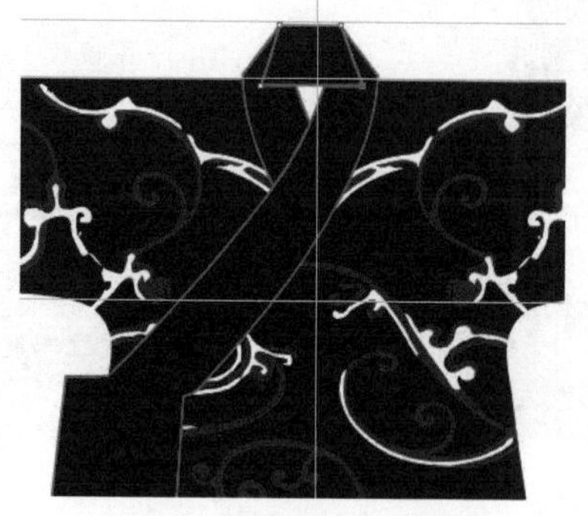

图4-1-94

图4-1-95

步骤24 执行菜单栏中的【视图】/【参考线】/【清除参考线】命令，得到的效果如图4-1-96所示。

步骤25 使用矩形工具绘制一个长方形并填充黑色，如图4-1-97所示。

图4-1-96

图4-1-97

步骤26 执行菜单栏中的【对象】/【排列】/【置于底层】命令，得到的效果如图4-1-98所示。

步骤27 使用选择工具单击页面空白处。直裾深衣的最终效果如图4-1-99所示。

图4-1-98

图4-1-99

实例7 朱子深衣款式设计

朱子深衣为礼服，多用于祭祀等场合。根据宋代著名学者朱熹所著《朱子家礼》记载考证的深衣，其结构特点为：直领（没有续衽，类似对襟）而穿为交领，下身有裳十二幅，裳幅皆梯形。朱子深衣的影响很大，日韩服饰中有部分礼服就是在朱子深衣款式的基础上制作的。

实例目的： 了解绘制朱子深衣基本造型的基础工具的使用，以及深衣装饰细节设计。

实例要点： 使用钢笔工具和锚点工具绘制深衣的基本轮廓造型；腰带、腰封的表现。

最终效果如图4-1-100所示。

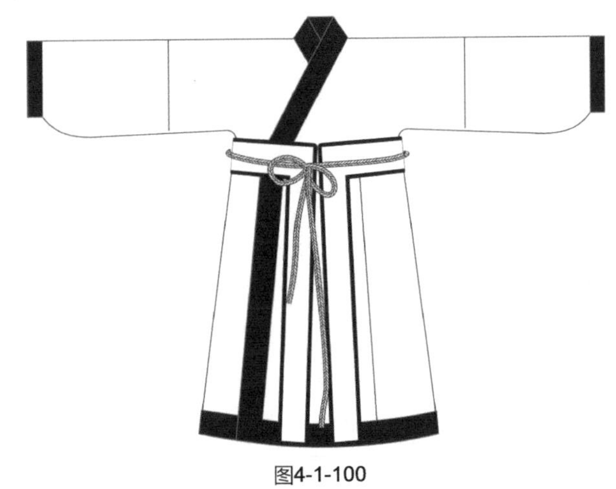

图4-1-100

步骤01 启动Illustrator CC应用程序，执行菜单栏中的【文件】/【新建】命令，弹出“新建文档”对话框，设置文件名为“朱子深衣”，页面取向为“横向”，如图4-1-101所示。单击“确定”按钮，得到的效果如图4-1-102所示。

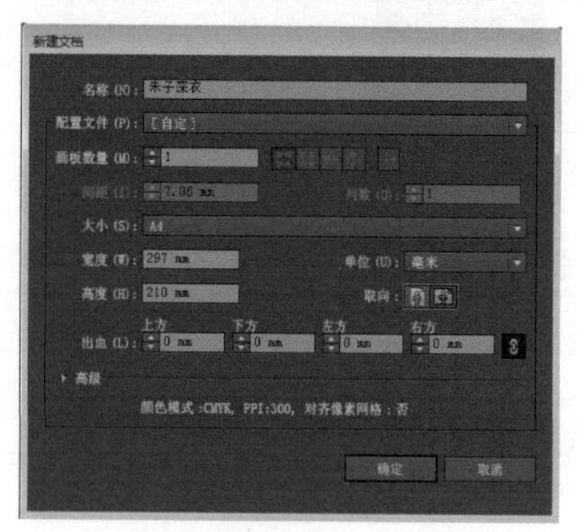

图4-1-101

图4-1-102

步骤02 执行菜单栏中的【视图】/【标尺】/【显示标尺】命令，用鼠标单击上方和左方的标尺栏，按住鼠标左键分别从上往下、从左往右拖动鼠标，添加十条辅助线，确定衣长、领高、肩线、袖肥、腰带等位置，如图4-1-103所示。

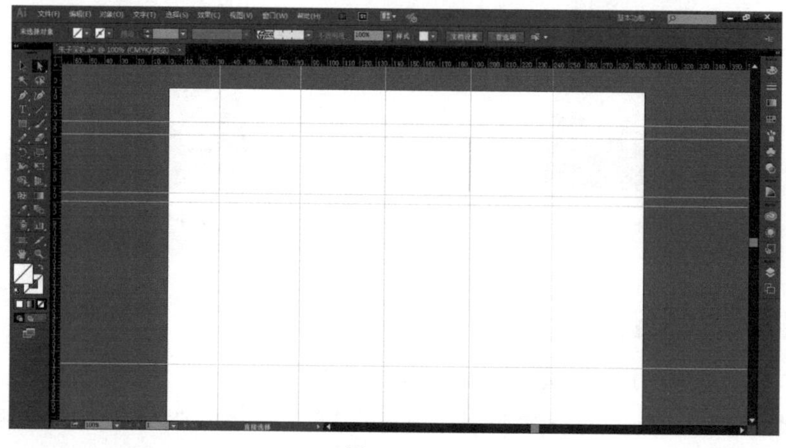

图4-1-103

步骤03 使用钢笔工具在辅助线的基础上绘制路径，如图4-1-104所示。在属性栏中设置轮廓描边为，使用锚点工具调整路径造型并填充白色，得到的衣身效果如图4-1-105所示。

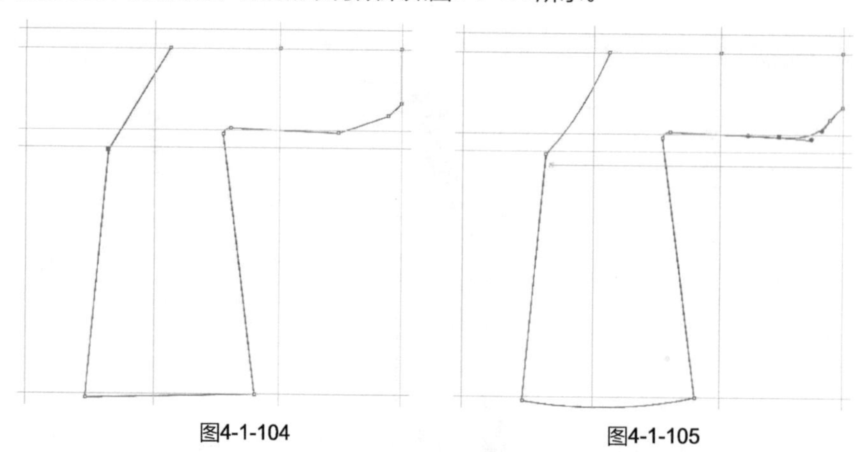

图4-1-104　　图4-1-105

步骤04 使用钢笔工具和锚点工具在辅助线和衣身的基础上绘制路径，如图4-1-106所示。在属性栏中设置轮廓描边为，为绘制的路径区域填充黑色，得到的衣领和衣缘效果如图4-1-107所示。

步骤 05 使用矩形工具绘制袖口，如图4-1-108所示。

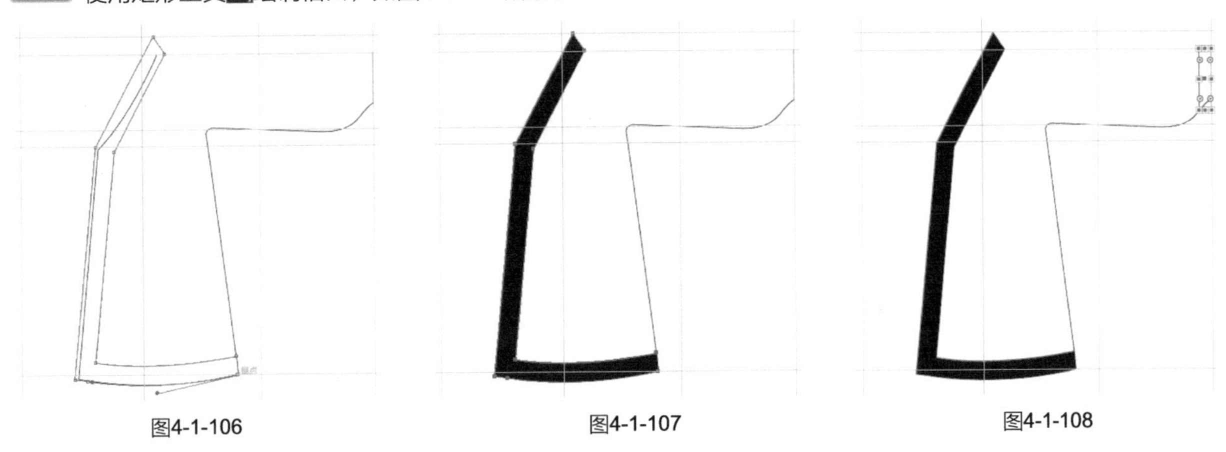

图4-1-106　　图4-1-107　　图4-1-108

步骤 06 使用吸管工具单击衣领部分，得到的效果如图4-1-109所示。

步骤 07 使用钢笔工具在衣袖上绘制分割线，在属性栏中设置轮廓描边为，得到的效果如图4-1-110所示。

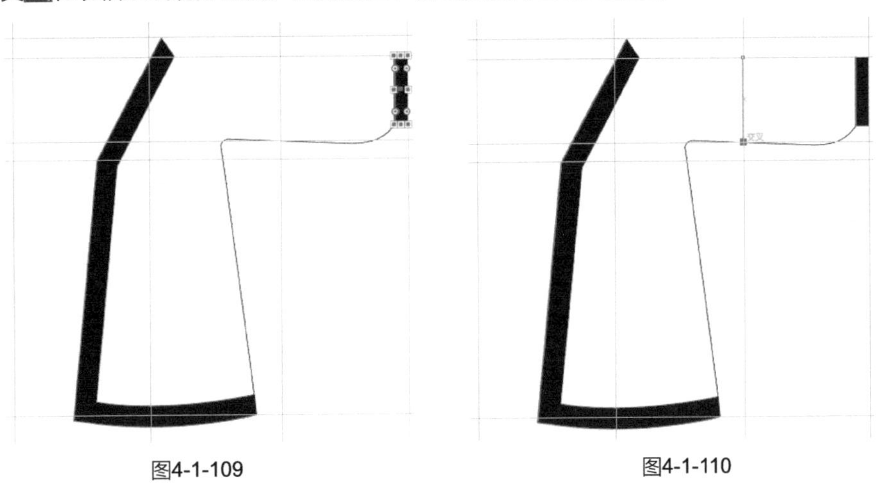

图4-1-109　　图4-1-110

步骤 08 使用选择工具选择所有图形，执行菜单栏中的【对象】/【变换】/【对称】命令，弹出“镜像”对话框，设置各项参数，如图4-1-111所示。单击“复制”按钮，得到的效果如图4-1-112所示。

步骤 09 用向左方向键←把复制的图形向左平移到一定的位置，得到的效果如图4-1-113所示。

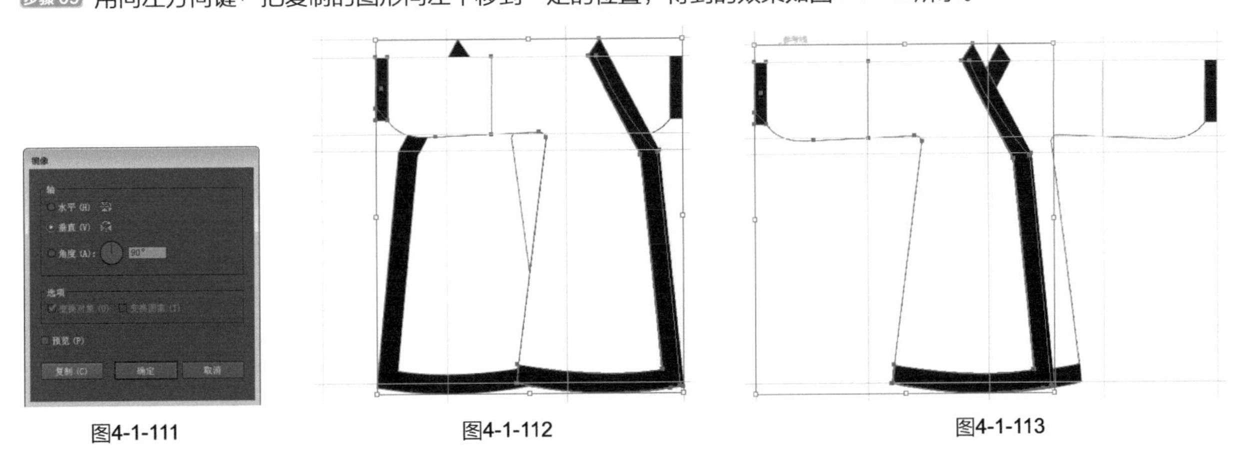

图4-1-111　　图4-1-112　　图4-1-113

步骤 10 执行菜单栏中的【对象】/【排列】/【置于底层】命令，得到的效果如图4-1-114所示。

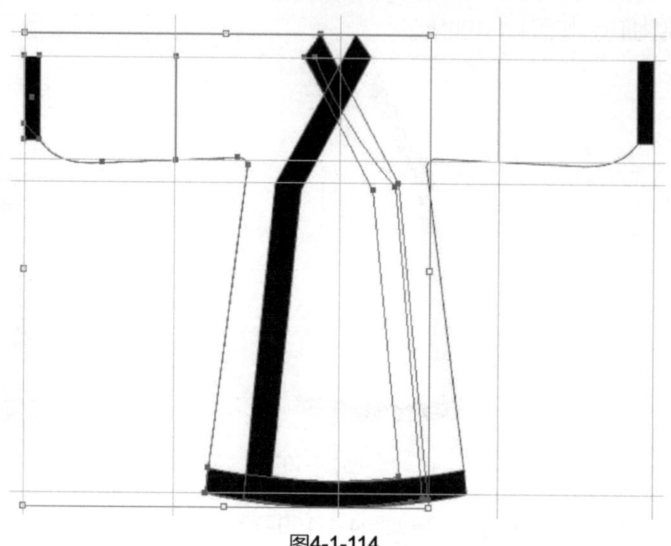

图4-1-114

步骤11 使用钢笔工具绘制后领部分，如图4-1-115所示，在属性栏中设置轮廓描边为。

步骤12 使用吸管工具单击衣领部分，得到的效果如图4-1-116所示。

步骤13 执行菜单栏中的【对象】/【排列】/【置于底层】命令，得到的效果如图4-1-117所示。

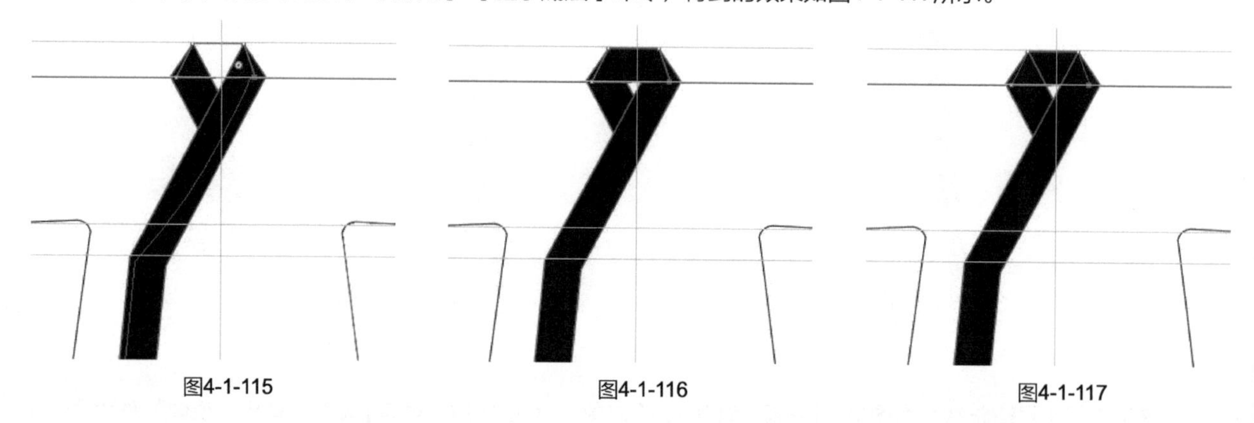

图4-1-115　　图4-1-116　　图4-1-117

步骤14 执行菜单栏中的【视图】/【参考线】/【清除参考线】命令，得到的效果如图4-1-118所示。

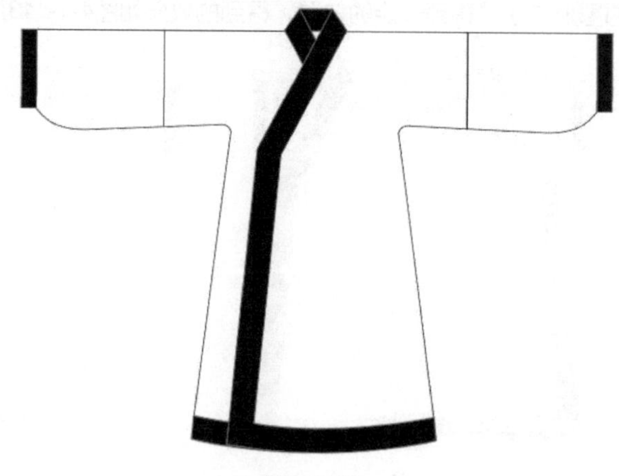

图4-1-118

步骤15 使用钢笔工具在衣身上绘制三条分割线，如图4-1-119所示，在属性栏中设置轮廓描边为。

步骤16 使用钢笔工具在分割线上绘制腰封，在属性栏中设置轮廓描边为并填充白色，得到的效果如图4-1-120所示。

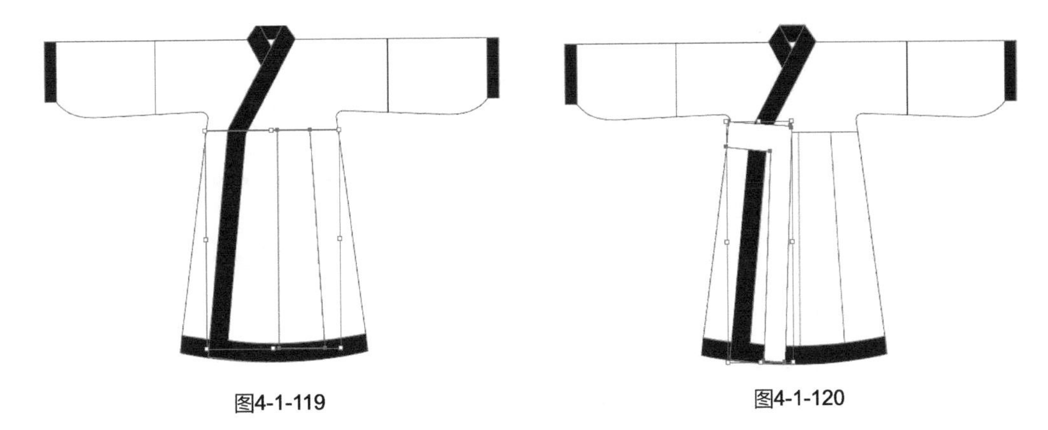

图4-1-119　　　　图4-1-120

步骤17 使用钢笔工具沿着腰封绘制非闭合路径，在属性栏中设置轮廓描边为，得到的效果如图4-1-121所示。

步骤18 使用选择工具选择腰封和路径，执行菜单栏中的【对象】/【变换】/【对称】命令，弹出“镜像”对话框，设置各项参数，如图4-1-122所示。单击“复制”按钮，得到的效果如图4-1-123所示。

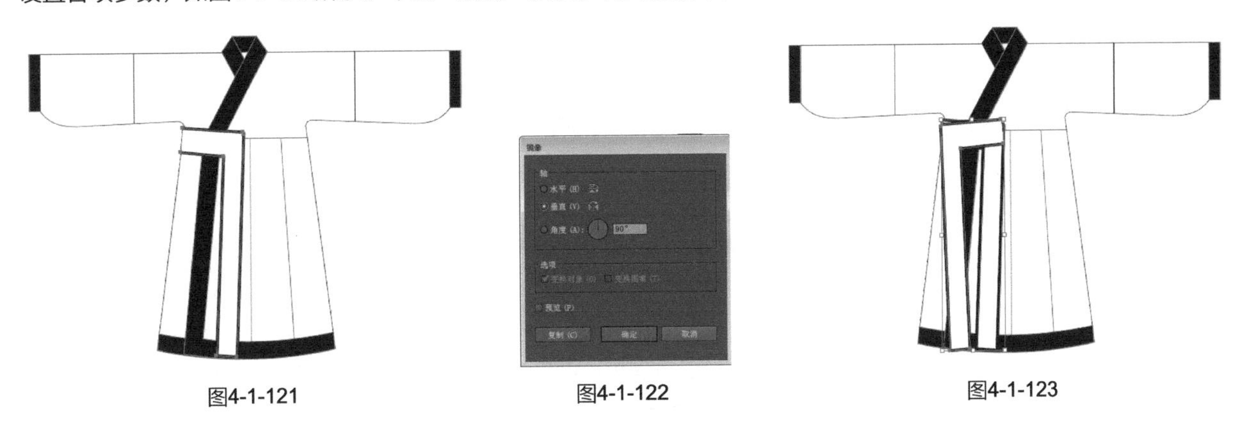

图4-1-121　　　　图4-1-122　　　　图4-1-123

步骤19 用向右方向键→把复制的图形向右平移到一定的位置，得到的效果如图4-1-124所示。

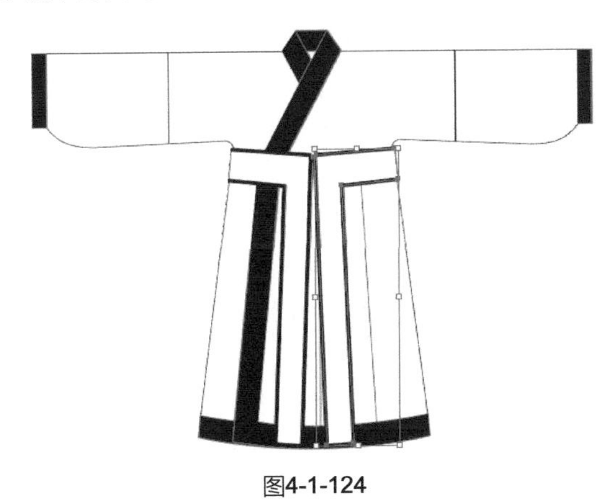

图4-1-124

步骤20 使用钢笔工具和锚点工具绘制图4-1-125所示的图形，在属性栏中设置轮廓描边为并填充白色。

步骤21 使用钢笔工具和锚点工具绘制图4-1-126所示的图形，填充黑色并设置无描边。

图4-1-125　　　　图4-1-126

步骤 22 使用选择工具框选图形，按住【Alt】键的同时按住鼠标左键，向右拖动鼠标复制图形，得到的效果如图4-1-127所示。

步骤 23 连续按三次【Ctrl】+【D】组合键，复制三组图形，得到的效果如图4-1-128所示。

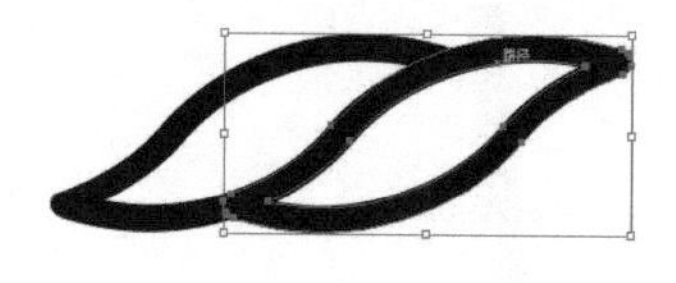

图4-1-127

图4-1-128

步骤 24 使用矩形工具绘制一个长方形，如图4-1-129所示。

步骤 25 执行菜单栏中的【窗口】/【路径查找器】命令，打开“路径查找器”面板，如图4-1-130所示。使用选择工具并按住【Shift】键，加选最左边的图形，如图4-1-131所示。

图4-1-129

图4-1-130

步骤 26 单击“路径查找器”面板中的“减去顶层”按钮，得到的效果如图4-1-132所示。

图4-1-131

图4-1-132

步骤 27 删除第四个图形，然后把刚修剪好的图形移动到第四个图形的位置，得到的效果如图4-1-133所示。

步骤 28 重复步骤（25）~（27）的操作，修剪图形，得到的最终效果如图4-1-134所示。

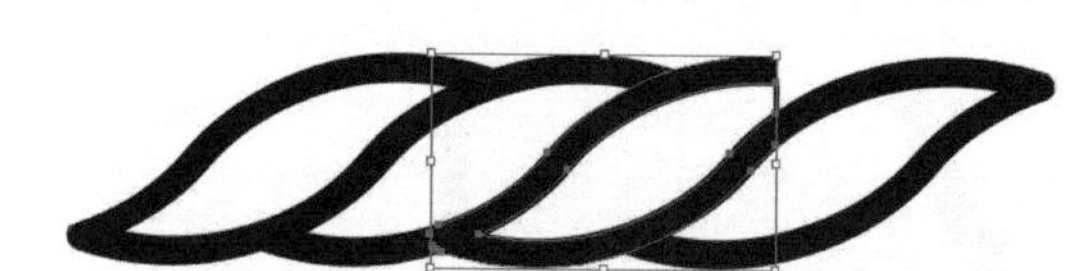

图4-1-133

图4-1-134

步骤 29 使用选择工具框选图形，单击工具箱中的无描边按钮，得到的效果如图4-1-135所示。

步骤 30 按【Ctrl】+【G】组合键编组图形。执行菜单栏中的【对象】/【变换】/【对称】命令，在“镜像”对话框中设置参数，单击“复制”按钮，得到的效果如图4-1-136所示。

步骤 31 用向下方向键↓把复制的图形向下平移到一定的位置，得到的效果如图4-1-137所示。

步骤 32 单击窗口右侧的画笔按钮，弹出“画笔”面板，如图4-1-138所示。

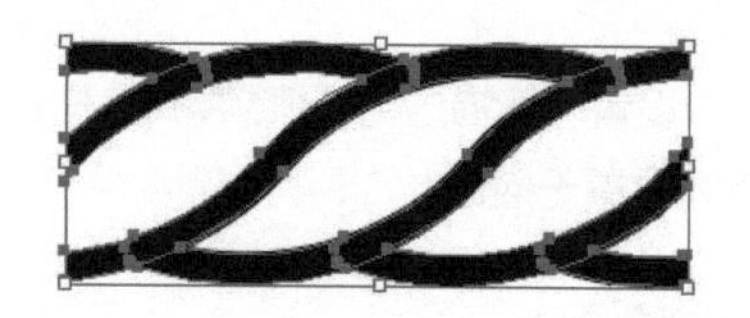

图4-1-135

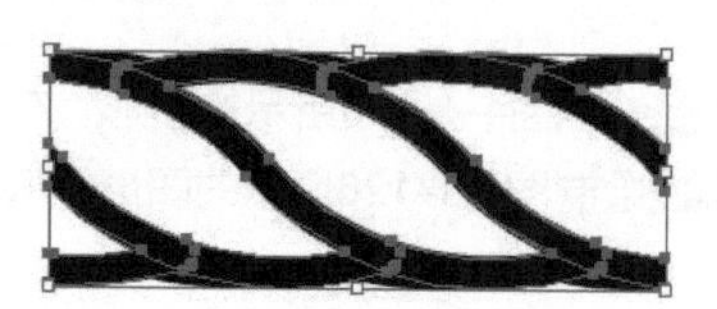

图4-1-136

图4-1-137

步骤 33 使用选择工具框选图形，把图形拖入“画笔”面板中，弹出“新建画笔”对话框，选择“图案画笔”，如图4-1-139所示。

步骤34 单击“确定”按钮，弹出“图案画笔选项”对话框，命名为“绳子图案”，设置各项参数，如图4-1-140所示。再单击“确定”按钮，创建新的“绳子图案”画笔，如图4-1-141所示。

图4-1-138

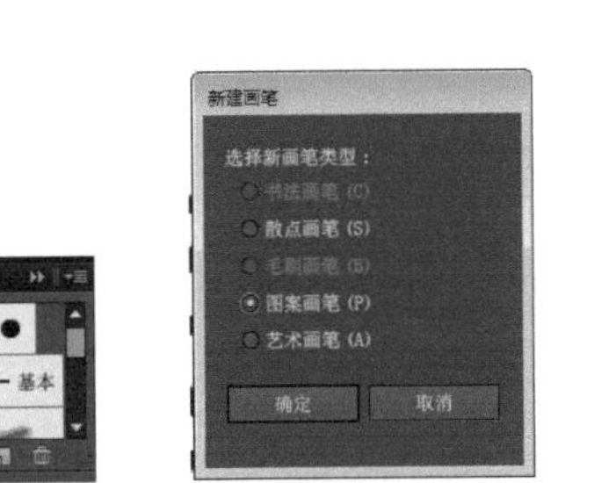

图4-1-139

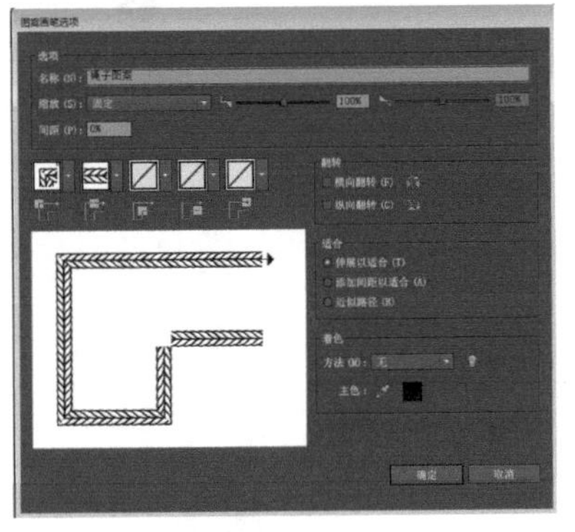

图4-1-140

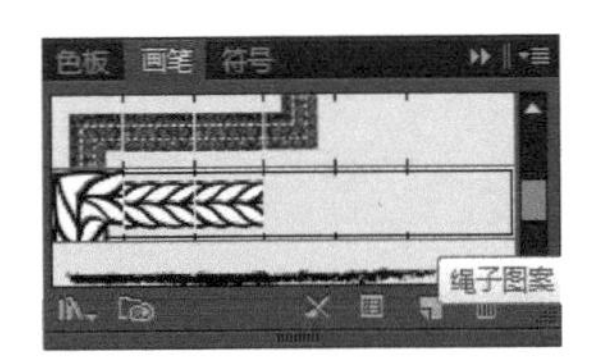

图4-1-141

步骤35 使用钢笔工具和锚点工具绘制图4-1-142所示的腰带。

步骤36 单击“画笔”面板中的“绳子图案”画笔，得到的效果如图4-1-143所示。

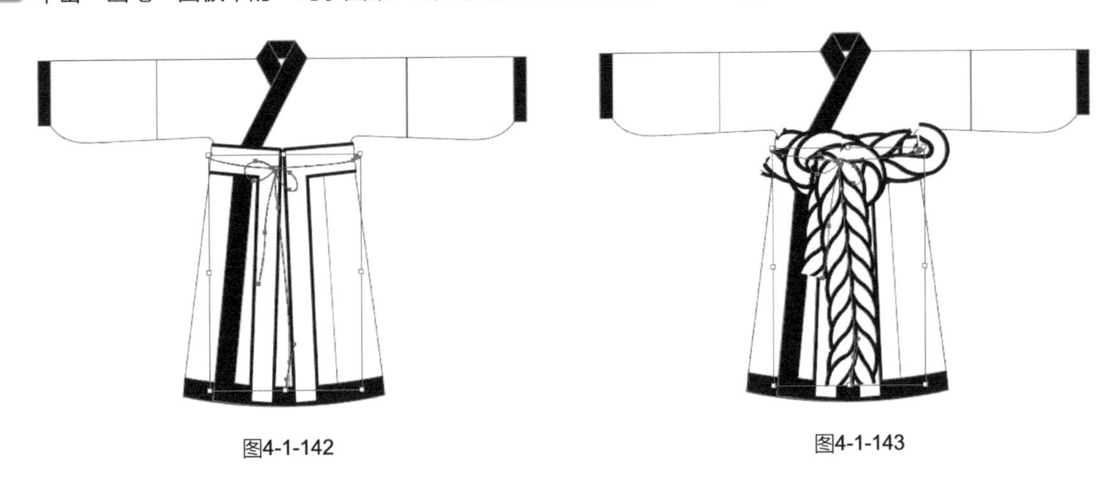

图4-1-142

图4-1-143

步骤37 单击“画笔”面板中的所选对象的选项按钮，弹出“描边选项”对话框，设置各项参数，如图4-1-144所示。

步骤38 单击“确定”按钮，得到的效果如图4-1-145所示。

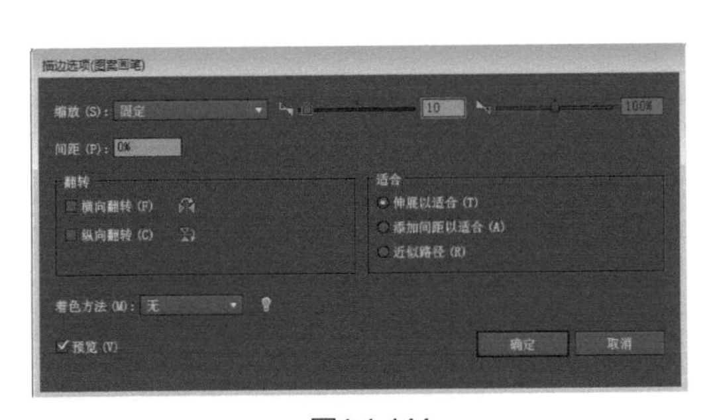

图4-1-144

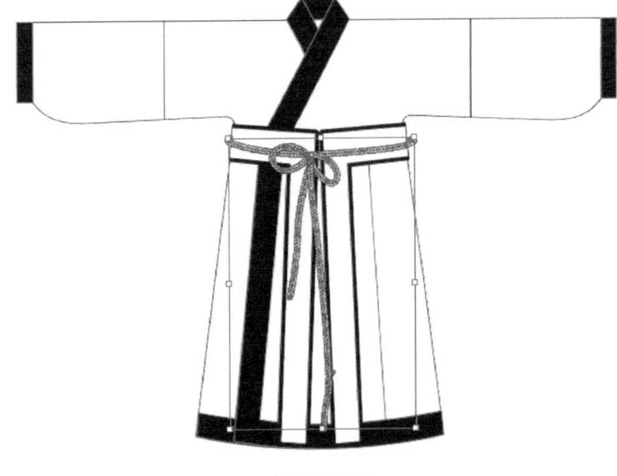

图4-1-145

步骤39 使用选择工具单击页面空白处。朱子深衣的最终效果如图4-1-146所示。

图4-1-146

> ① 专家提示
>
> 此案例中的“绳子图案”画笔，可存储到画笔库中，以备后面的案例使用。选择“画笔”面板中的，单击“画笔”面板中的按钮，在弹出的对话框中单击“存储画笔库”按钮，弹出“将画笔存储为库”对话框，命名为“绳子画笔”，最后单击“保存”按钮，即可完成画笔的存储。

Lesson 2 中衣款式设计

中衣又称里衣，是汉服的衬衣，起搭配和衬托作用。中衣多为白色，主要有中衣、中裙、中裤，中单之分。中衣既可搭配礼服，也可以搭配常服，同时还可以作为居家服装。内衣、中衣、外衣三者一起构成汉服的正式着装。中衣不可以外穿，可作为居家服和睡衣。中衣的领缘比外衣稍高，也可用其他较浅的颜色。

实例8 中衣/中袴款式设计

实例目的： 了解绘制中衣、中袴基本造型的基础工具的使用，以及装饰细节设计。

实例要点： 使用钢笔工具和锚点工具绘制中衣、中袴的基本轮廓造型。

最终效果如图4-2-1所示。

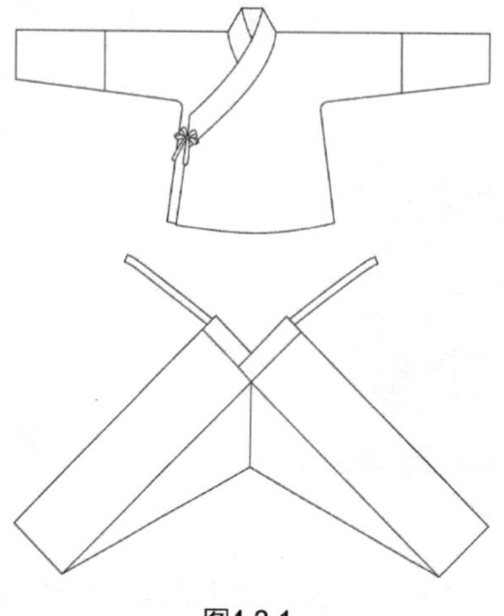

图4-2-1

步骤 01 启动Illustrator CC应用程序，执行菜单栏中的【文件】/【新建】命令，弹出“新建文档”对话框，设置文件名为“中衣、中袴”，页面取向为“横向”，如图4-2-2所示。单击“确定”按钮，得到的效果如图4-2-3所示。

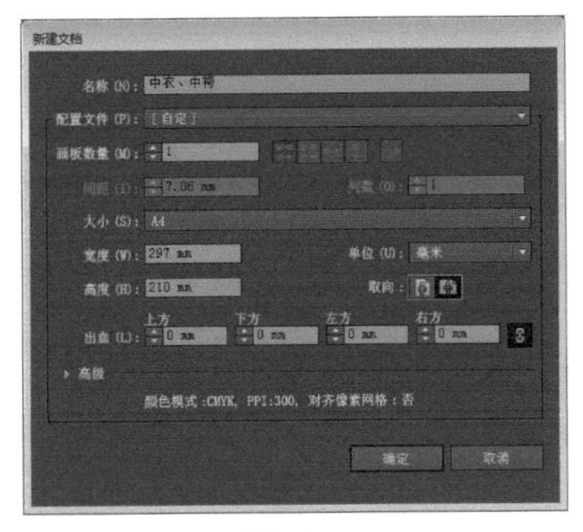

图4-2-2

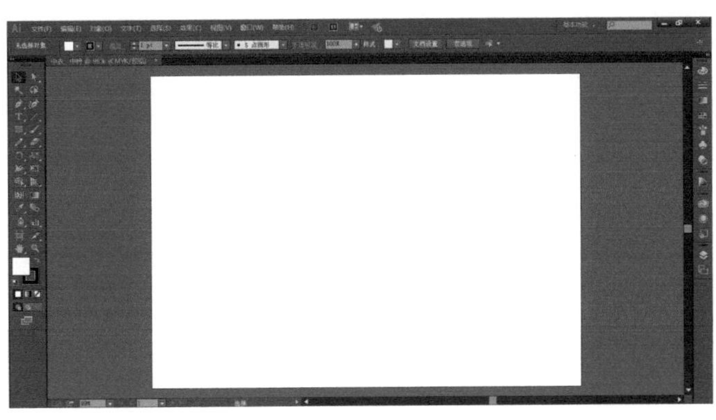

图4-2-3

步骤 02 执行菜单栏中的【视图】/【标尺】/【显示标尺】命令，用鼠标单击上方和左方的标尺栏，按住鼠标左键分别从上往下、从左往右拖动鼠标，添加十三条辅助线，确定衣长、领高、肩线、袖肥、腰线、袴长、裆深等位置，如图4-2-4所示。

图4-2-4

步骤 03 使用钢笔工具在辅助线的基础上绘制路径，如图4-2-5所示。在属性栏中设置轮廓描边为，使用锚点工具调整路径造型，填充白色，得到的衣身效果如图4-2-6所示。

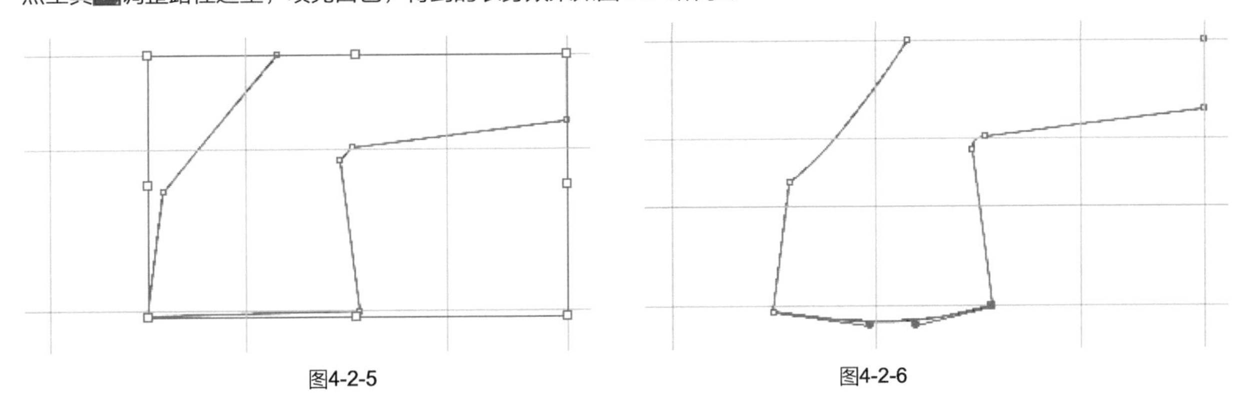

图4-2-5 图4-2-6

步骤 04 使用钢笔工具和锚点工具在辅助线和衣身的基础上绘制衣领造型，如图4-2-7所示。在属性栏中设置轮廓描边为，填充白色，得到的效果如图4-2-8所示。

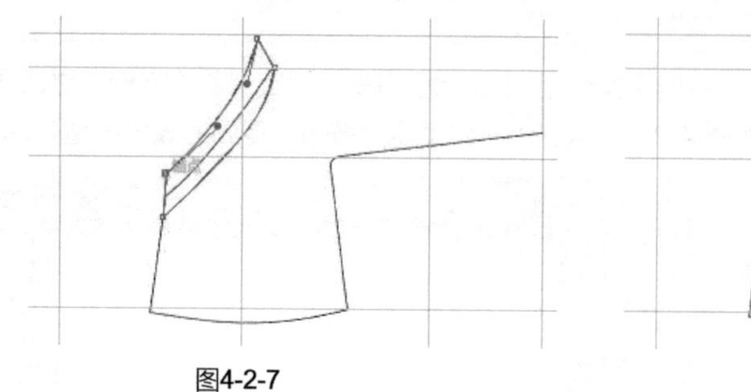

图4-2-7

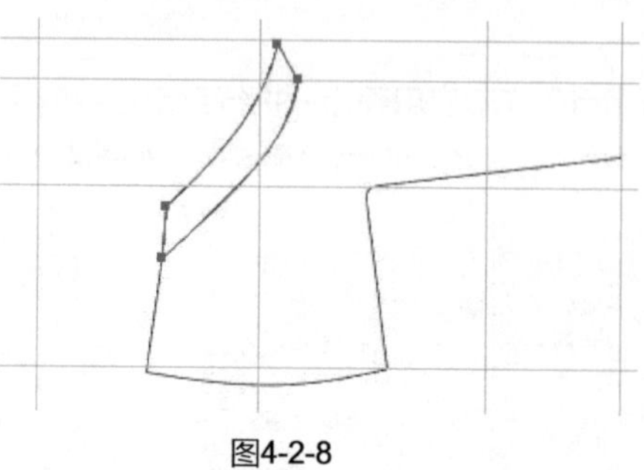

图4-2-8

步骤05 使用钢笔工具在衣袖上绘制分割线，在属性栏中设置轮廓描边为，得到的效果如图4-2-9所示。

步骤06 使用选择工具选择所有图形，执行菜单栏中的【对象】/【变换】/【对称】命令，弹出“镜像”对话框，设置各项参数，如图4-2-10所示。单击“复制”按钮，得到的效果如图4-2-11所示。

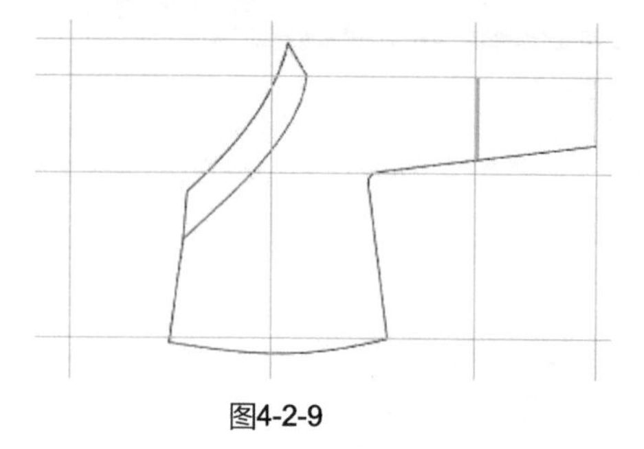

图4-2-9

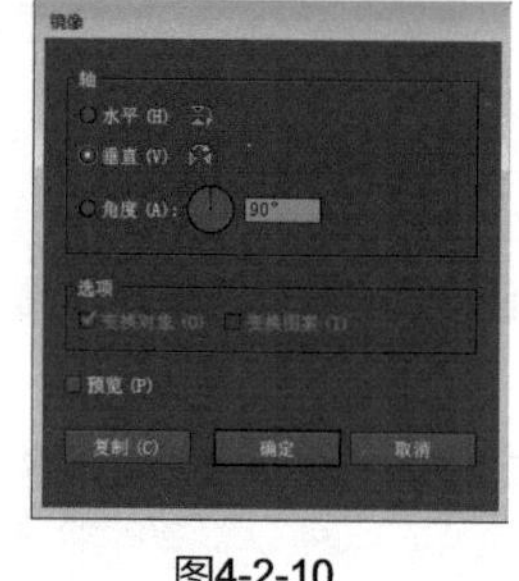

图4-2-10

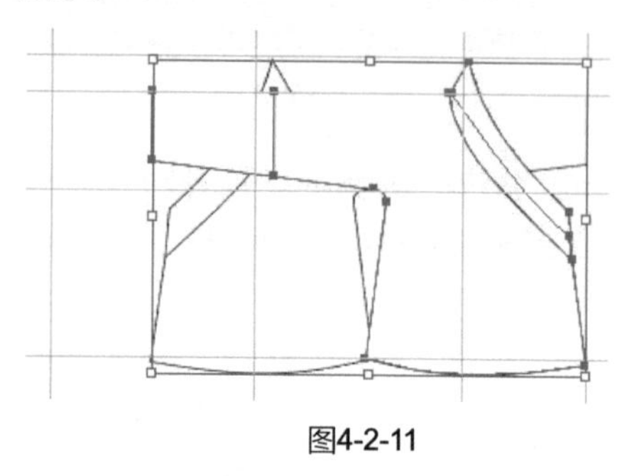

图4-2-11

步骤07 用向左方向键←把复制的图形向左平移到一定的位置，得到的效果如图4-2-12所示。

步骤08 执行菜单栏中的【对象】/【排列】/【置于底层】命令，得到的效果如图4-2-13所示。

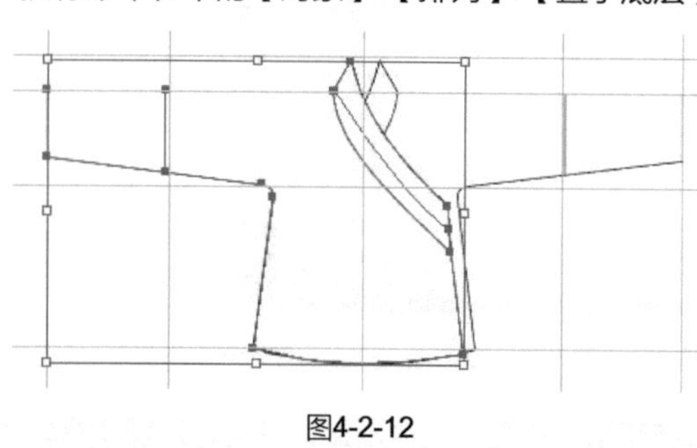

图4-2-12

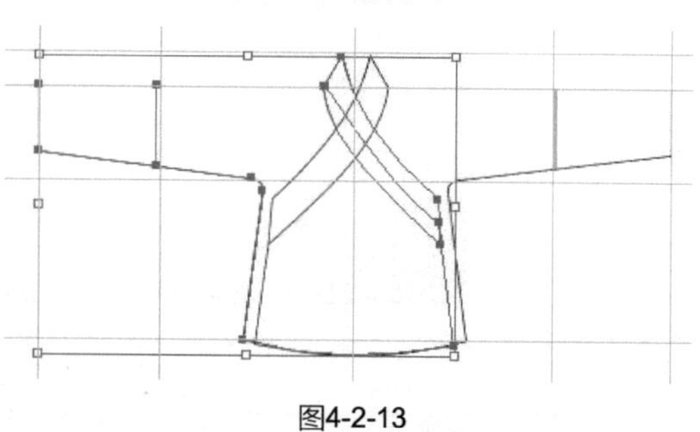

图4-2-13

步骤09 使用钢笔工具绘制后领部分，如图4-2-14所示，在属性栏中设置轮廓描边为并填充白色。

步骤10 执行菜单栏中的【对象】/【排列】/【置于底层】命令，得到的效果如图4-2-15所示。

步骤11 使用钢笔工具和锚点工具绘制图4-2-16所示的绑带，在属性栏中设置轮廓描边为并填充白色。

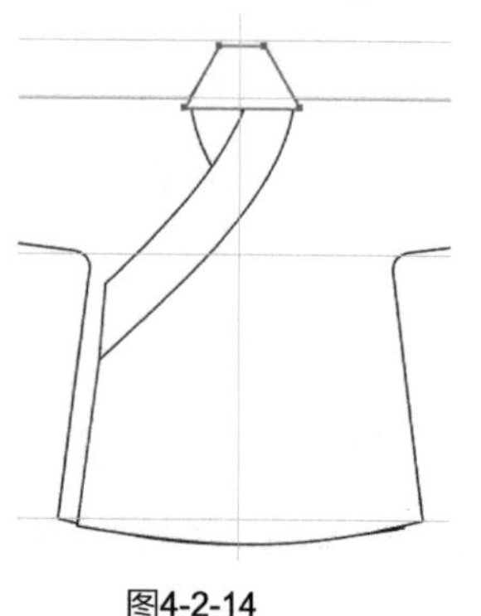

图4-2-14

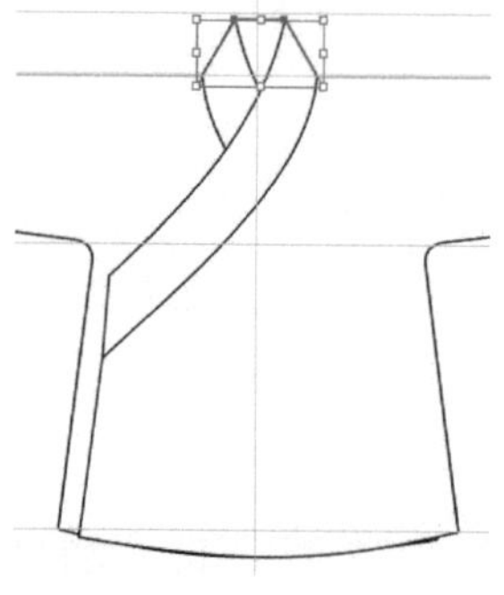

图4-2-15

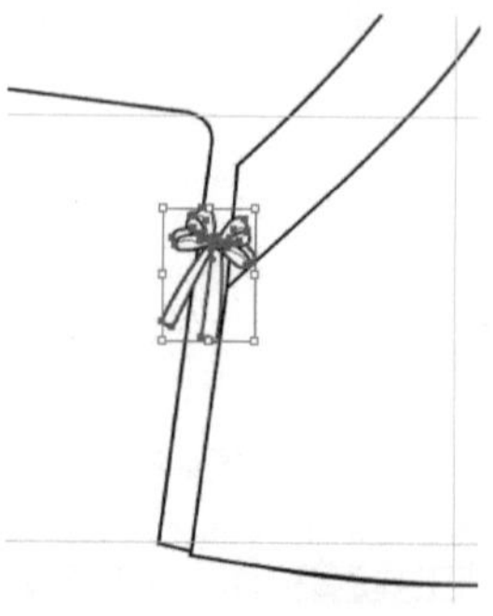

图4-2-16

步骤12 使用钢笔工具在辅助线的基础上绘制中袴，在属性栏中设置轮廓描边为并填充白色，得到的效果如

图4-2-17所示。

步骤13 使用钢笔工具绘制两条袴腰分割线，在属性栏中设置轮廓描边为，得到的效果如图4-2-18所示。

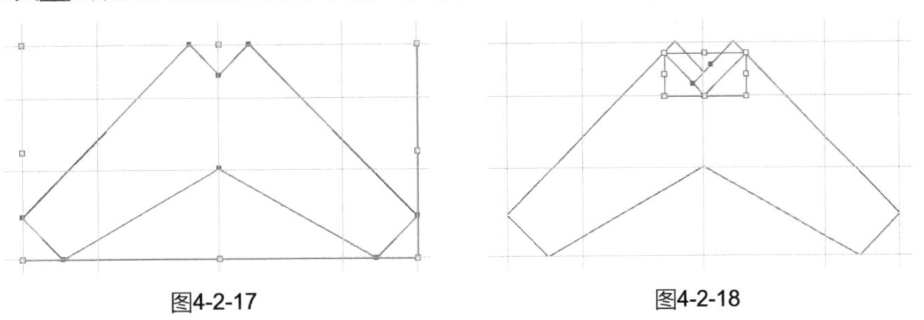

图4-2-17　　图4-2-18

步骤14 使用钢笔工具在中袴上绘制三条分割线，在属性栏中设置轮廓描边为，得到的效果如图4-2-19所示。

步骤15 执行菜单栏中的【视图】/【参考线】/【清除参考线】命令，得到的效果如图4-2-20所示。

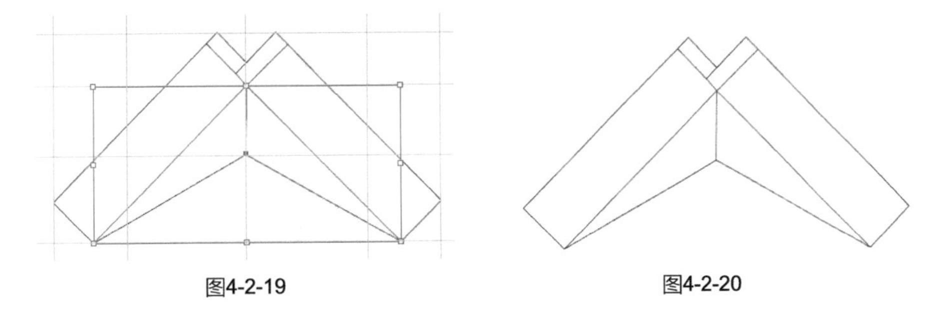

图4-2-19　　图4-2-20

步骤16 使用钢笔工具和锚点工具绘制图4-2-21所示的两条袴腰绑带，在属性栏中设置轮廓描边为并填充白色。

步骤17 选择两条绑带，执行菜单栏中的【对象】/【排列】/【置于底层】命令，得到的效果如图4-2-22所示。

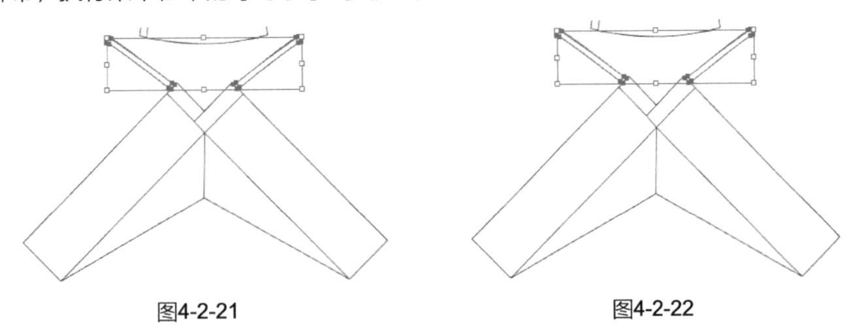

图4-2-21　　图4-2-22

步骤18 使用选择工具单击页面空白处，中衣、中袴的最终效果如图4-2-23所示。

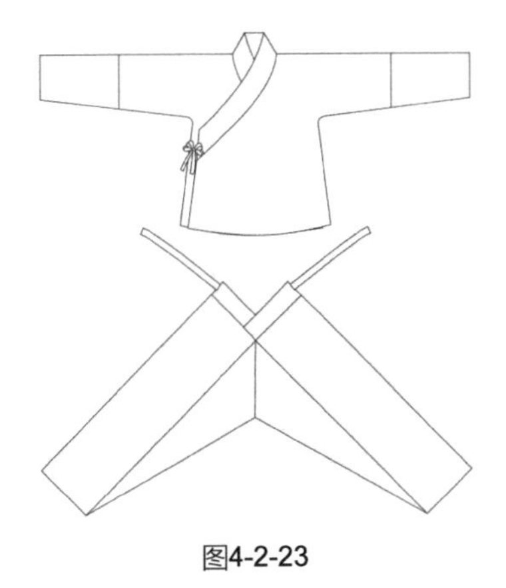

图4-2-23

Lesson ❸ 玄端款式设计

玄端（或称元端），是古代中国人的玄色礼服，玄端为先秦时通用的朝服及士礼服，是华夏礼服“衣裳制度（衣分两截，上衣下裳）”的体现。玄端为上衣下裳制，玄衣用布十五升，每幅布都是正方形，端直方正，故称端。又因玄端服无章彩纹饰，也暗合了正直端方的内涵，因此称之为“玄端”。

实例9 玄端款式设计

实例目的：了解绘制玄端基本造型的基础工具的使用，以及装饰细节设计。

实例要点：使用钢笔工具和转换锚点工具绘制玄端的基本轮廓造型。。

最终效果如图4-3-1所示。

图4-3-1

操作步骤

步骤 01 启动Illustrator CC应用程序，执行菜单栏中的【文件】/【新建】命令，弹出“新建文档”对话框，设置文件名为“玄端”，页面取向为“横向”，如图4-3-2所示。单击“确定”按钮，得到的效果如图4-3-3所示。

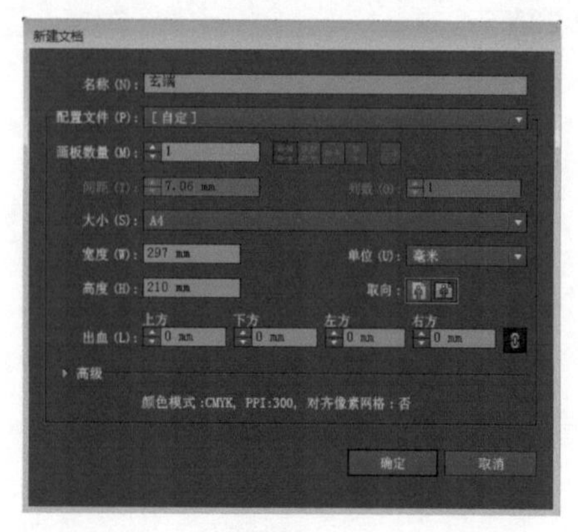

图4-3-2

图4-3-3

步骤 02 执行菜单栏中的【视图】/【标尺】/【显示标尺】命令，用鼠标单击上方和左方的标尺栏，按住鼠标左键分别从上往下、从左往右拖动鼠标添加十条辅助线，确定衣长、领高、肩线、袖肥、腰线、裳长等位置，如图4-3-4所示。

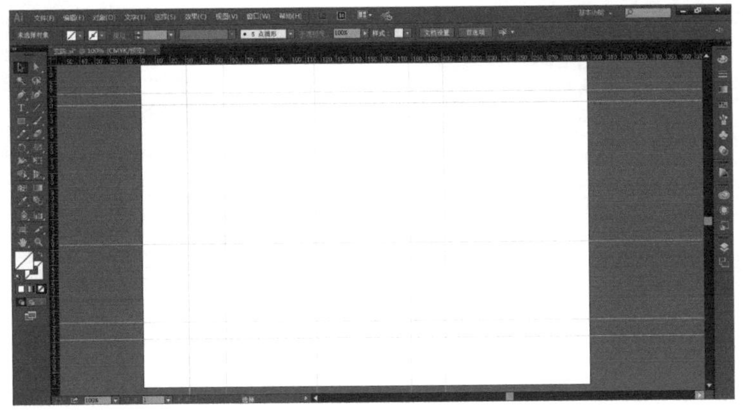

图4-3-4

步骤 03 使用钢笔工具在辅助线的基础上绘制路径，如图4-3-5所示。在属性栏中设置轮廓描边为0.75 pt，使用锚点工具调整路径造型并填充黑色，得到的衣身效果如图4-3-6所示。

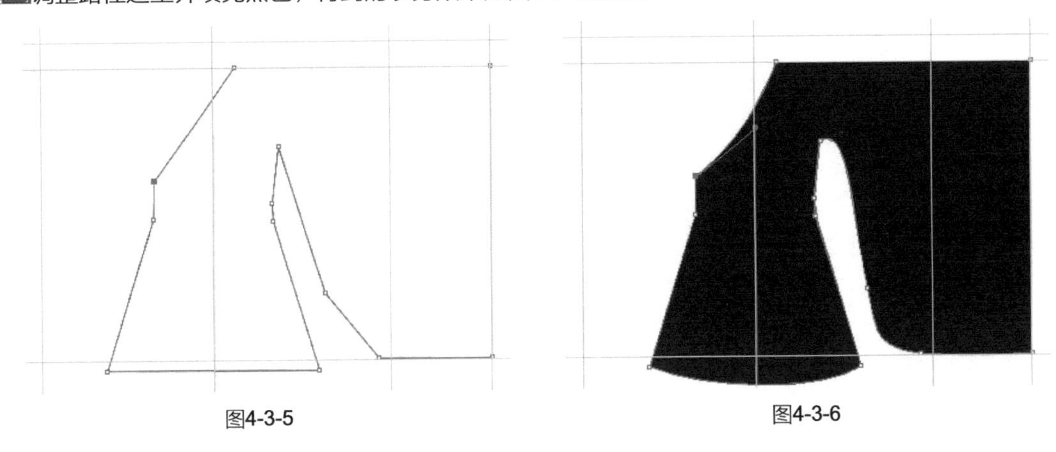

图4-3-5　图4-3-6

步骤 04 使用钢笔工具和锚点工具在辅助线和衣身的基础上绘制衣领造型，如图4-3-7所示。在属性栏中设置轮廓描边为0.75 pt并填充黑色，得到的效果如图4-3-8所示。

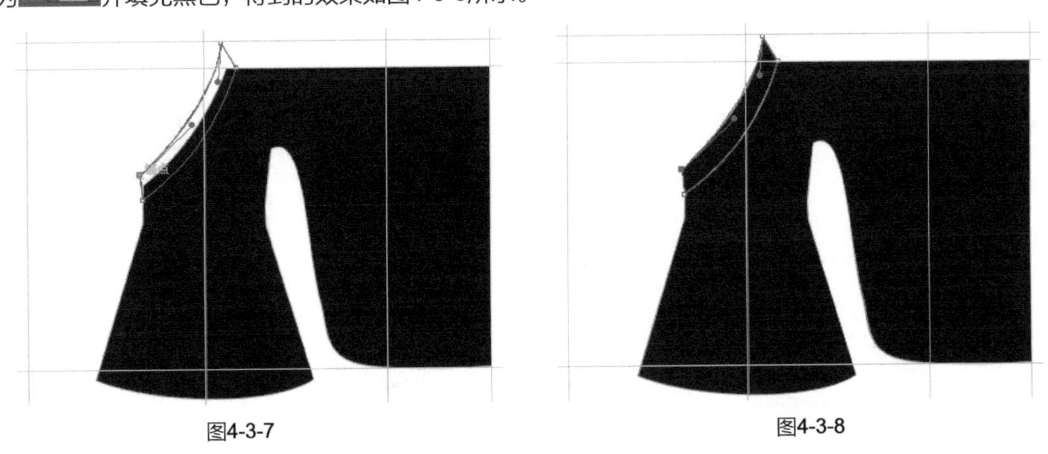

图4-3-7　图4-3-8

步骤 05 使用钢笔工具在衣袖上绘制分割线，在属性栏中设置轮廓描边为0.75 pt，得到的效果如图4-3-9所示。

步骤 06 使用钢笔工具在袖口处绘制一条直线，在属性栏中设置轮廓描边为2 pt，描边为白色，得到的效果如图4-3-10所示。

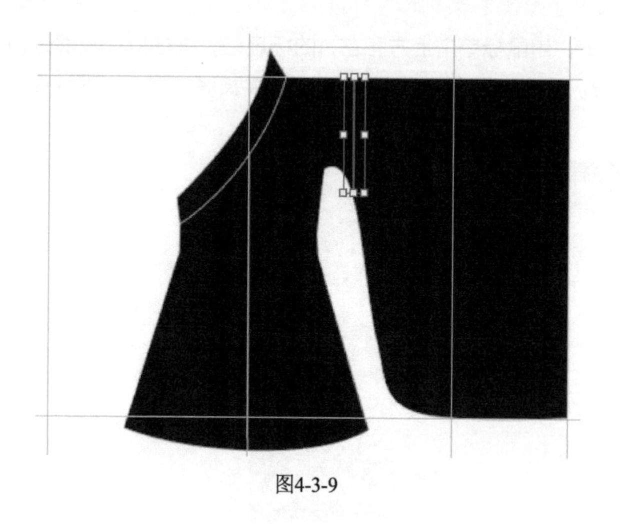

图4-3-9

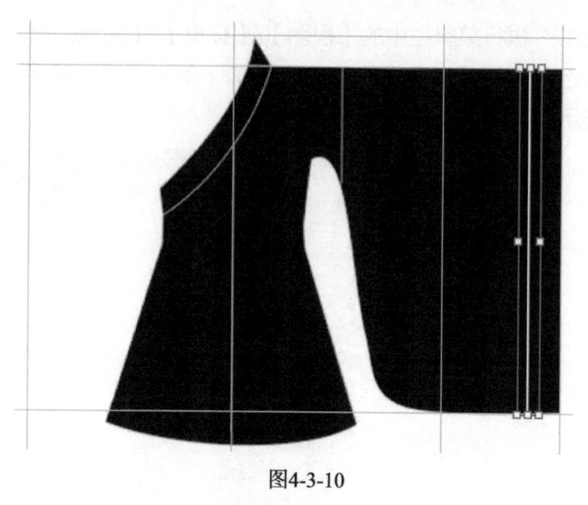

图4-3-10

步骤07 使用钢笔工具在领口处绘制一条曲线，在属性栏中设置轮廓描边为，描边为白色，得到的效果如图4-3-11所示。

步骤08 使用选择工具选择所有图形，执行菜单栏中的【对象】/【变换】/【对称】命令，弹出“镜像”对话框，单击“复制”按钮，得到的效果如图4-3-12所示。

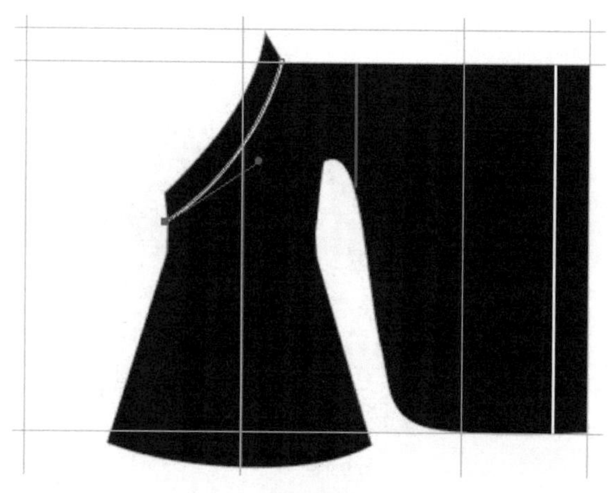

图4-3-11

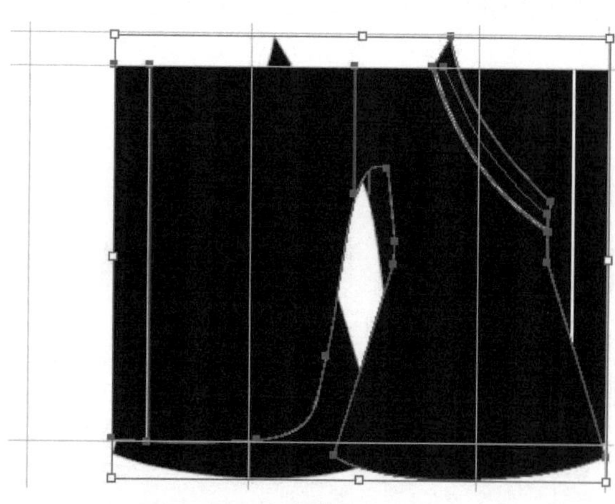

图4-3-12

步骤09 用向左方向键←把复制的图形向左平移到一定的位置，得到的效果如图4-3-13所示。

步骤10 执行菜单栏中的【对象】/【排列】/【置于底层】命令，得到的效果如图4-3-14所示。

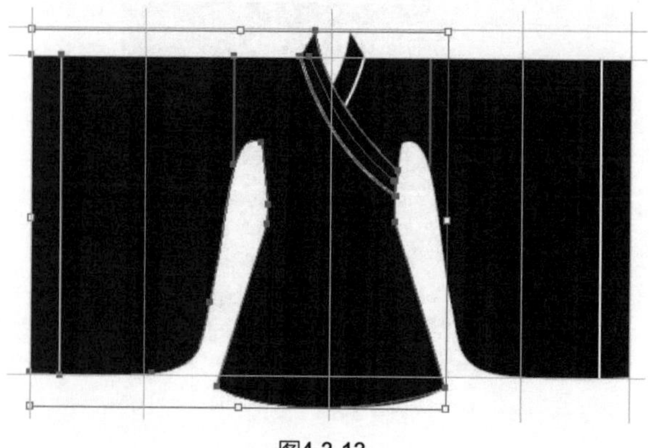

图4-3-13

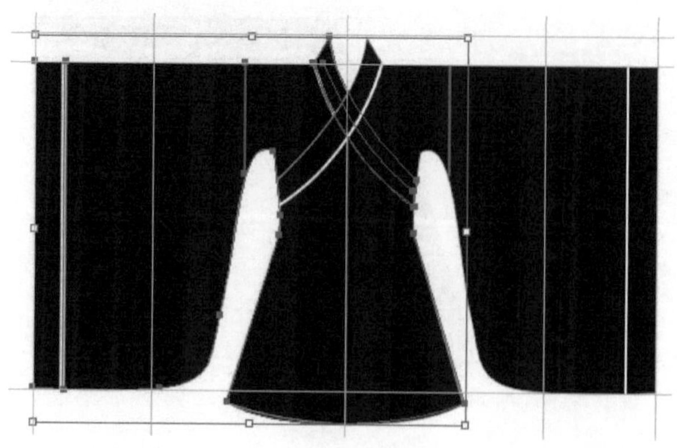

图4-3-14

步骤11 使用钢笔工具绘制后领部分，如图4-3-15所示，在属性栏中设置轮廓描边为并填充黑色。

步骤12 执行菜单栏中的【对象】/【排列】/【置于底层】命令，得到的效果如图4-3-16所示。

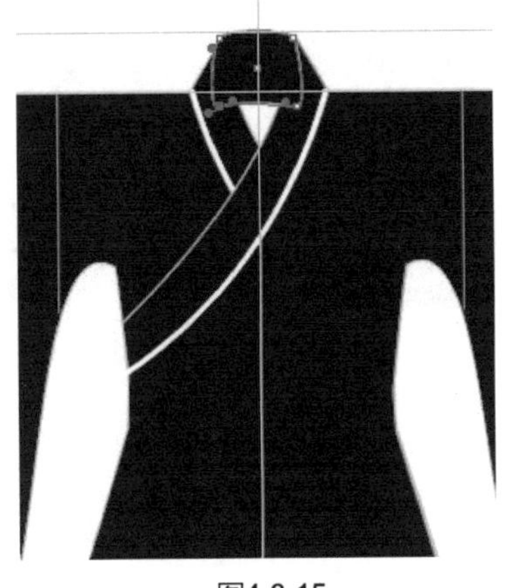

图4-3-15

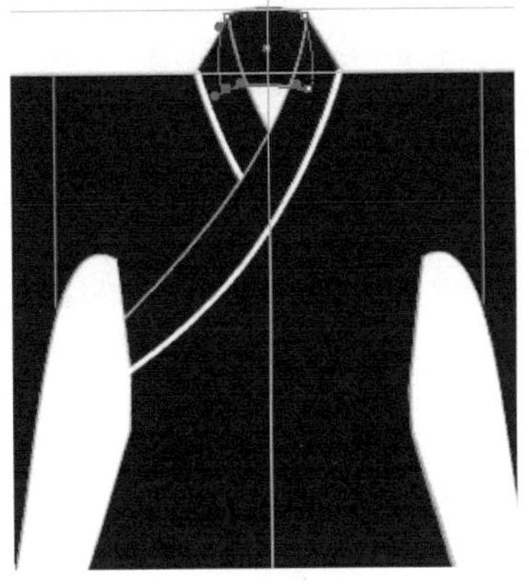

图4-3-16

步骤13 使用矩形工具在衣身上绘制一个长方形，填充黑色，如图4-3-17所示。

步骤14 执行菜单栏中的【对象】/【排列】/【置于底层】命令，得到的效果如图4-3-18所示。

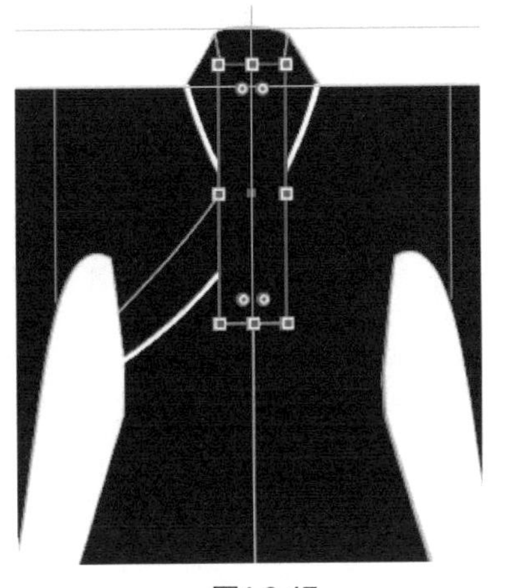

图4-3-17

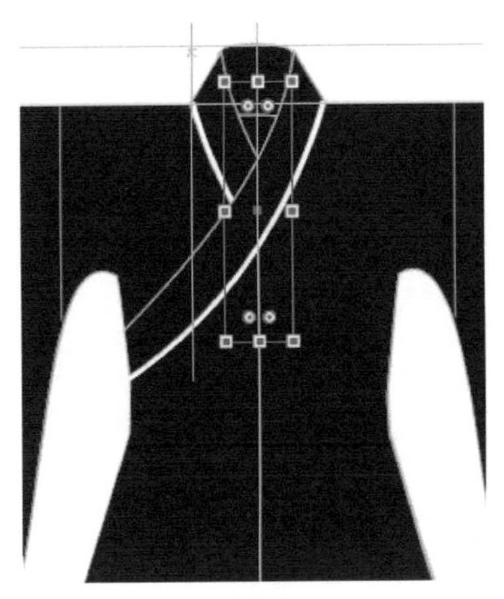

图4-3-18

步骤15 使用钢笔工具和锚点工具，在辅助线和衣身的基础上绘制下裳造型，如图4-3-19所示。

步骤16 双击工具箱中的填色按钮□，弹出“拾色器”对话框，设置各项参数，如图4-3-20所示。单击“确定”按钮，将图形填充红色，得到的效果如图4-3-21所示。

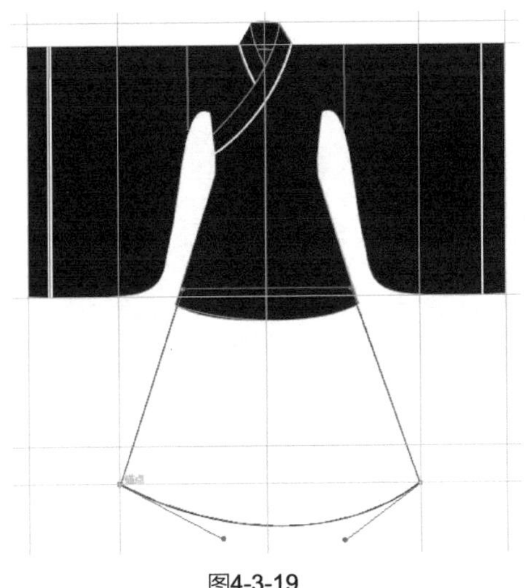

图4-3-19

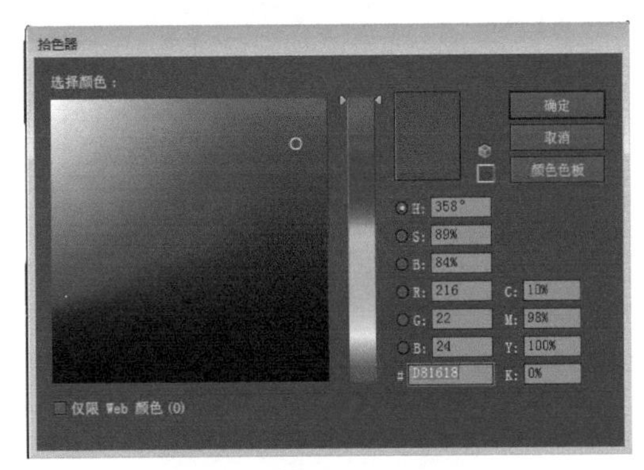

图4-3-20

步骤17 执行菜单栏中的【对象】/【排列】/【置于底层】命令，得到的效果如图4-3-22所示。

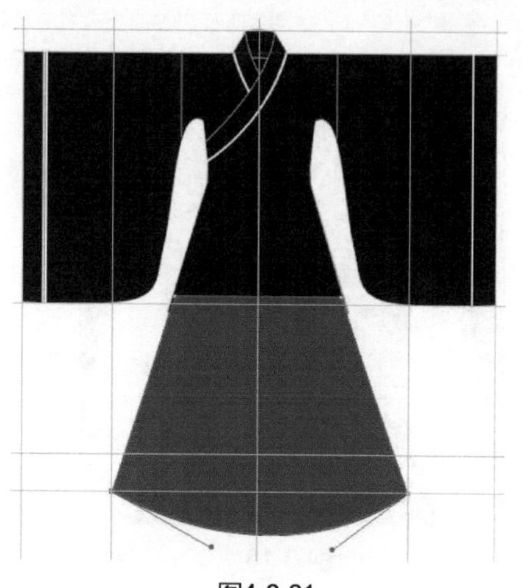

图4-3-21

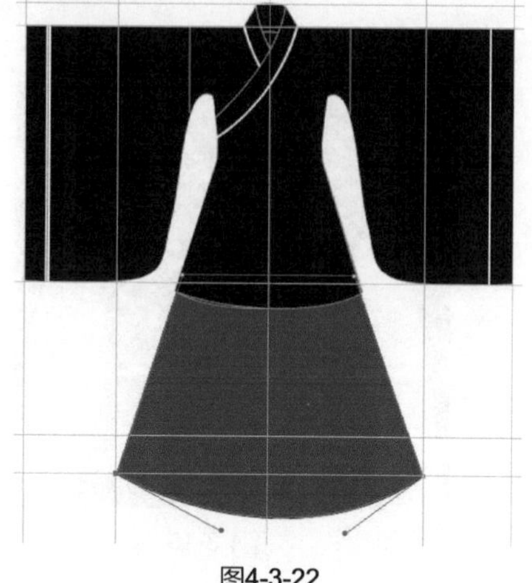

图4-3-22

步骤18 执行菜单栏中的【视图】/【参考线】/【清除参考线】命令，得到的效果如图4-3-23所示。

步骤19 使用钢笔工具和锚点工具，在衣身上绘制一条曲线，在属性栏中设置轮廓描边为，描边为白色，得到的效果如图4-3-24所示。

图4-3-23

图4-3-24

步骤20 使用钢笔工具在衣身上绘制分割线，在属性栏中设置轮廓描边为，得到的效果如图4-3-25所示。

步骤21 使用钢笔工具和锚点工具绘制蔽膝造型，如图4-3-26所示。

图4-3-25

图4-3-26

步骤22 使用吸管工具单击衣裳部分，吸取红色，得到的效果如图**4-3-27**所示。

步骤23 使用钢笔工具和锚点工具沿着蔽膝造型绘制一条路径，在属性栏中设置轮廓描边为，得到的效果如图**4-3-28**所示。

图4-3-27

图4-3-28

步骤24 使用钢笔工具绘制腰带和大带，在属性栏中设置轮廓描边为并填充白色，得到的效果如图**4-3-29**所示。

步骤25 使用选择工具单击页面空白处。玄端的最终效果如图**4-3-30**所示。

图4-3-29

图4-3-30

Lesson 4 襦裙款式设计

襦裙由短上衣和长裙组成，即上襦下裙式。襦裙是汉服的一种，上身穿的短衣和下身束的裙子合称襦裙，是典型的“上衣下裳”衣制。上衣叫做“襦”，长度较短，一般不过膝，下身则叫“裙”。

襦裙出现在战国时期，兴起于魏晋南北朝。根据裙腰的高低，将襦裙分为齐腰襦裙、高腰襦裙和齐胸襦裙。根据领子的式样不同，将襦裙分为交领襦裙和直领襦裙。按照是否夹里的区别，又可将襦裙分为单襦和复襦，单襦近于衫，复襦则近于袄。襦裙直到明末清初都是普通百姓（女性）的日常穿着服饰。图4-4-1所示为战国时期中山国女子襦裙，图4-4-2所示为魏晋南北朝时期的杂裾垂髾服。

图4-4-1

图4-4-2

实例10 直领（对襟）襦裙款式设计

实例目的：了解绘制襦裙基本造型的基础工具的使用，以及襦裙细节设计，如装饰图案、衣缘、披帛等。

实例要点：使用钢笔工具和锚点工具绘制襦裙的基本轮廓造型；面料及细节表现（透明纱面料质感、图案表现等）。

最终效果如图4-4-3所示。

图4-4-3

操作步骤

步骤 01 启动Illustrator CC应用程序，执行菜单栏中的【文件】/【新建】命令，弹出“新建文档”对话框，设置文件名为“直领（对襟）襦裙”，页面取向为“横向”，如图4-4-4所示。单击“确定”按钮，得到的效果如图4-4-5所示。

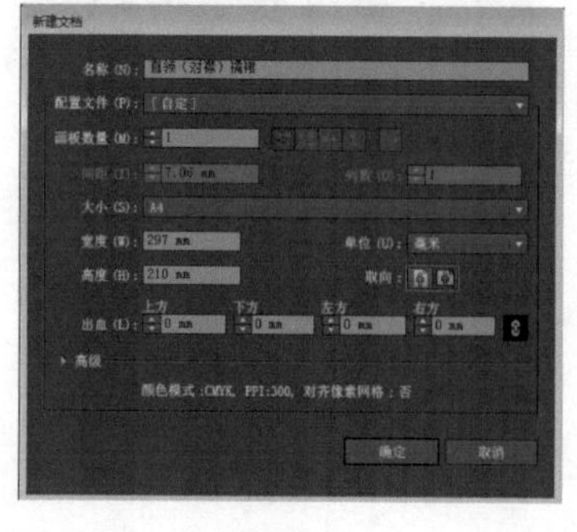

图4-4-4

图4-4-5

步骤02 执行菜单栏中的【视图】/【标尺】/【显示标尺】命令，得到的效果如图4-4-6所示。

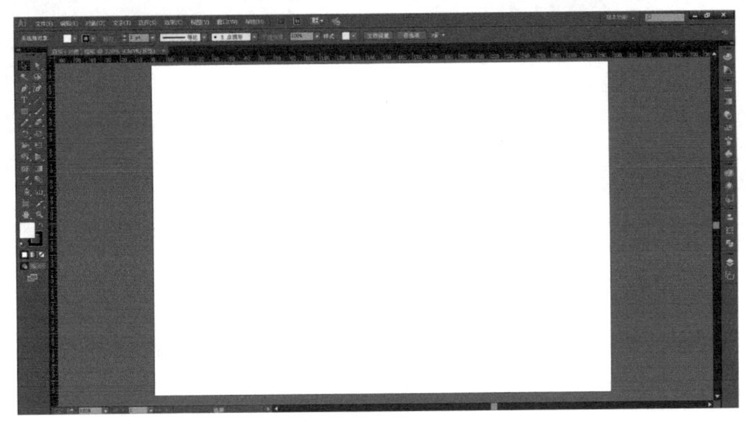

图4-4-6

步骤03 用鼠标单击上方和左方的标尺栏，按住鼠标左键分别从上往下、从左往右拖动鼠标，添加八条辅助线，确定衣长、领高、肩线、袖长、腰线、裙长等位置，如图4-4-7所示。

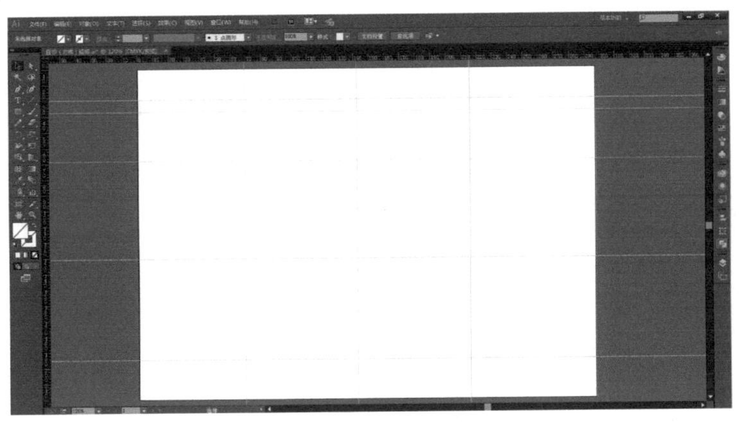

图4-4-7

步骤04 使用钢笔工具和锚点工具在辅助线的基础上绘制上襦，在属性栏中设置轮廓描边为，得到的衣身效果如图4-4-8所示。

步骤05 执行菜单栏中的【文件】/【置入】命令，置入“素材图片”中的“织锦面料”图片，单击属性栏中的“嵌入”按钮，把图片置入画板，得到的效果如图4-4-9所示。

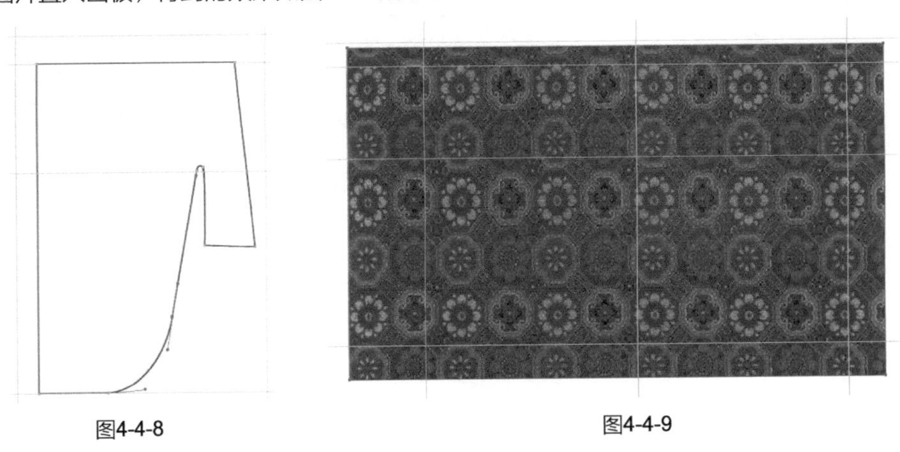

图4-4-8　　图4-4-9

步骤06 用矩形工具绘制一个矩形，矩形的大小和织锦面料的基本单元格一致，无描边，如图4-4-10所示。

步骤07 执行菜单栏中的【对象】/【排列】/【置于底层】命令，得到的效果如图4-4-11所示。

图4-4-10

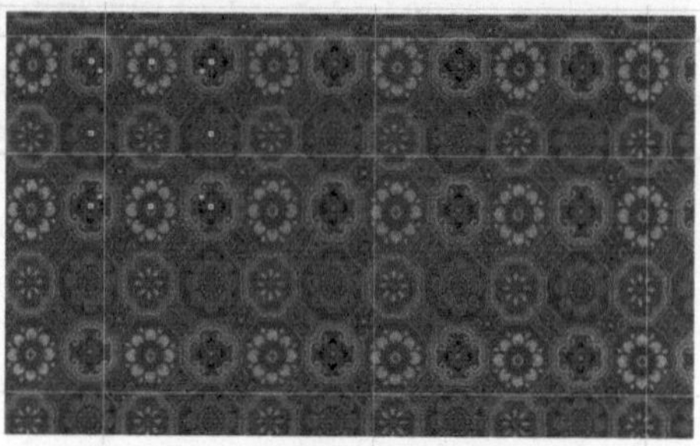

图4-4-11

步骤08 用选择工具按【Shift】键加选织锦面料，按【Ctrl】+【G】组合键编组图形。打开“色板”面板，把图形拖动到“色板”面板中，新建图案色板6，如图4-4-12所示。

步骤09 按【Delete】键删除图形。使用选择工具选择绘制好的上襦，单击色板中的“新建图案色板6”，填充图案得到的效果如图4-4-13所示。

步骤10 执行菜单栏中的【对象】/【变换】/【缩放】命令，弹出“比例缩放”对话框，设置各项参数，如图4-4-14所示。单击“确定”按钮，得到的效果如图4-4-15所示。

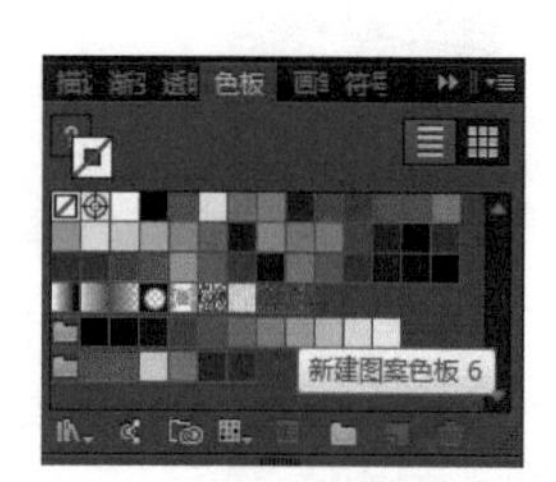

图4-4-12

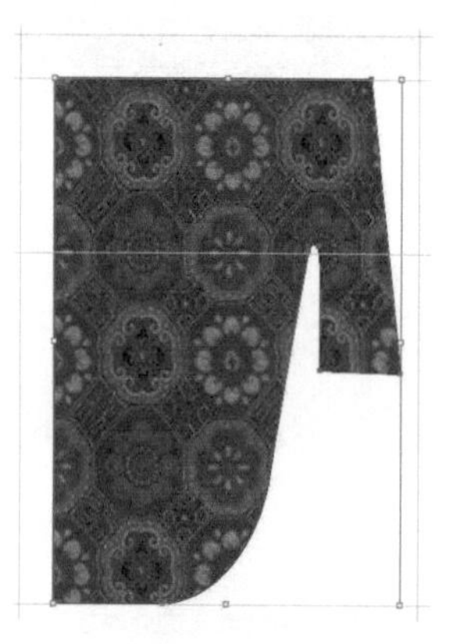

图4-4-13

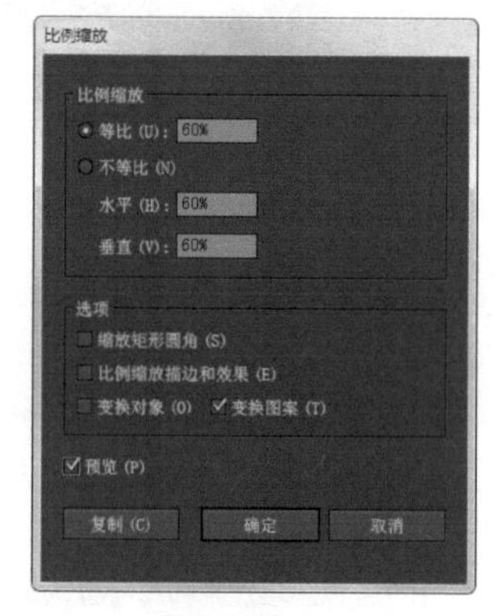

图4-4-14

步骤11 使用钢笔工具在衣袖上绘制一条分割线，在属性栏中设置轮廓描边为，得到的效果如图4-4-16所示。

步骤12 使用钢笔工具绘制领缘，在属性栏中设置轮廓描边为并填充黑色，得到的效果如图4-4-17所示。

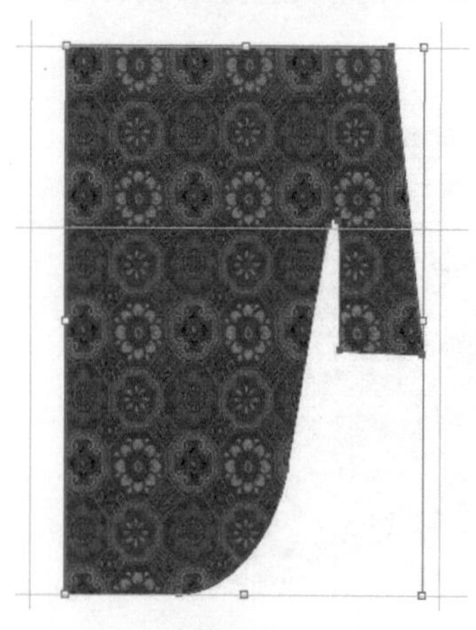

图4-4-15

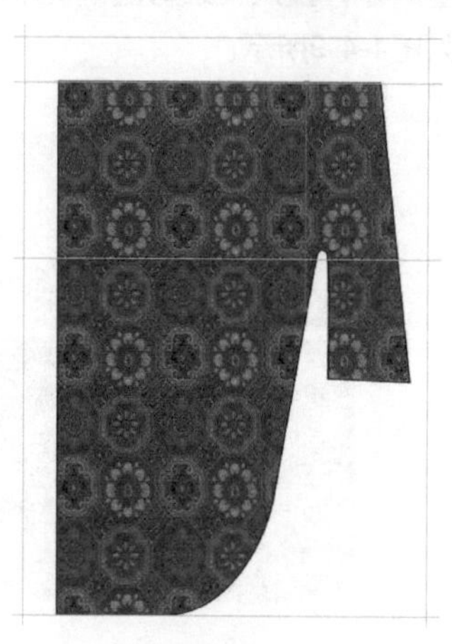

图4-4-16

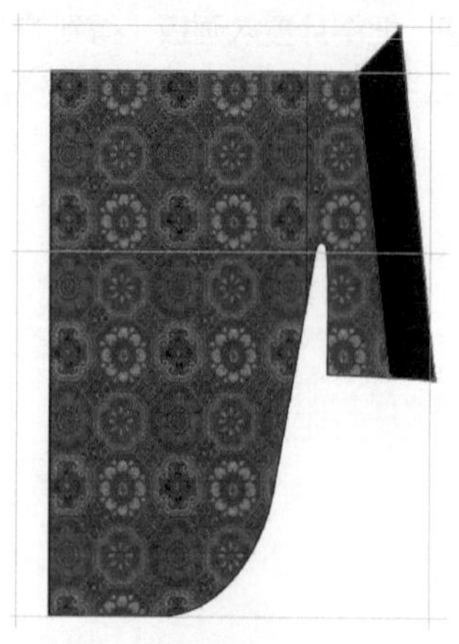

图4-4-17

步骤13 使用矩形工具在辅助线的基础上绘制袖缘，在属性栏中设置轮廓描边为并填充黑色，得到的效果如图4-4-18所示。

步骤14 执行菜单栏中的【文件】/【置入】命令，置入“素材图片”中的“回纹宝相花”图片，单击属性栏中的“嵌入”按钮，把图片置入画板，得到的效果如图4-4-19所示。

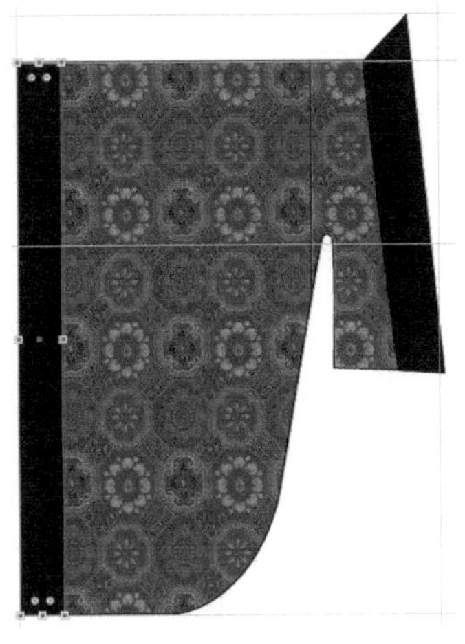

图4-4-18

图4-4-19

步骤15 单击属性栏中的“图像描摹”按钮，把图片转换为矢量图，得到的效果如图4-4-20所示。单击属性栏中的“扩展”按钮，得到的效果如图4-4-21所示。

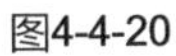

图4-4-20

图4-4-21

步骤16 按【Shift】+【Ctrl】+【G】组合键取消编组，使用魔棒工具单击图案边缘白色部分，然后按【Delete】键删除。使用选择工具框选图案，按【Ctrl】+【G】组合键重新编组图案，得到的效果如图4-4-22所示。

步骤17 用选择工具把图案摆放在图4-4-23所示的位置。

图4-4-22　　图4-4-23

步骤18 按【Shift】+【Ctrl】+【Alt】组合键等比例缩小图案，然后填充白色，得到的效果如图4-4-24所示。

步骤19 选择图案，按住【Alt】键的同时按住鼠标左键向下拖动，复制出第二个图案，得到的效果如图4-4-25所示。

步骤20 按三次【Ctrl】+【D】组合键复制图案，得到的效果如图4-4-26所示。

步骤21 使用选择工具按住【Shift】键选择整组图案，按住【Alt】键的同时按住鼠标左键向右上方拖动，复制出第二组图案，得到的效果如图4-4-27所示。

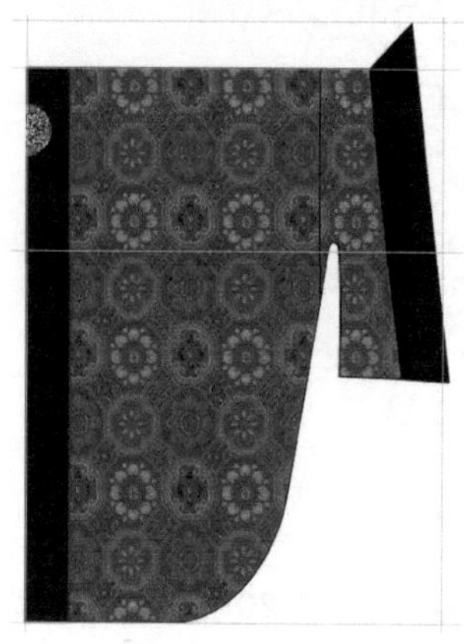

图4-4-24

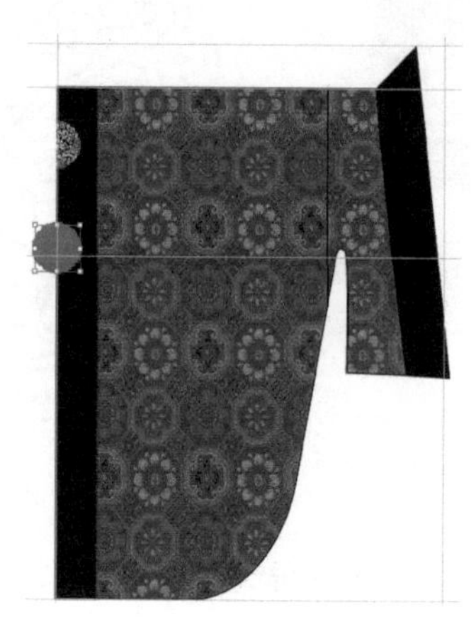

图4-4-25

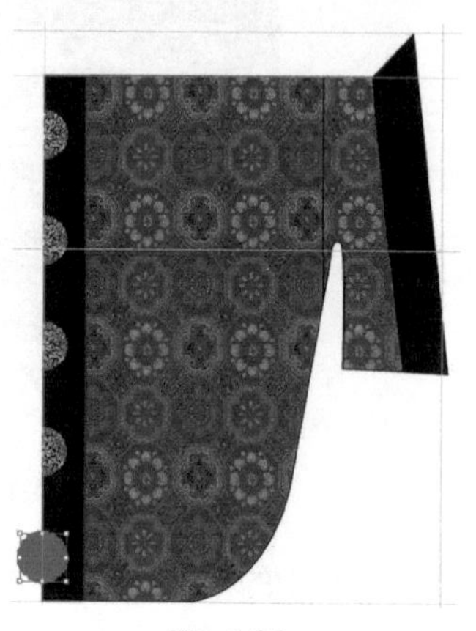

图4-4-26

步骤22 使用选择工具选择袖缘，按【Ctrl】+【C】组合键复制图形，再按【Shift】+【Ctrl】+【V】组合键就地粘贴图形，得到的效果如图4-4-28所示。

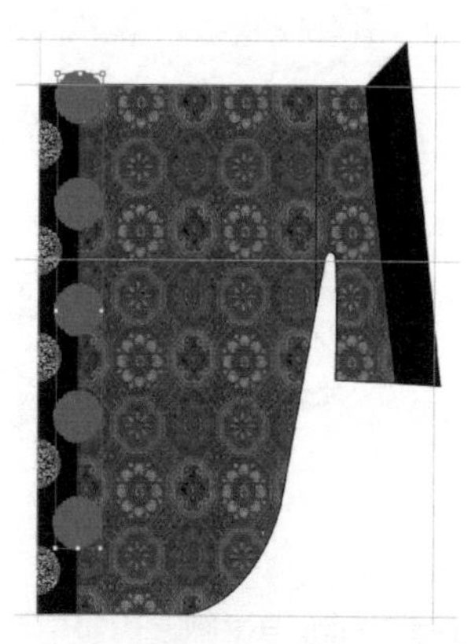

图4-4-27

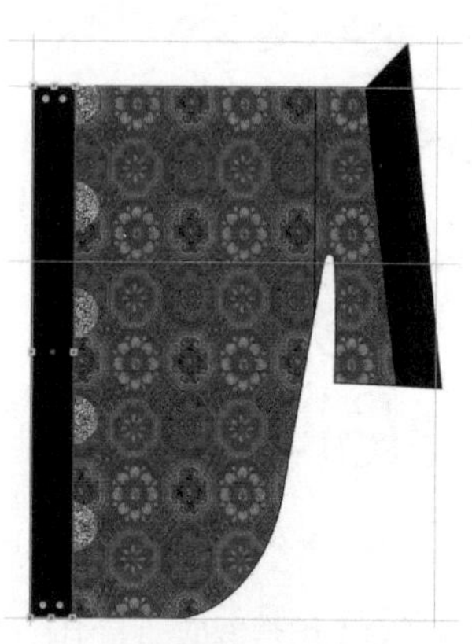

图4-4-28

步骤23 使用选择工具并按住【Shift】键加选两组图案，执行菜单栏中的【对象】/【剪切蒙版】/【建立】命令，得到的效果如图4-4-29所示。

步骤24 重复步骤（14）~（23）的操作，完成领缘图案的绘制，得到的效果如图4-4-30所示。

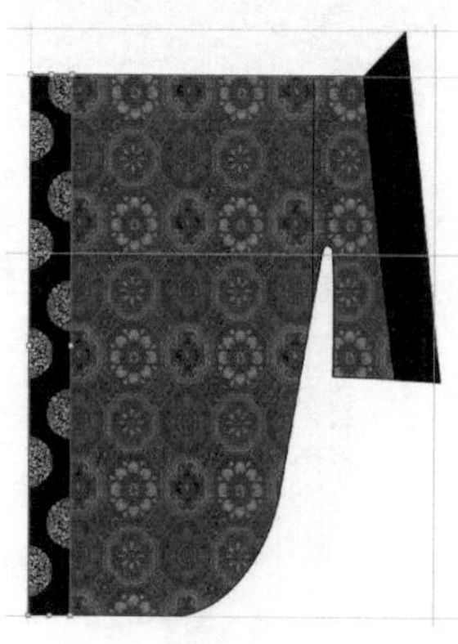

图4-4-29

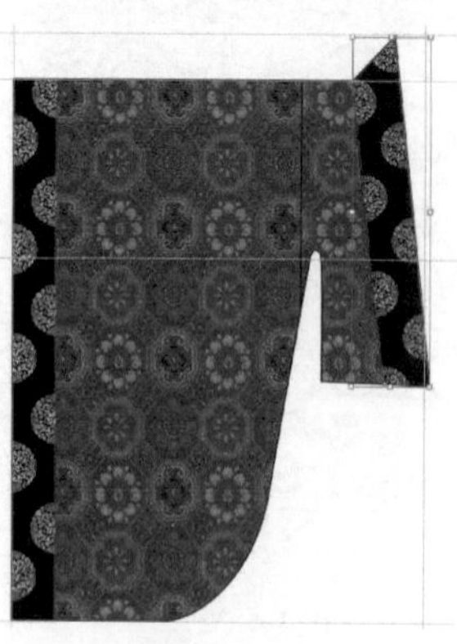

图4-4-30

步骤25 使用选择工具并按住【Shift】键，选择所有绘制好的图形，执行菜单栏中的【对象】/【变换】/【对称】命令，弹出“镜像”对话框，选择“轴>垂直”，单击“复制”按钮，得到的效果如图4-4-31所示。

步骤26 用向右方向键>把复制的图形向右平移到一定的位置，得到的效果如图4-4-32所示。

图4-4-31

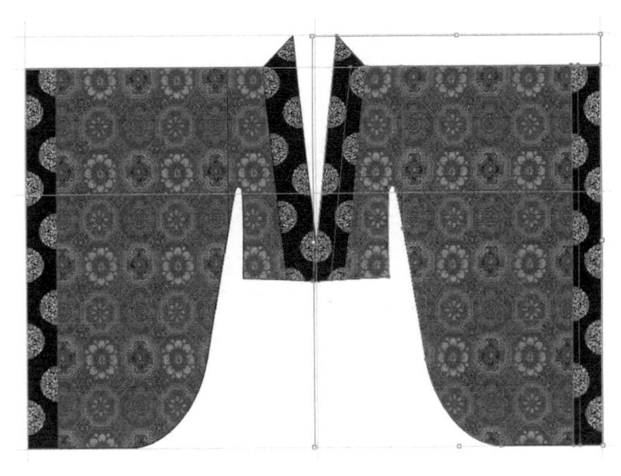

图4-4-32

步骤27 使用钢笔工具绘制后领口，在属性栏中设置轮廓描边为并填充黑色，得到的效果如图4-4-33所示。

步骤28 执行菜单栏中的【对象】/【排列】/【置于底层】命令，得到的效果如图4-4-34所示。

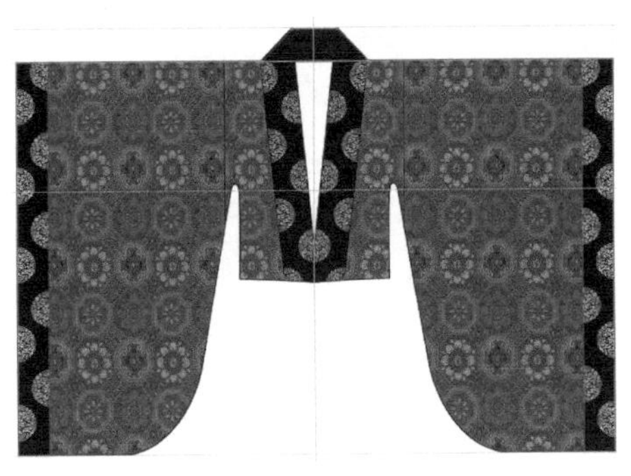

图4-4-33

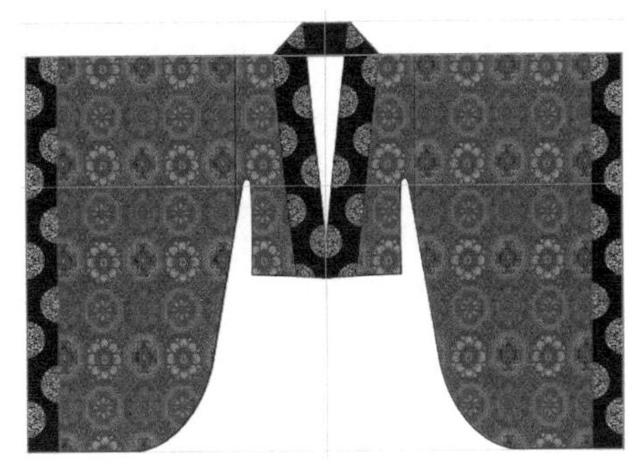

图4-4-34

步骤29 使用钢笔工具和锚点工具，在辅助线的基础上绘制下裙，在属性栏中设置轮廓描边为，得到的效果如图4-4-35所示。

步骤30 使用吸管工具单击衣身，得到的效果如图4-4-36所示。

图4-4-35

图4-4-36

步骤31 使用矩形工具绘制腰带，双击工具箱中的填色按钮□，弹出“拾色器”对话框，设置各项参数，如图4-4-37所示。单击“确定”按钮，得到的效果如图4-4-38所示。

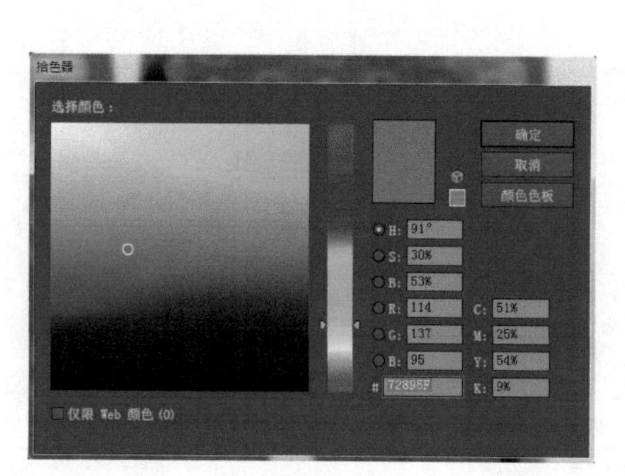

图4-4-37

图4-4-37

步骤32 使用钢笔工具绘制两条佩绶，在属性栏中设置轮廓描边为，填充和腰带一样的颜色，得到的效果如图4-4-39所示。

步骤33 执行菜单栏中的【对象】/【排列】/【后移一层】命令，得到的效果如图4-4-40所示。

图4-4-39

图4-4-40

步骤34 执行菜单栏中的【视图】/【参考线】/【清除参考线】命令，使用矩形工具在衣身上绘制后片，使用吸管工具单击衣身，得到的效果如图4-4-41所示。

步骤35 执行菜单栏中的【对象】/【排列】/【置于底层】命令，得到的效果如图4-4-42所示。

图4-4-41

图4-4-42

步骤36 使用钢笔工具和锚点工具绘制披帛，在属性栏中设置轮廓描边为，得到的效果如图**4-4-43**所示。

步骤37 执行菜单栏中的【文件】/【置入】命令，置入“素材图片”中的“花卉”图片，单击属性栏中的“嵌入”按钮，把图片置入画板，得到的效果如图**4-4-44**所示。

图4-4-43

图4-4-44

步骤38 单击属性栏中的“图像描摹”按钮，把图片转换为矢量图，得到的效果如图**4-4-45**所示。单击属性栏中的“扩展”按钮，得到的效果如图**4-4-46**所示。

图4-4-45

图4-4-46

步骤39 按【Shift】+【Ctrl】+【G】组合键取消编组，使用魔棒工具单击图案边缘白色部分，按【Delete】键删除。使用选择工具框选图案，按【Ctrl】+【G】组合键重新编组图案，得到的效果如图**4-4-47**所示。

步骤40 双击工具箱中的填色按钮□，弹出“拾色器”对话框，设置各项参数，如图**4-4-48**所示。单击“确定”按钮，得到的效果如图**4-4-49**所示。

图4-4-47

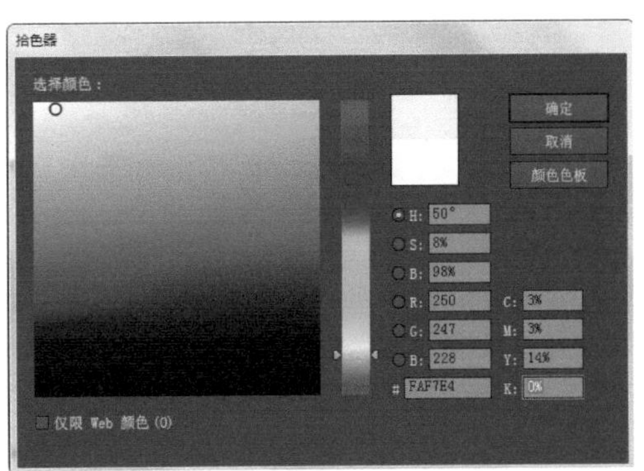

图4-4-48

步骤41 用矩形工具绘制一个矩形，矩形的大小和花卉图案的基本单元格一致，如图4-4-50所示。

图4-4-59

图4-4-50

步骤42 双击工具箱中的填色按钮□，弹出“拾色器”对话框，设置各项参数，如图4-4-51所示。单击“确定”按钮，再执行菜单栏中的【对象】/【排列】/【置于底层】命令，得到的效果如图4-4-52所示。

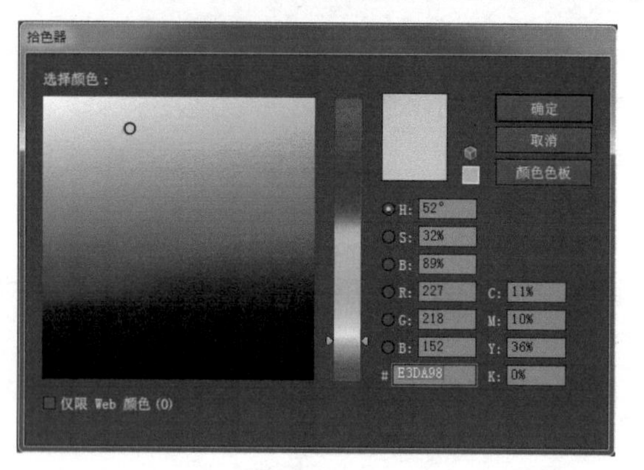

图4-4-51

图4-4-52

步骤43 按【Ctrl】+【C】组合键复制图形，再按【Shift】+【Ctrl】+【V】组合键就地粘贴图形，得到的效果如图4-4-53所示。

步骤44 单击工具箱中的无填色按钮，执行菜单栏中的【对象】/【排列】/【置于底层】命令，得到的效果如图4-4-54所示。

图4-4-53

图4-4-54

步骤45 用选择工具框选两个矩形和图案，按【Ctrl】+【G】组合键编组图形。打开“色板”面板，把图形拖动到“色板”面板中，新建图案色板7，如图4-4-55所示。

步骤46 使用选择工具选择绘制好的披帛，单击色板中的“新建图案色板”，填充图案后得到的效果如图4-4-56所示。

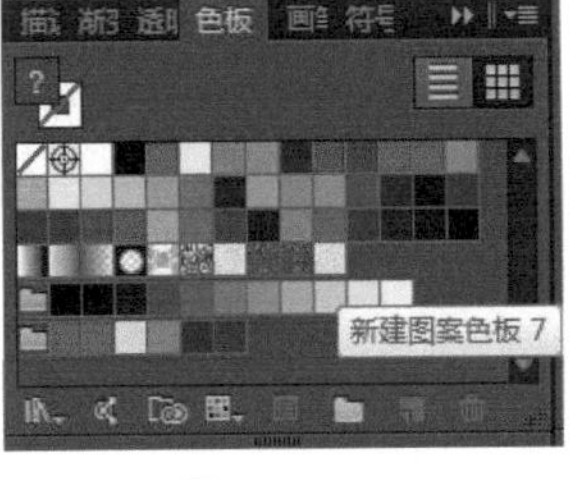

图4-4-55

图4-4-56

步骤47 执行菜单栏中的【对象】/【变换】/【缩放】命令，弹出“比例缩放”对话框，设置各项参数，如图4-4-57所示。单击“确定”按钮，得到的效果如图4-4-58所示。

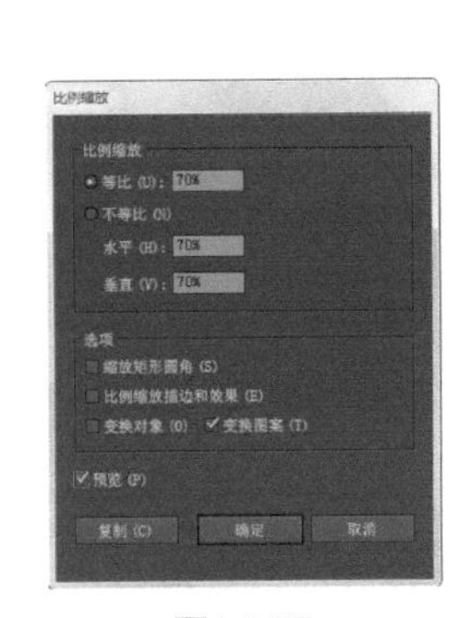

图4-4-57

图4-4-58

步骤48 使用钢笔工具和锚点工具绘制披帛上的褶裥线，在属性栏中设置轮廓描边为，得到的效果如图4-4-59所示。

步骤49 使用选择工具并按住【Shift】键加选绘制好的披帛，单击页面右侧的描边按钮，选择“透明度”面板，设置“不透明度”参数为82%，得到的效果如图4-4-60所示。

图4-4-59

图4-4-60

步骤50 使用选择工具单击页面空白处。直领（对襟）襦裙的最终效果如图4-4-61所示。

图4-4-61

实例11 交领襦裙款式设计

实例目的： 了解绘制襦裙基本造型的基础工具的使用，以及襦裙细节设计，如装饰图案、腰带等。

实例要点： 使用钢笔工具和锚点工具绘制襦裙的基本轮廓造型；面料图案及配饰的表现。

最终效果如图4-4-62所示。

图4-4-62

操作步骤

步骤01 启动Illustrator CC应用程序，执行菜单栏中的【文件】/【新建】命令，弹出“新建文档”对话框，设置文件名为“交领襦裙”，页面取向为“横向”，如图4-4-63所示。单击“确定”按钮，得到的效果如图4-4-64所示。

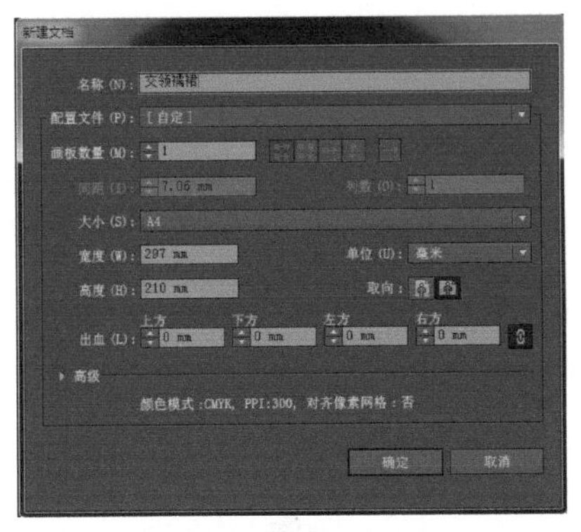

图4-4-63

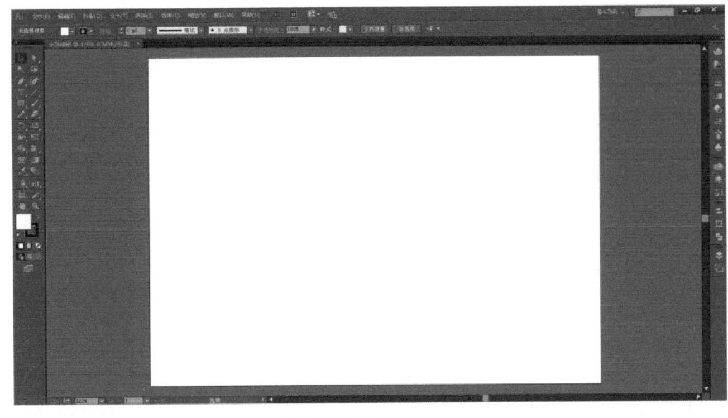

图4-4-64

步骤02 执行菜单栏中的【视图】/【标尺】/【显示标尺】命令，得到的效果如图4-4-65所示。

图4-4-65

步骤03 用鼠标单击上方和左方的标尺栏，按住鼠标左键分别从上往下、从左往右拖动鼠标，添加七条辅助线，确定领高、肩线、袖长、腰线、裙长等位置，如图4-4-66所示。

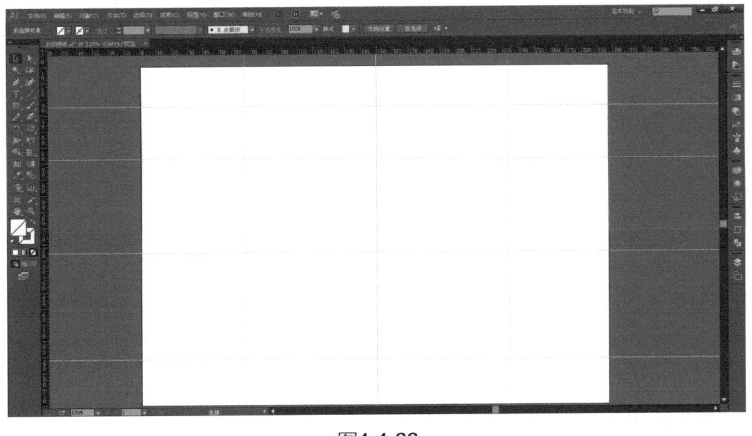

图4-4-66

步骤04 使用钢笔工具和锚点工具在辅助线的基础上绘制上襦，在属性栏中设置轮廓描边为0.75 pt，得到的衣身效果如图4-4-67所示。

步骤05 执行菜单栏中的【文件】/【置入】命令，置入“素材图片”中的“金织锦”图片，单击属性栏中的“嵌入”按钮，把图片置入画板，得到的效果如图4-4-68所示。

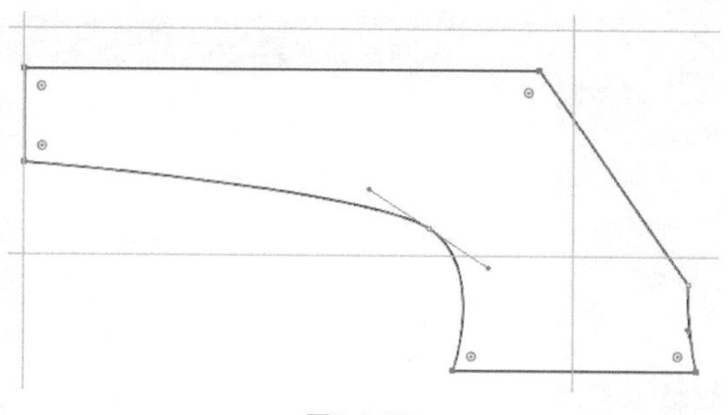

图4-4-67

图4-4-68

步骤06 用矩形工具绘制一个矩形，矩形的大小和织锦面料的基本单元格一致，无描边，如图4-4-69所示。

步骤07 执行菜单栏中的【对象】/【排列】/【置于底层】命令，得到的效果如图4-4-70所示。

图4-4-69

图4-4-70

步骤08 使用选择工具并按住【Shift】键加选金织锦面料，按【Ctrl】+【G】组合键编组图形。打开“色板”面板，把图形拖动到“色板”面板中，新建图案色板9，如图4-4-71所示。

步骤09 按【Delete】键删除图形。使用选择工具选择绘制好的上襦，单击色板中的“新建图案色板9”，填充图案后得到的效果如图4-4-72所示。

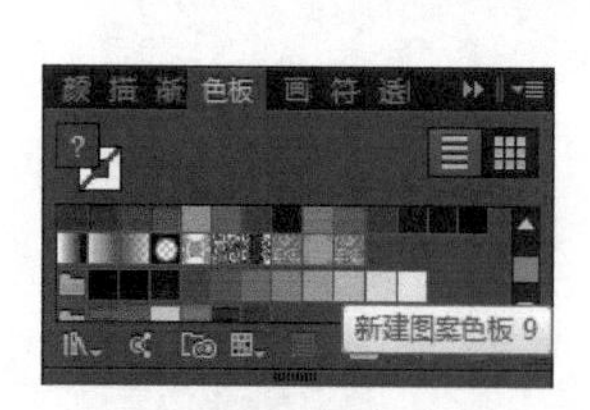

图4-4-71

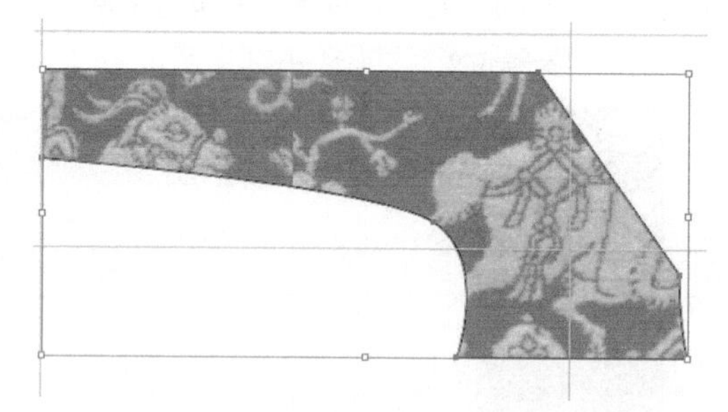

图4-4-72

步骤10 执行菜单栏中的【对象】/【变换】/【缩放】命令，弹出“比例缩放”对话框，设置各项参数，如图4-4-73所示。单击“确定”按钮，得到的效果如图4-4-74所示。

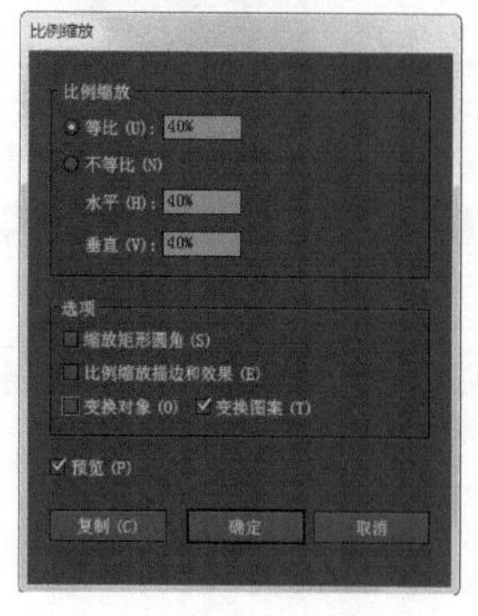

图4-4-73

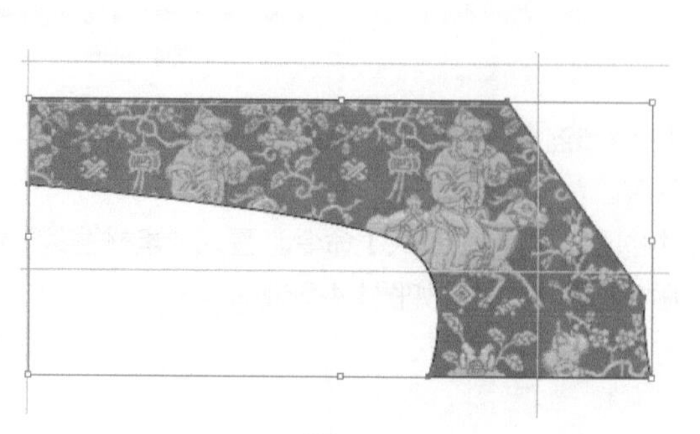

图4-4-74

步骤11 使用钢笔工具在衣袖上绘制一条分割线，在属性栏中设置轮廓描边为0.75 pt，得到的效果如图4-4-75所示。

步骤12 使用钢笔工具在辅助线的基础上绘制袖口，在属性栏中设置轮廓描边为0.75 pt并填充白色，得到的效果如图4-4-76所示。

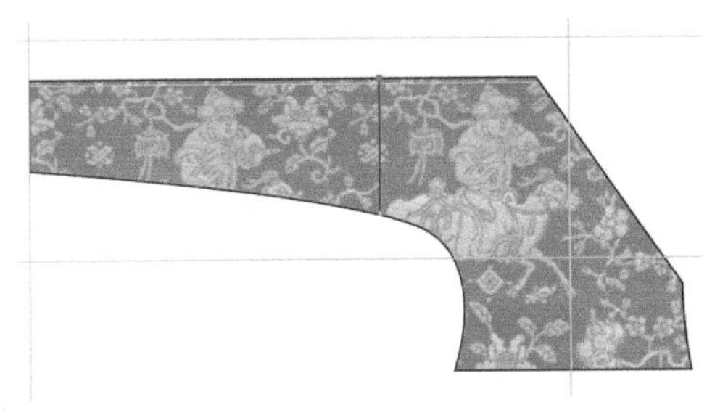

图4-4-75

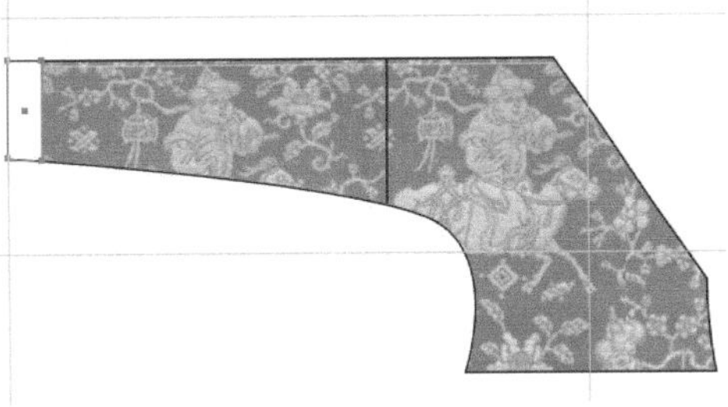

图4-4-76

步骤13 使用钢笔工具和锚点工具绘制交领，在属性栏中设置轮廓描边为0.75 pt并填充白色，得到的效果如图4-4-77所示。

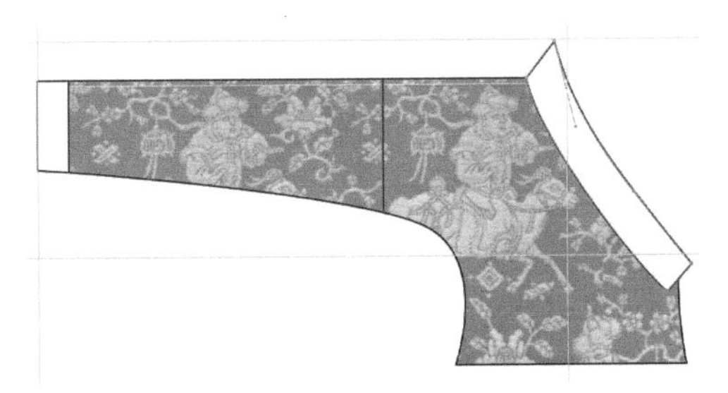

图4-4-77

步骤14 使用选择工具并按住【Shift】键选择所有绘制好的图形，执行菜单栏中的【对象】/【变换】/【对称】命令，弹出“镜像”对话框，选择“轴→垂直”，单击“复制”按钮，得到的效果如图4-4-78所示。

步骤15 按住向右方向键→把复制的图形向右平移到一定的位置，得到的效果如图4-4-79所示。

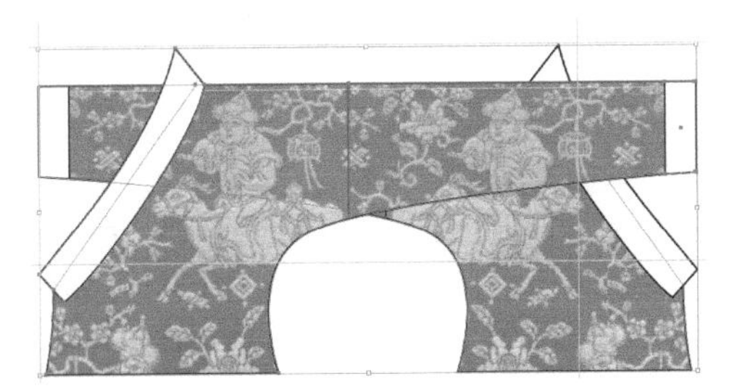

图4-4-78

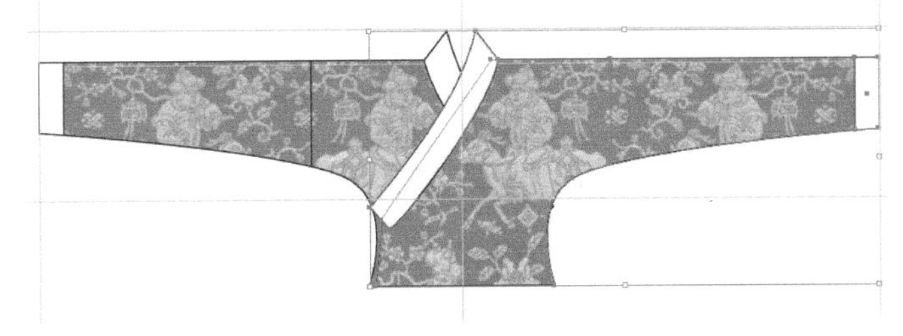

图4-4-79

步骤16 使用钢笔工具绘制后领口，在属性栏中设置轮廓描边为0.75 pt并填充白色，得到的效果如图4-4-80所示。

步骤17 执行菜单栏中的【对象】/【排列】/【置于底层】命令，得到的效果如图4-4-81所示。

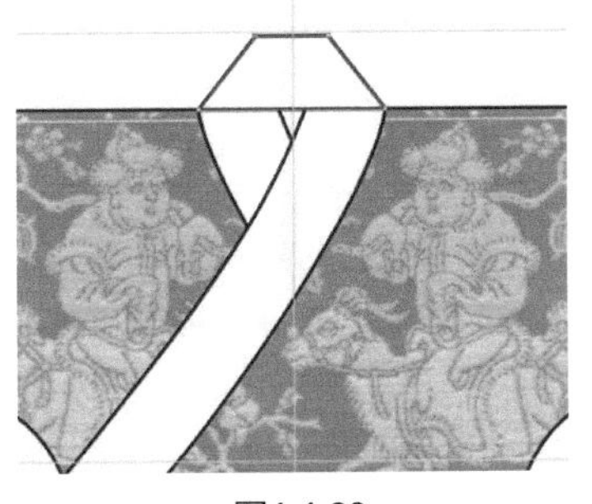

图4-4-80

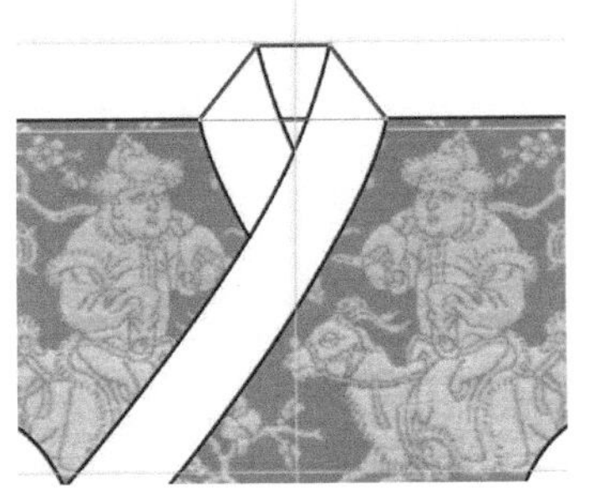

图4-4-81

步骤18 使用矩形工具在衣身上绘制后片，使用吸管工具单击衣身，得到的效果如图4-4-82所示。

步骤19 执行菜单栏中的【对象】/【排列】/【置于底层】命令，得到的效果如图4-4-83所示。

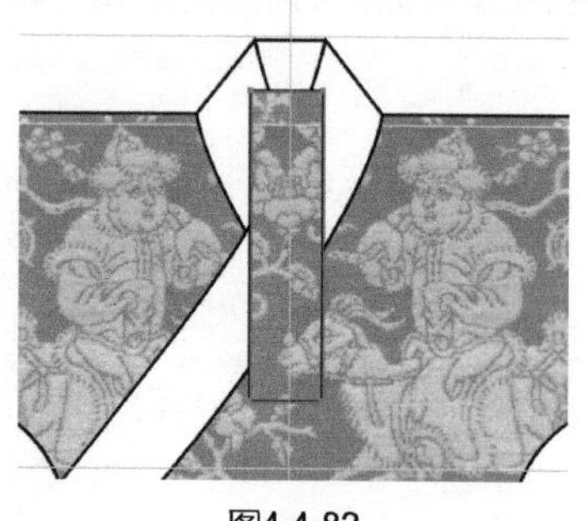
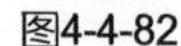

图4-4-82

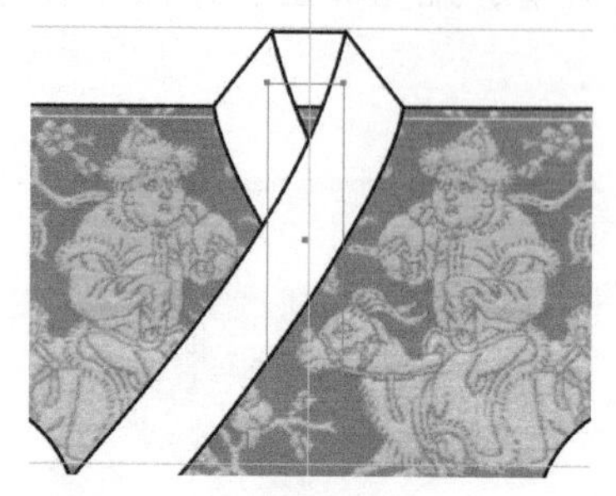

图4-4-83

步骤20 使用钢笔工具和锚点工具在辅助线的基础上绘制下裙，在属性栏中设置轮廓描边为，得到的效果如图4-4-84所示。

步骤21 执行菜单栏中的【文件】/【打开】命令，打开“图案素材”中的“回纹”图案，用选择工具选择图案，按【Ctrl】+【X】组合键剪切图形。再单击“交领襦裙”文件，按【Ctrl】+【V】组合键粘贴图案，得到的效果如图4-4-85所示。

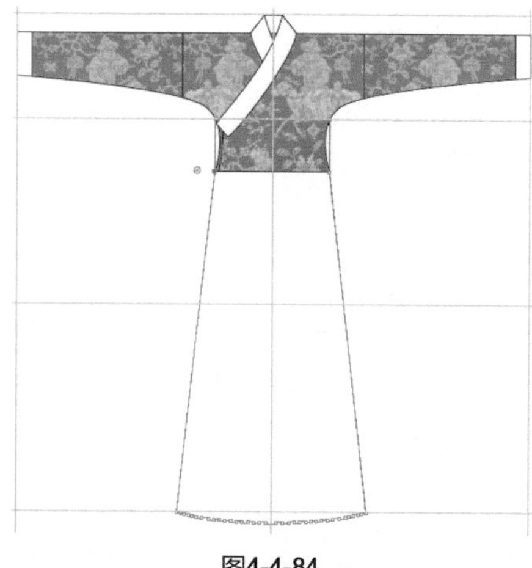

图4-4-84

图4-4-85

步骤22 打开“色板”面板，使用选择工具把图案拖动到“色板”面板中，新建图案色板10，如图4-4-86所示。

步骤23 按【Delete】键删除图形。使用选择工具选择绘制好的下裙，单击色板中的“新建图案色板10”，填充图案后得到的效果如图4-4-87所示。

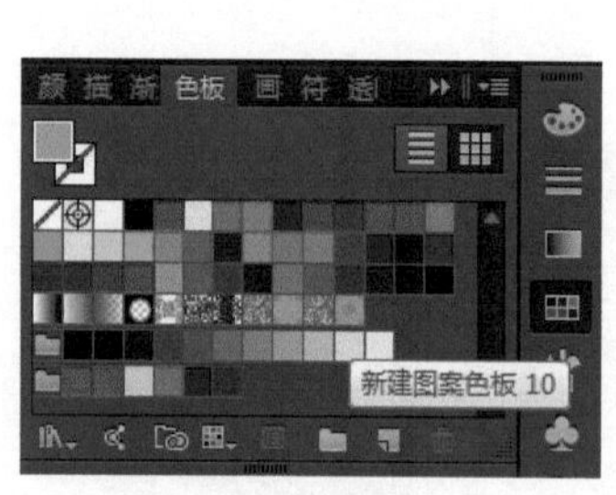

图4-4-86

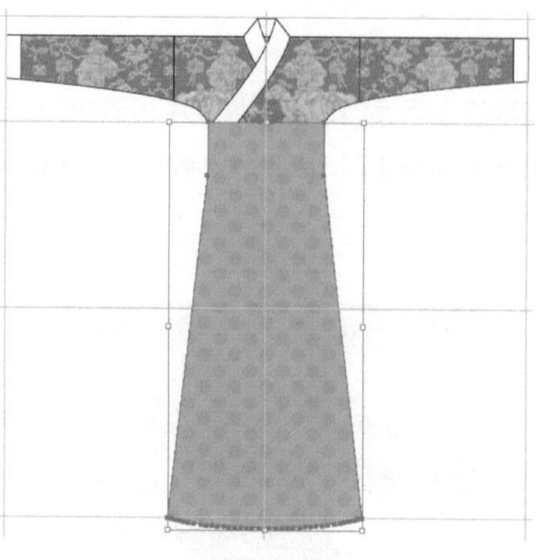

图4-4-87

步骤24 使用钢笔工具和锚点工具在辅助线的基础上绘制围腰，在属性栏中设置轮廓描边为并填充红色，得到的效果如图4-4-88所示。

步骤25 执行菜单栏中的【视图】/【参考线】/【清除参考线】命令，得到的效果如图4-4-89所示。

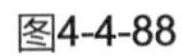

图4-4-88

图4-4-89

步骤26 使用钢笔工具绘制裙子上的褶裥线，在属性栏中设置轮廓描边为，得到的效果如图4-4-90所示。

步骤27 使用钢笔工具和锚点工具绘制腰带，在属性栏中设置轮廓描边为，得到的效果如图4-4-91所示。

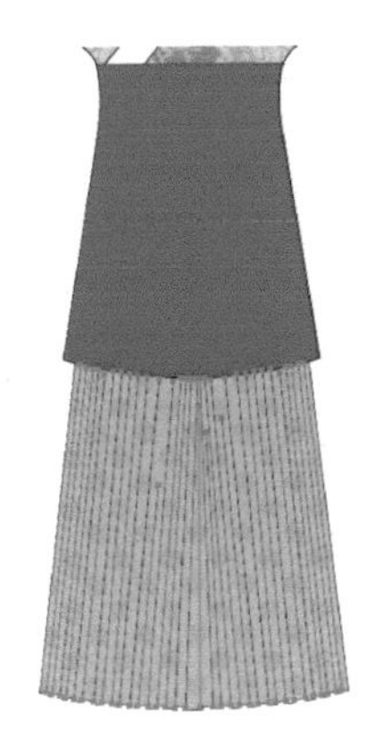

图4-4-90

图4-4-91

步骤28 双击工具箱中的填色按钮□，弹出“拾色器”对话框，设置各项参数，如图4-4-92所示。单击“确定”按钮，得到的效果如图4-4-93所示。

步骤29 执行菜单栏中的【文件】/【置入】命令，置入“图案素材”中的配饰图案，单击属性栏中的“嵌入”按钮，把配饰置入画板，得到的效果如图4-4-94所示。

图4-4-92

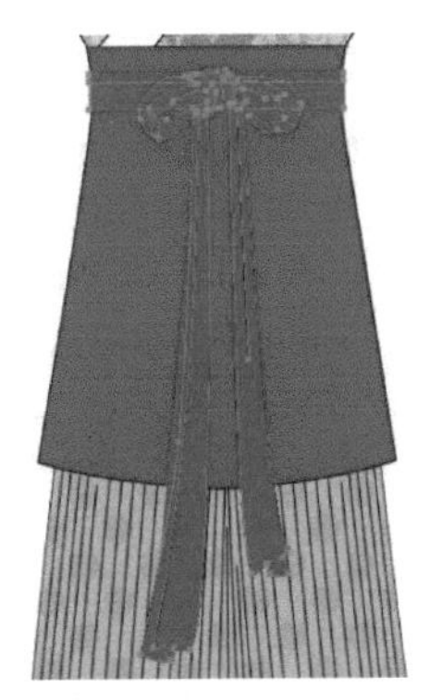

图4-4-93

步骤30 使用选择工具把配饰摆放在腰间，如图4-4-95所示。使用选择工具单击页面空白处。交领襦裙的最终效果如图4-4-96所示。

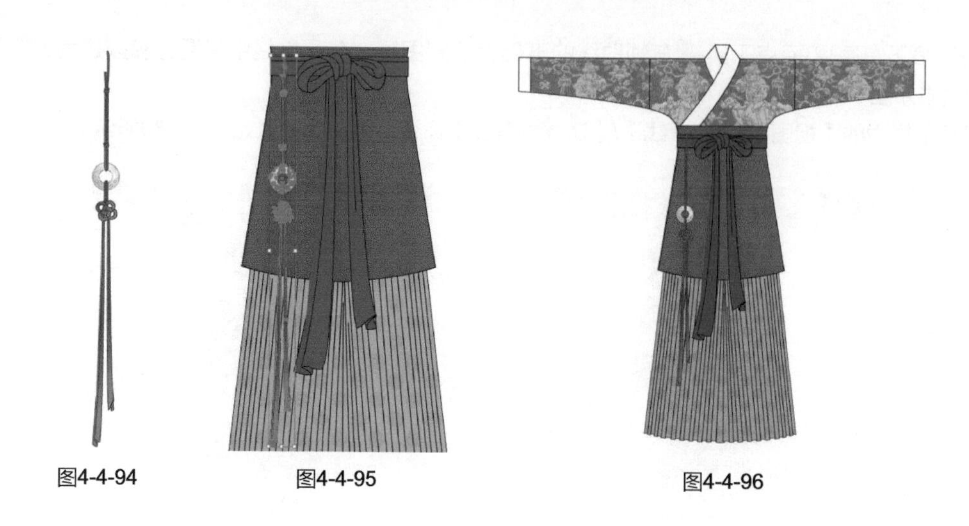

图4-4-94　　图4-4-95　　图4-4-96

Lesson 5 褙子款式设计

褙子，亦作“背子”，又名“绰子”“绣裾”，汉服中的一种重要款式。隋唐时已经开始流行，它吸收了北方民族服饰的一些特色。褙子，无袖，类似于今日的背心。开始只在军中流行，既可保持身体的温度，又不增加袖子的厚度，便于行动。后来逐渐走向民间，慢慢加上短袖，流行于宋、元、明三朝。其样式以直领对襟为主，腋下开胯，腰间用勒帛系束，下长过膝，逐渐成为女子的一种常礼服。

实例12 褙子款式设计

实例目的： 了解绘制褙子基本造型的基础工具的使用，以及配饰细节设计，如装饰图案、领缘等。

实例要点： 使用钢笔工具和锚点工具绘制褙子的基本轮廓造型；
面料图案及领缘图案的表现。

最终效果如图4-5-1所示。

图4-5-1

步骤01 启动Illustrator CC应用程序，执行菜单栏中的【文件】/【新建】命令，弹出“新建文档”对话框，设置文件名为“褙子”，页面取向为“横向”，如图4-5-2所示。单击“确定”按钮，得到的效果如图4-5-3所示。

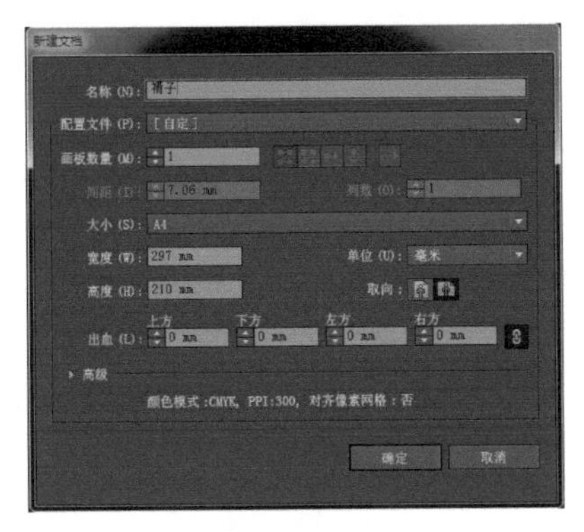

图4-5-2

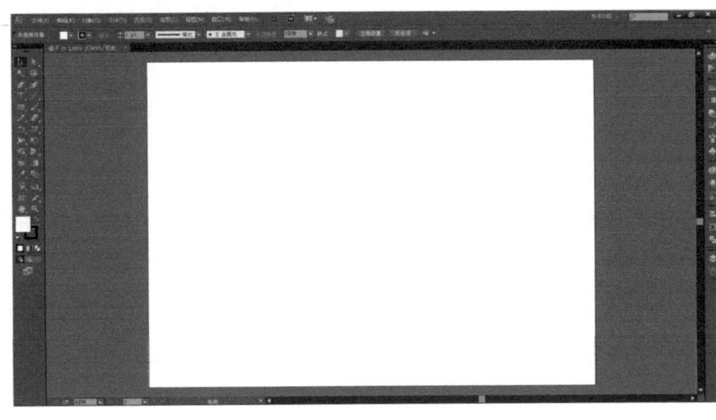

图4-5-3

步骤02 执行菜单栏中的【视图】/【标尺】/【显示标尺】命令，得到的效果如图4-5-4所示。

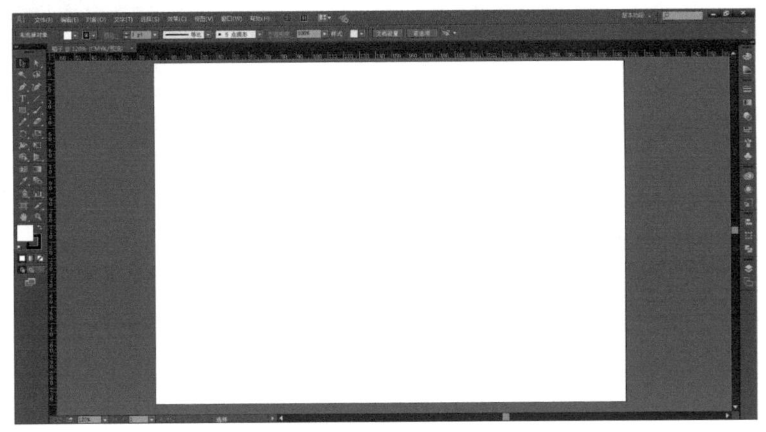

图4-5-4

步骤03 用鼠标单击上方和左方的标尺栏，按住鼠标左键分别从上往下、从左往右拖动鼠标，添加七条辅助线，确定衣长、领高、肩线、袖长等位置，如图4-5-5所示。

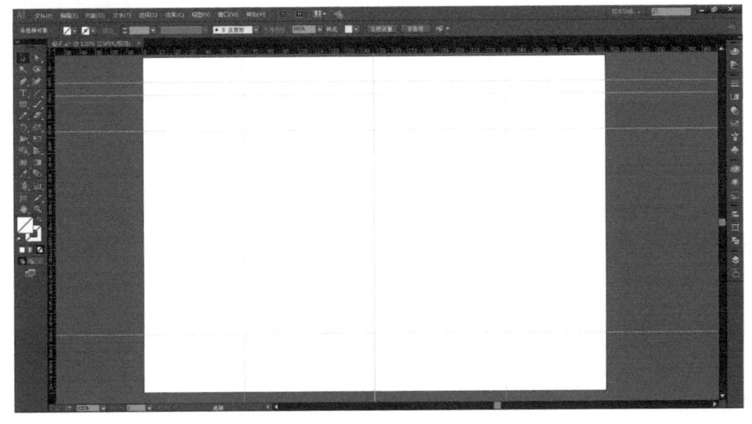

图4-5-5

步骤04 使用钢笔工具和锚点工具，在辅助线的基础上绘制衣身，在属性栏中设置轮廓描边为，得到的效果如图4-5-6所示。

步骤05 选择矩形工具并在页面空白处单击，弹出“矩形”对话框，设置矩形大小参数，如图4-5-7所示。单击“确定”按钮，绘制出图4-5-8所示的矩形。

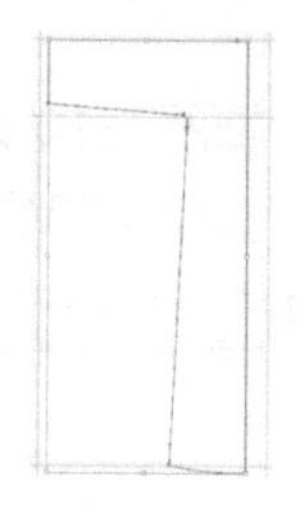
图4-5-6

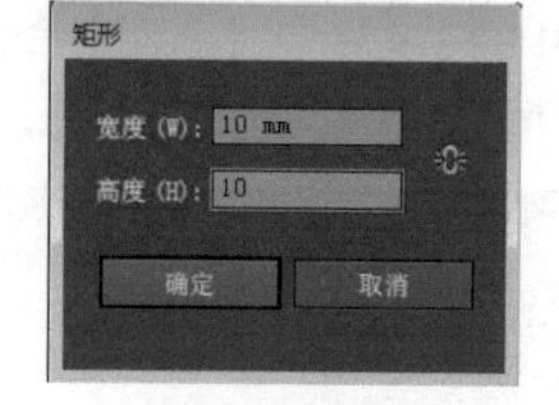

图4-5-7

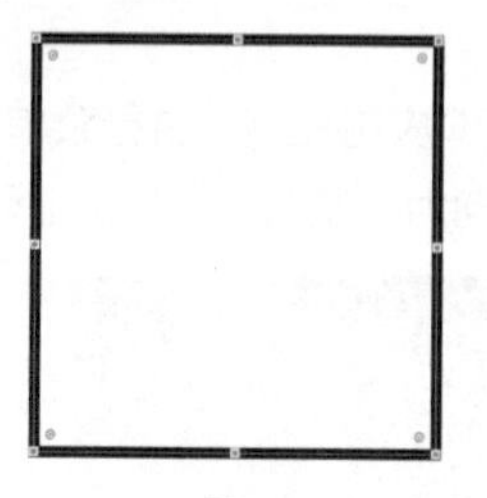
图4-5-8

步骤06 双击工具箱中的填色按钮□，弹出“拾色器”对话框，设置各项参数，如图4-5-9所示。单击“确定”按钮，再单击工具箱中的无描边按钮◪，得到的效果如图4-5-10所示。

步骤07 使用椭圆工具◯绘制花瓣造型，双击工具箱中的填色按钮□，弹出“拾色器”对话框，设置各项参数，如图4-5-11所示。单击“确定”按钮，再单击工具箱中的无描边按钮◪，得到的效果如图4-5-12所示。

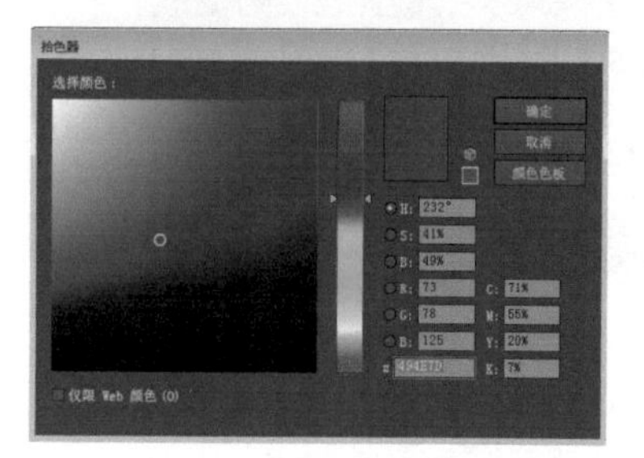

图4-5-9

图4-5-10

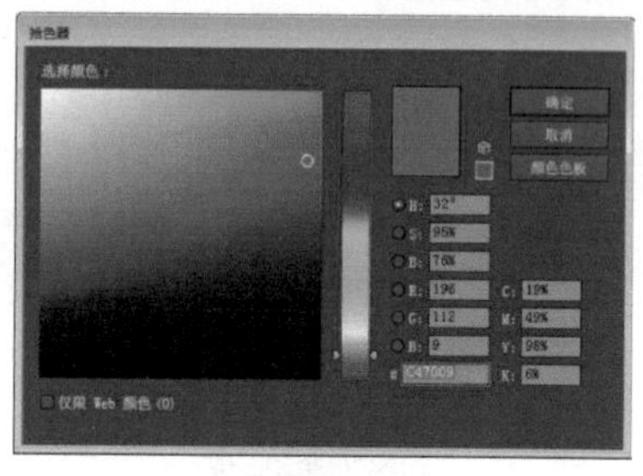

图4-5-11

图4-5-12

步骤08 使用锚点工具调整花瓣造型，如图4-5-13所示。

步骤09 单击工具箱中的旋转工具，把花瓣的旋转中心向下平移到图4-5-14所示的位置。

步骤10 按住【Alt】键的同时按住鼠标左键，旋转36°，复制出第二个花瓣，如图4-5-15所示，得到的效果如图4-5-16所示。

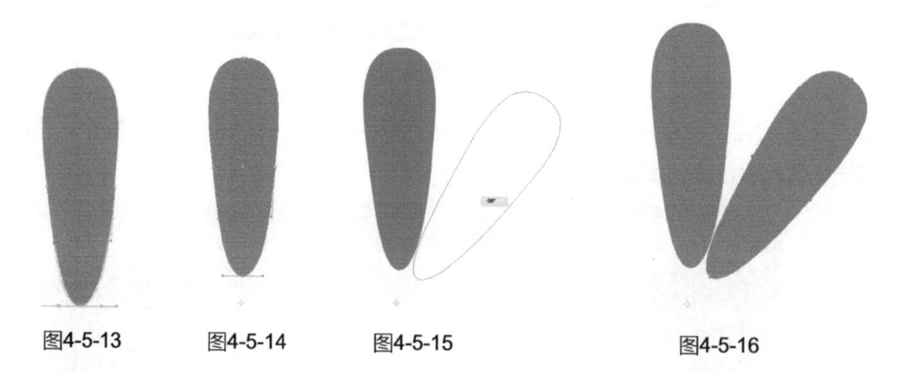
图4-5-13　图4-5-14　图4-5-15　图4-5-16

步骤11 连续按八次【Ctrl】+【D】组合键，复制八个花瓣，得到的效果如图4-5-17所示。

步骤12 使用椭圆工具◯绘制花心，双击工具箱中的填色按钮□，弹出“拾色器”对话框，设置各项参数，如图4-5-18所示。单击“确定”按钮，再单击工具箱中的无描边按钮◪，得到的效果如图4-5-19所示。

图4-5-17

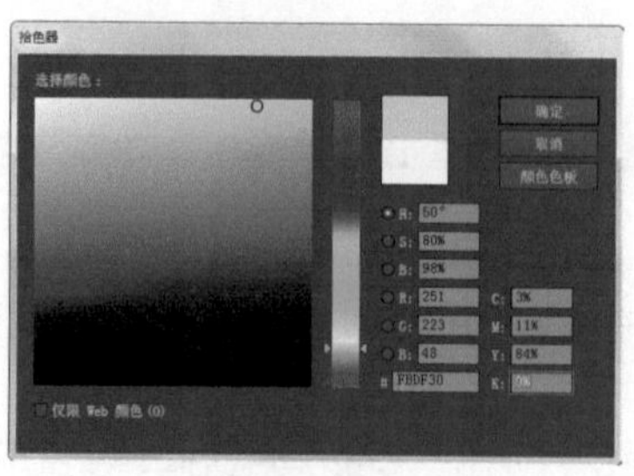

图4-5-18

图4-5-19

步骤13 使用选择工具框选花瓣和花心，按【Ctrl】+【G】组合键编组图形。把花朵图案摆放在之前绘制好的正方形的左上角，如图4-5-20所示。

步骤14 按【Ctrl】+【C】组合键复制图案，再按【Shift】+【Ctrl】+【V】组合键就地粘贴图案。按【Ctrl】+【K】组合键弹出“首选项”对话框，设置“键盘增量”为10mm，和正方形的宽度一致，然后使用向右方向键→把复制的图案向右移动到图4-5-21所示的位置。

图4-5-20

图4-5-21

步骤15 使用选择工具并按住【Shift】键选择两个图案，按【Ctrl】+【C】组合键复制图案，再按【Shift】+【Ctrl】+【V】组合键就地粘贴图案。用向下方向键↓把复制的图案向下移动到图4-5-22所示的位置。

步骤16 使用选择工具选择单个花瓣图案，按住【Alt】键的同时按住鼠标左键拖动鼠标复制图案，把复制的图案参照辅助线移动到矩形的中心位置，如图4-5-23所示。

图4-5-22

图4-5-23

步骤17 使用选择工具选择矩形，按【Ctrl】+【C】组合键复制图案，再按【Shift】+【Ctrl】+【V】组合键就地粘贴图案，得到的效果如图4-5-24所示。

步骤18 单击工具箱中的无填色按钮，执行菜单栏中的【对象】/【排列】/【置于底层】命令，得到的效果如图4-5-25所示。

图4-5-24

图4-5-25

步骤19 使用选择工具框选所有图形，按【Ctrl】+【G】组合键编组图形。打开“色板”面板，把图形拖动到“色板”面板中，新建图案色板2，如图4-5-26所示。

步骤20 使用选择工具选择绘制好的衣身，单击色板中的“新建图案色板2”，得到的效果如图4-5-27所示。

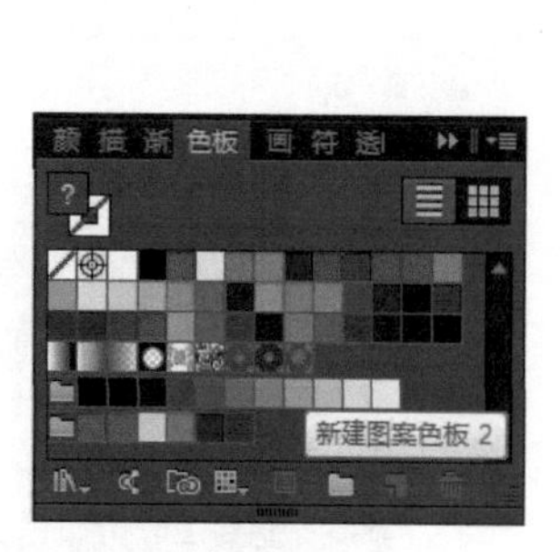

图4-5-26

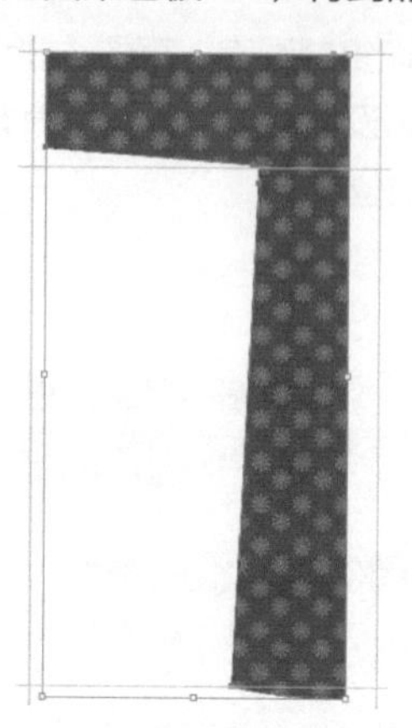

图4-5-27

步骤21 使用钢笔工具和锚点工具绘制下摆开衩部分，在属性栏中设置轮廓描边为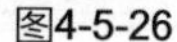，如图4-5-28所示。

步骤22 使用直接选择工具选择图案中的矩形，双击工具箱中的填色按钮□，弹出“拾色器”对话框，设置各项参数，如图4-5-29所示。单击“确定”按钮，得到的效果如图4-5-30所示。

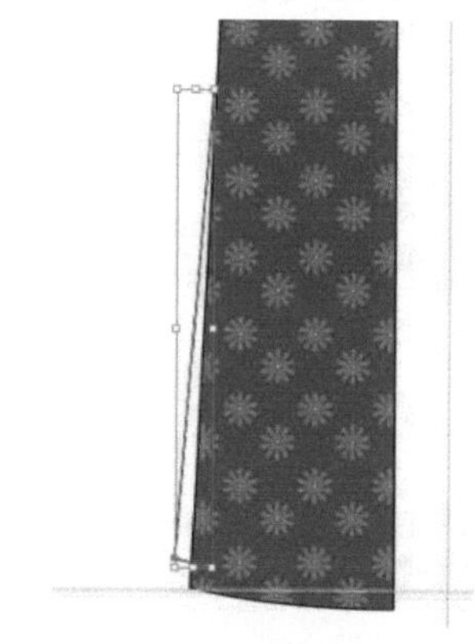

图4-5-28

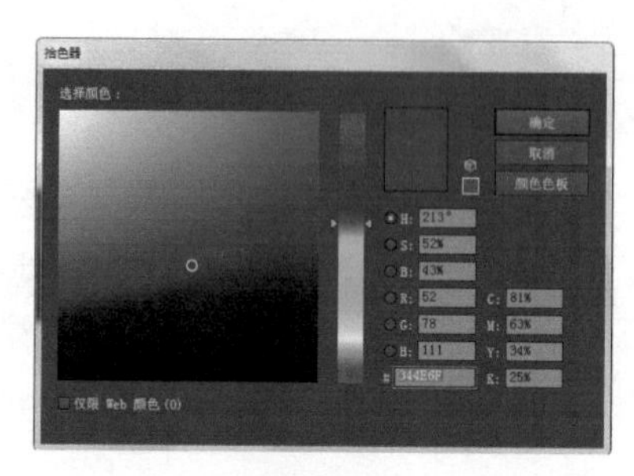

图4-5-29

图4-5-30

步骤23 打开“色板”面板，把图形拖动到“色板”面板中，新建图案色板3，如图4-5-31所示。

步骤24 按【Delete】键删除图案。使用选择工具选择开衩部分，单击色板中的“新建图案色板3”，得到的效果如图4-5-32所示。

步骤25 执行菜单栏中的【对象】/【排列】/【置于底层】命令，得到的效果如图4-5-33所示。

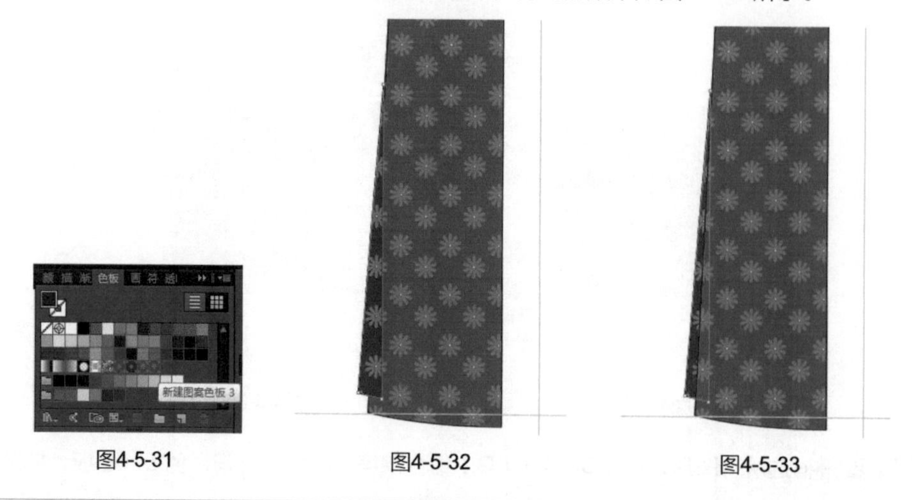

图4-5-31　图4-5-32　图4-5-33

步骤26 使用钢笔工具在衣袖上绘制一条分割线，在属性栏中设置轮廓描边为，得到的效果如图4-5-34所示。

步骤27 使用钢笔工具在辅助线的基础上绘制袖口，在属性栏中设置轮廓描边为并填充黑色，得到的效果如图4-5-35所示。

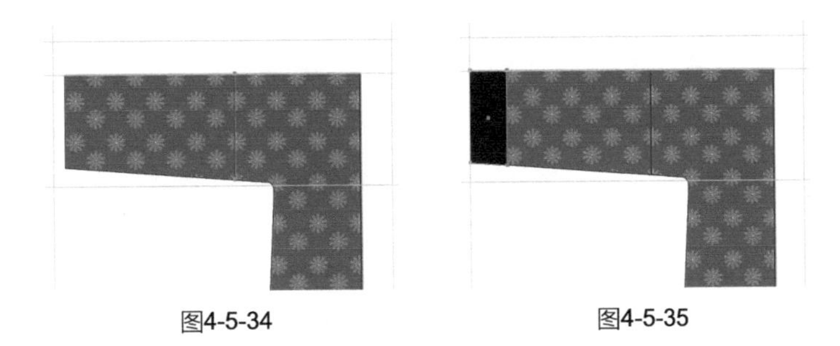

图4-5-34　　图4-5-35

步骤28 执行菜单栏中的【文件】/【打开】命令，打开“图案素材”中的“袖缘”图案，然后使用选择工具选择图案，按【Ctrl】+【X】组合键剪切图案。再单击“褙子”文件，按【Ctrl】+【V】组合键粘贴图案，得到的效果如图4-5-36所示。

图4-5-36

步骤29 执行菜单栏中的【对象】/【变换】/【旋转】命令，设置旋转角度为90°，把旋转后的图案摆放在图4-5-37所示的袖口位置。

步骤30 使用选择工具选择袖口部分，按【Ctrl】+【C】组合键复制图形，再按【Shift】+【Ctrl】+【V】组合键就地粘贴图形，得到的效果如图4-5-38所示。

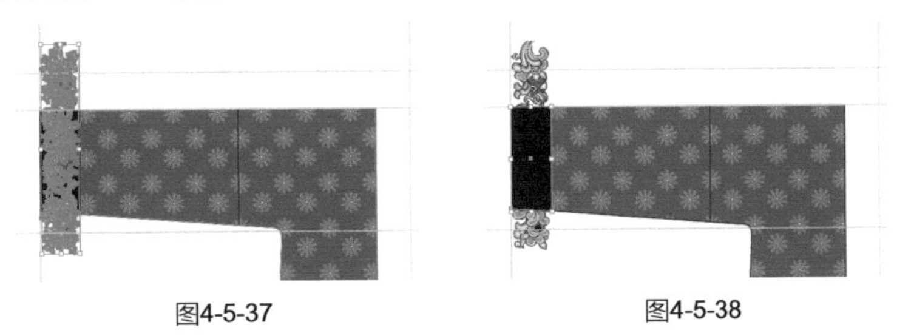

图4-5-37　　图4-5-38

步骤31 使用选择工具并按住【Shift】键加选图案，执行菜单栏中的【对象】/【剪切蒙版】/【建立】命令，得到的效果如图4-5-39所示。

步骤32 使用钢笔工具和锚点工具绘制衣缘部分，在属性栏中设置轮廓描边为并填充黑色，得到的效果如图4-5-40所示。

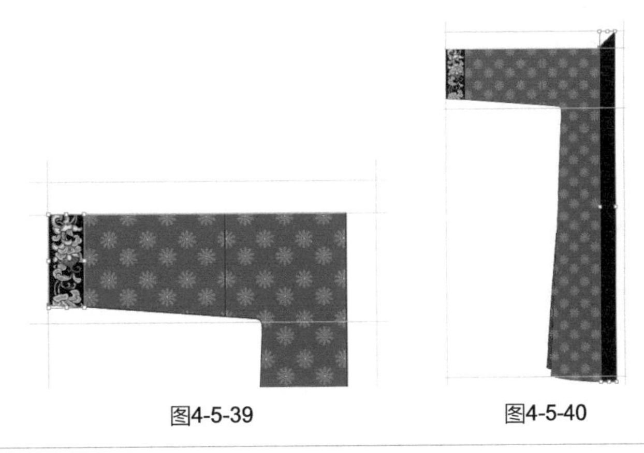

图4-5-39　　图4-5-40

步骤33 重复步骤（28）~（31）的操作，绘制衣缘图案，得到的效果如图4-5-41所示。

步骤34 使用选择工具并按住【Shift】键选择所有绘制好的图形，执行菜单栏中的【对象】/【变换】/【对称】命令，弹出“镜像”对话框，选择“轴→垂直”，单击“复制”按钮，得到的效果如图4-5-42所示。

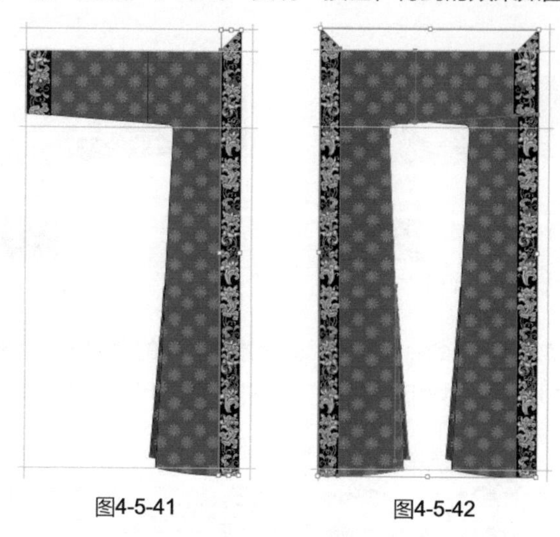

图4-5-41　　图4-5-42

步骤35 用向右方向键→把复制的图形向右平移到一定的位置，得到的效果如图4-5-43所示。

步骤36 执行菜单栏中的【视图】/【参考线】/【清除参考线】命令，得到的效果如图4-5-44所示。

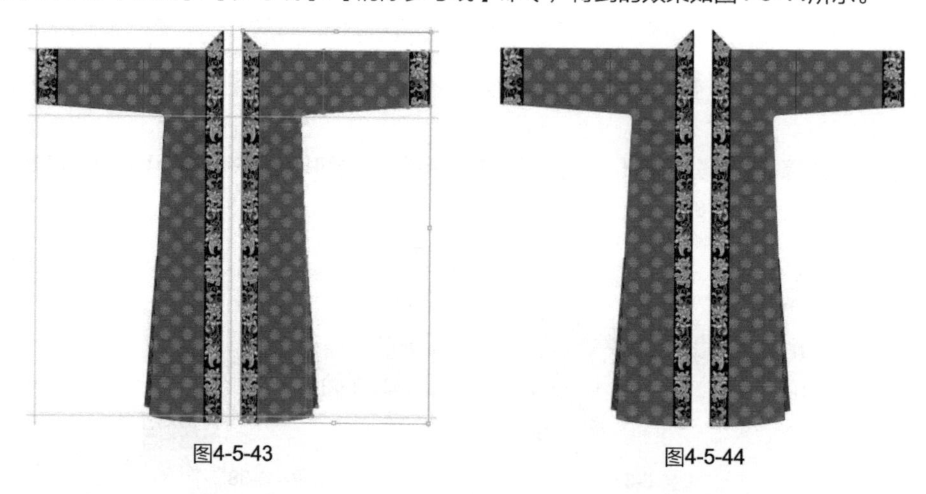

图4-5-43　　图4-5-44

步骤37 使用钢笔工具绘制后领部分，在属性栏中设置轮廓描边为 并填充黑色，得到的效果如图4-5-45所示。

步骤38 执行菜单栏中的【对象】/【排列】/【置于底层】命令，得到的效果如图4-5-46所示。

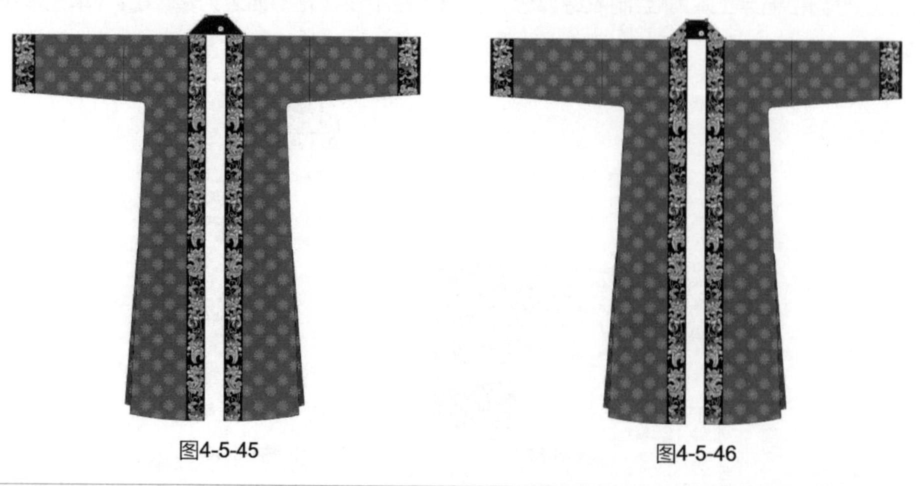

图4-5-45　　图4-5-46

步骤39 使用矩形工具绘制后片，在属性栏中设置轮廓描边为 ，再单击“色板”面板中的“新建图案色板3”，得到的效果如图4-5-47所示。

步骤40 执行菜单栏中的【对象】/【排列】/【置于底层】命令,使用选择工具单击页面空白处，褙子的最终效果如图4-5-48所示。

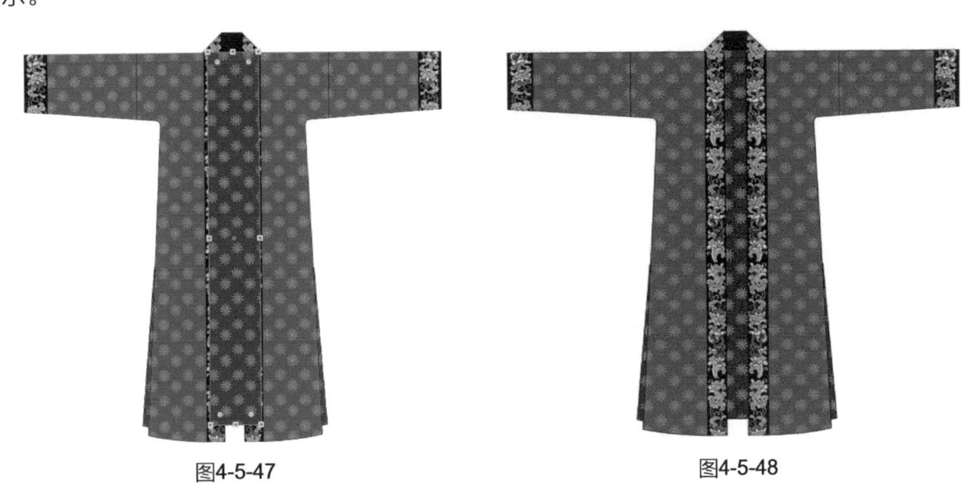

图4-5-47　　图4-5-48

Lesson 6 绛纱袍款式设计

绛纱袍是深红色纱袍，始于周代，古代常用来作为大朝朝服。汉明帝时期出现朱衣朝服，后世朝服则逐渐演化为进贤冠、绛纱袍，以纱罗制成，一直沿用到明朝。

实例13 绛纱袍款式设计

实例目的：了解绘制绛纱袍基本造型的基础工具的使用，以及袍服细节设计，如图案、方心曲领等。

实例要点：使用钢笔工具和锚点工具绘制绛纱袍的基本造型（注重整体比例）；
装饰细节表现（如面料图案、方心曲领的表现等）。

最终效果如图4-6-1所示。

图4-6-1

操作步骤

步骤01 启动Illustrator CC应用程序，执行菜单栏中的【文件】/【新建】命令，弹出“新建文档”对话框，设置文件名为“绛纱袍”，页面取向为“横向”，如图4-6-2所示。单击“确定”按钮，得到的效果如图4-6-3所示。

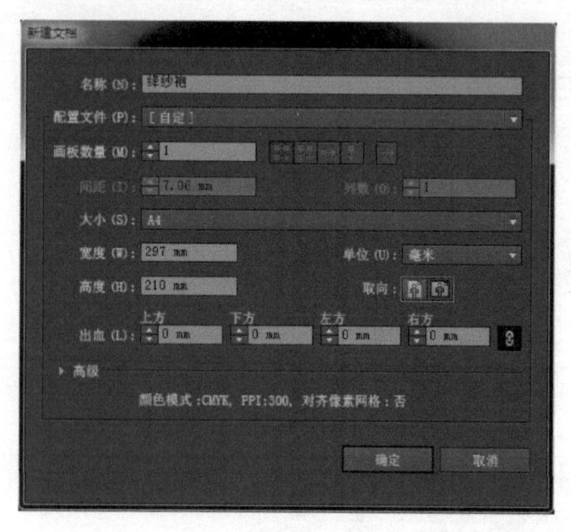

图4-6-2

图4-6-3

步骤 02 执行菜单栏中的【视图】/【标尺】/【显示标尺】命令，得到的效果如图4-6-4所示。

步骤 03 用鼠标单击上方和左方的标尺栏，按住鼠标左键分别从上往下、从左往右拖动鼠标，添加八条辅助线，确定领口、肩线、袖长、腰线、衣长等位置，如图4-6-5所示。

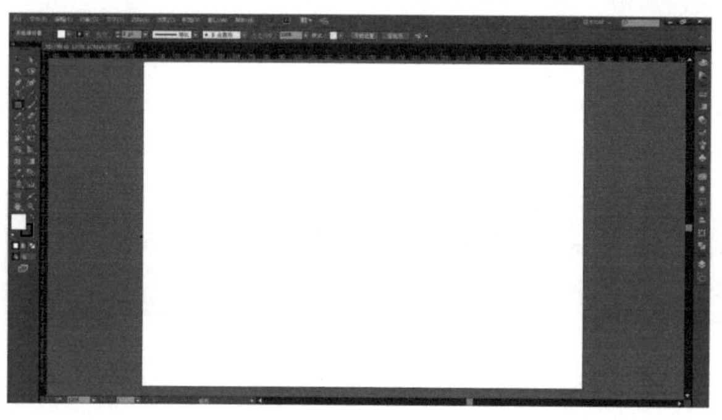

图4-6-4

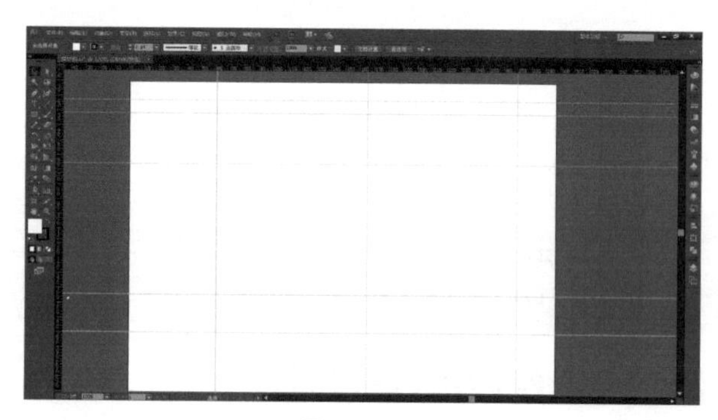

图4-6-5

步骤 04 使用钢笔工具和锚点工具在辅助线的基础上绘制衣身造型，在属性栏中设置轮廓描边为，得到的效果如图4-6-6所示。

步骤 05 执行菜单栏中的【文件】/【打开】命令，打开“第3章/四合如意云纹图案”文件，使用选择工具单击图案，按【Ctrl】+【X】组合键剪切。再单击“绛纱袍”文件，按【Ctrl】+【V】组合键粘贴图形，得到的效果如图4-6-7所示。

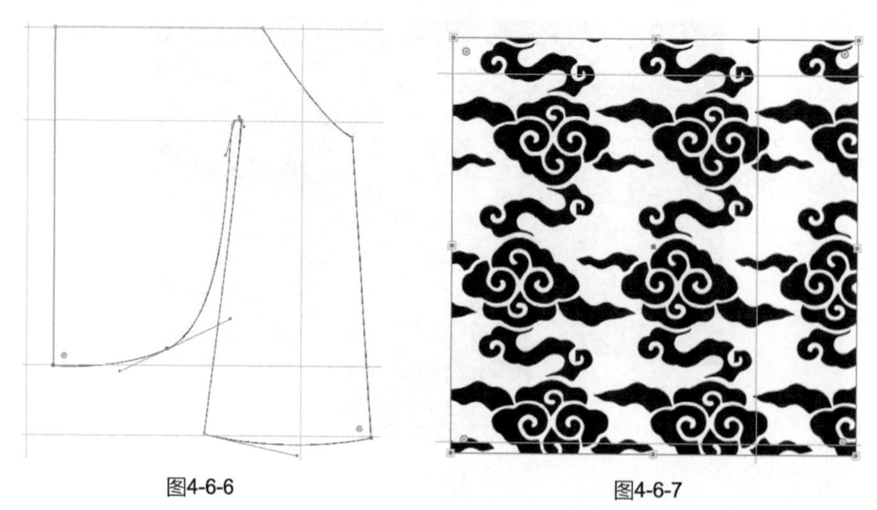

图4-6-6

图4-6-7

步骤 06 打开“色板”面板，把“新建图案色板12”拖动到面板外中，如图4-6-8所示。

步骤07 使用直接选择工具选择图案中的白色矩形，双击工具箱中的填色按钮□，弹出“拾色器”对话框，设置各项参数如图4-6-9所示。单击“确定”按钮，得到的效果如图4-6-10所示。

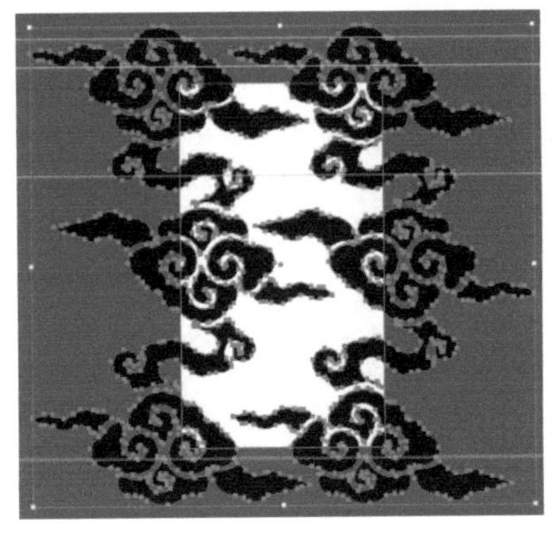

图4-6-8

图4-6-9

图4-6-10

步骤08 使用直接选择工具选择黑色云纹图案，双击工具箱中的填色按钮□，弹出“拾色器”对话框，设置各项参数如图4-6-11所示。单击“确定”按钮，得到的效果如图4-6-12所示。

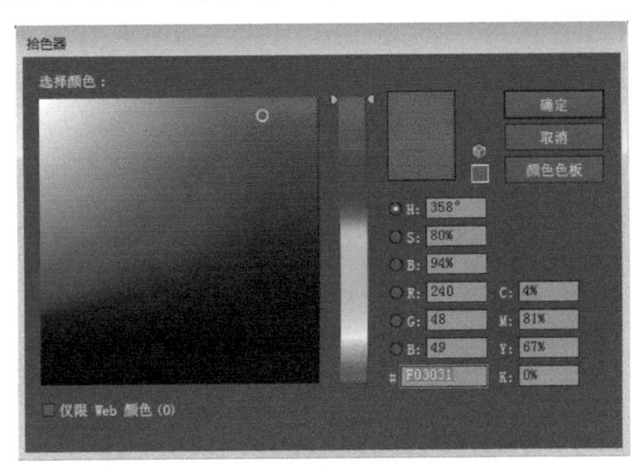

图4-6-11

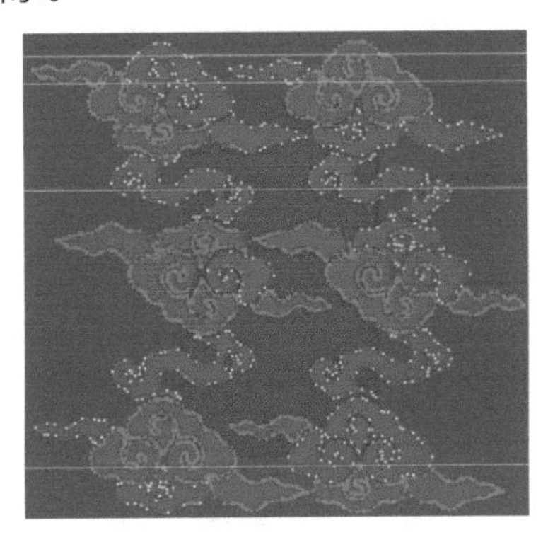

图4-6-12

步骤09 打开“色板”面板，把图案拖动到“色板”面板中，新建图案色板1，如图4-6-13所示。

步骤10 按【Delete】键删除图案。使用选择工具选择衣身造型，单击色板中的“新建图案色板1”，得到的效果如图4-6-14所示。

步骤11 执行菜单栏中的【对象】/【变换】/【缩放】命令，弹出“比例缩放”对话框，设置各项参数，如图4-6-15所示，单击“确定”按钮，得到的效果如图4-6-16所示。

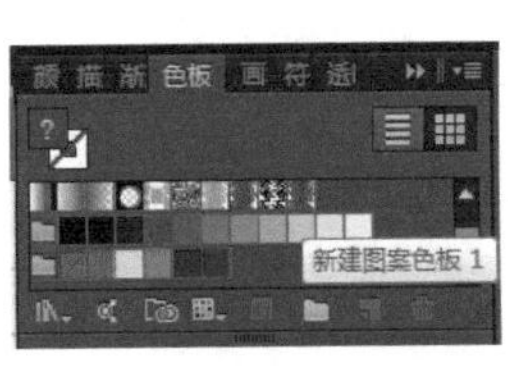

图4-6-13

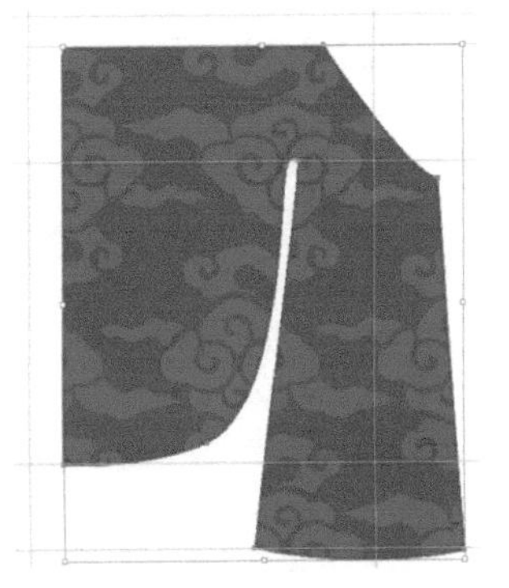

图4-6-14

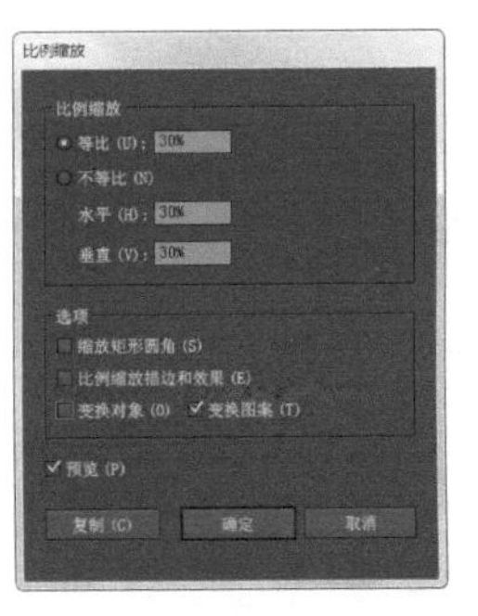

图4-6-15

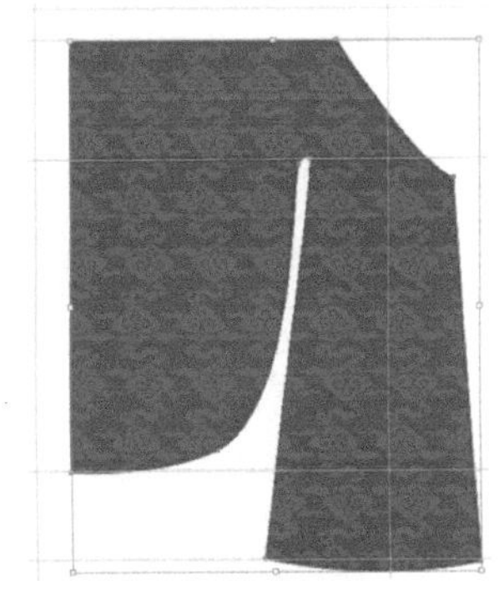

图4-6-16

步骤12 使用矩形工具在辅助线的基础上绘制袖口，在属性栏中设置轮廓描边为并填充黑色，得到的效果如图4-6-17所示。

步骤13 使用钢笔工具和锚点工具绘制领缘，在属性栏中设置轮廓描边为并填充黑色，得到的效果如图4-6-18所示。

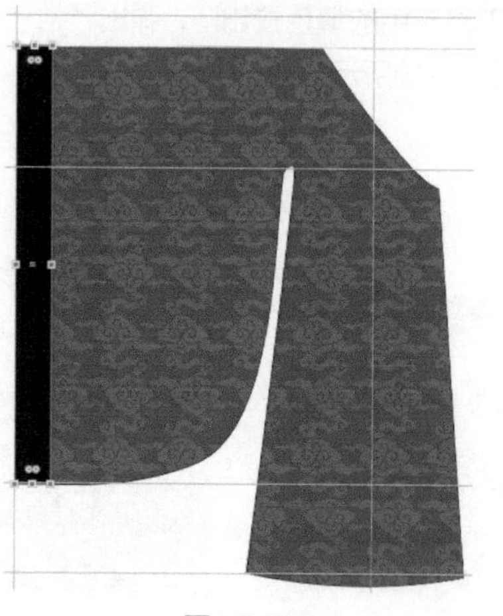

图4-6-17

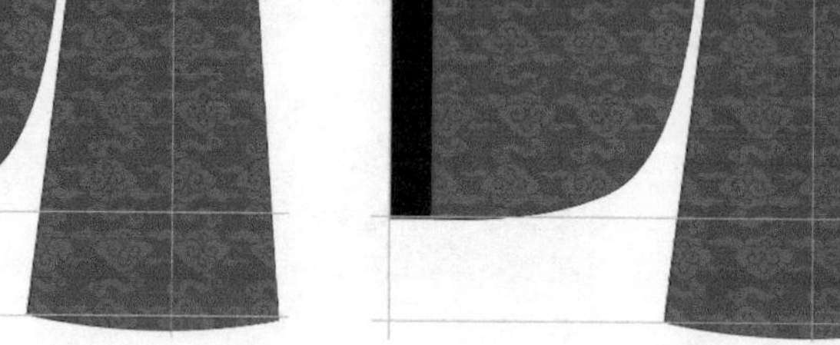

图4-6-18

步骤14 使用钢笔工具在衣袖上绘制一条分割线，在属性栏中设置轮廓描边为，得到的效果如图**4-6-19**所示。

步骤15 使用选择工具并按住【Shift】键选择所有绘制好的图形，执行菜单栏中的【对象】/【变换】/【对称】命令，弹出“镜像”对话框，选择“轴→垂直”，单击“复制”按钮，得到的效果如图**4-6-20**所示。

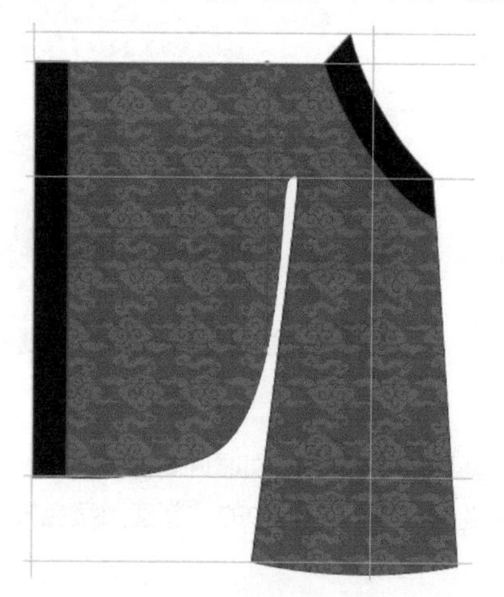

图4-6-19

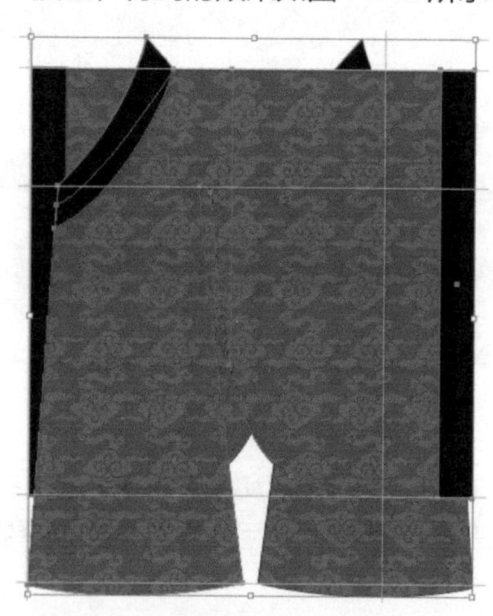

图4-6-20

步骤16 用向右方向键→把复制的图形向右平移到一定的位置，得到的效果如图**4-6-21**所示。

步骤17 使用直接选择工具调整右边衣身的造型，得到的效果如图**4-6-22**所示。

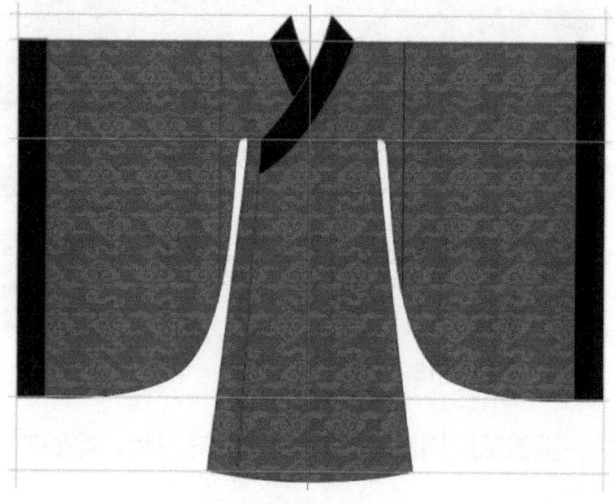

图4-6-21

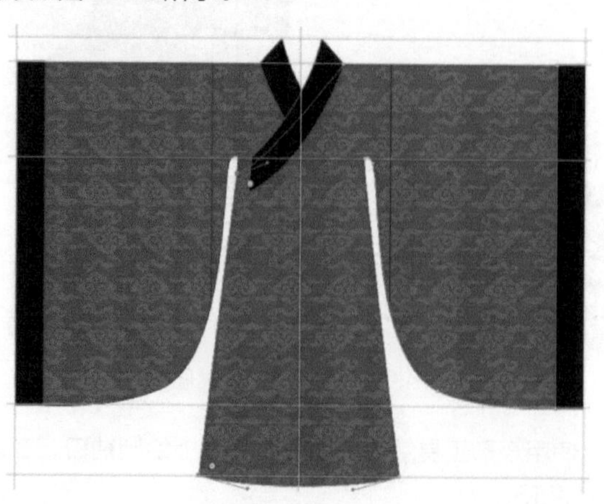

图4-6-22

步骤18 使用钢笔工具和锚点工具绘制围腰，再使用吸管工具单击衣身，得到的效果如图4-6-23所示。

步骤19 使用钢笔工具和锚点工具绘制一条曲线，在属性栏中设置轮廓描边为，得到的效果如图4-6-24所示。

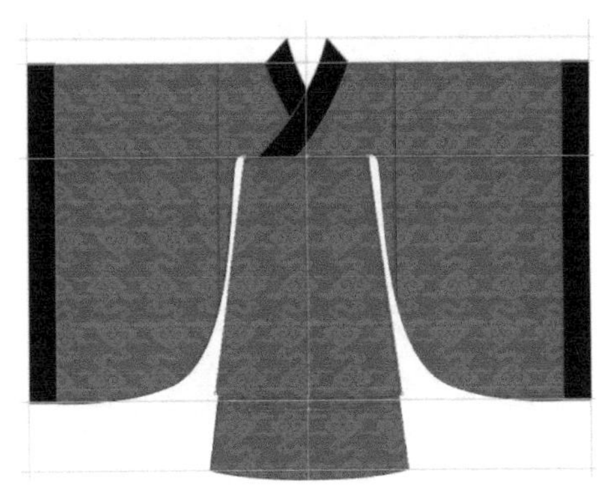

图4-6-23

图4-6-24

步骤20 执行菜单栏中的【对象】/【路径】/【轮廓化描边】命令，使用直接选择工具调整图形边缘，使其与围腰相吻合，得到的效果如图4-6-25所示。

步骤21 使用钢笔工具绘制腰带和大带，在属性栏中设置轮廓描边为并填充黄色，得到的效果如图4-6-26所示。

图4-6-25

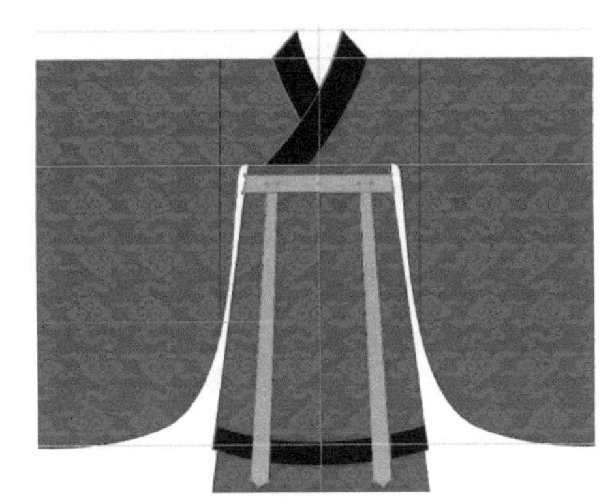

图4-6-26

步骤22 使用钢笔工具和锚点工具绘制蔽膝，在属性栏中设置轮廓描边为并填充红色，得到的效果如图4-6-27所示。

步骤23 执行菜单栏中的【对象】/【排列】/【后移一层】命令，得到的效果如图4-6-28所示。

图4-6-27

图4-6-28

步骤24 使用钢笔工具绘制后领，在属性栏中设置轮廓描边为并填充黑色，得到的效果如图4-6-29所示。

步骤25 执行菜单栏中的【对象】/【排列】/【置于底层】命令，得到的效果如图4-6-30所示。

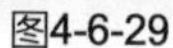

图4-6-29

图4-6-30

步骤26 使用矩形工具在衣身上绘制一个矩形，再用吸管工具单击衣身，得到的效果如图4-6-31所示。

步骤27 执行菜单栏中的【对象】/【排列】/【置于底层】命令，得到的效果如图4-6-32所示。

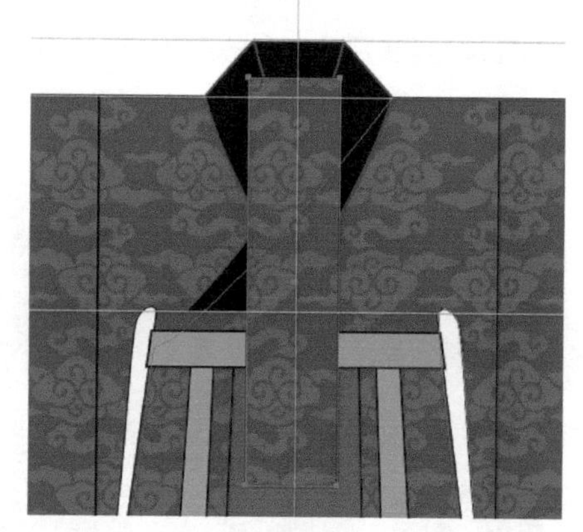

图4-6-31

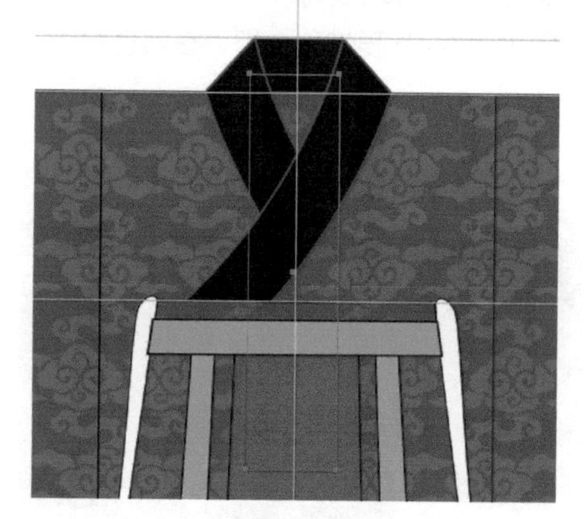

图4-6-32

步骤28 执行菜单栏中的【视图】/【参考线】/【清除参考线】命令，得到的效果如图4-6-33所示。

步骤29 使用选择工具框选所有图形，按【Ctrl】+【G】组合键编组图形。执行菜单栏中的【对象】/【锁定】/【所选对象】命令，得到的效果如图4-6-34所示。

图4-6-33

图4-6-34

步骤30 使用钢笔工具和锚点工具，在领口绘制图4-6-35所示的造型，在属性栏中设置轮廓描边为并填充白色。

步骤31 执行菜单栏中的【对象】/【变换】/【对称】命令，弹出“镜像”对话框，选择“轴→垂直”，单击“复制”按钮，得到的效果如图4-6-36所示。

图4-6-35

图4-6-36

步骤32 用向右方向键→把复制的图形向右平移到一定的位置，得到的效果如图4-6-37所示。

步骤33 使用直接选择工具框选两个节点，执行菜单栏中的【对象】/【路径】/【连接】命令，得到的效果如图4-6-38所示。

图4-6-37

图4-6-38

步骤34 重复上一步的操作，连接下方的两个节点，得到的效果如图4-6-39所示。

步骤35 使用矩形工具，在图4-6-40所示的位置绘制一个矩形。

图4-6-39

图4-6-40

步骤36 使用选择工具并按住【Shift】键加选方心曲领图形，执行菜单栏中的【对象】/【复合路径】/【建立】命令，得到的效果如图4-6-41所示。

步骤37 执行菜单栏中的【对象】/【全部解锁】命令，得到的效果如图4-6-42所示。

图4-6-41

图4-6-42

步骤38 使用选择工具单击页面空白处，绛纱袍的最终效果如图4-6-43所示。

图4-6-43

Lesson 7 曳撒款式设计

曳撒是蒙古族发明的服装，全名为曳撒质孙袍。元朝人对于穿着曳撒有着详细的宫廷礼仪规定，寓意为帝国的牧民袍服。元朝灭亡、明朝建立以后也采用了曳撒形制。原本元朝时曳撒没有交领右衽的规定，明朝以后因为极力恢复汉文化，便把蒙古族的曳撒和原本的汉服进行融合，创造出了汉服中的曳撒形制。明朝中后期，随着社会经济的发展，曳撒的袖子越来越长，和传统汉服的长袖已经无异。曳撒正式成为明朝汉服的一种代表款式。

实例14 曳撒款式设计

实例目的： 了解绘制曳撒基本造型的基础工具的使用，以及曳撒的细节设计，如面料图案、绑带等。

实例要点： 使用钢笔工具和锚点工具绘制曳撒的基本轮廓造型（注意服装的整体比例）；
面料及细节表现（图案、衣缘、绑带等）。

最终效果如图4-7-1所示。

图4-7-1

操作步骤

步骤01 启动Illustrator CC应用程序，执行菜单栏中的【文件】/【新建】命令，弹出“新建文档”对话框，设置文件名为“曳撒”，页面取向为“横向”，如图4-7-2所示。单击“确定”按钮，得到的效果如图4-7-3所示。

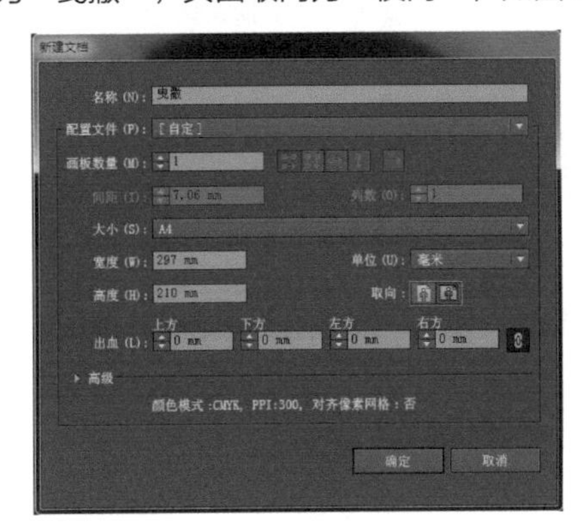

图4-7-2

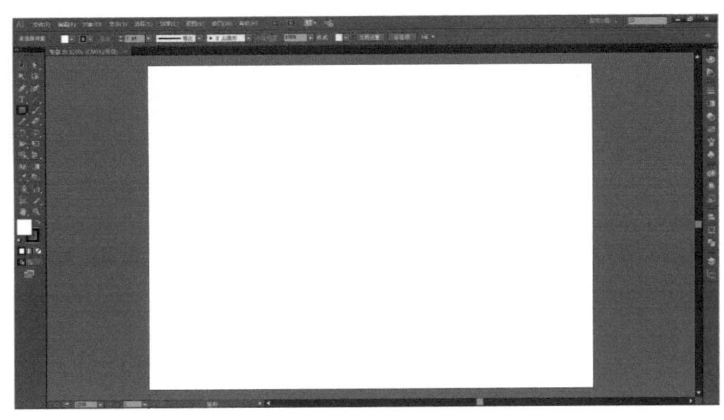

图4-7-3

步骤02 执行菜单栏中的【视图】/【标尺】/【显示标尺】命令，得到的效果如图4-7-4所示。

步骤03 用鼠标单击上方和左方的标尺栏，按住鼠标右键分别从上往下、从左往右拖动鼠标，添加八条辅助线，确定领口、肩线、袖长、腰线、衣长等位置，如图4-7-5所示。

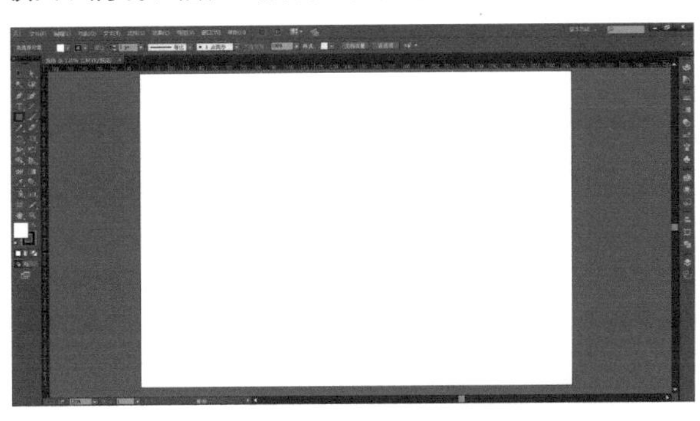

图4-7-4

图4-7-5

步骤04 使用钢笔工具和锚点工具在辅助线的基础上绘制衣身造型，在属性栏中设置轮廓描边为，得到的效果如图4-7-6所示。

步骤05 执行菜单栏中的【文件】/【打开】命令，打开“第3章/四合如意云纹图案”文件，使用选择工具单击图案，按【Ctrl】+【X】组合键剪切，再单击“曳撒”文件，按【Ctrl】+【V】组合键粘贴图形，得到的效果如图4-7-7所示。

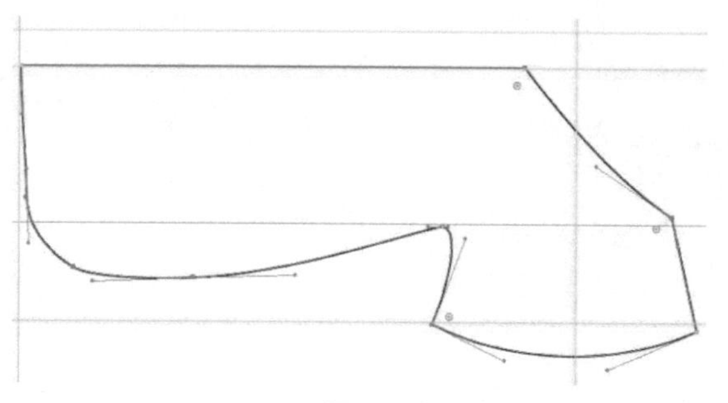

图4-7-6

图4-7-7

步骤06 打开“色板”面板，把“新建图案色板12”拖动到画板外，如图4-7-8所示。

步骤07 使用直接选择工具选择图案中的白色矩形，双击工具箱中的填色按钮□，弹出“拾色器”对话框，设置各项参数，如图4-7-9所示。单击“确定”按钮，得到的效果如图4-7-10所示。

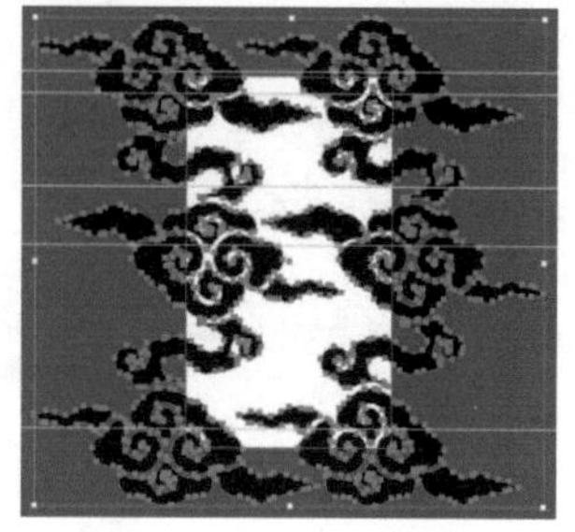

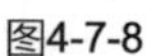

图4-7-8

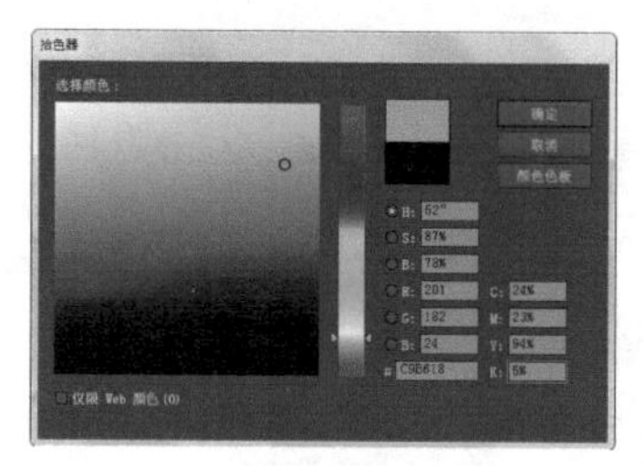

图4-7-9

图4-7-10

步骤08 使用直接选择工具选择黑色云纹图案，双击工具箱中的填色按钮□，弹出“拾色器”对话框，设置各项参数，如图4-7-11所示。单击“确定”按钮，得到的效果如图4-7-12所示。

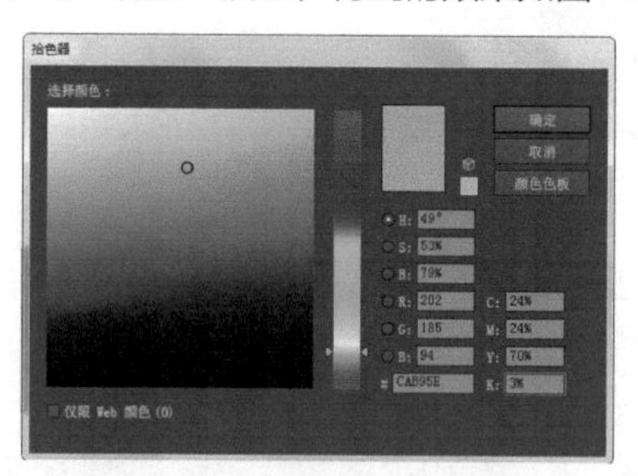

图4-7-11

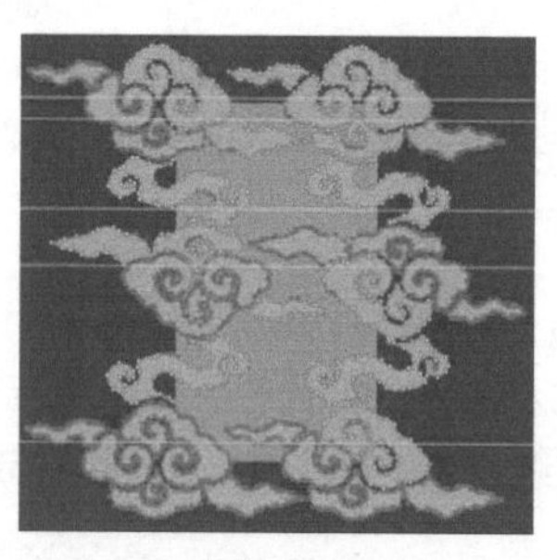

图4-7-12

步骤09 打开“色板”面板，把图案拖动到“色板”面板中，新建图案色板2，如图4-7-13所示。

步骤10 按【Delete】键删除图案。使用选择工具选择衣身造型，单击色板中的“新建图案色板2”，得到的效果如图4-7-14所示。

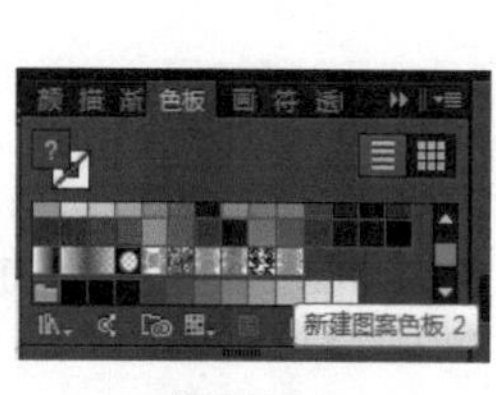

图4-7-13

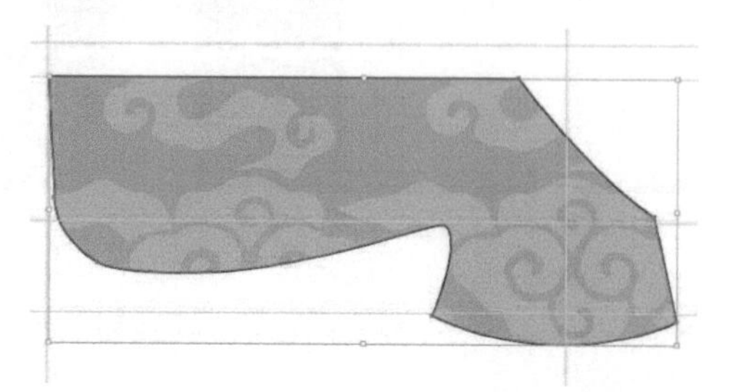

图4-7-14

步骤11 执行菜单栏中的【对象】/【变换】/【缩放】命令，弹出“比例缩放”对话框，设置各项参数，如图4-7-15所示。单击“确定”按钮，得到的效果如图4-7-16所示。

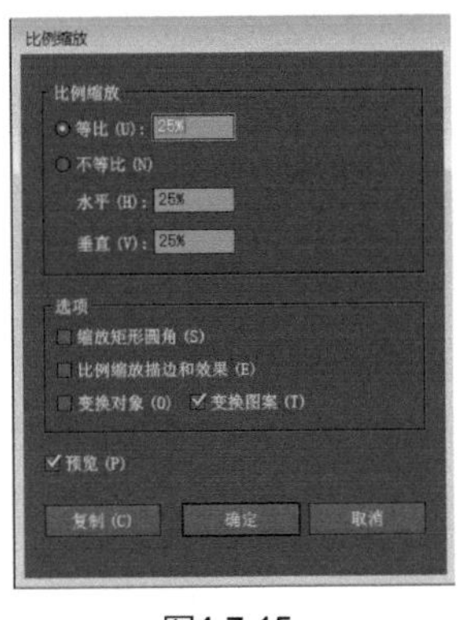

图4-7-15

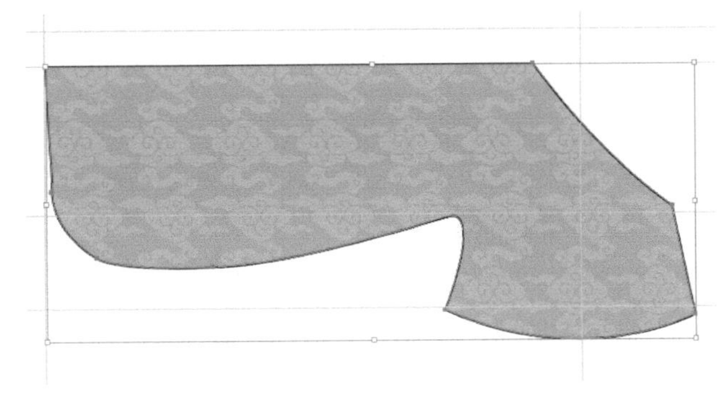
图4-7-16

步骤12 使用钢笔工具和锚点工具绘制领缘，在属性栏中设置轮廓描边为，得到的效果如图4-7-17所示。

步骤13 使用吸管工具单击衣身，得到的效果如图4-7-18所示。

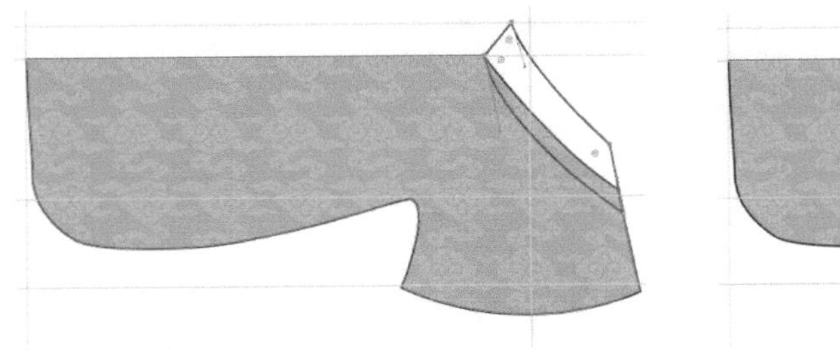
图4-7-17

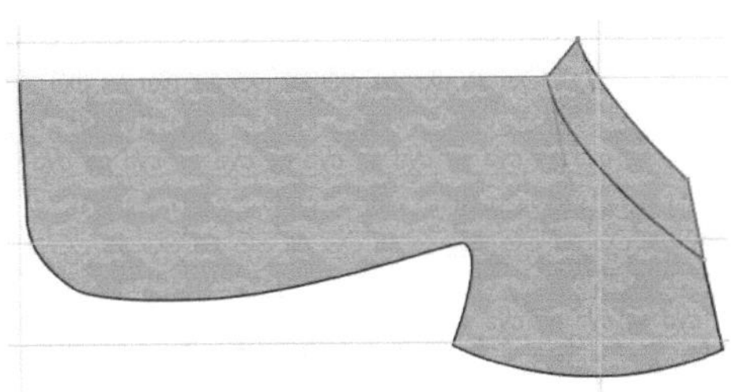
图4-7-18

步骤14 使用钢笔工具在衣袖上绘制一条分割线，在属性栏中设置轮廓描边为，得到的效果如图4-7-19所示。

步骤15 使用钢笔工具和锚点工具绘制护领，在属性栏中设置轮廓描边为并填充白色，得到的效果如图4-7-20所示。

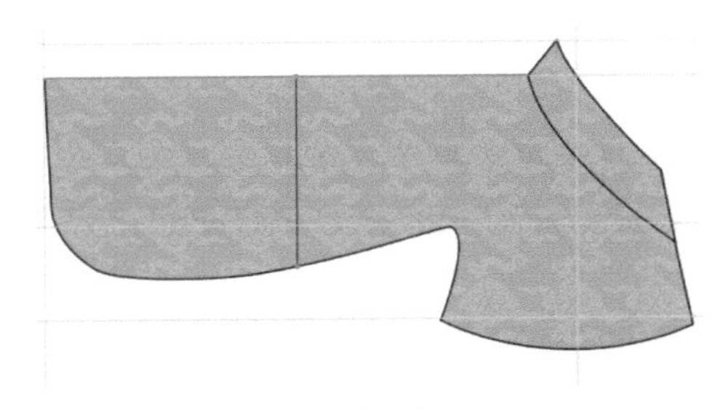
图4-7-19

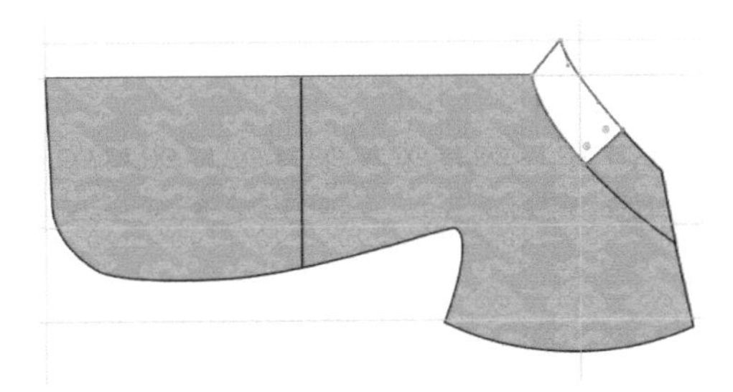
图4-7-20

步骤16 使用选择工具并按住【Shift】键选择所有绘制好的图形，执行菜单栏中的【对象】/【变换】/【对称】命令，弹出“镜像”对话框，选择“轴→垂直”，单击“复制”按钮，得到的效果如图4-7-21所示。

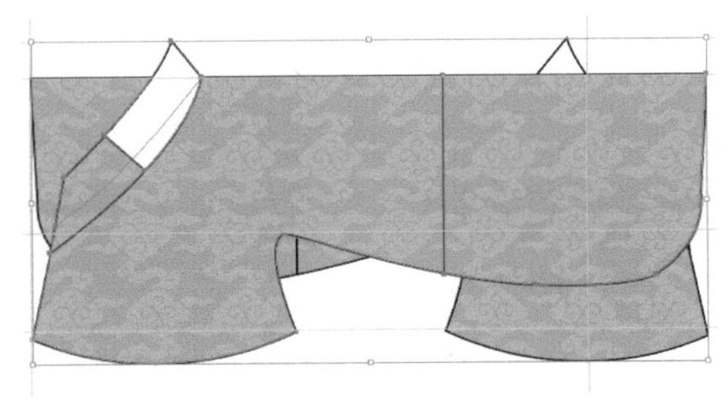
图4-7-21

步骤17 按住向右方向键→把复制的图形向右平移到一定的位置，得到的效果如图4-7-22所示。

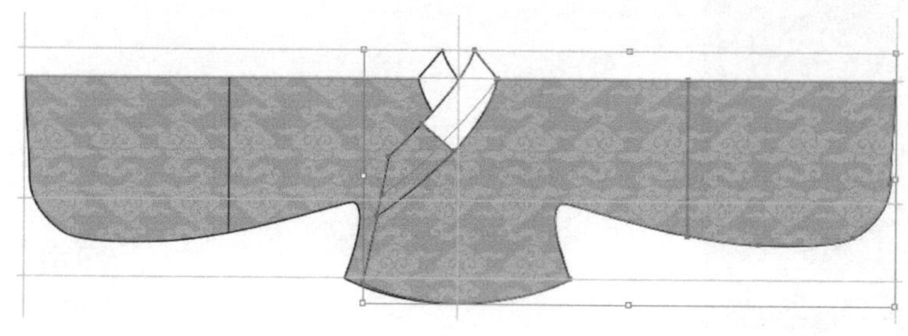

图4-7-22

步骤18 使用钢笔工具绘制后领，在属性栏中设置轮廓描边为 并填充白色，得到的效果如图4-7-23所示。

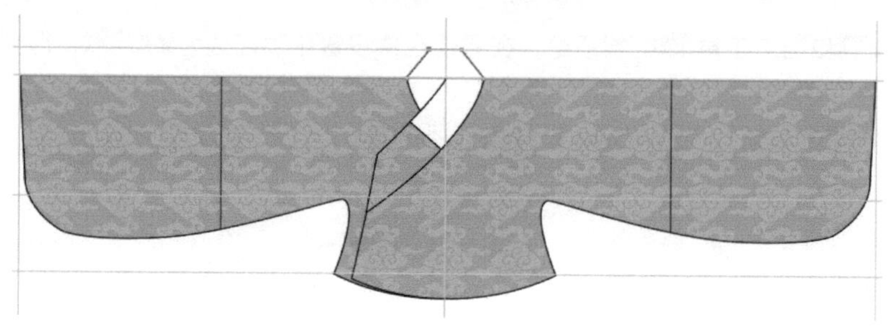

图4-7-23

步骤19 执行菜单栏中的【对象】/【排列】/【置于底层】命令，得到的效果如图4-7-24所示。

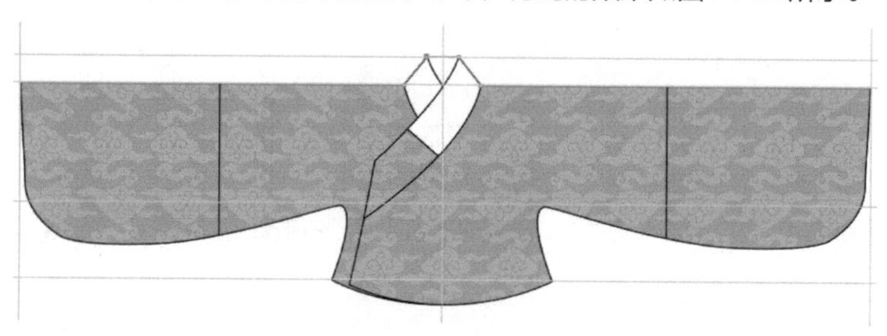

图4-7-24

步骤20 使用直接选择工具调整衣身节点，使前后片相贴合，得到的效果如图4-7-25所示。

步骤21 使用钢笔工具和锚点工具绘制绑带，在属性栏中设置轮廓描边为 并填充白色，得到的效果如图4-7-26所示。

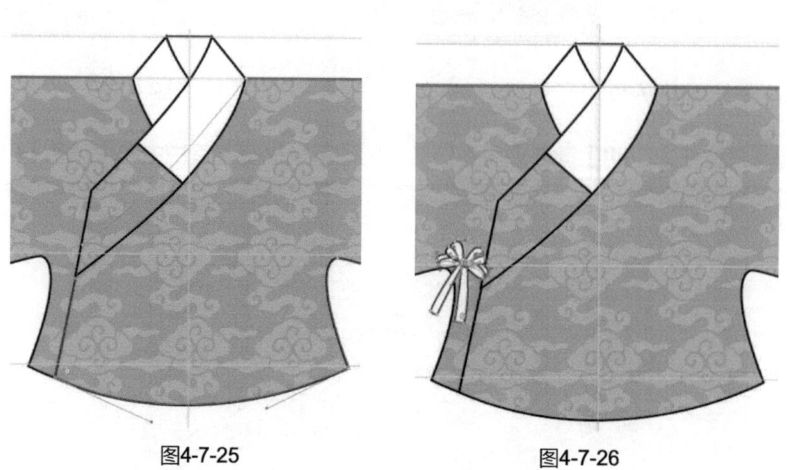

图4-7-25 图4-7-26

步骤22 按住【Alt】键的同时按住鼠标右键向下移动鼠标复制出第二个绑带，得到的效果如图4-7-27所示。

步骤23 使用钢笔工具和锚点工具绘制下摆造型，再使用吸管工具单击衣身，得到的效果如图4-7-28所示。

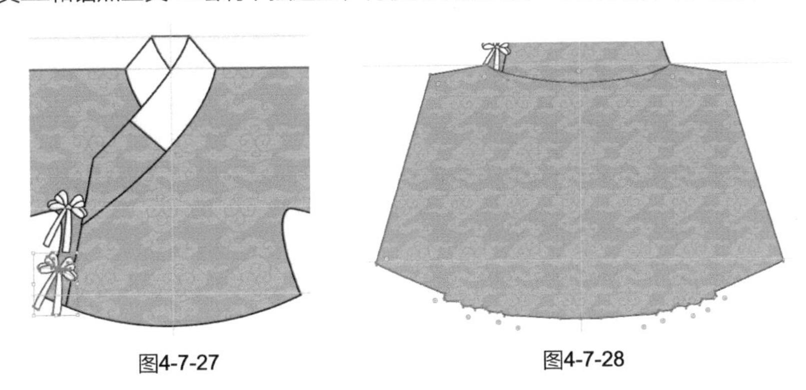

图4-7-27　　图4-7-28

步骤24 执行菜单栏中的【对象】/【排列】/【置于底层】命令，得到的效果如图4-7-29所示。

步骤25 使用钢笔工具绘制褶裥线，在属性栏中设置轮廓描边为，得到的效果如图4-7-30所示。

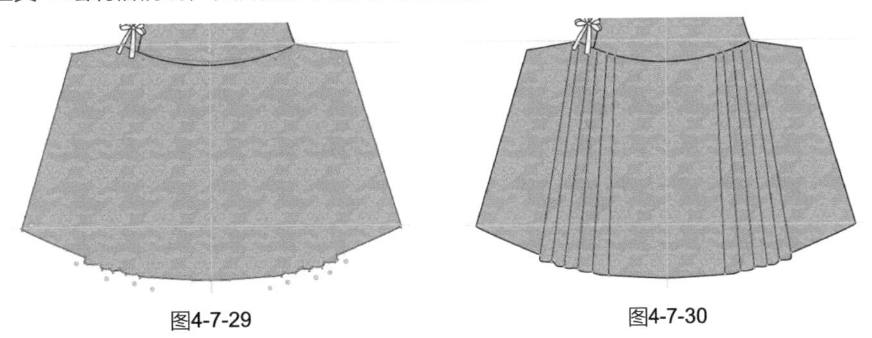

图4-7-29　　图4-7-30

步骤26 执行菜单栏中的【视图】/【参考线】/【清除参考线】命令，使用选择工具单击页面空白处，绛纱袍的最终效果如图4-7-31所示。

图4-7-31

参考文献

1.《礼记·深衣》：中国国学网[引用日期2013-08-01]

2.《中华古今注》："三皇及末庶人服短褐，儒服深衣。"

3. 孔颖达《深衣疏》："所以称深衣者，以余服则上衣下裳不相连，此深衣衣裳相连，被体深邃，故谓之深衣。"

4.《新唐书·车服志》：中书令马周上议："礼无服衫之文。三代之制有深衣，请加襕袖襕褾，为士人上服。开胯者名曰缺胯，庶人服之。"

5.《宋史·舆服志》："深衣用白细布，度用指尺，衣全四幅，其长过胁，下属于裳。裳交解十二幅，上属于衣，其长及踝。圆袂方领，曲裾黑缘。大带、缁冠、幅巾、黑履。士大夫家冠昏、祭祀、宴居、交际服之。"

Chapter 5

改良汉服款式设计

改良汉服，就是把汉服元素加入到现代服饰中，或是在汉服的基础上进行修改，主体风格还是现代服装。改良汉服把传统服饰与现代服饰相融合，既保留传统文化的精髓，又符合现代人的审美及着装方式，别致又时髦。

Lesson ❶ 改良汉服——校服款式设计

实例15 女式校服夏装款式设计

实例目的：了解绘制校服基本造型的基础工具的使用，以及校服细节设计，如腰带、装饰图案。

实例要点：使用钢笔工具和锚点工具绘制校服的基本轮廓造型；

面料及细节表现（透明纱面料质感、衣缘、腰带等）。

最终效果如图5-1-1所示，校服的三种着装方式如图5-1-2所示。

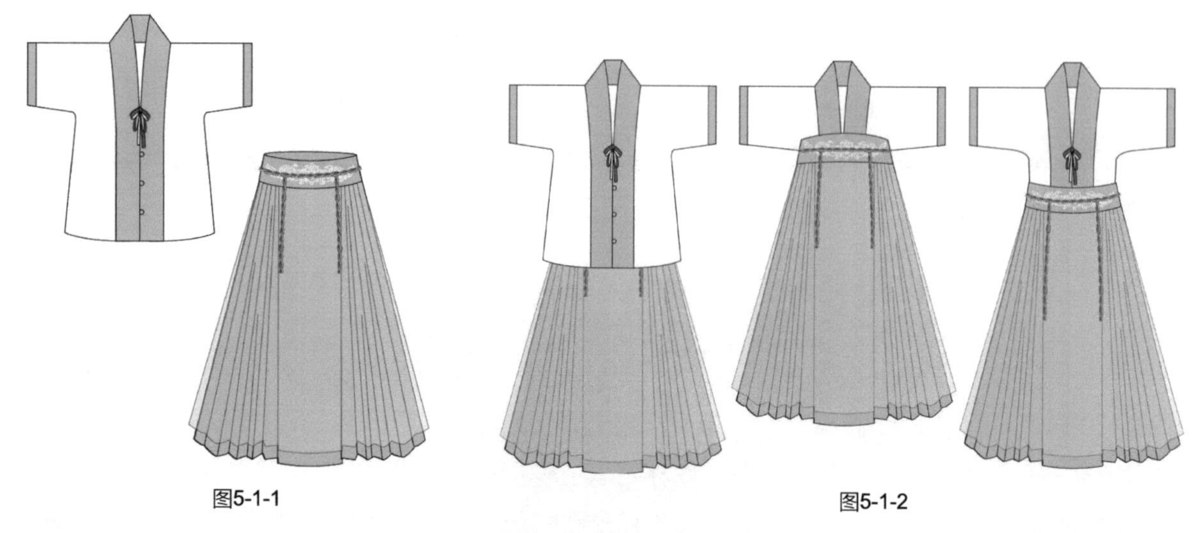

图5-1-1　　图5-1-2

操作步骤

步骤01 启动Illustrator CC应用程序，执行菜单栏中的【文件】/【新建】命令，弹出“新建文档”对话框，设置文件名为“校服（女夏装）”，页面取向为“横向”，如图5-1-3所示。单击“确定”按钮，得到的效果如图5-1-4所示。

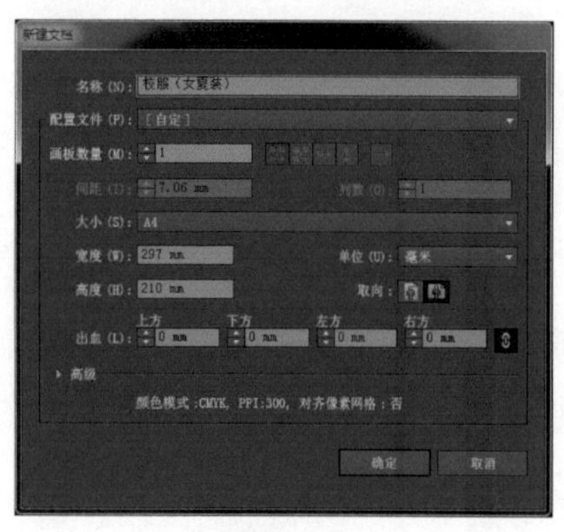

图5-1-3

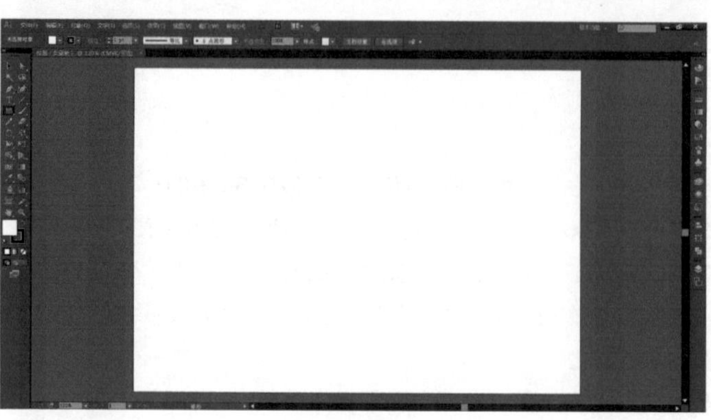

图5-1-4

步骤02 执行菜单栏中的【视图】/【标尺】/【显示标尺】命令，得到的效果如图5-1-5所示。

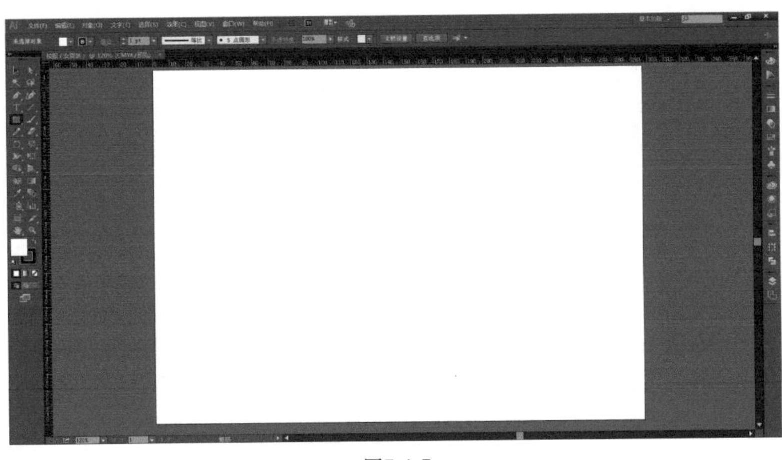

图5-1-5

步骤03 用鼠标单击上方和左方的标尺栏，分别从上往下、从左往右拖动鼠标，添加八条辅助线，确定衣长、领口、肩线、袖肥、腰线、裙长等位置，如图5-1-6所示。

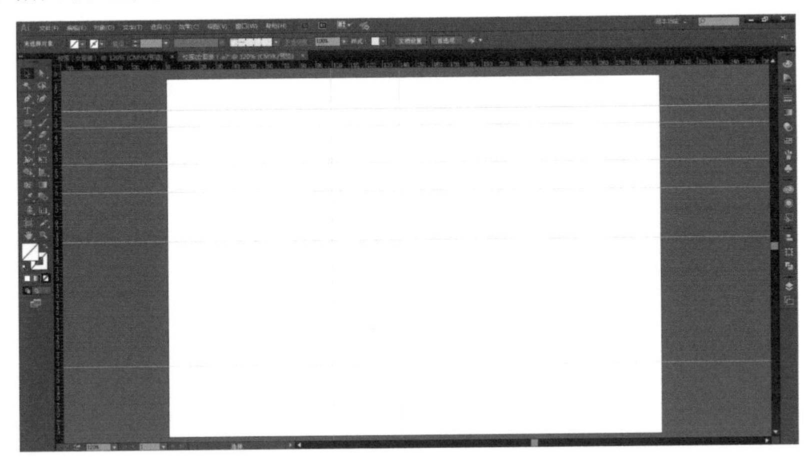

图5-1-6

步骤04 使用钢笔工具在辅助线的基础上绘制上衣，如图5-1-7所示。在属性栏中设置轮廓描边为并填充白色，使用锚点工具调整路径造型，得到的衣身效果如图5-1-8所示。

步骤05 使用钢笔工具和直接选择工具绘制袖缘（袖口镶边部分），如图5-1-9所示。在属性栏中设置轮廓描边为。

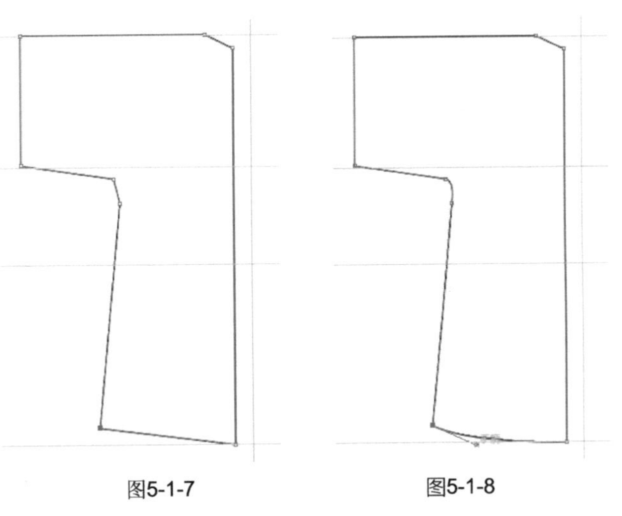

图5-1-7　　图5-1-8

步骤06 双击工具箱中的填色按钮□，弹出“拾色器”对话框，设置各项参数，如图5-1-10所示。单击“确定”按钮，得到的效果如图5-1-11所示。

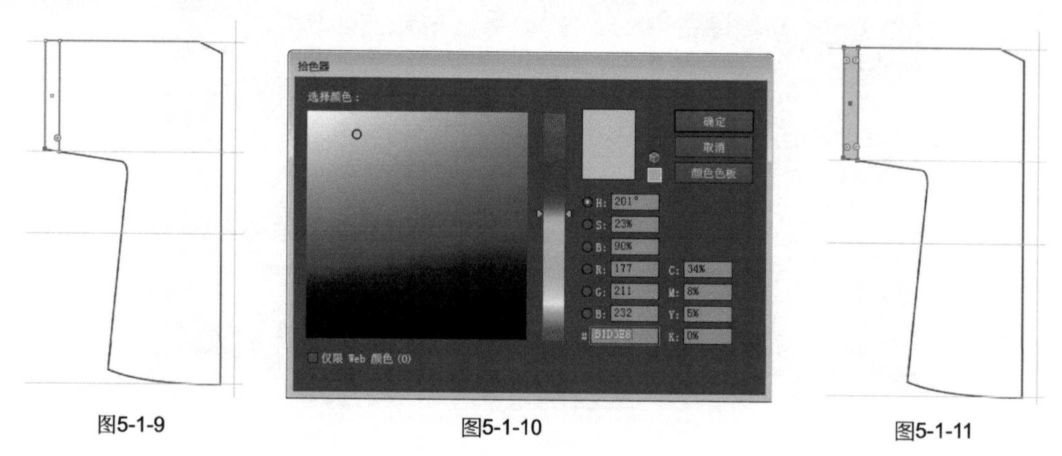

图5-1-9　　图5-1-10　　图5-1-11

步骤07 使用钢笔工具和锚点工具，在辅助线的基础上绘制路径，如图5-1-12所示。

步骤08 使用吸管工具单击袖缘部分吸取颜色，得到的效果如图5-1-13所示。

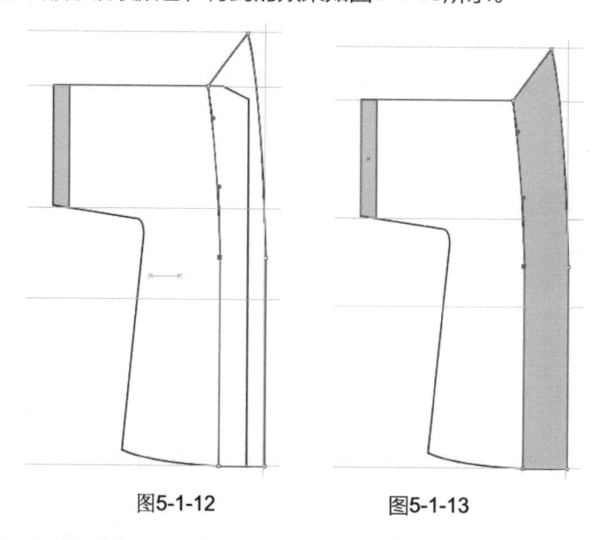

图5-1-12　　图5-1-13

步骤09 使用选择工具并按住【Shift】键选择所有绘制好的图形，执行菜单栏中的【对象】/【变换】/【对称】命令，弹出“镜像”对话框，设置各项参数，如图5-1-14所示。

步骤10 单击“复制”按钮，得到的效果如图5-1-15所示。

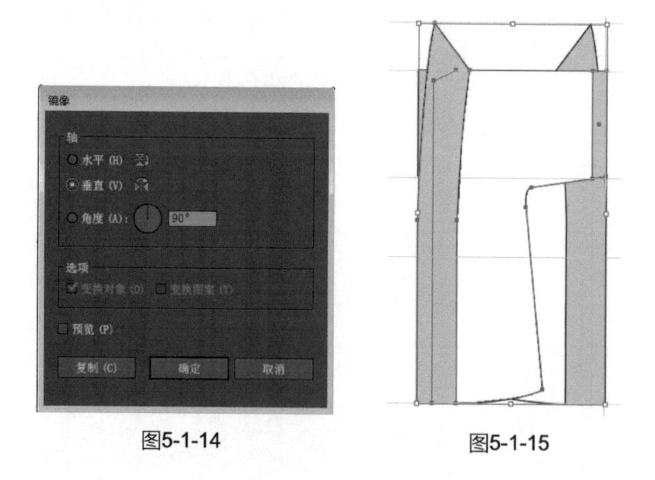

图5-1-14　　图5-1-15

步骤11 用向右方向键→把复制的图形向右平移到一定的位置，得到的效果如图5-1-16所示。

步骤12 使用钢笔工具在辅助线的基础上绘制后领部分，如图5-1-17所示。

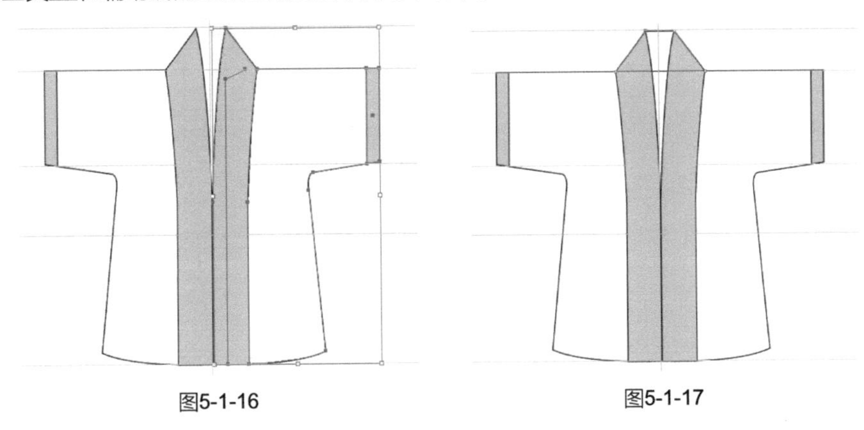

图5-1-16　　图5-1-17

步骤13 使用吸管工具单击袖缘部分吸取颜色，得到的效果如图5-1-18所示。

步骤14 执行菜单栏中的【对象】/【排列】/【置于底层】命令，得到的效果如图5-1-19所示。

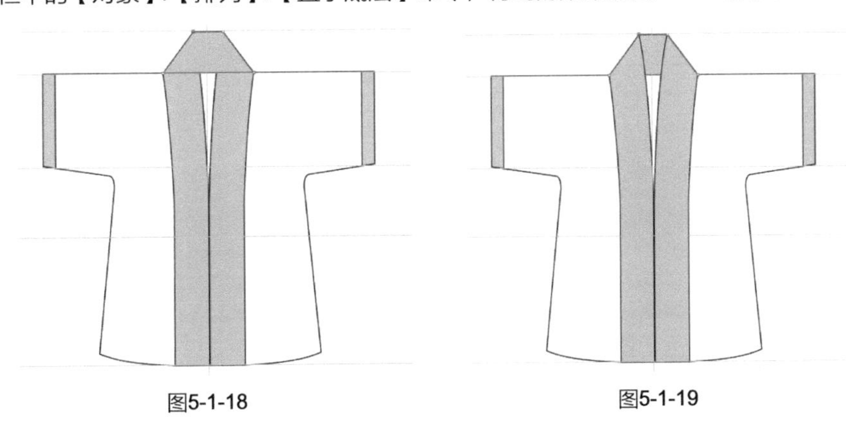

图5-1-18　　图5-1-19

步骤15 使用椭圆工具并按住【Shift】键在衣身上绘制纽扣，如图5-1-20所示。

步骤16 单击选择工具，按住【Alt】键并按住鼠标左键往下拖动鼠标，复制第二颗纽扣，如图5-1-21所示。

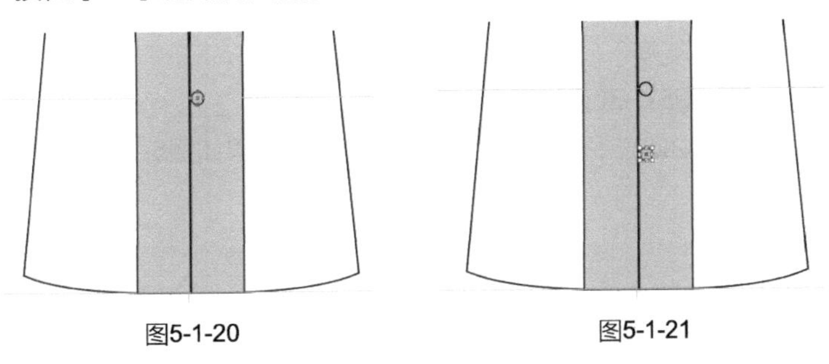

图5-1-20　　图5-1-21

步骤17 按【Ctrl】+【D】组合键，复制第三颗纽扣，得到的效果如图5-1-22所示。

步骤18 使用钢笔工具和锚点工具在衣身上绘制绑带并填充白色，如图5-1-23所示。

图5-1-22　　图5-1-23

步骤19 使用直接选择工具并按住【Shift】键选择图形，如图5-1-24所示。

步骤20 双击工具箱中的填色按钮□，弹出“拾色器”对话框，设置各项参数，如图5-1-25所示。单击“确定”按钮，得到的效果如图5-1-26所示。

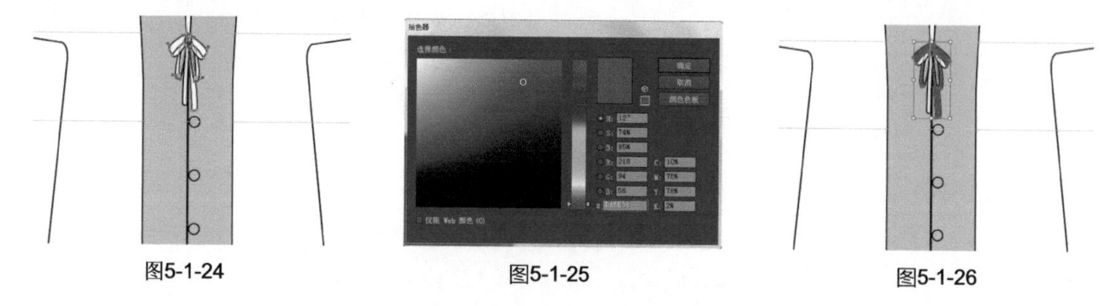

图5-1-24　　图5-1-25　　图5-1-26

步骤21 用选择工具并按住【Shift】键选择所有绘制好的图形，按【Ctrl】+【G】组合键编组图形，得到的效果如图5-1-27所示。

步骤22 使用钢笔工具和锚点工具在辅助线的基础上绘制裙子路径，如图5-1-28所示。在属性栏中设置轮廓描边为。

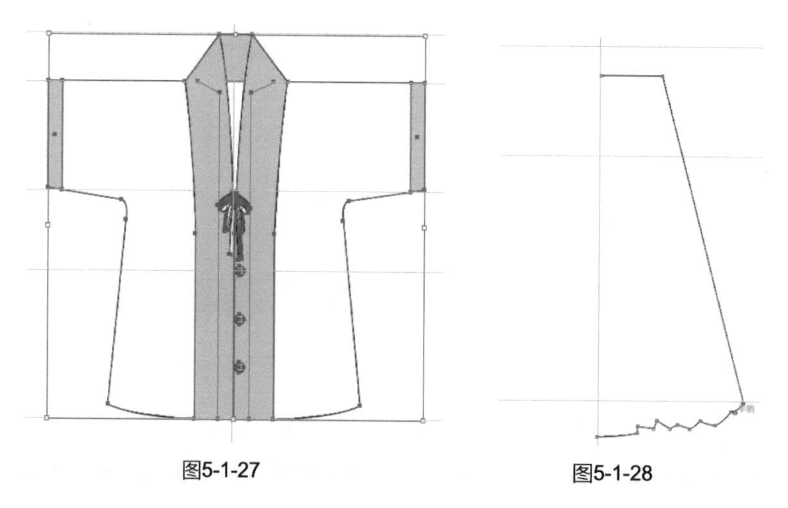

图5-1-27　　图5-1-28

步骤23 执行菜单栏中的【对象】/【变换】/【对称】命令，弹出“镜像”对话框，设置各项参数，如图5-1-29所示。单击“复制”按钮，得到的效果如图5-1-30所示。

步骤24 用向左方向键←把复制的图形向左平移到一定的位置，得到的效果如图5-1-31所示。

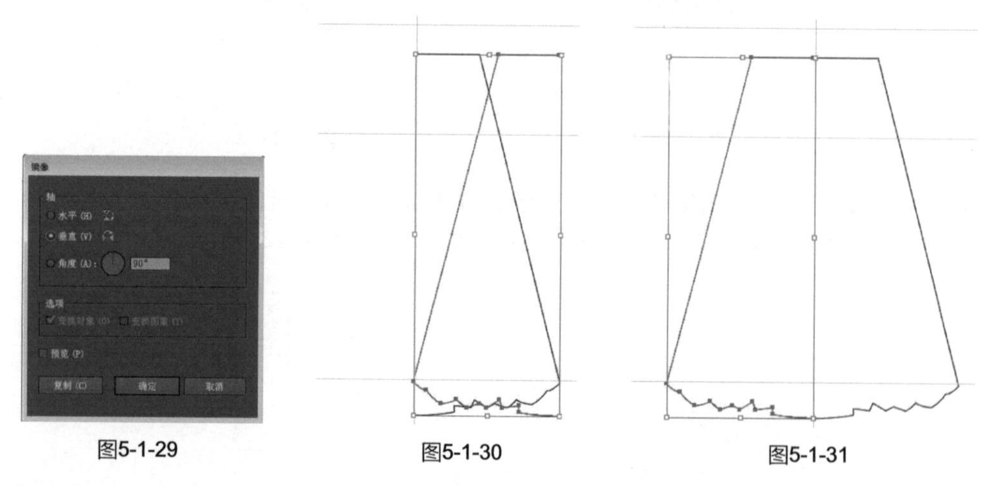

图5-1-29　　图5-1-30　　图5-1-31

步骤25 执行菜单栏中的【视图】/【参考线】/【清除参考线】命令，得到的效果如图5-1-32所示。

步骤26 使用直接选择工具框选两个节点，如图5-1-33所示。

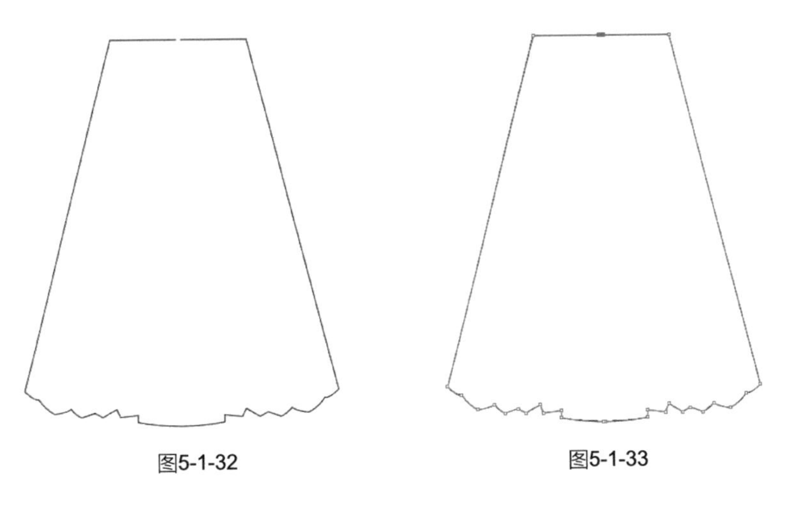

图5-1-32　　图5-1-33

步骤27 执行菜单栏中的【对象】/【路径】/【连接】命令，得到的效果如图5-1-34所示。

步骤28 重复步骤（25）与步骤（26）的操作，连接裙摆的两个节点，得到的效果如图5-1-35所示。

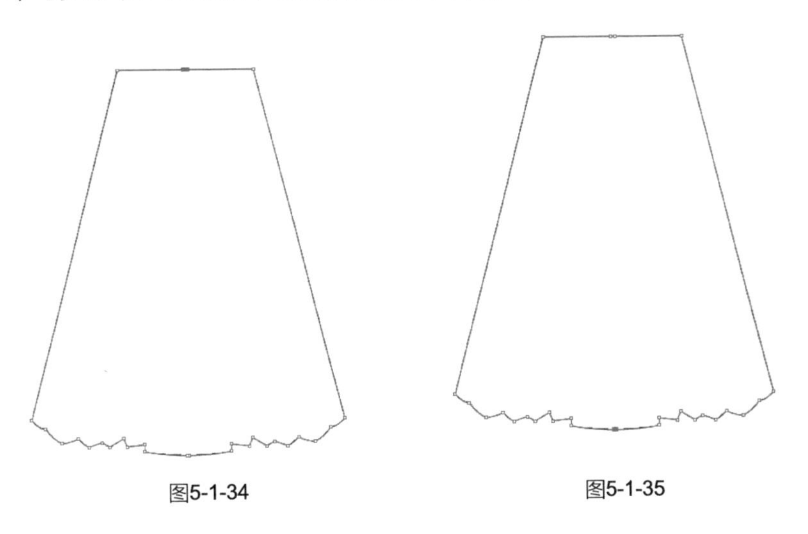

图5-1-34　　图5-1-35

步骤29 使用吸管工具单击袖缘部分吸取颜色，得到的效果如图5-1-36所示。

步骤30 使用钢笔工具和锚点工具绘制褶裥线，在属性栏中设置轮廓描边为，得到的效果如图5-1-37所示。

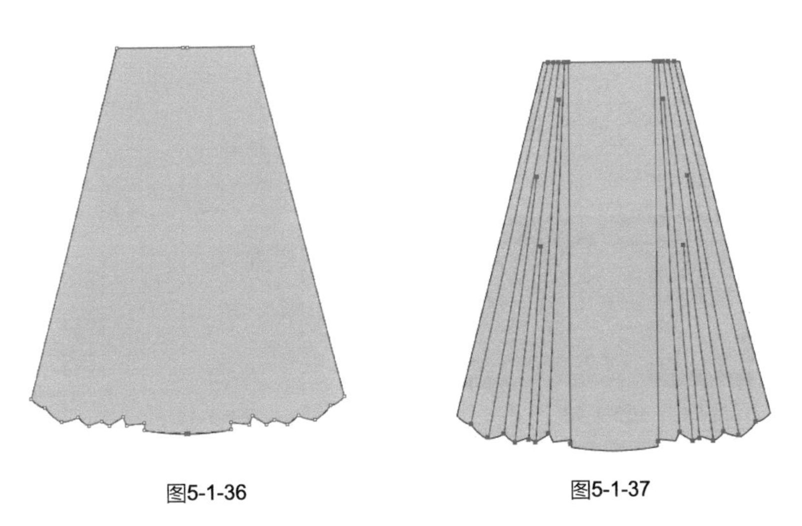

图5-1-36　　图5-1-37

步骤31 单击选择工具，按住【Alt】键的同时按住鼠标左键往上拖动鼠标，复制第二层裙子，如图5-1-38所示。

步骤32 单击页面右侧的按钮，在弹出的面板中选择“渐变”面板，设置“线性”类型，如图5-1-39所示，设置渐变颜色参数，如图5-1-40和图5-1-41所示，从浅蓝到浅黄色渐变。裙子的渐变效果如图5-1-42所示。

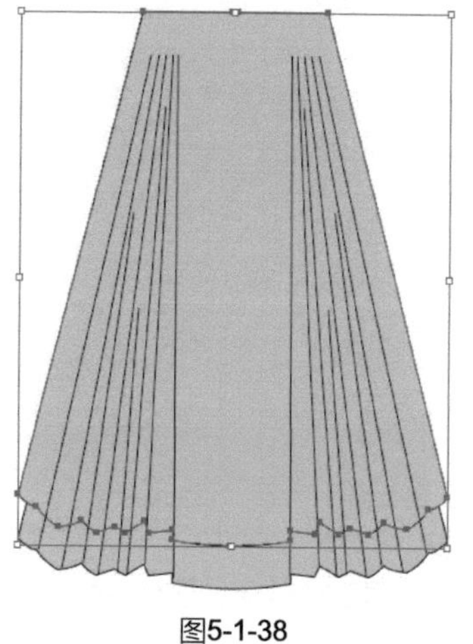

图5-1-38

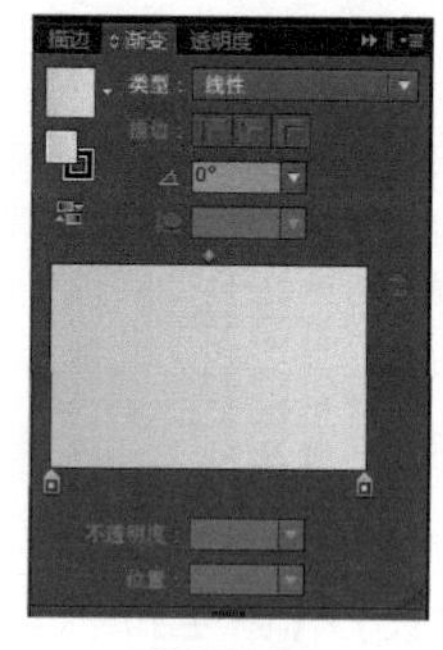

图5-1-39

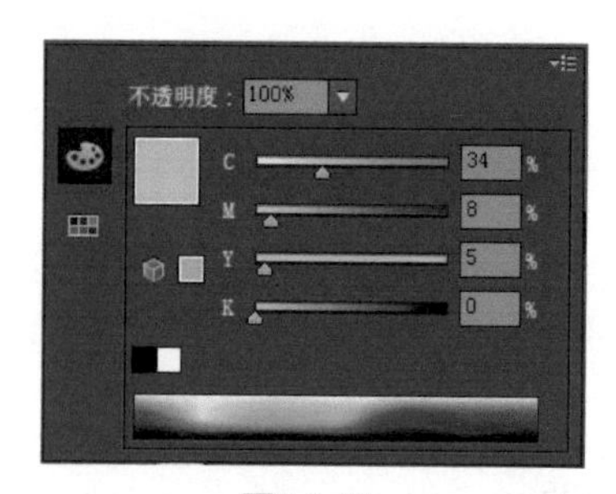

图5-1-40

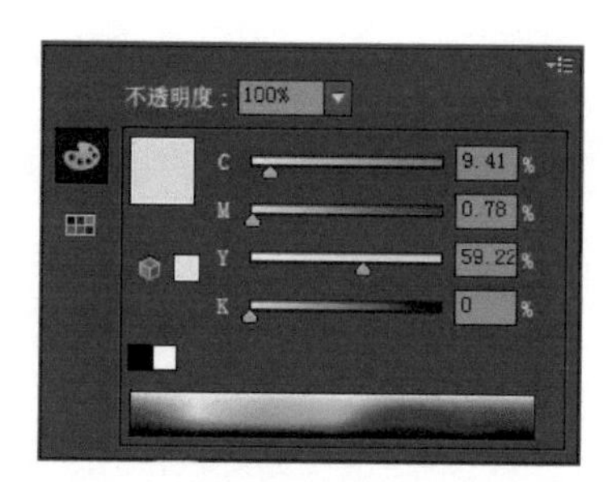

图5-1-41

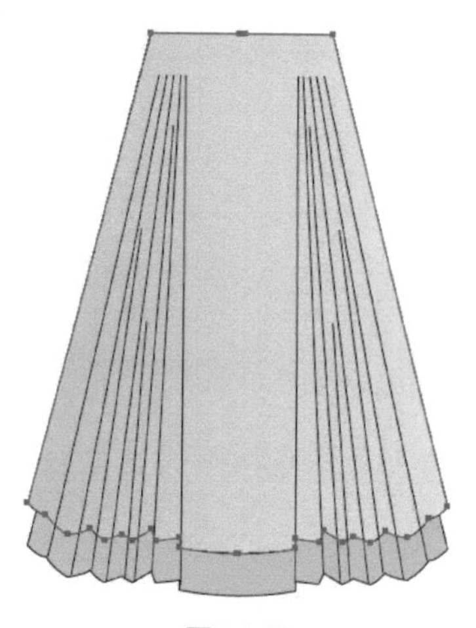

图5-1-42

步骤33 选择“透明度”面板，设置“不透明度”参数，如图5-1-43所示，得到的效果如图5-1-44所示。

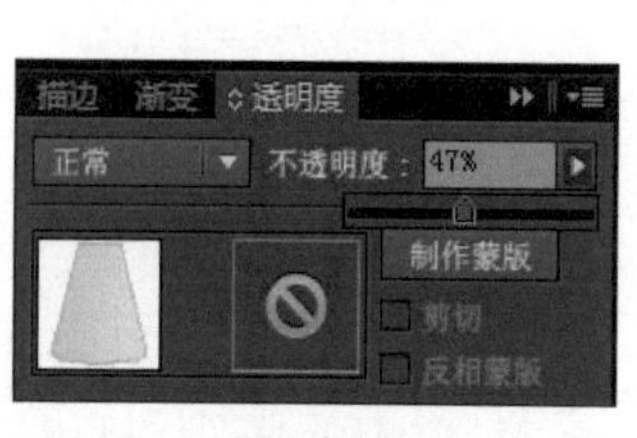

图5-1-43

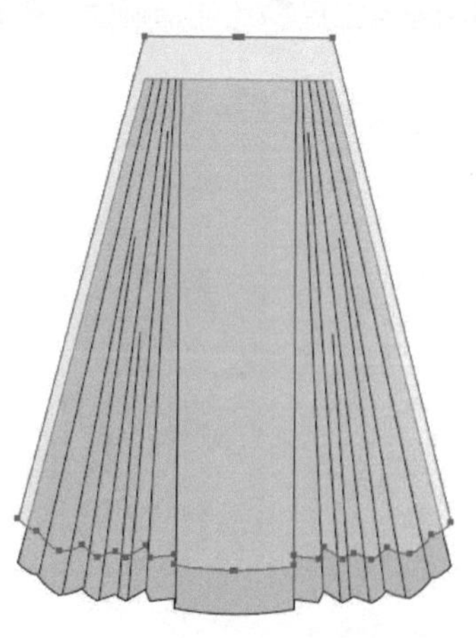

图5-1-44

步骤34 使用直接选择工具框选第二层裙子上的节点，移动到图5-1-45所示的位置。

步骤35 执行菜单栏中的【对象】/【排列】/【置于顶层】命令，得到的效果如图5-1-46所示。

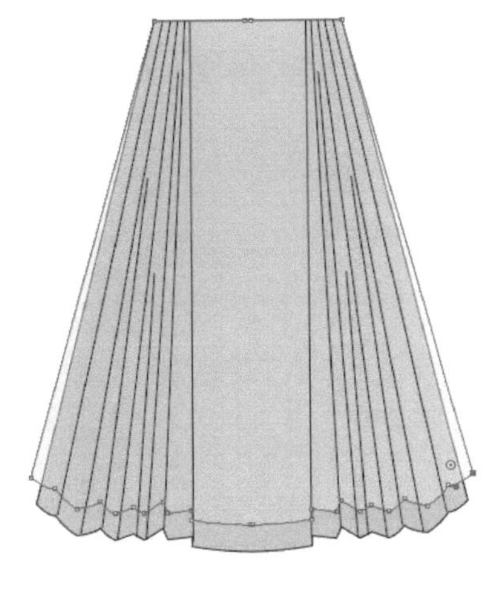

图5-1-45

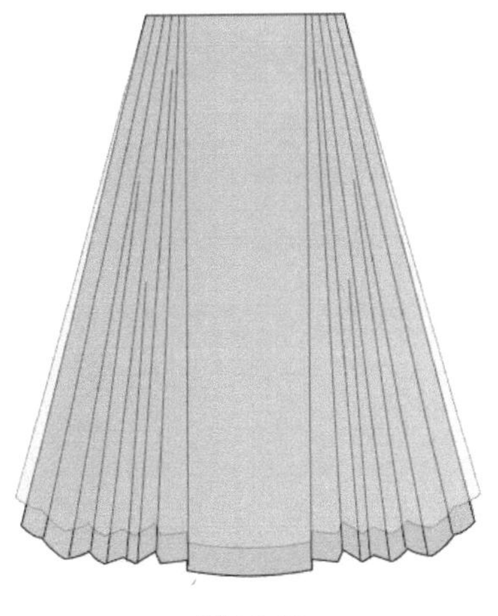

图5-1-46

步骤36 使用钢笔工具和锚点工具绘制裙子腰头，在属性栏中设置轮廓描边为，得到的效果如图5-1-47所示。

步骤37 使用吸管工具单击裙摆部分吸取颜色，得到的效果如图5-1-48所示。

图5-1-47

图5-1-48

步骤38 执行菜单栏中的【文件】/【置入】命令，置入“图案素材”中的“裙腰图案”，单击属性栏中的“嵌入”按钮，把图案置入画板，如图5-1-49所示。

图5-1-49

步骤39 使用选择工具把图案摆放到腰头的位置，如图5-1-50所示。

步骤40 单击工具箱中的默认填色和描边按钮，给图案填充白色并设置为无描边，得到的效果如图5-1-51所示。

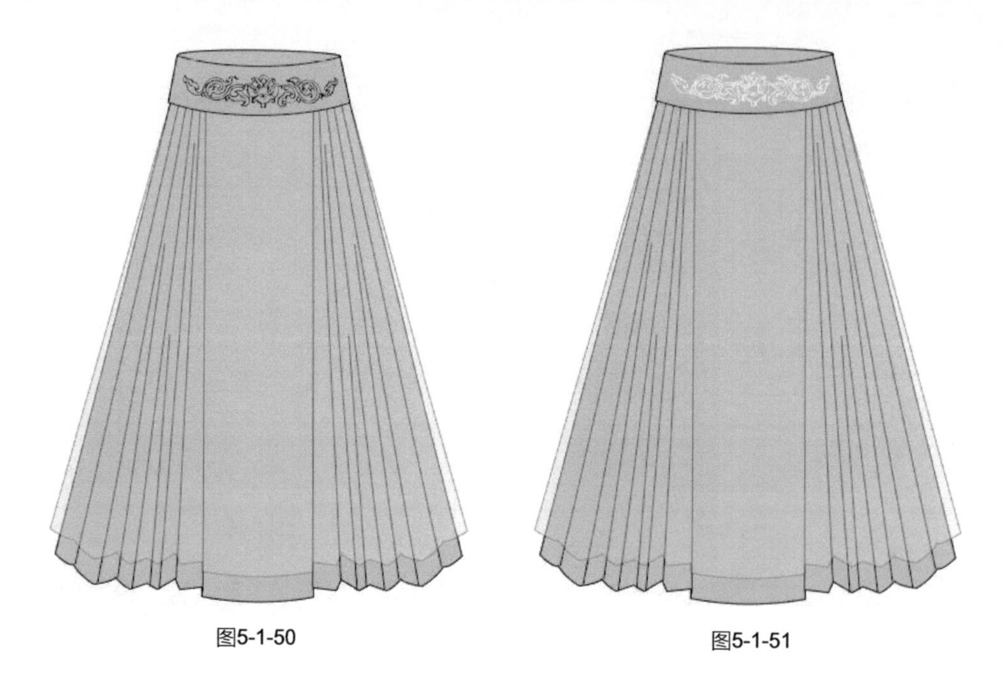

图5-1-50　　　　图5-1-51

步骤41 执行菜单栏中的【文件】/【置入】命令，置入“图案素材”中的“绳子图案”，单击属性栏中的“嵌入”按钮，把图案置入画板，如图5-1-52所示。

图5-1-52

步骤42 使用选择工具把绳子图案拖入“画笔”面板中，弹出“新建画笔”对话框，选择“图案”画笔，再单击“确定”按钮，弹出“图案画笔选项”对话框，设置参数，如图5-1-53所示，单击“确定”按钮，在“画笔”面板中出现“绳子画笔”笔触，如图5-1-54所示。按【Delete】键删除图案。

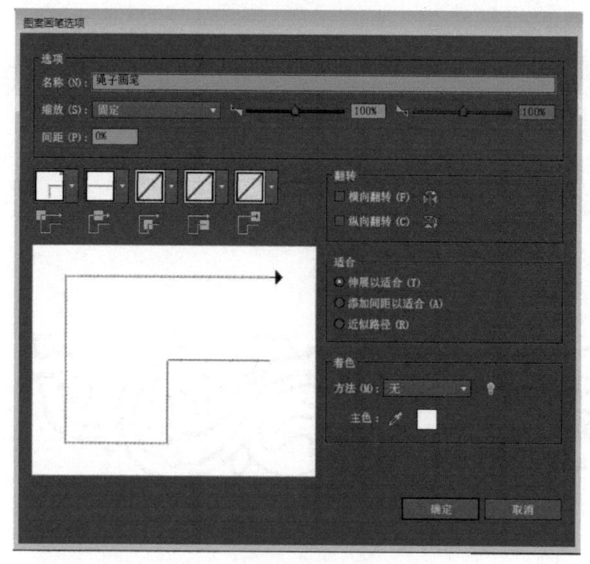

图5-1-53

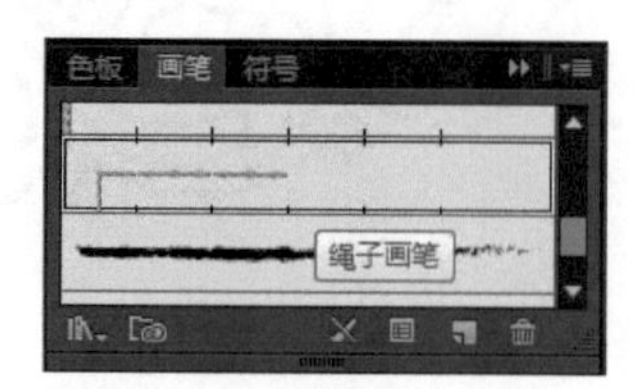

图5-1-54

步骤43 使用钢笔工具在腰头绘制一条曲线，如图5-1-55所示。单击“画笔”面板中的“绳子画笔”，得到的效果如图5-1-56所示。

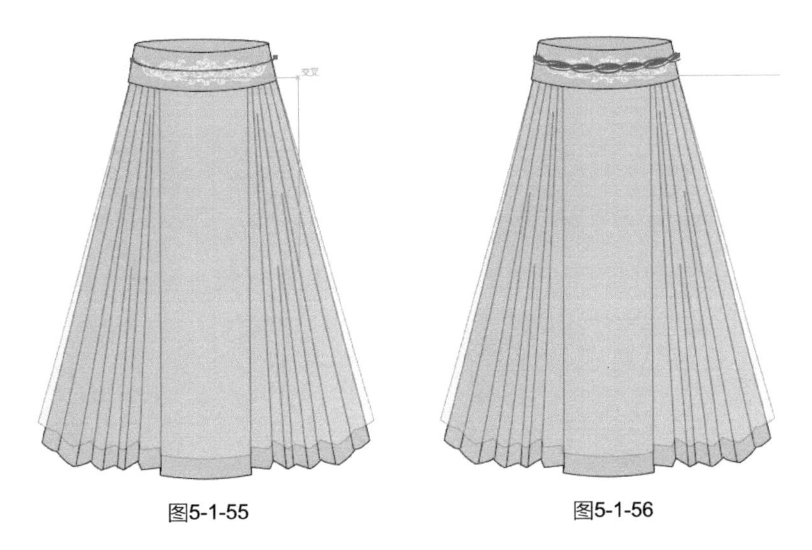

图5-1-55　　图5-1-56

步骤44 单击“画笔”面板中的所选对象选项按钮，弹出“描边选项“对话框，设置参数，如图5-1-57所示。单击“确定”按钮，得到的效果如图5-1-58所示。

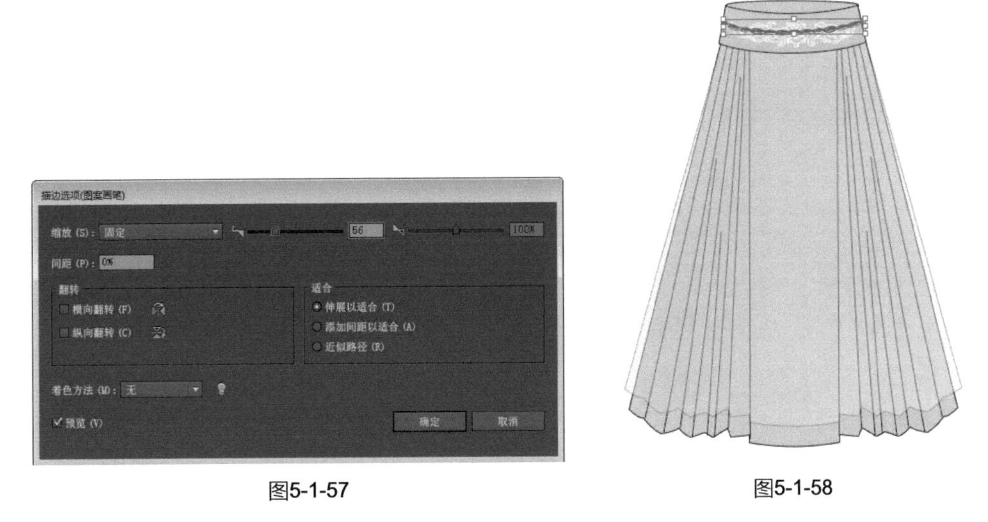

图5-1-57　　图5-1-58

步骤45 使用钢笔工具在腰带上绘制两条曲线，如图5-1-59所示。单击“画笔”面板中的“绳子画笔”，得到的效果如图5-1-60所示。

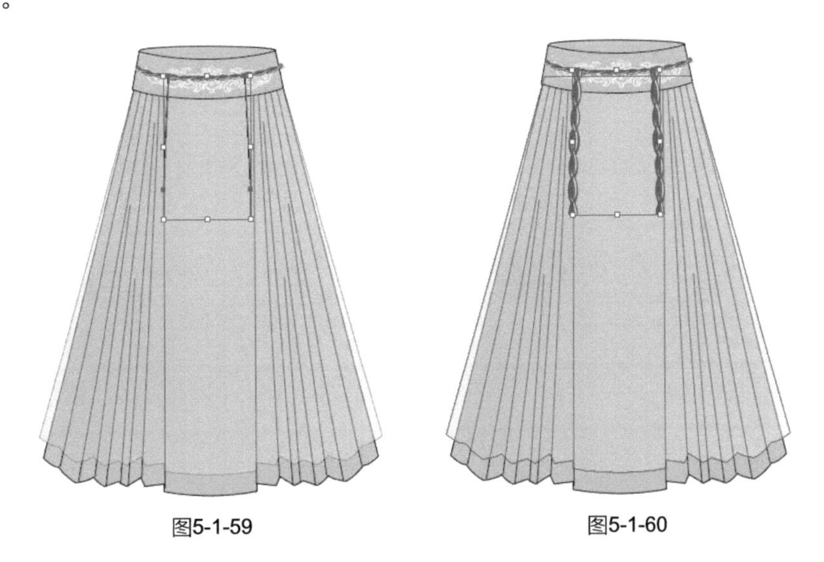

图5-1-59　　图5-1-60

步骤46 重复步骤（44）的操作，得到的效果如图5-1-61所示。

步骤47 使用选择工具框选整个裙子，按【Ctrl】+【G】组合键编组图形，最终完成的校服女夏装的整体效果如图5-1-62所示。

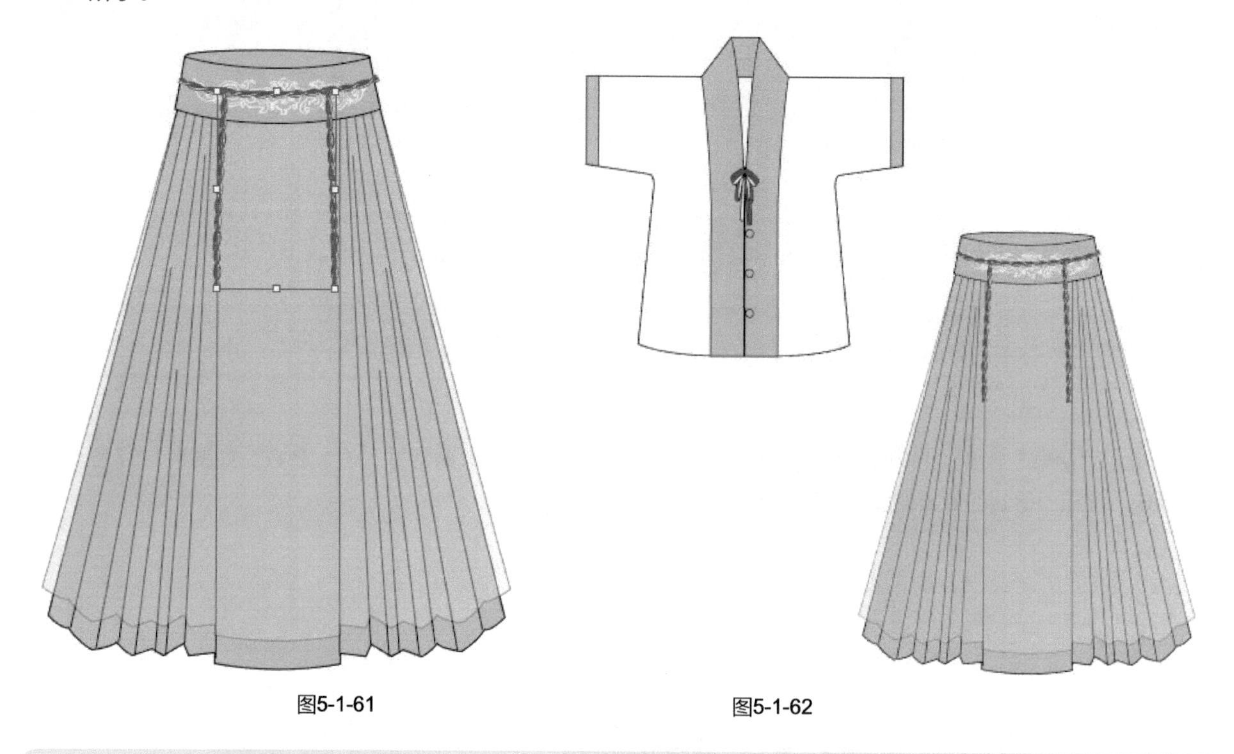

图5-1-61

图5-1-62

专家提示

此款校服仿袄裙、襦裙形制，可以有三种着装方式：1.上衣在外，裙子在里，如图5-1-63所示；2.高腰襦裙形制，如图5-1-64所示；3.齐腰襦裙形制，如图5-1-65所示。

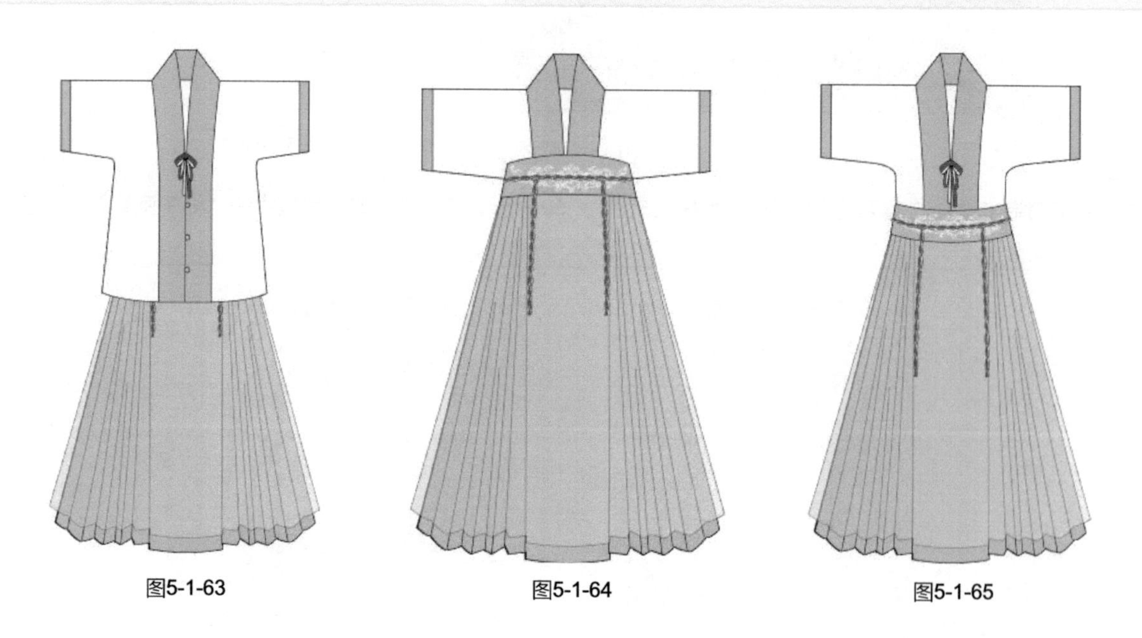

图5-1-63

图5-1-64

图5-1-65

实例16 男式校服夏装款式设计

实例目的： 了解绘制校服基本造型的基础工具的使用，以及校服细节设计，如松紧带、装饰图案。

实例要点： 使用钢笔工具和锚点工具绘制校服的基本轮廓造型；
款式细节表现（如松紧带、装饰图案等）。

最终效果如图5-1-66所示。

图5-1-66

操作步骤

步骤01 启动Illustrator CC应用程序，执行菜单栏中的【文件】/【新建】命令，弹出“新建文档”对话框，设置文件名为“校服（男夏装）”，页面取向为“横向”，如图5-1-67所示。单击“确定”按钮，得到的效果如图5-1-68所示。

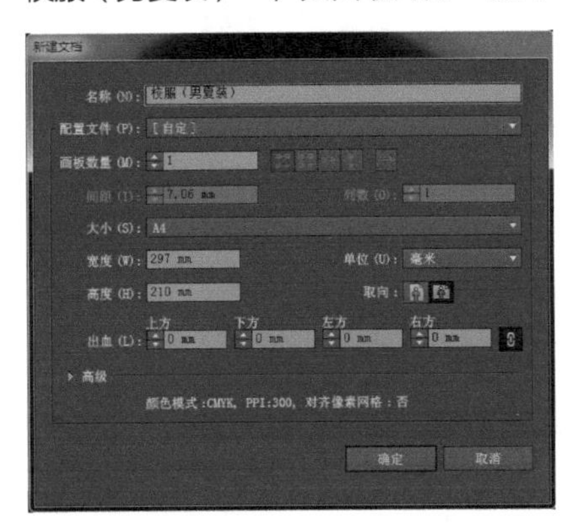

图5-1-67

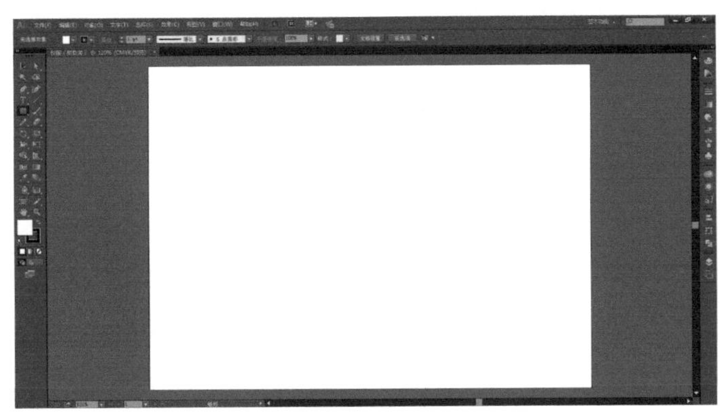

图5-1-68

步骤02 执行菜单栏中的【视图】/【标尺】/【显示标尺】命令，得到的效果如图5-1-69所示。

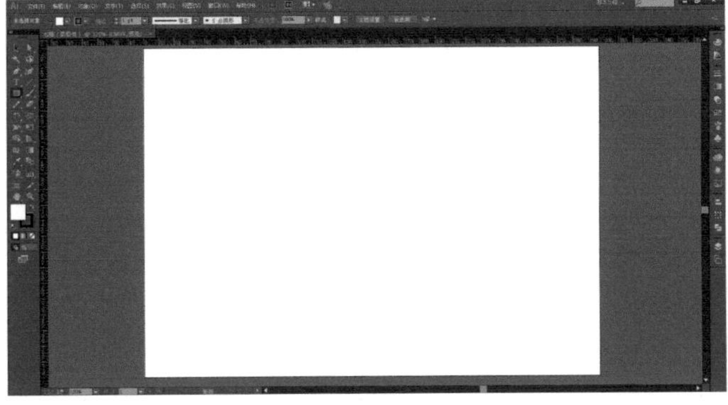

图5-1-69

步骤03 用鼠标单击上方和左方的标尺栏，分别从上往下、从左往右拖动鼠标，添加七条辅助线，确定衣长、领口、肩线、袖肥、腰线、裤长等位置，如图5-1-70所示。

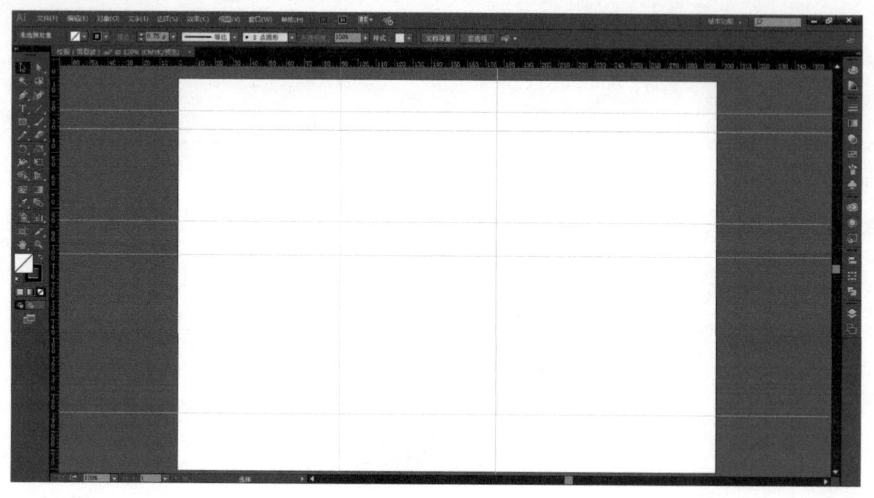

图5-1-70

步骤04 执行菜单栏中的 【文件】/【打开】命令，打开前面制作的“校服（女夏装）”文件，如图5-1-71所示。用选择工具选择上衣，按【Ctrl】+【X】组合键剪切图形，再单击“校服（男夏装）”文件，按【Ctrl】+【V】组合键粘贴图形，得到的效果如图5-1-72所示。

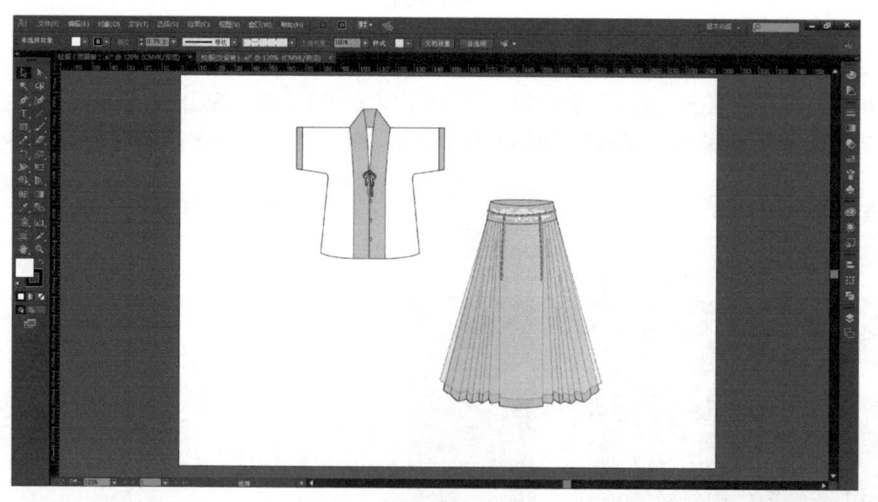

图5-1-71

步骤05 执行菜单栏中的【对象】/【变换】/【对称】命令，弹出“镜像”对话框，设置各项参数，如图5-1-73所示。单击“确定”按钮，得到的效果如图5-1-74所示。

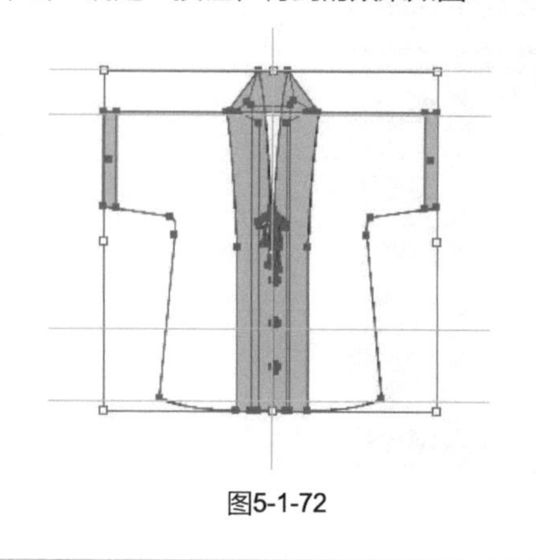

图5-1-72

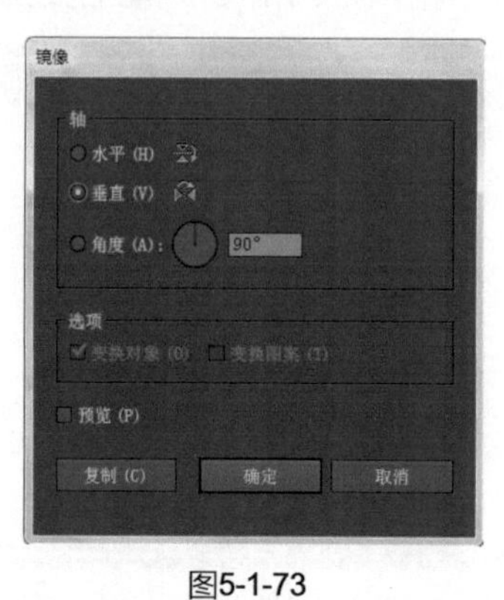

图5-1-73

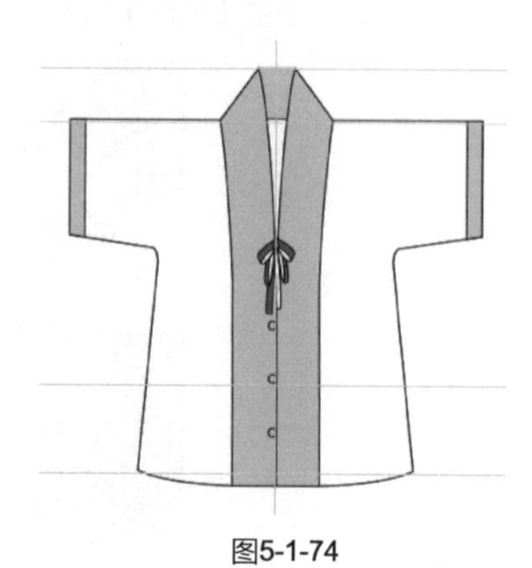

图5-1-74

步骤06 按【Ctrl】+【Shift】+【G】组合键，取消图形编组。使用直接选择工具选择绑带，按【Delete】键删除两条系带，得到的效果如图5-1-75所示。

步骤07 使用选择工具选择衣身部分，再使用吸管工具单击袖缘吸取颜色，得到的效果如图5-1-76所示。

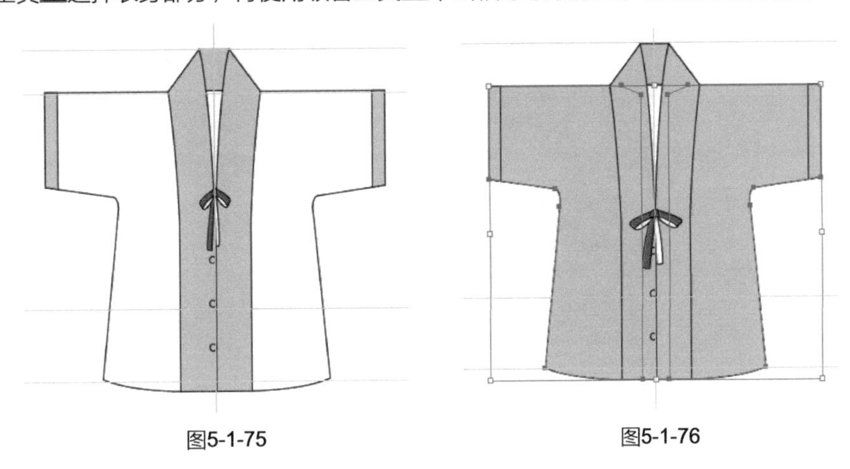

图5-1-75　　图5-1-76

步骤08 使用选择工具并按住【Shift】键选择衣缘、袖缘部分，单击“颜色”面板中的白色，得到的效果如图5-1-77所示。

步骤09 使用钢笔工具在辅助线的基础上绘制裤子造型，如图5-1-78所示。在属性栏中设置轮廓描边为。

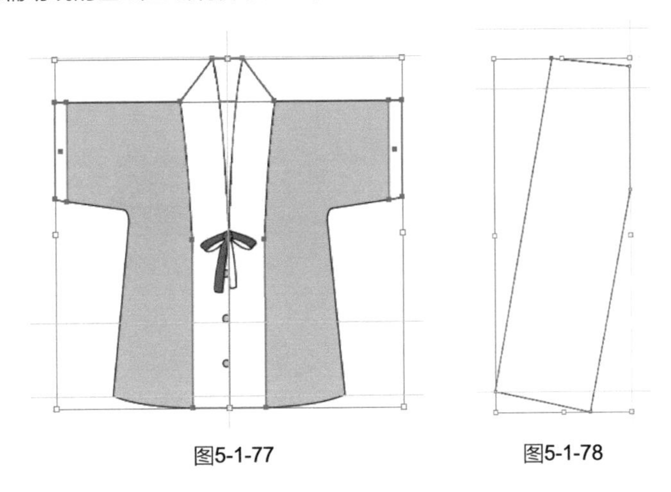

图5-1-77　　图5-1-78

步骤10 使用吸管工具单击衣身吸取颜色，得到的效果如图5-1-79所示。

步骤11 使用钢笔工具在裤身上绘制口袋，在属性栏中设置轮廓描边为并填充白色，效果如图5-1-80所示。

步骤12 使用钢笔工具在裤脚处绘制一条直线，如图5-1-81所示。

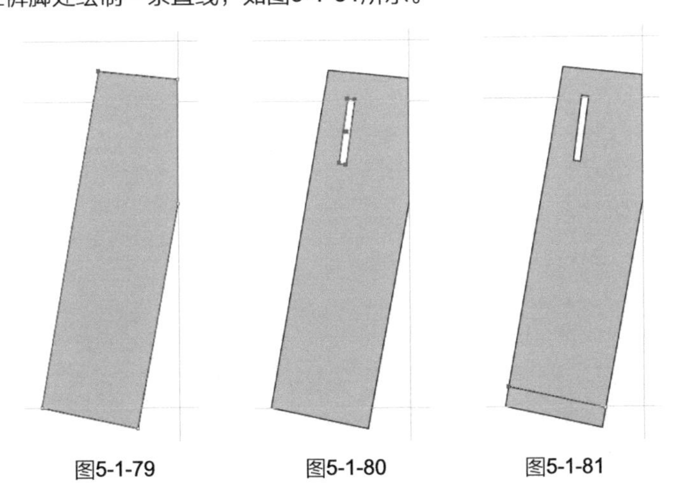

图5-1-79　　图5-1-80　　图5-1-81

步骤 13 单击页面右侧的按钮，在弹出的面板中选择“描边”面板，设置各项参数，如图5-1-82所示，效果如图5-1-83所示。

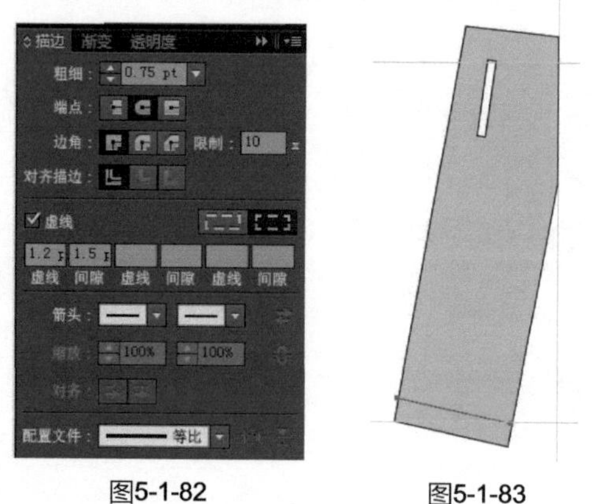

图5-1-82　　图5-1-83

步骤 14 使用选择工具并按住【Shift】键选择绘制好的裤身、口袋及缉明线，执行菜单栏中的【对象】/【变换】/【对称】命令，弹出“镜像”对话框，选择“轴→垂直”，单击“复制”按钮，得到的效果如图5-1-84所示。

步骤 15 按住向右方向键→把复制的图形向右平移到一定的位置，得到的效果如图5-1-85所示。

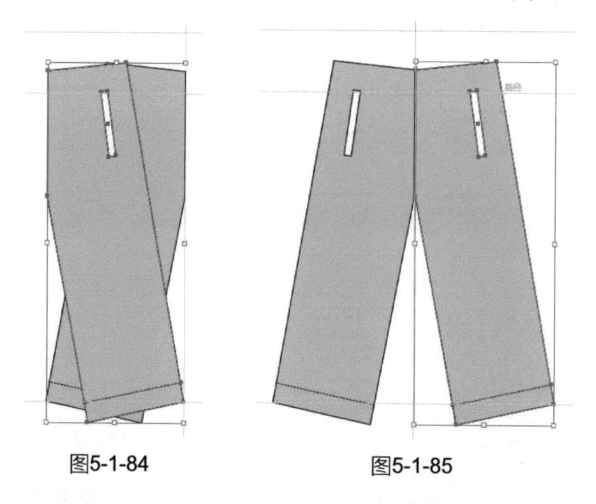

图5-1-84　　图5-1-85

步骤 16 使用钢笔工具和锚点工具绘制褶裥线，在属性栏中设置轮廓描边为，得到的效果如图5-1-86所示。

步骤 17 使用钢笔工具和锚点工具绘制裤腰部分，在属性栏中设置轮廓描边为，得到的效果如图5-1-87所示。

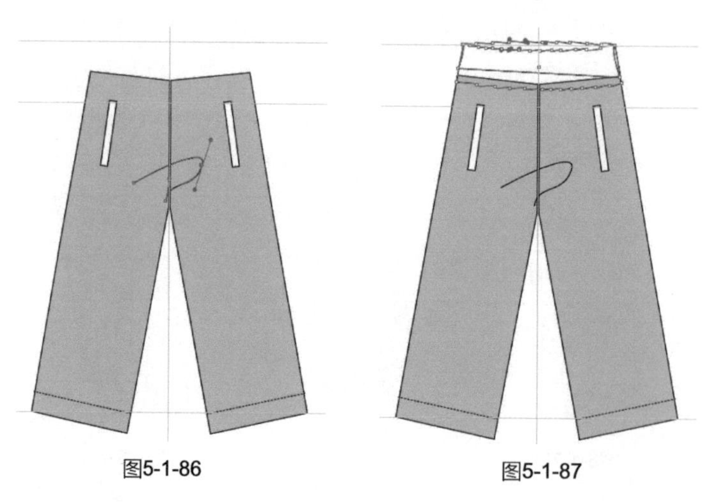

图5-1-86　　图5-1-87

步骤18 使用吸管工具单击衣身吸取颜色，得到的效果如图5-1-88所示。

步骤19 执行菜单栏中的【文件】/【置入】命令，置入“图案素材”中的“裙腰图案”，单击属性栏中的“嵌入”按钮，把图案置入画板，如图5-1-89所示。

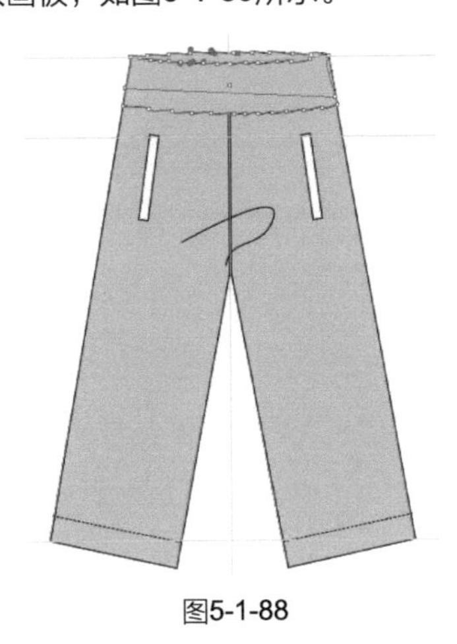

图5-1-88

图5-1-89

步骤20 使用选择工具把图案摆放到腰头的位置，如图5-1-90所示。

步骤21 单击工具箱中的默认填色和描边按钮，给图案填充白色并设置为无描边，得到的效果如图5-1-91所示。

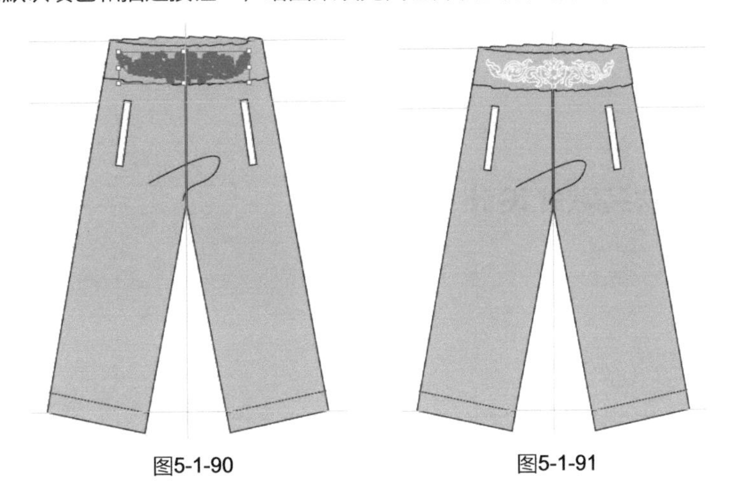

图5-1-90　图5-1-91

步骤22 使用钢笔工具和锚点工具在腰头绘制褶裥线（松紧带效果），在属性栏中设置轮廓描边为0.25pt，得到的效果如图5-1-92所示。

步骤23 执行菜单栏中的【视图】/【参考线】/【清除参考线】命令，得到的效果如图5-1-93所示。

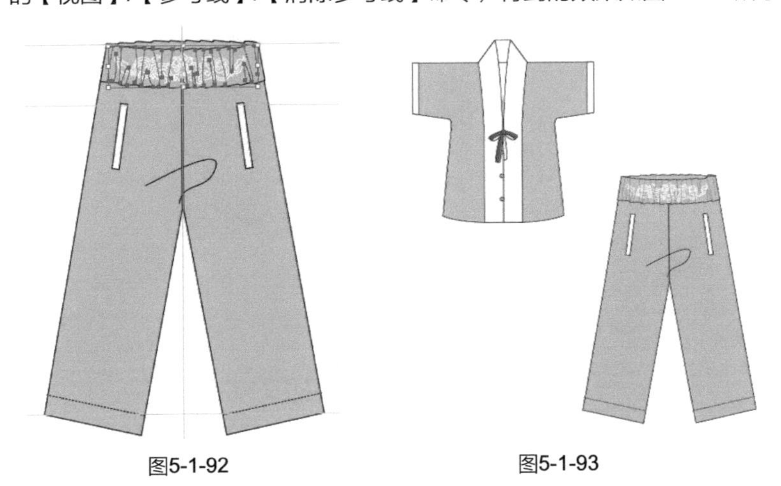

图5-1-92　图5-1-93

步骤24 使用选择工具▶分别框选上衣和裤子，按【Ctrl】+【G】组合键编组图形，最终完成的校服男夏装的整体着装效果如图5-1-94所示。

图5-1-94

实例17 女式校服春秋装款式设计

实例目的： 了解绘制校服基本造型的基础工具的使用，以及校服细节设计，如盘扣、装饰绳扣、流苏等。

实例要点： 使用钢笔工具和锚点工具绘制校服的基本轮廓造型（注意上下装比例）；
装饰细节表现（如盘扣、装饰绳扣、流苏等）。

最终效果如图5-1-95所示。

图5-1-95

操作步骤

步骤01 启动Illustrator CC应用程序，执行菜单栏中的【文件】/【新建】命令，弹出“新建文档”对话框，设置文件名为“校服（女春秋装）”，页面取向为“横向”，如图5-1-96所示。单击“确定”按钮，得到的效果如图5-1-97所示。

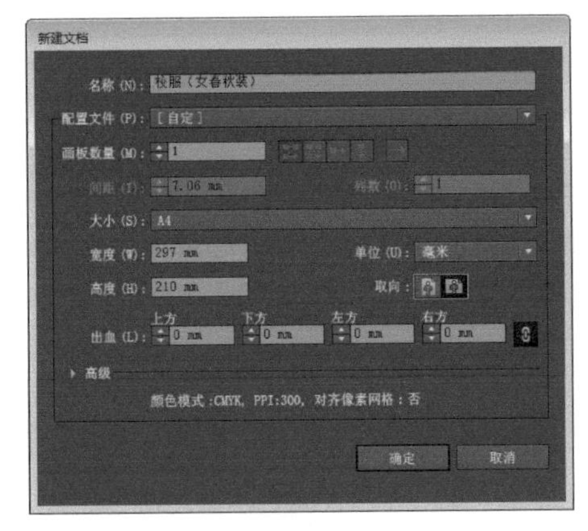

图5-1-96

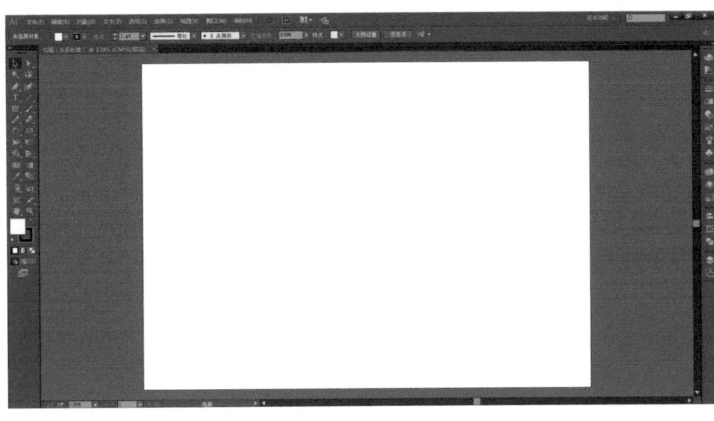

图5-1-97

步骤02 执行菜单栏中的【视图】/【标尺】/【显示标尺】命令，得到的效果如图5-1-98所示。

图5-1-98

步骤03 用鼠标单击上方和左方的标尺栏，分别从上往下、从左往右拖动鼠标，添加九条辅助线，确定领高、衣长、肩线、袖肥、腰线、裙长等位置，如图5-1-99所示。

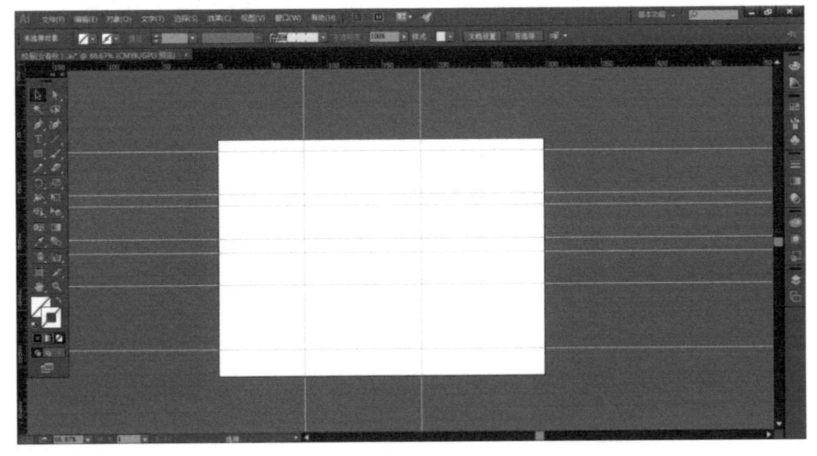

图5-1-99

步骤04 使用钢笔工具在辅助线的基础上绘制路径，如图5-1-100所示。在属性栏中设置轮廓描边为 0.75 pt 并填充白色。使用锚点工具调整路径造型，得到的衣身效果如图**5-1-101**所示。

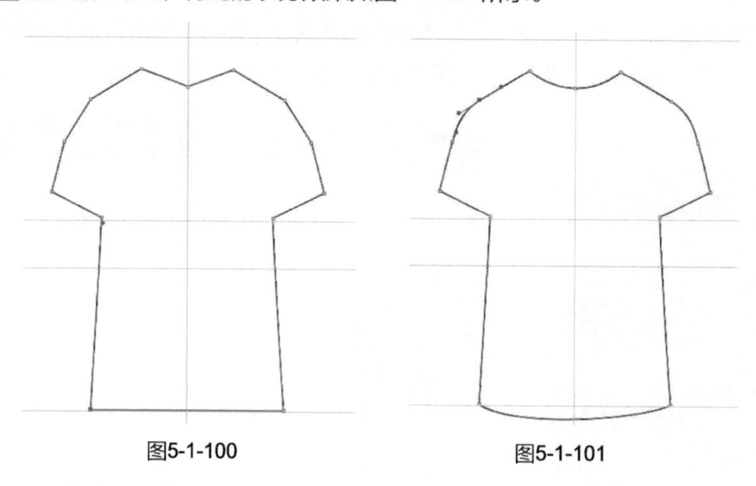

图5-1-100　　图5-1-101

步骤05 使用钢笔工具和锚点工具在衣身上绘制一条分割线，在属性栏中设置轮廓描边为，得到的效果如图**5-1-102**所示。

步骤06 使用添加锚点工具在下摆处添加两个节点，再用直接选择工具调整节点，表现衣服下摆左右片叠加的效果，如图**5-1-103**所示。

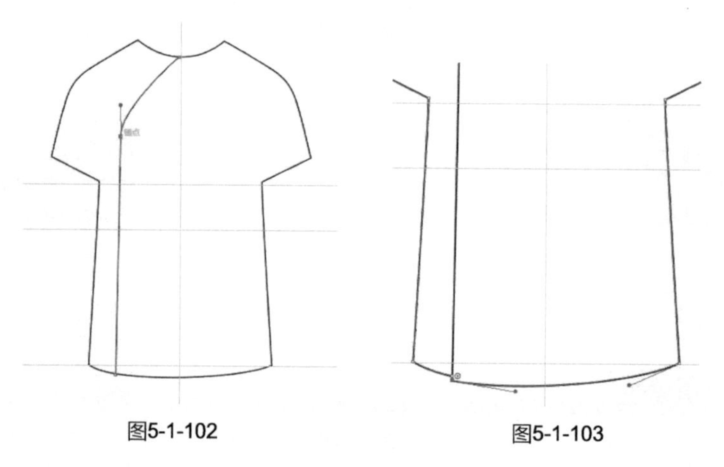

图5-1-102　　图5-1-103

步骤07 使用钢笔工具和锚点工具在衣身上绘制立领，在属性栏中设置轮廓描边为并填充白色，得到的效果如图**5-1-104**所示。

步骤08 执行菜单栏中的【对象】/【排列】/【置于底层】命令，得到的效果如图**5-1-105**所示。

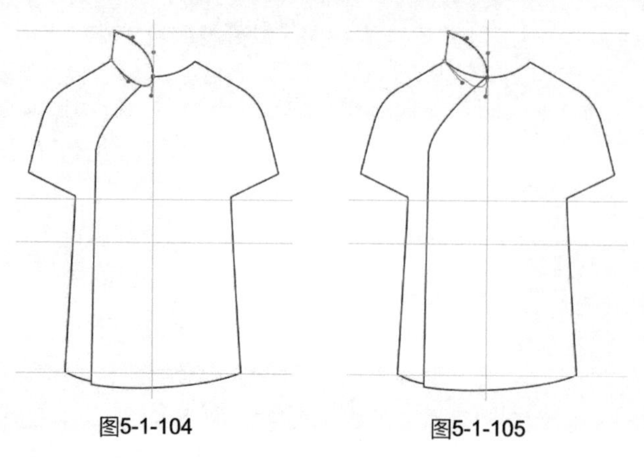

图5-1-104　　图5-1-105

步骤09 单击选择工具，执行菜单栏中的【对象】/【变换】/【对称】命令，弹出“镜像”对话框，选择“轴→垂直”，再单击“复制”按钮，得到的效果如图**5-1-106**所示。

步骤10 用向右方向键→把复制的图形向右平移到一定的位置，得到的效果如图5-1-107所示。

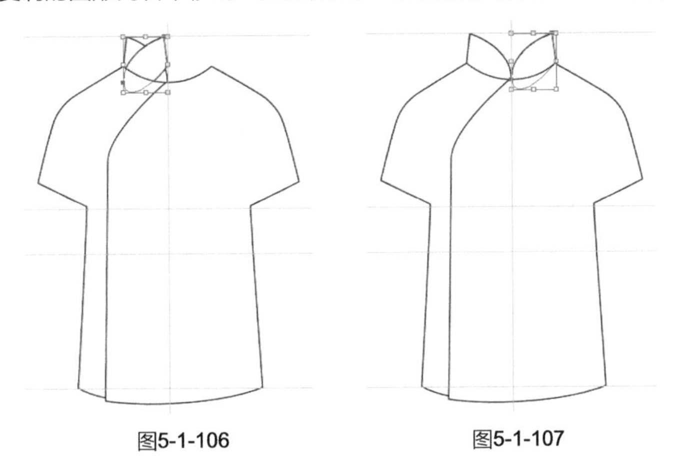
图5-1-106　　图5-1-107

步骤11 使用钢笔工具和锚点工具绘制后领，在属性栏中设置轮廓描边为并填充白色，得到的效果如图5-1-108所示。

步骤12 单击选择工具，执行菜单栏中的【对象】/【排列】/【置于底层】命令，得到的效果如图5-1-109所示。

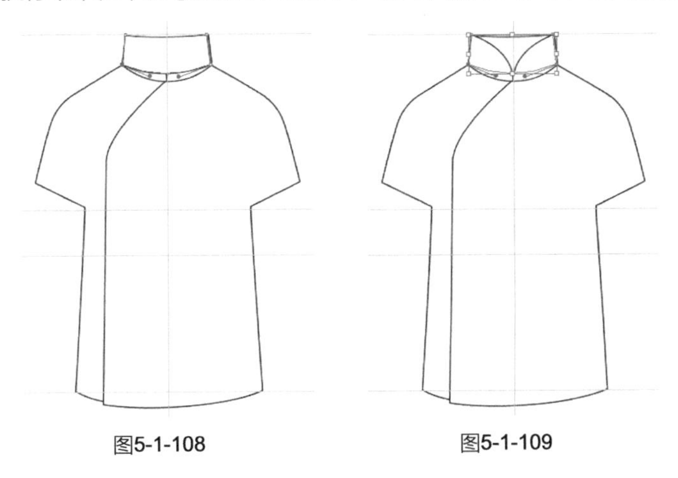
图5-1-108　　图5-1-109

步骤13 使用钢笔工具在袖窿处绘制两条褶裥线，在属性栏中设置轮廓描边为，得到的效果如图5-1-110所示。

步骤14 使用钢笔工具绘制左边的袖子，在属性栏中设置轮廓描边为并填充白色，得到的效果如图5-1-111所示。

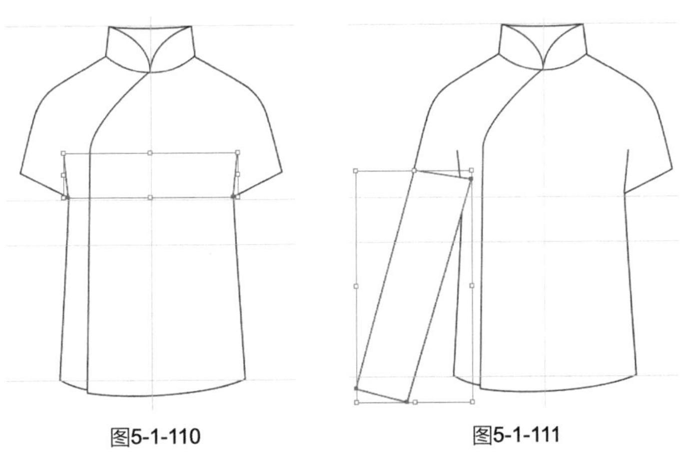
图5-1-110　　图5-1-111

步骤15 单击选择工具，执行菜单栏中的【对象】/【排列】/【置于底层】命令，得到的效果如图5-1-112所示。

步骤16 使用钢笔工具和锚点工具绘制袖口翻折边，在属性栏中设置轮廓描边为，得到的效果如图5-1-113所示。

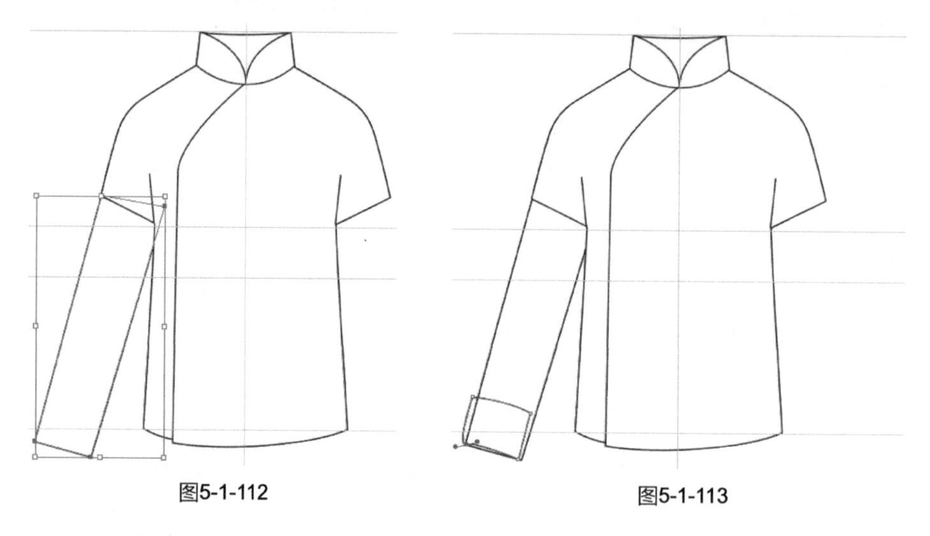

图5-1-112　　图5-1-113

步骤17 双击工具箱中的填色按钮□，弹出“拾色器”对话框，设置各项参数，如图5-1-114所示。单击“确定”按钮，得到的效果如图5-1-115所示。

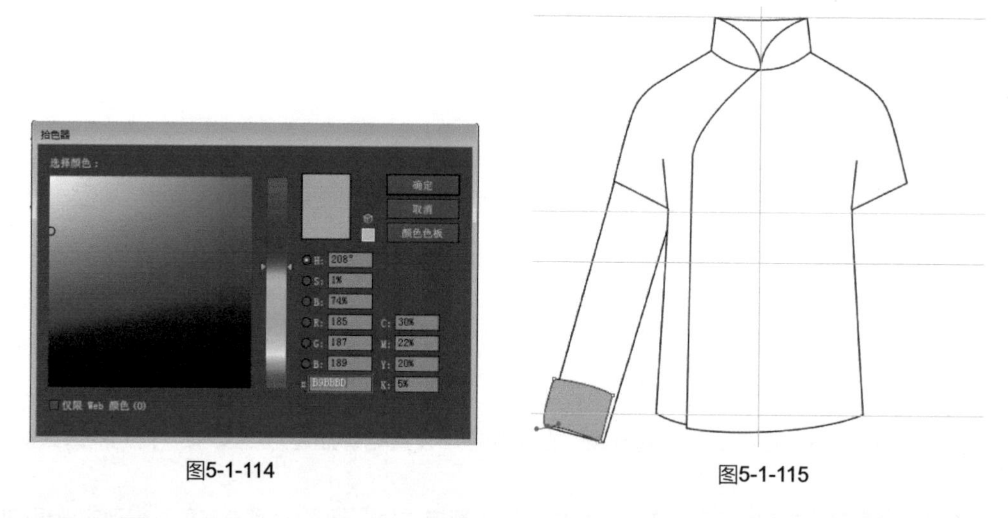

图5-1-114　　图5-1-115

步骤18 使用选择工具并按住【Shift】键选择袖子和袖口翻折边，执行菜单栏中的【对象】/【变换】/【对称】命令，弹出“镜像”对话框，选择“轴→垂直”，单击“复制”按钮，得到的效果如图5-1-116所示。

步骤19 向右方向键→把复制的图形向右平移到一定的位置，得到的效果如图5-1-117所示。

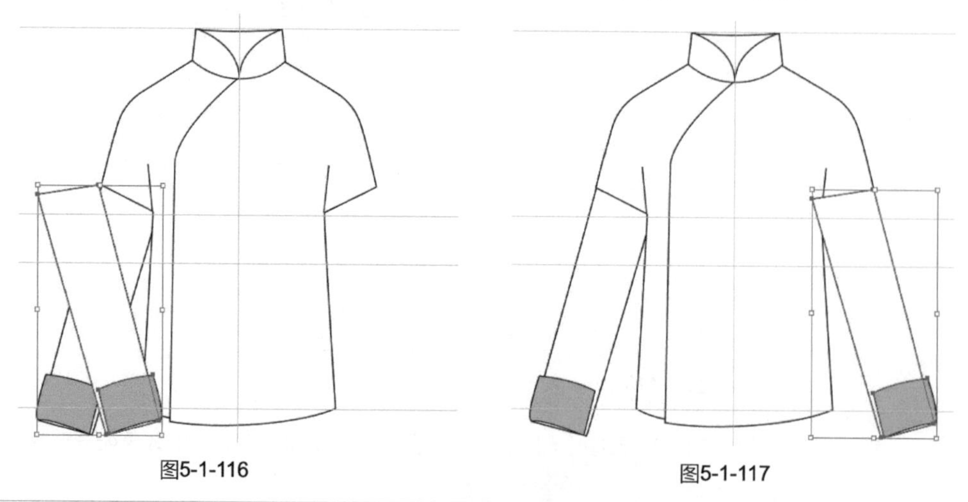

图5-1-116　　图5-1-117

步骤20 执行菜单栏中的【对象】/【排列】/【置于底层】命令，得到的效果如图5-1-118所示。

步骤21 执行菜单栏中的【文件】/【打开】命令，打开“图案素材”中的“祥云图案”文件，如图5-1-119所示。用选择工具选择图案，按【Ctrl】+【X】组合键剪切图形，再单击“校服（女春秋装）”文件，按【Ctrl】+【V】组合键粘贴图案，得到的效果如图5-1-120所示。

图5-1-118

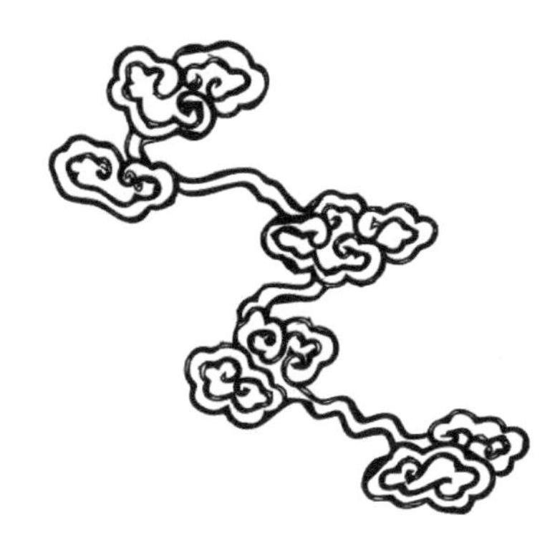
图5-1-119

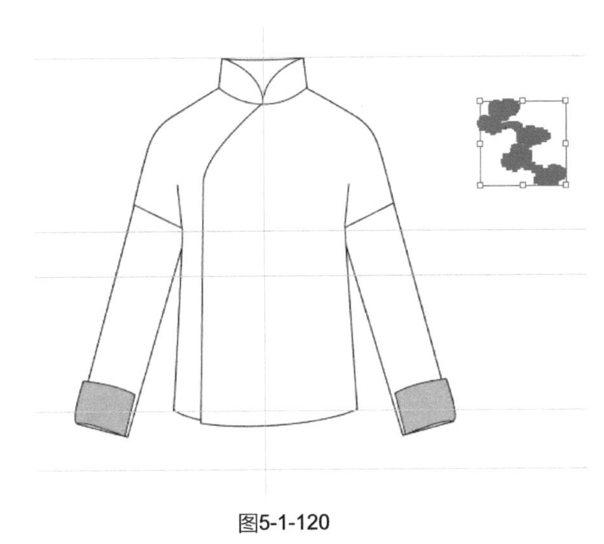
图5-1-120

图5-1-121

步骤22 双击工具箱中的填色按钮和描边按钮，分别弹出“拾色器”对话框，设置各项参数如图5-1-121所示。单击“确定”按钮，给图案填充灰色，得到的效果如图5-1-122所示。

步骤23 使用选择工具把图案摆放到如图5-1-123所示的位置。

图5-1-122

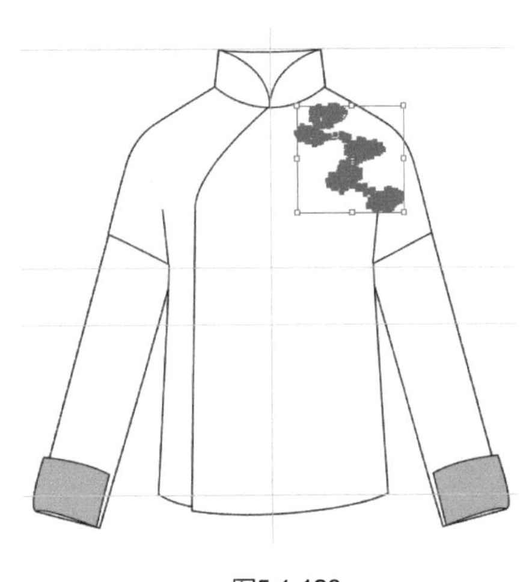
图5-1-123

步骤24 使用椭圆工具并按住【Shift】键绘制盘扣，在属性栏中设置轮廓描边为并填充和图案一样的灰色，得到的效果如图5-1-124所示。

步骤25 使用钢笔工具在圆形上绘制四条分割线，在属性栏中设置轮廓描边为，得到的效果如图5-1-125所示。

步骤26 使用矩形工具绘制一个长方形，用吸管工具单击圆形吸取颜色，得到的效果如图5-1-126所示。

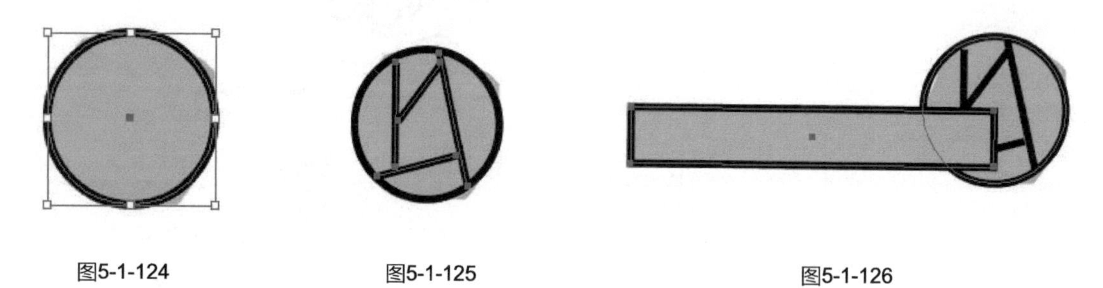

图5-1-124 图5-1-125 图5-1-126

步骤27 使用钢笔工具在长方形上绘制一条直线，在属性栏中设置轮廓描边为，如图5-1-127所示。

步骤28 单击选择工具并按住【Shift】键加选长方形，执行菜单栏中的【对象】/【排列】/【置于底层】命令，得到的效果如图5-1-128所示。

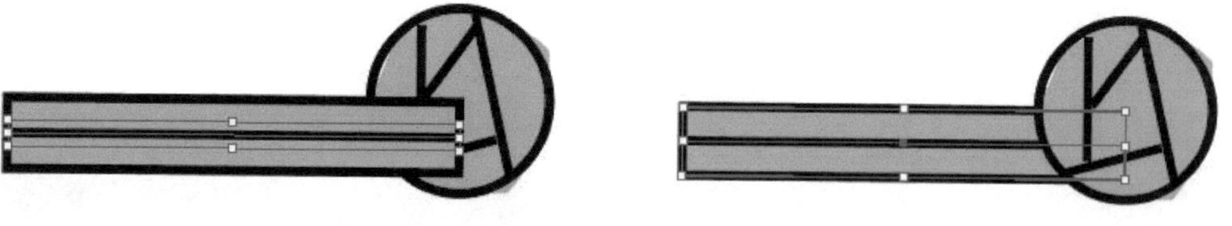

图5-1-127 图5-1-128

步骤29 按住【Alt】键的同时按住鼠标左键，拖动鼠标复制图形，再把复制的图形摆放到图5-1-129所示的位置。

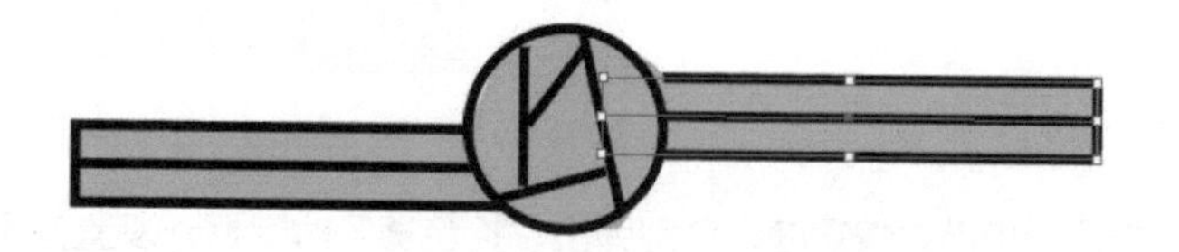

图5-1-129

步骤30 使用选择工具框选整个盘扣，按【Ctrl】+【G】组合键编组图形，把盘扣移动到立领上，如图5-1-130所示。

步骤31 按住【Alt】键的同时按住鼠标左键，拖动鼠标复制出第二个盘扣，把复制的盘扣摆放到图5-1-131所示的位置。

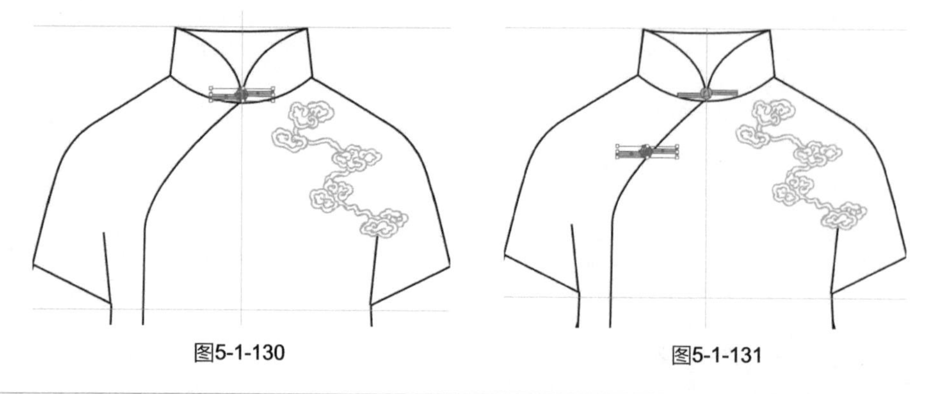

图5-1-130 图5-1-131

步骤32 使用选择工具旋转盘扣，如图5-1-132所示。

步骤33 再次按住【Alt】键并按住鼠标左键，拖动鼠标复制第三个盘扣，把复制的盘扣摆放到图5-1-133所示的位置。

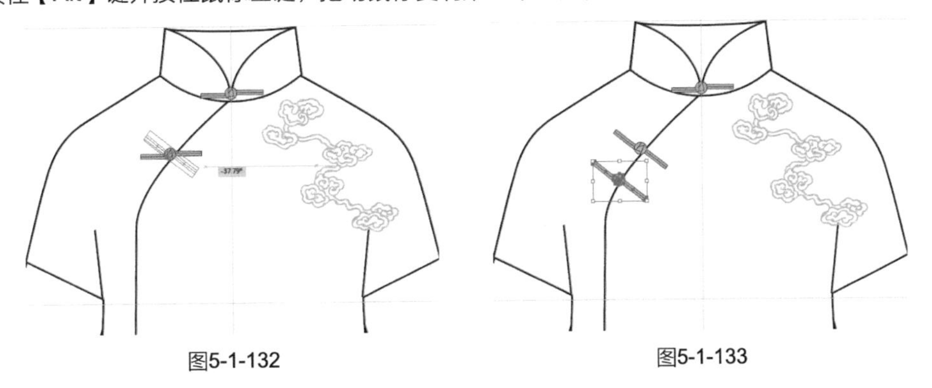

图5-1-132　　图5-1-133

步骤34 使用钢笔工具和锚点工具在辅助线的基础上绘制裙子，在属性栏中设置轮廓描边为，得到的效果如图5-1-134所示。

步骤35 使用吸管工具单击上衣的袖口，给裙子填充灰色，得到的效果如图5-1-135所示。

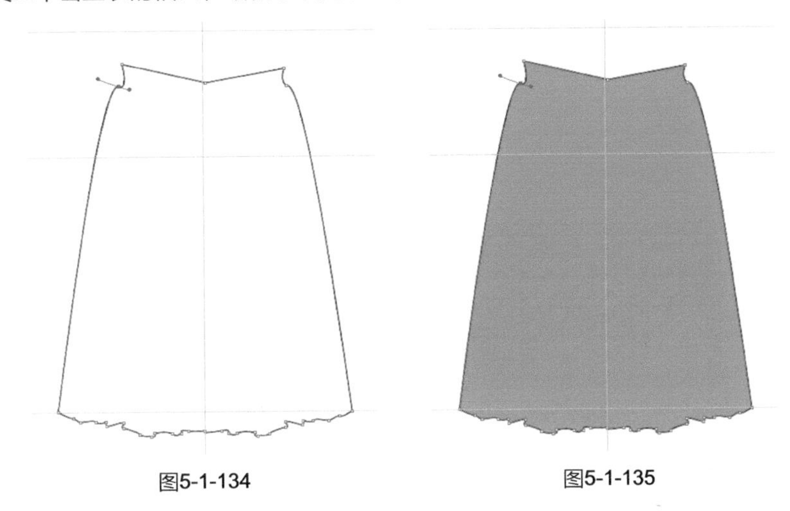

图5-1-134　　图5-1-135

步骤36 使用钢笔工具和锚点工具绘制裙身上的褶裥线，在属性栏中设置轮廓描边为，得到的效果如图5-1-136所示。

步骤37 单击选择工具，按住【Alt】键的同时按住鼠标左键往上拖动鼠标，复制出第二层裙子，如图5-1-137所示。

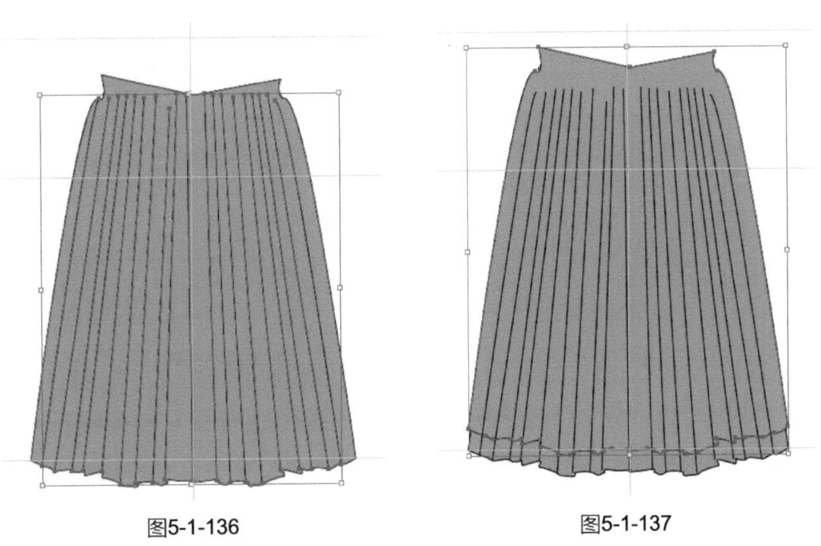

图5-1-136　　图5-1-137

步骤38 单击页面右侧的按钮，在弹出的面板中选择“渐变”面板，设置“线性”类型，如图5-1-138所示，设置渐变颜色参数，如图5-1-139所示，从白色到浅黄色渐变。裙子的渐变效果如图5-1-140所示。

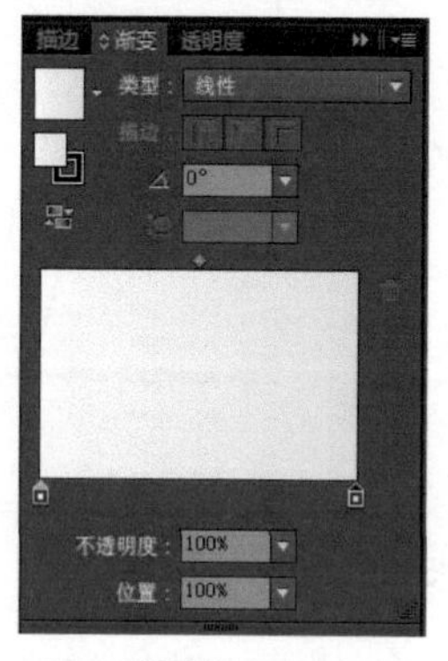

图5-1-138

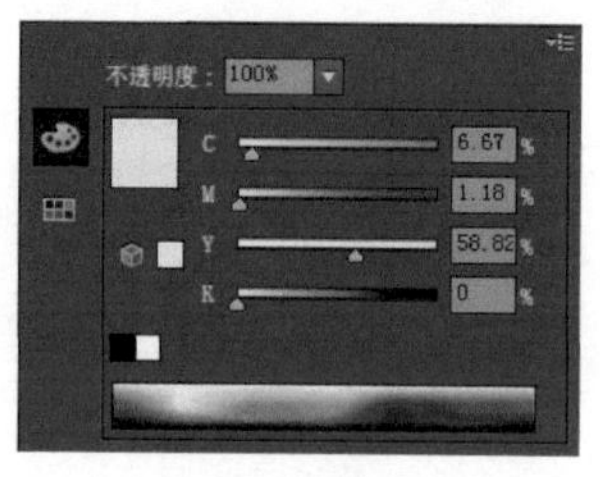

图5-1-139

图5-1-140

步骤39 选择“透明度”面板，设置“不透明度”参数，如图5-1-141所示，得到的效果如图5-1-142所示。

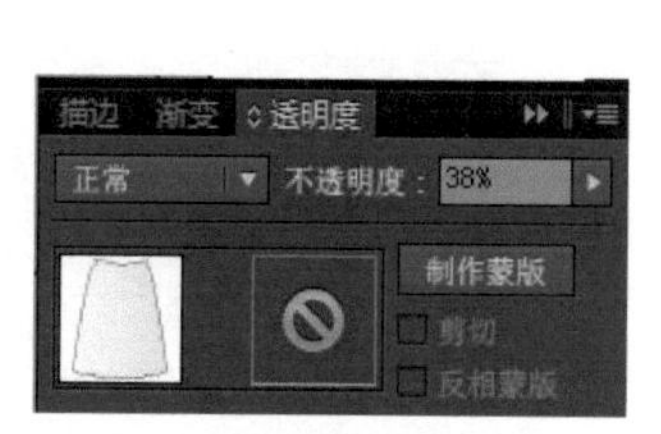

图5-1-141

图5-1-142

步骤40 使用直接选择工具框选第二层裙子上的节点，移动到图5-1-143所示的位置。

步骤41 使用直接选择工具向左右两边调整裙摆两侧的节点，得到的效果如图5-1-144所示。

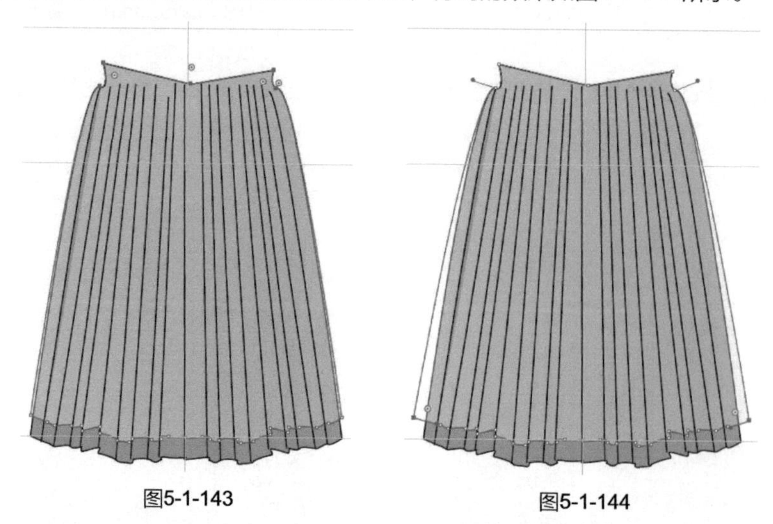
图5-1-143　　图5-1-144

步骤42 执行菜单栏中的【对象】/【排列】/【置于顶层】命令，得到的效果如图5-1-145所示。

步骤43 使用钢笔工具和锚点工具绘制裙子腰头，在属性栏中设置轮廓描边为，得到的效果如图5-1-146所示。

图5-1-145

图5-1-146

步骤44 使用吸管工具单击裙摆部分吸取颜色，得到的效果如图5-1-147所示。

步骤45 使用钢笔工具在腰头绘制两条分割线，如图5-1-148所示。

图5-1-147

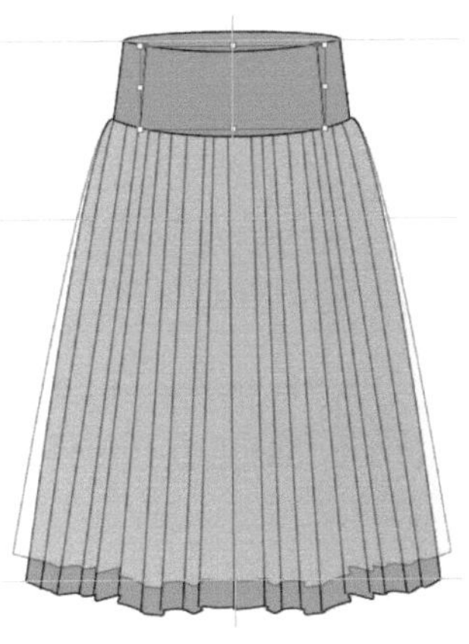

图5-1-148

步骤46 使用椭圆工具并按住【Shift】键在腰头绘制纽扣，在属性栏中设置轮廓描边为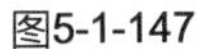，得到的效果如图5-1-149所示。

步骤47 使用吸管工具单击第二层裙子吸取颜色，得到的效果如图5-1-150所示。

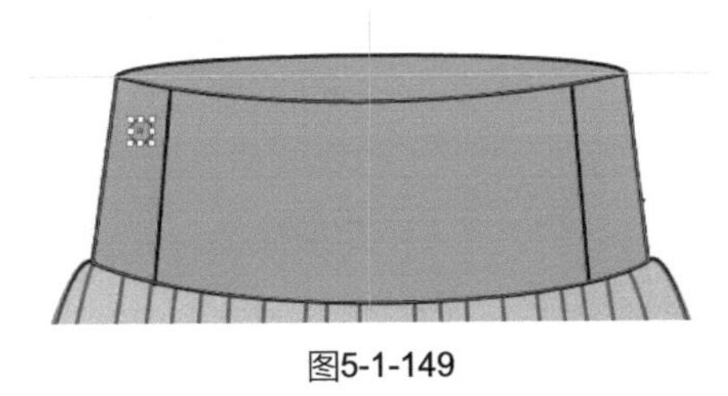

图5-1-149

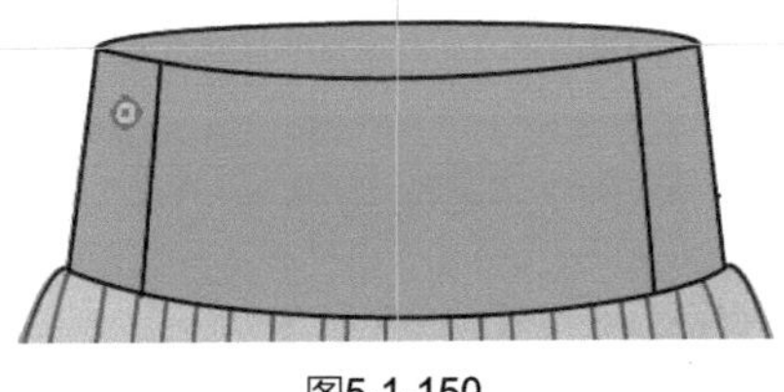

图5-1-150

步骤48 选择“透明度”面板，设置“不透明度”为100%，得到的效果如图5-1-151所示。
使用选择工具，按住【Alt】键的同时按住鼠标左键，往下拖动鼠标，复制出第二颗纽扣，如图5-1-152所示。

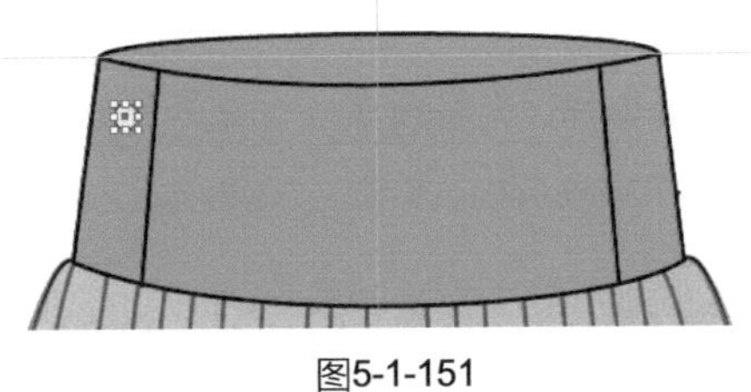

图5-1-151

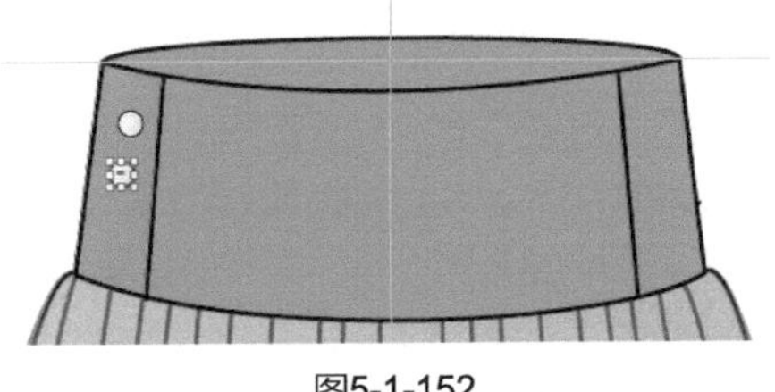

图5-1-152

步骤49 按【Ctrl】+【D】组合键，复制出第三颗纽扣，得到的效果如图5-1-153所示。

步骤50 使用选择工具选择三颗纽扣，再按住【Alt】键的同时按住鼠标左键往右拖动鼠标，复制纽扣组，如图5-1-154所示。

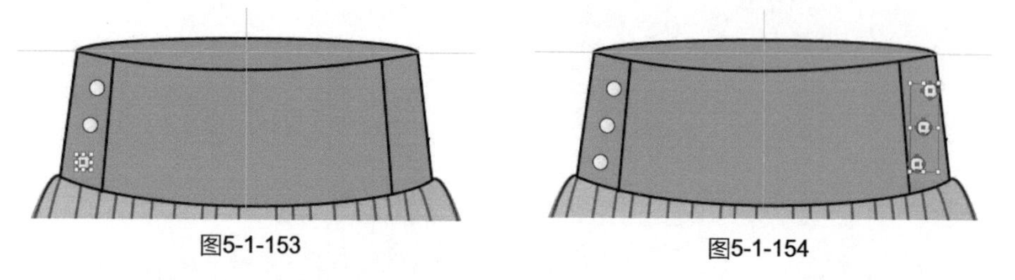

图5-1-153　　图5-1-154

步骤51 执行菜单栏中的【对象】/【变换】/【对称】命令，选择“轴→垂直”，单击“确定”按钮，得到的效果如图5-1-155所示。

步骤52 使用钢笔工具和锚点工具在腰线位置绘制装饰扣，在属性栏中设置轮廓描边为，得到的效果如图5-1-156所示。

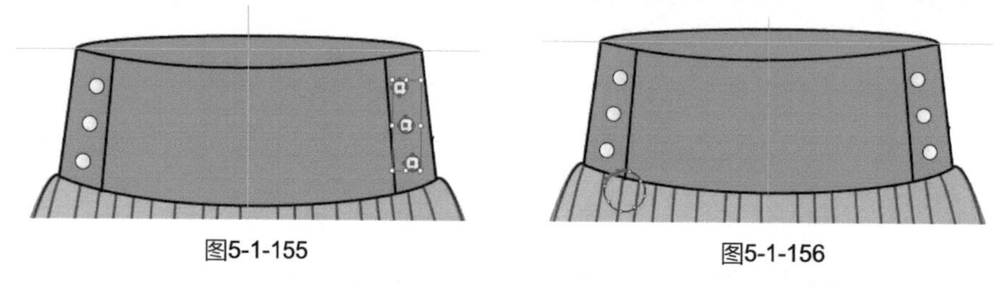

图5-1-155　　图5-1-156

步骤53 单击页面右侧的按钮，在弹出的面板中选择“渐变”面板设置，“径向”类型。如图5-1-157所示，设置渐变颜色参数。如图5-1-158、图5-1-159和图5-1-160所示，从白色到紫色再到浅紫色渐变。装饰扣的渐变效果如图5-1-161所示。

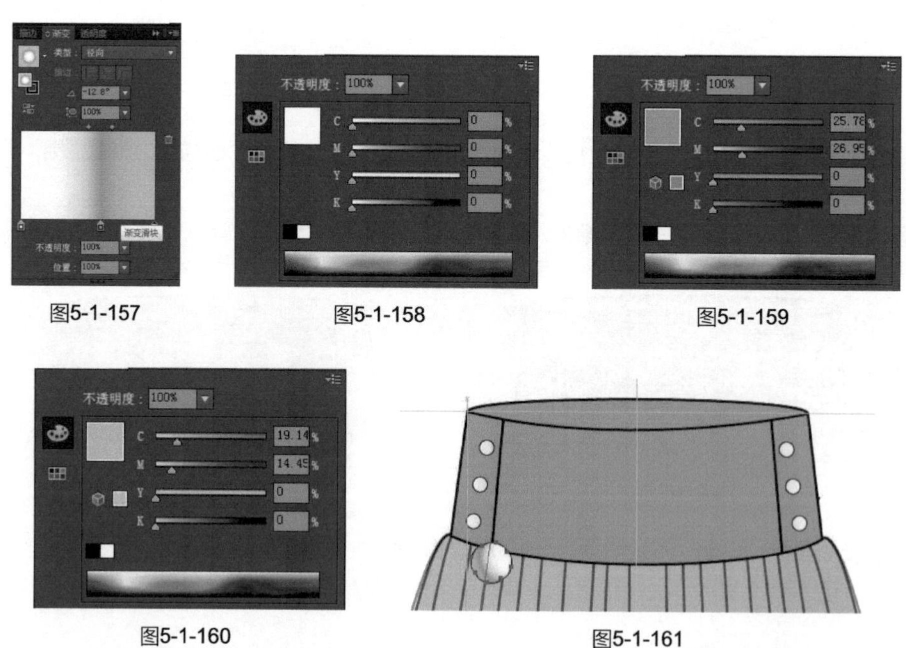

图5-1-157　　图5-1-158　　图5-1-159

图5-1-160　　图5-1-161

步骤54 使用圆角矩形工具绘制一个圆角矩形，在属性栏中设置轮廓描边为，如图5-1-162所示。

步骤55 单击选择工具，按【Alt】键的同时按住鼠标左键，往右下角拖动鼠标，复制一个圆角矩形，如图5-1-163所示。

步骤56 使用选择工具调整矩形大小，得到的效果如图5-1-164所示。

步骤57 执行菜单栏中的【对象】/【路径查找器】命令，弹出“路径查找器”面板，如图5-1-165所示。使用选择工具选择两个矩形，单击“路径查找器”面板中的差集按钮，得到的效果如图5-1-166所示。

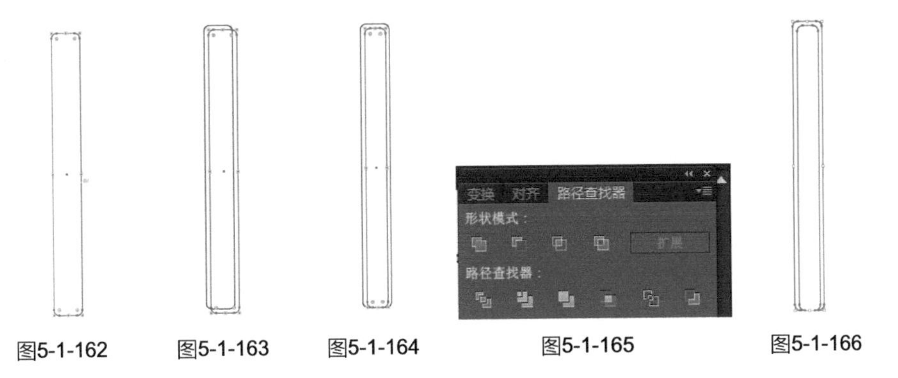

图5-1-162　图5-1-163　图5-1-164　图5-1-165　图5-1-166

步骤58 使用矩形工具绘制六个长方形，在属性栏中设置轮廓描边为，双击工具箱中的填色按钮，弹出“拾色器”对话框，设置各项参数，如图5-1-167所示。单击“确定”按钮，得到的效果如图5-1-168所示。

步骤59 用选择工具单击圆角矩形，使用吸管工具单击长方形颜色填充，得到的效果如图5-1-169所示。

步骤60 使用圆角矩形工具在六个长方形上面绘制两个圆角矩形，在属性栏中设置轮廓描边为并填充黄色，如图5-1-170所示。

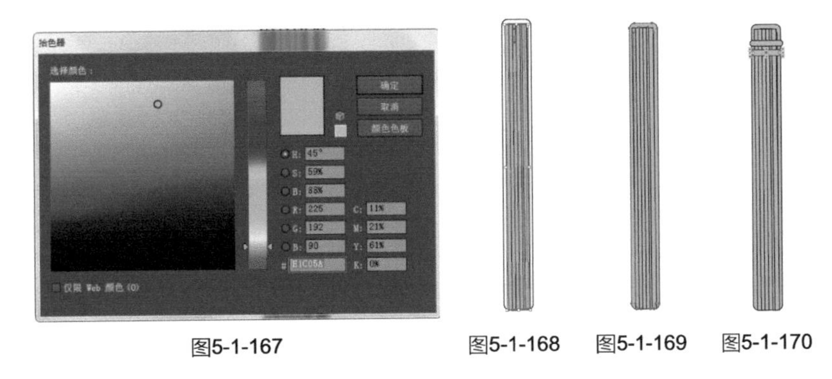

图5-1-167　图5-1-168　图5-1-169　图5-1-170

步骤61 使用矩形工具在图5-1-171所示的位置绘制两个长方形，在属性栏中设置轮廓描边为并填充黄色。

步骤62 使用圆角矩形工具在图5-1-172所示的位置绘制图形，在属性栏中设置轮廓描边为并填充黄色。

步骤63 单击选择工具旋转图形，如图5-1-173所示。

步骤64 执行菜单栏中的【对象】/【变换】/【对称】命令，选择“轴→垂直”，单击“确定”按钮，得到的效果如图5-1-174所示。

步骤65 使用选择工具框选图形，执行菜单栏中的【对象】/【排列】/【置于底层】命令，得到的效果如图5-1-175所示。

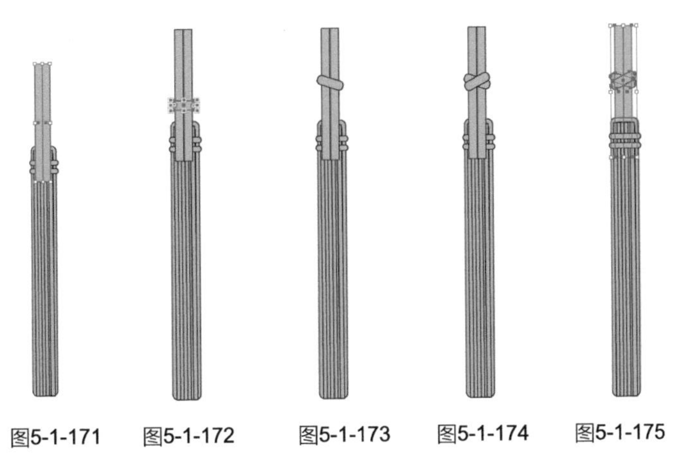

图5-1-171　图5-1-172　图5-1-173　图5-1-174　图5-1-175

步骤66 使用选择工具框选图形，按【Ctrl】+【G】组合键编组图形，把编组后的图形摆放在装饰扣上，如图5-1-176所示。

步骤67 使用选择工具旋转图形，如图5-1-177所示。

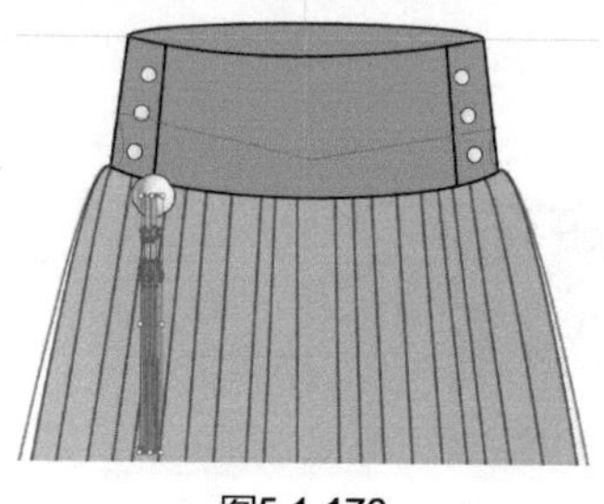

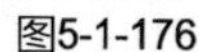

图5-1-176

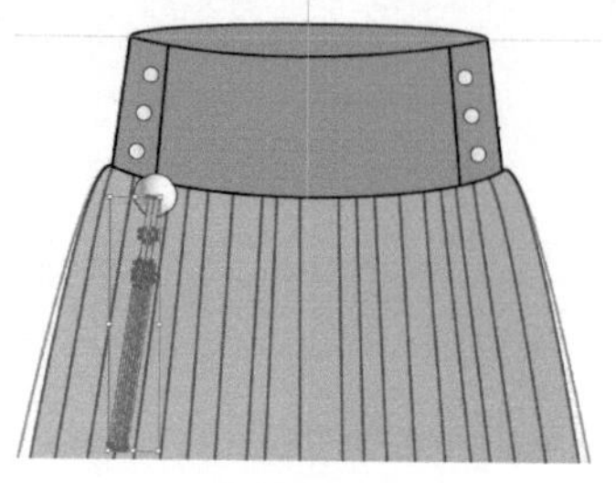

图5-1-177

步骤68 使用选择工具选择装饰扣，执行菜单栏中的【对象】/【排列】/【置于顶层】命令，得到的效果如图5-1-178所示。

步骤69 使用选择工具并按住【Shift】键加选流苏，按【Ctrl】+【G】组合键编组图形，如图5-1-179所示。

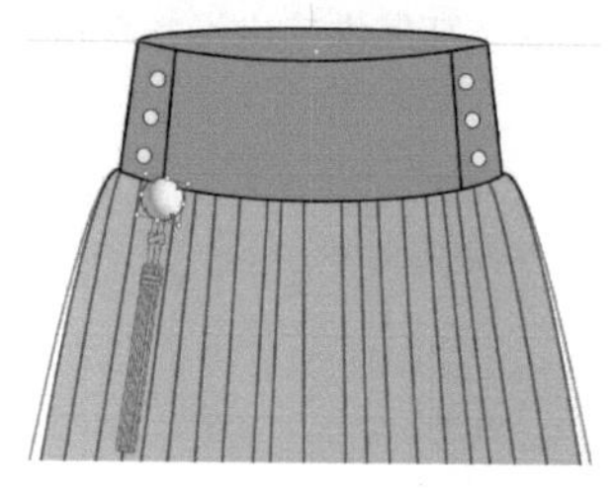

图5-1-178

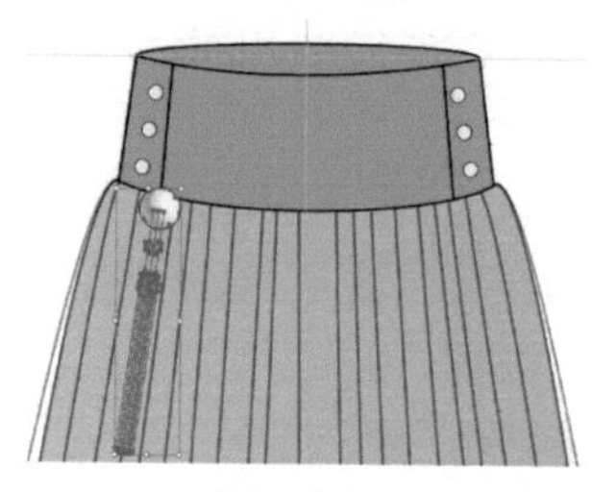

图5-1-179

步骤70 使用钢笔工具在辅助线的基础上绘制外套，如图5-1-180所示。在属性栏中设置轮廓描边为。使用锚点工具调整路径造型，得到的衣身效果如图5-1-181所示。

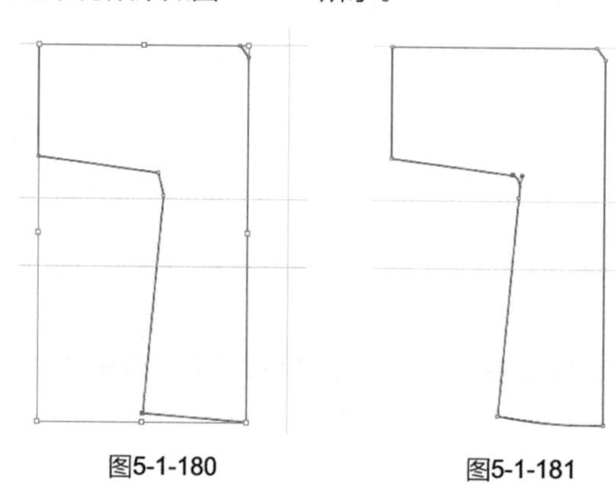

图5-1-180　　图5-1-181

步骤71 使用吸管工具单击裙摆，给衣身填充灰色，得到的效果如图5-1-182所示。

步骤72 使用钢笔工具在衣袖上绘制一条分割线，如图5-1-183所示，在属性栏中设置轮廓描边为。

步骤73 使用钢笔工具绘制袖口，在属性栏中设置轮廓描边为并填充灰色，得到的效果如图5-1-184所示。

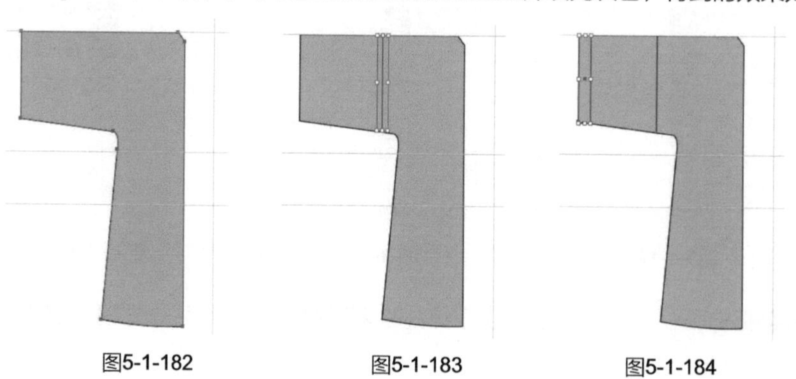

图5-1-182　　图5-1-183　　图5-1-184

步骤74 使用钢笔工具和锚点工具绘制衣缘部分，在属性栏中设置轮廓描边为并填充灰色，得到的效果如图5-1-185所示。

步骤75 使用选择工具并按住【Shift】键，选择衣身、衣缘、袖口和分割线，执行菜单栏中的【对象】/【变换】/【对称】命令，在弹出的“镜像”对话框中选择“轴→垂直”，单击“复制”按钮，得到的效果如图5-1-186所示。

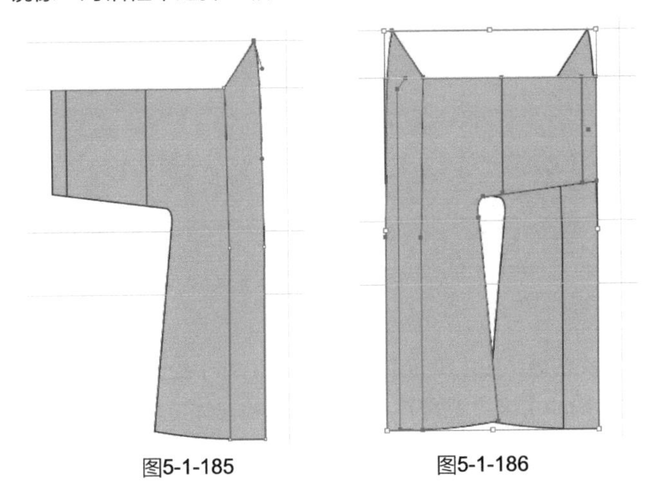

图5-1-185　　图5-1-186

步骤76 按住向右方向键→把复制的图形向右平移到一定的位置，得到的效果如图5-1-187所示。

步骤77 使用钢笔工具和锚点工具绘制后领，在属性栏中设置轮廓描边为并填充灰色，得到的效果如图5-1-188所示。

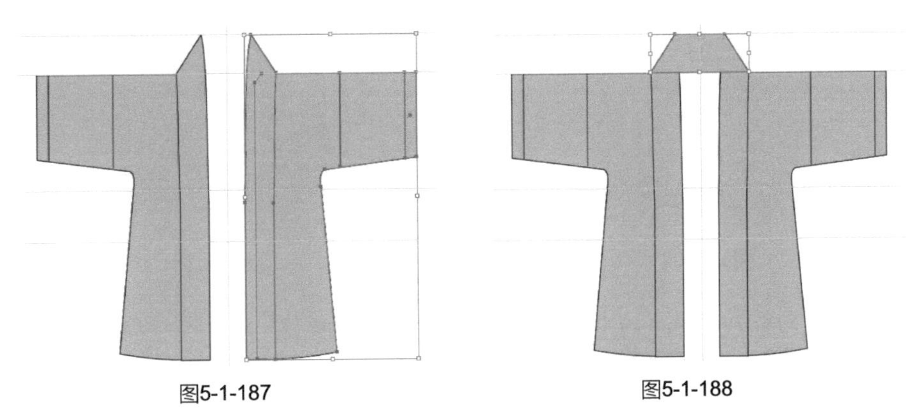

图5-1-187　　图5-1-188

步骤78 执行菜单栏中的【对象】/【排列】/【置于底层】命令，得到的效果如图5-1-189所示。

步骤79 使用矩形工具在衣身上绘制一个长方形，在属性栏中设置轮廓描边为并填充深灰色，得到的效果如图5-1-190所示。

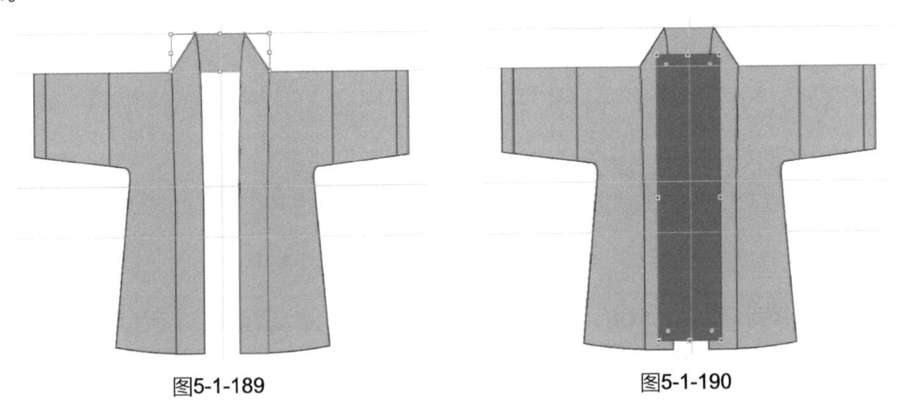

图5-1-189　　图5-1-190

步骤80 执行菜单栏中的【对象】/【排列】/【置于底层】命令，得到的效果如图5-1-191所示。

步骤81 使用选择工具选择绘制完成的上衣肩部祥云图案，按住【Alt】键的同时按住鼠标左键拖动鼠标，把图案摆放在图5-1-192所示的位置。

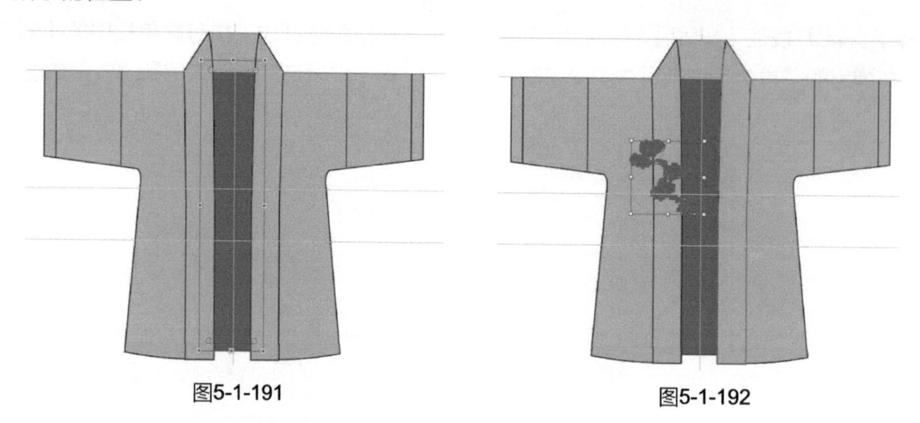

图5-1-191　　图5-1-192

步骤82 使用选择工具给图案填充白色，按【Shift】+【Ctrl】+【Alt】组合键缩小并旋转图案，如图5-1-193所示。

步骤83 使用椭圆工具并按住【Shift】键绘制圆形，在属性栏中设置轮廓描边为并填充白色，得到的效果如图5-1-194所示。

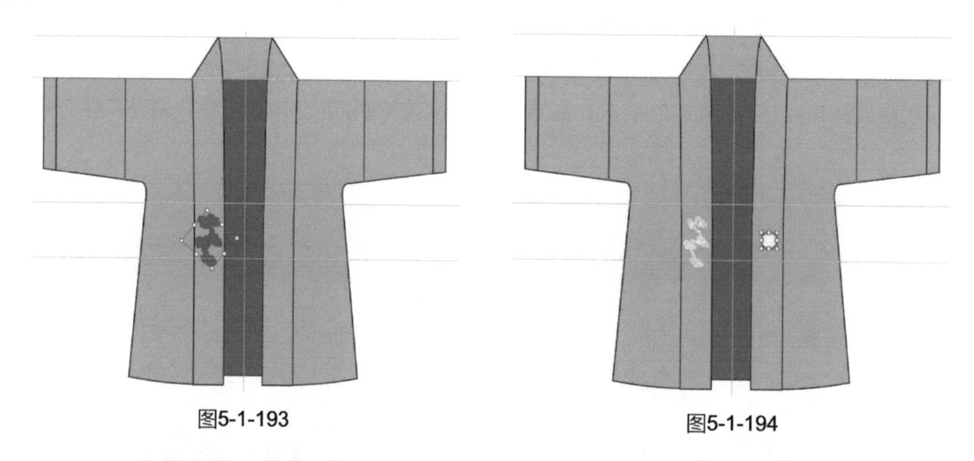

图5-1-193　　图5-1-194

步骤84 执行菜单栏中的【对象】/【变换】/【缩放】命令，弹出“比例缩放”对话框，设置各项参数，如图5-1-195所示，单击“复制”按钮，得到的效果如图5-1-196所示。

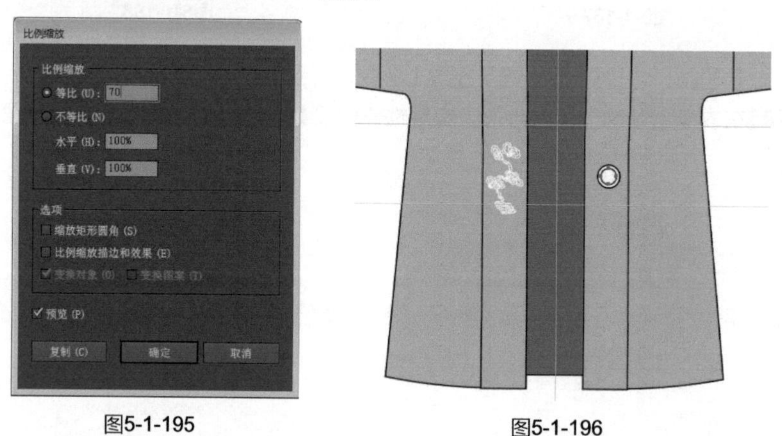

图5-1-195　　图5-1-196

步骤85 使用选择工具选择两个圆形，单击“路径查找器”面板中的差集按钮，得到的效果如图5-1-197所示。

步骤86 单击页面右侧的“画笔”按钮，打开画笔面板。再单击面板右上角的按钮，在弹出的对话框中选择“打开画笔库/用户定义画笔/绳子画笔”，打开第4章实例中保存的“绳子图案”，如图5-1-198所示。

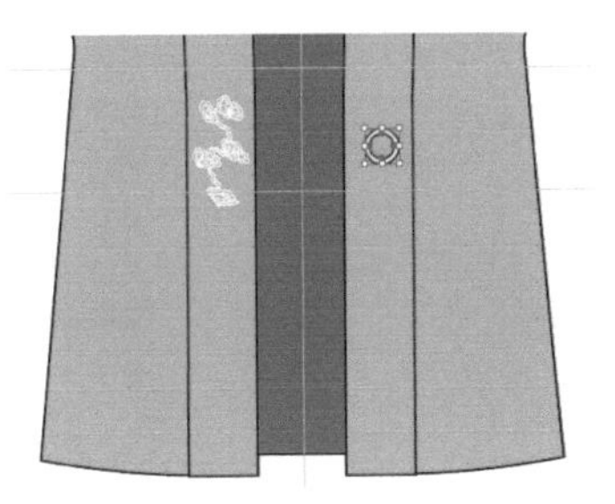

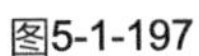

图5-1-197

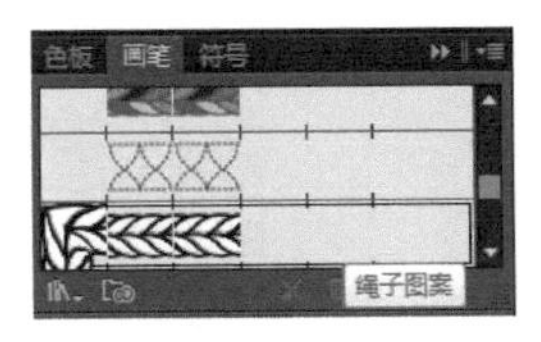

图5-1-198

步骤87 使用钢笔工具在门襟上绘制一条曲线，如图5-1-199所示。

步骤88 单击“画笔”面板中的“绳子图案”画笔，得到的效果如图5-1-200所示。再单击“画笔”面板下方的所选对象的选项按钮，弹出“描边选项”对话框，设置各项参数，如图5-1-201所示。单击“确定”按钮，得到的效果如图5-1-202所示。

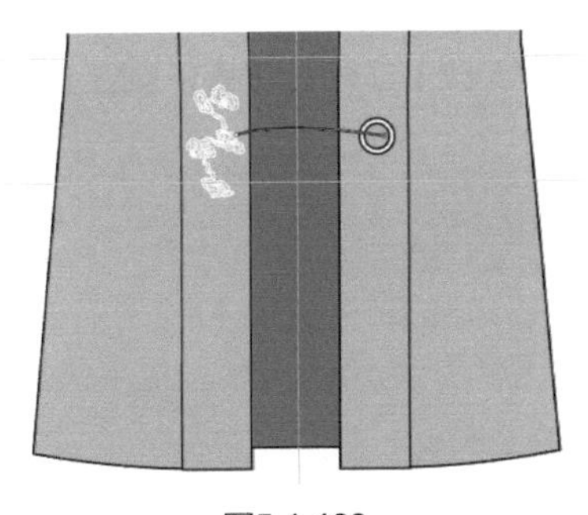

图5-1-199

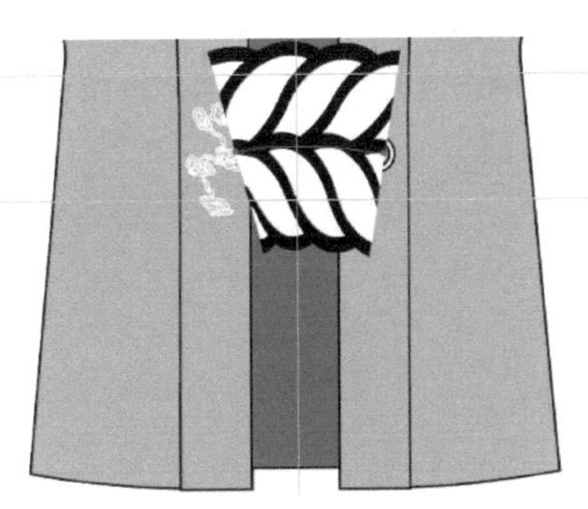

图5-1-200

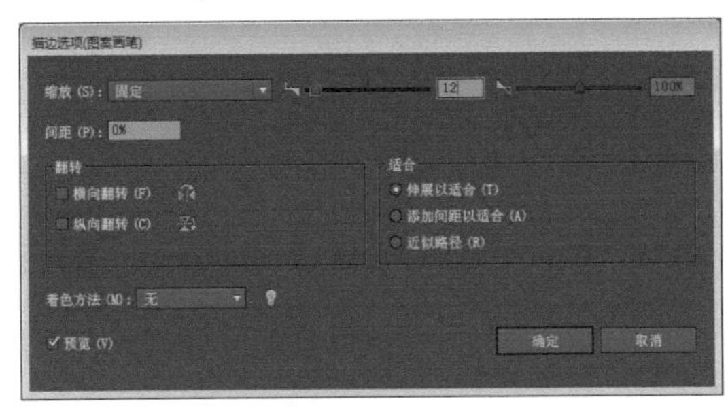

图5-1-201

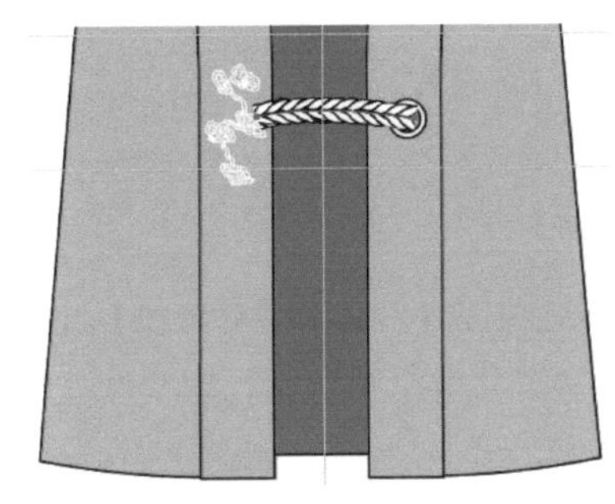

图5-1-202

步骤89 按【Ctrl】+【”】组合键数次，把绳子后移至衣缘图层下方，得到的效果如图5-1-203所示。

步骤90 使用钢笔工具在扣眼上绘制一条曲线，如图5-1-204所示。

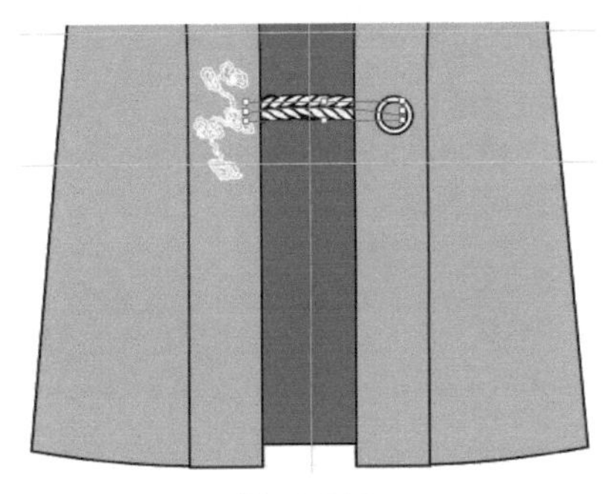

图5-1-203

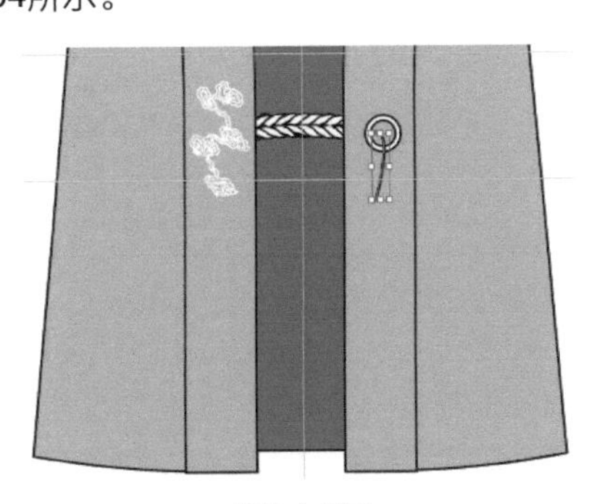

图5-1-204

步骤91 重复步骤（88）的操作，完成的效果如图5-1-205所示。

步骤92 使用选择工具选择裙腰上的流苏装饰扣，按住【Alt】键的同时按住鼠标左键向右拖动鼠标，复制一个，如图5-1-206所示。

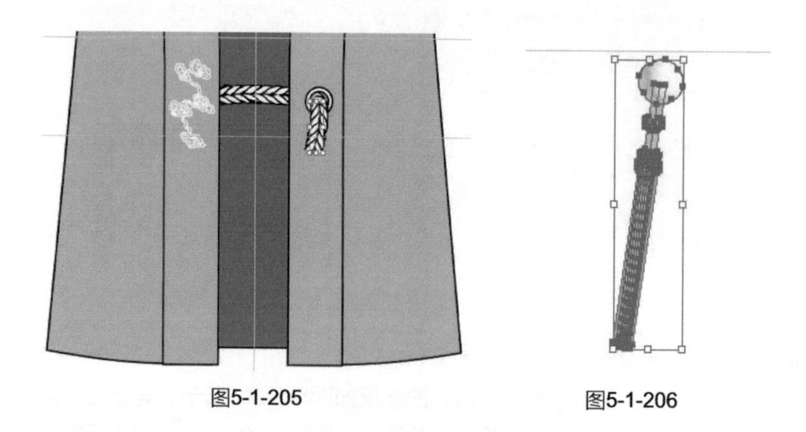

图5-1-205　　图5-1-206

步骤93 使用直接选择工具框选整个流苏部分，再使用吸管工具单击衣缘部分填充颜色，在“描边”面板中设置描边粗细为0.25pt，得到的效果如图5-1-207所示。

步骤94 使用选择工具单击流苏装饰扣，再执行菜单栏中的【对象】/【排列】/【置于顶层】命令，把流苏装饰扣摆放在图5-1-208所示的位置。

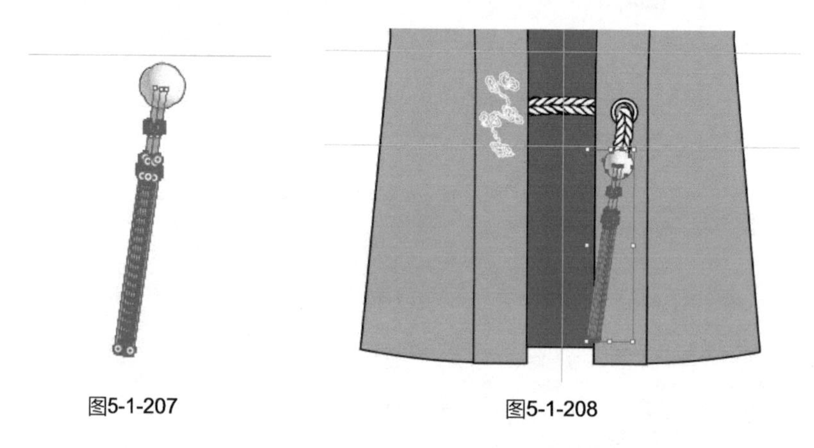

图5-1-207　　图5-1-208

步骤95 执行菜单栏中的【视图】/【参考线】/【清除参考线】命令，完成最终的效果，如图5-1-209所示。

图5-1-209

实例18 男式校服春秋装款式设计

实例目的： 了解绘制校服基本造型的基础工具的使用，以及校服细节设计，如盘扣、装饰绳扣、流苏等。

实例要点： 使用钢笔工具和锚点工具绘制校服的基本轮廓造型（注意上下装比例）；
装饰细节表现（如盘扣、装饰绳扣、流苏等）。

最终效果如图5-1-210所示。

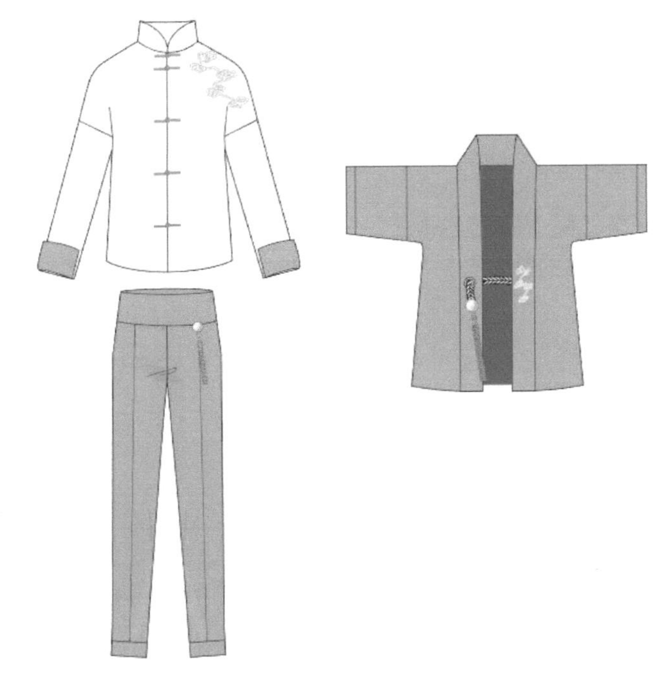

图5-1-210

操作步骤

步骤01 启动Illustrator CC应用程序，执行菜单栏中的【文件】/【新建】命令，弹出“新建文档”对话框，设置文件名为“校服（男春秋装）”，页面取向为“横向”，如图5-1-211所示。单击“确定”按钮，得到的效果如图5-1-212所示。

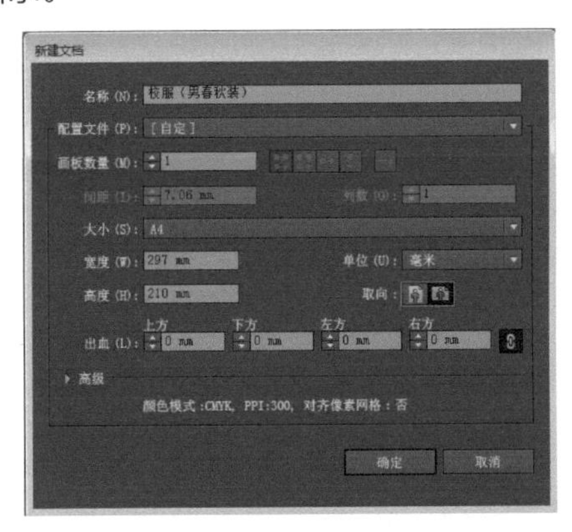

图5-1-211

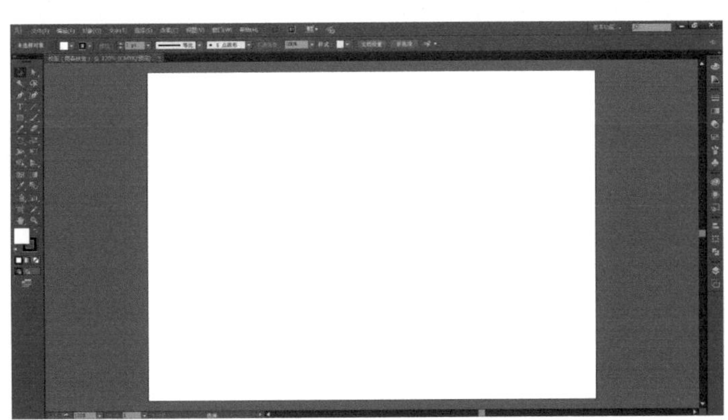

图5-1-212

步骤02 执行菜单栏中的【文件】/【打开】命令，打开“第5章/校服（女春秋装）”文件。
用选择工具框选上衣，按【Ctrl】+【X】组合键剪切图形，再单击“校服（男春秋装）”文件，按【Ctrl】+【V】组合键粘贴图形，得到的效果如图5-1-213所示。

步骤03 使用选择工具并按住【Shift】键，选择图5-1-214所示的分割线和两颗盘扣，按【Delete】键删除。

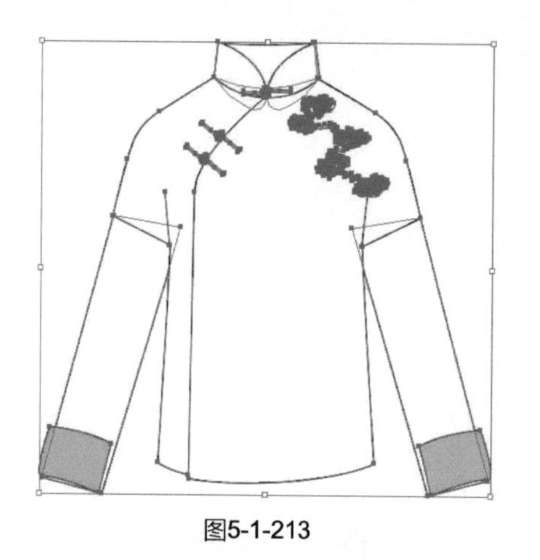

图5-1-213

图5-1-214

步骤04 使用钢笔工具绘制一条直线，在属性栏中设置轮廓描边为，如图5-1-215所示。

步骤05 使用直接选择工具选择衣摆的两个节点，调整节点的位置，得到的效果如图5-1-216所示。

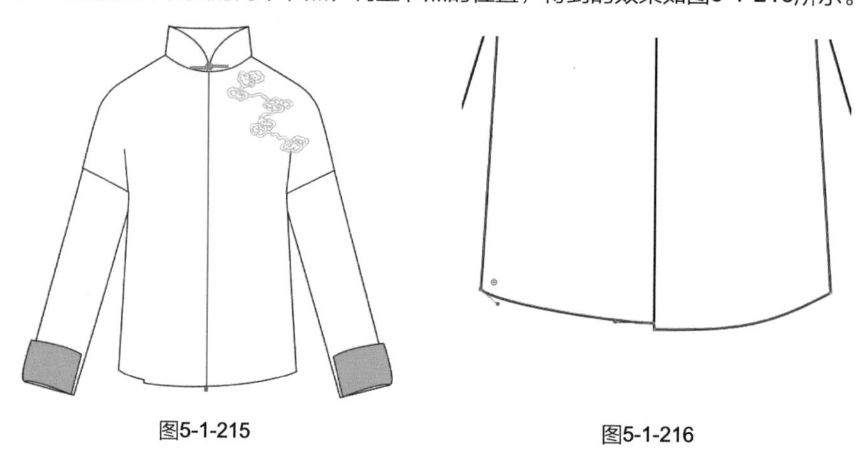

图5-1-215

图5-1-216

步骤06 使用选择工具选择立领上的盘扣，按住【Alt】键的同时按住鼠标左键，往下拖动鼠标，分别复制出五个盘扣，得到的效果如图5-1-217所示。

步骤07 单击“校服（女春秋装）”文件，使用选择工具框选外套，按【Ctrl】+【X】组合键剪切图形，再单击“校服（男春秋装）”文件，按【Ctrl】+【V】组合键粘贴图形，得到的效果如图5-1-218所示。

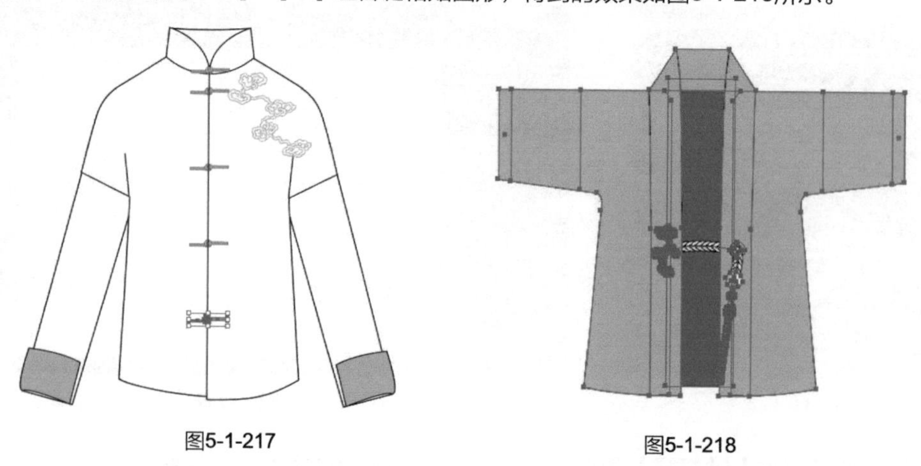

图5-1-217

图5-1-218

步骤08 执行菜单栏中的【对象】/【变换】/【对称】命令，弹出“镜像”对话框，选择“轴—垂直”，单击“确定”按钮，得到的效果如图5-1-219所示。

步骤09 使用钢笔工具绘制裤子造型，在属性栏中设置轮廓描边为，如图5-1-220所示。

步骤10 使用吸管工具单击外套，给裤子填充颜色，得到的效果如图5-1-221所示。

步骤11 使用钢笔工具绘制裤中线，如图5-1-222所示。

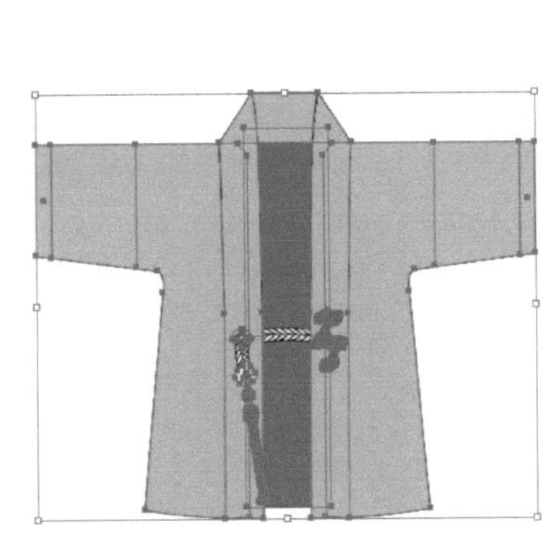

图5-1-219

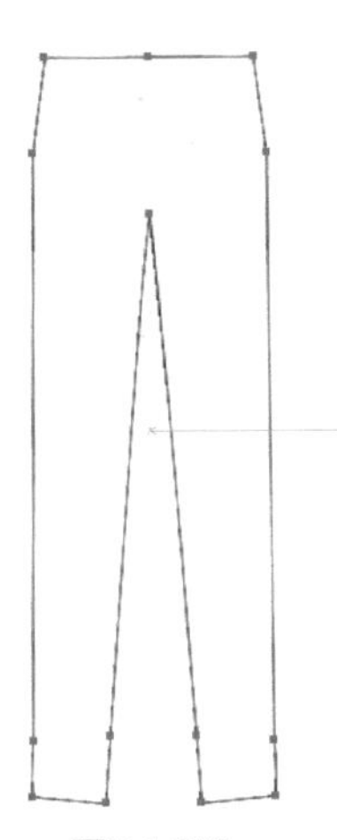

图5-1-220

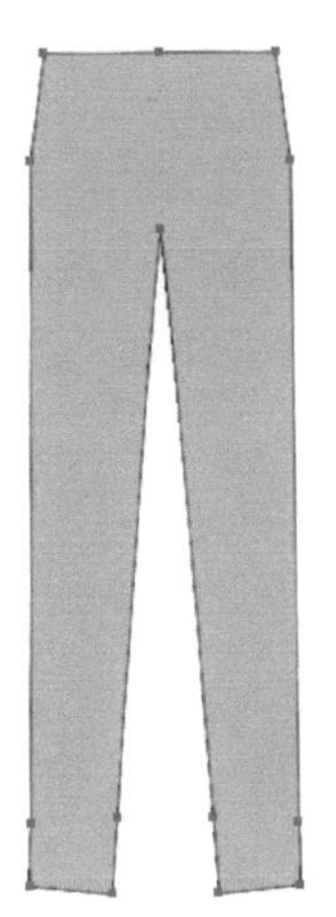

图5-1-221

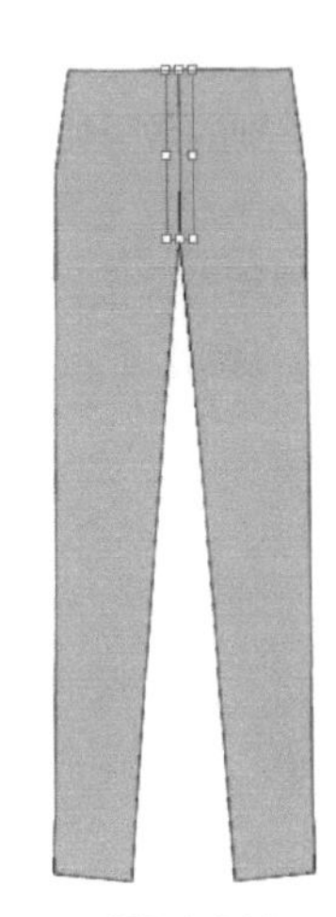

图5-1-222

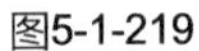

步骤12 使用钢笔工具和锚点工具绘制褶裥线，在属性栏中设置轮廓描边为，得到的效果如图5-1-223所示。

步骤13 使用钢笔工具和锚点工具绘制前后腰头部分，在属性栏中设置轮廓描边为，得到的效果如图5-1-224所示。

步骤14 使用吸管工具单击外套，为腰头填充颜色，得到的效果如图5-1-225所示。

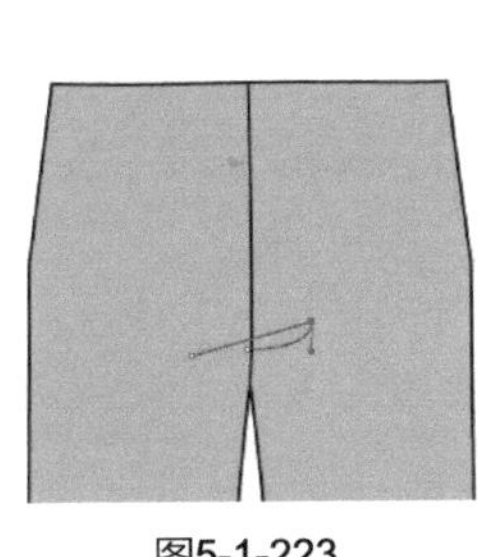

图5-1-223

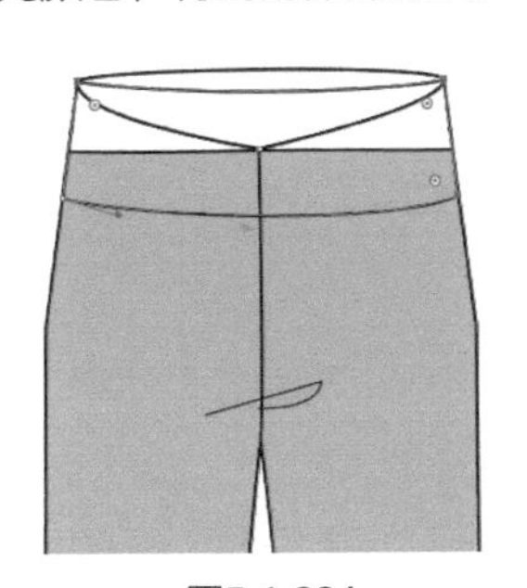

图5-1-224

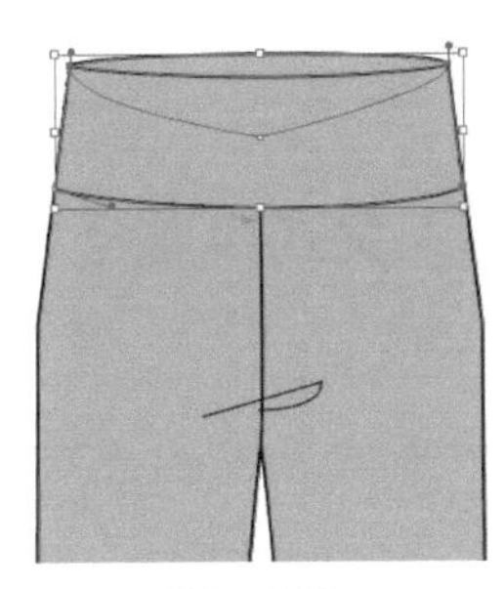

图5-1-225

步骤15 使用钢笔工具和锚点工具在裤身上绘制两条裤挺线，如图5-1-226所示。

步骤16 使用钢笔工具绘制裤脚口，如图5-1-227所示。

步骤17 使用吸管工具单击外套，为裤脚口填充颜色，得到的效果如图5-1-228所示。

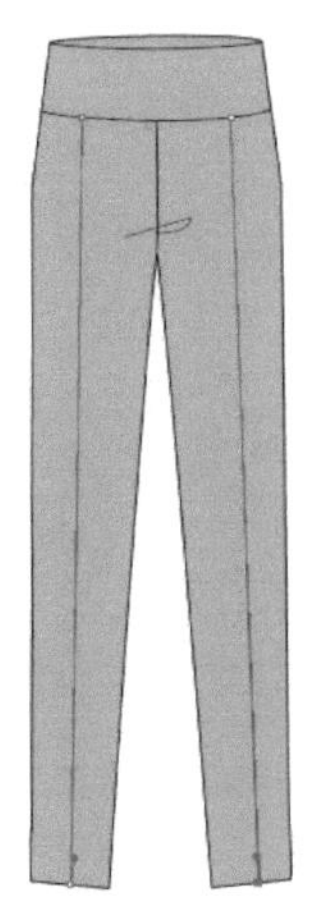

图5-1-226

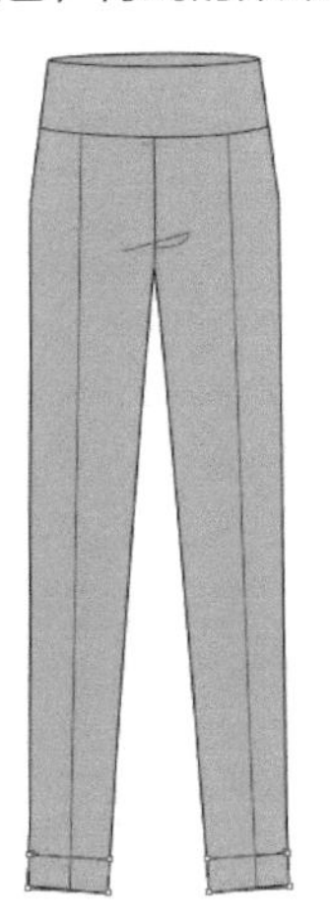

图5-1-227

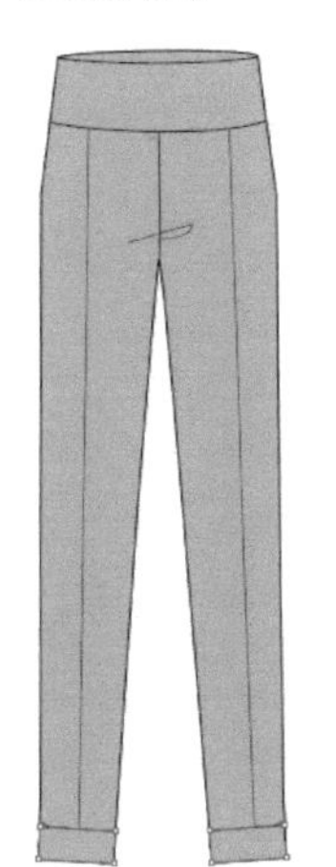

图5-1-228

步骤18 单击“校服（女春秋装）”文件，使用选择工具框选裙腰上的流苏装饰扣，按【Ctrl】+【X】组合键剪切图形，再单击“校服（男春秋装）”文件，按【Ctrl】+【V】组合键粘贴图形，得到的效果如图5-1-229所示。

步骤19 执行菜单栏中的【对象】/【变换】/【对称】命令，弹出“镜像”对话框，选择“轴→垂直”，单击“确定”按钮，得到的效果如图5-1-230所示。

步骤20 使用选择工具把流苏装饰扣摆放到图5-1-231所示的位置。

步骤21 使用选择工具框选整条裤子，按【Ctrl】+【G】组合键编组图形。执行菜单栏中的【对象】/【排列】/【置于底层】命令，把裤子放在上衣的下面，整体着装效果如图5-1-232所示。

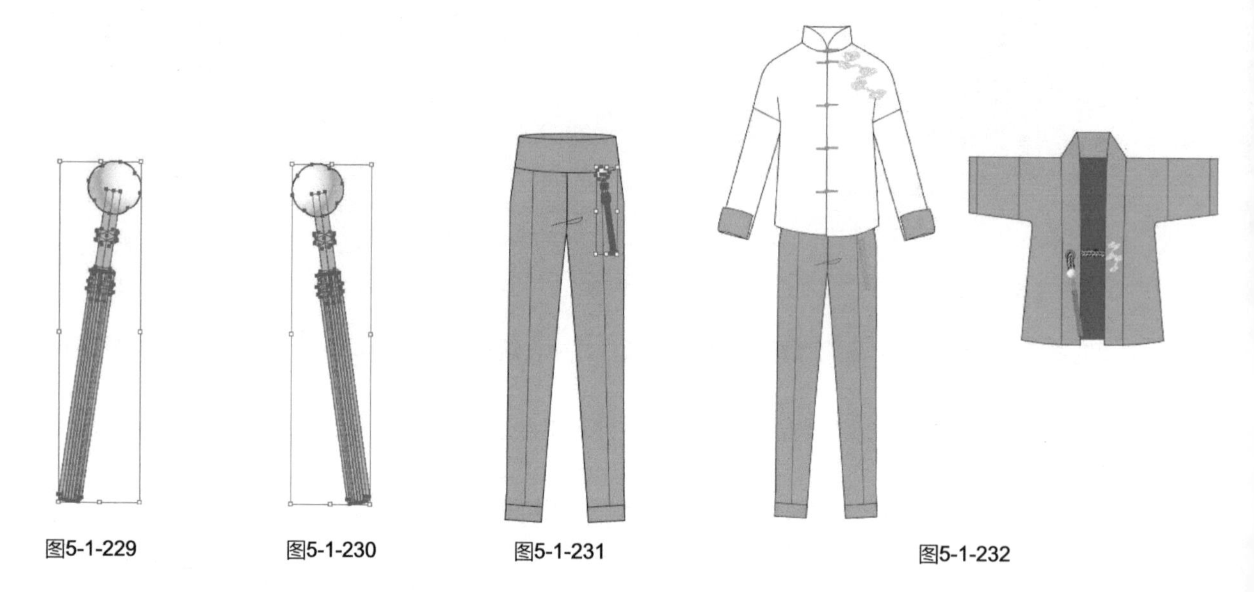

图5-1-229　图5-1-230　图5-1-231　图5-1-232

实例19 女式校服冬装款式设计

实例目的：了解绘制校服基本造型的基础工具的使用，以及校服细节设计，如装饰绳、流苏等。

实例要点：使用钢笔工具和锚点工具绘制校服的基本轮廓造型（注意上下装比例）；
装饰细节表现（装饰绳扣、流苏、图案等）。

最终效果如图5-1-233所示。

图5-1-233

步骤01 启动Illustrator CC应用程序，执行菜单栏中的【文件】/【新建】命令，弹出“新建文档”对话框，设置文件名为“校服（女冬装）”，页面取向为“横向”，如图5-1-234所示。单击“确定”按钮，得到的效果如图5-1-235所示。

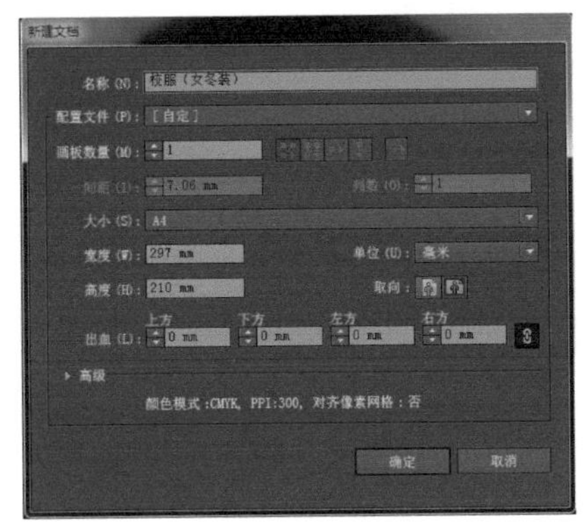

图5-1-234

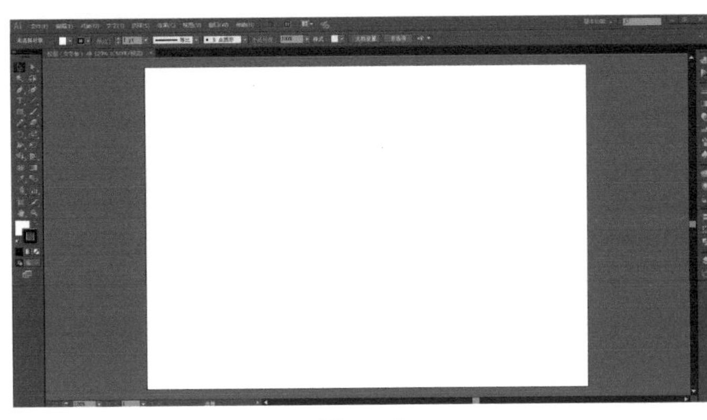

图5-1-235

步骤02 执行菜单栏中的【视图】/【标尺】/【显示标尺】命令，得到的效果如图5-1-236所示。

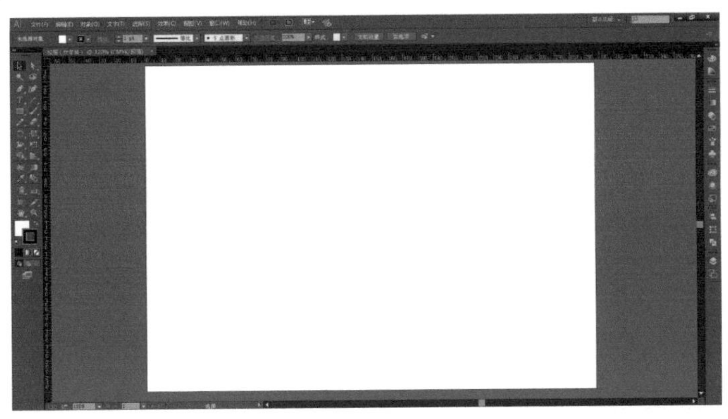

图5-1-236

步骤03 用鼠标单击上方和左方的标尺栏，分别从上往下、从左往右拖动鼠标，添加九条辅助线，确定衣长、领口、肩线、袖长、腰线、裤长等位置，如图5-1-237所示。

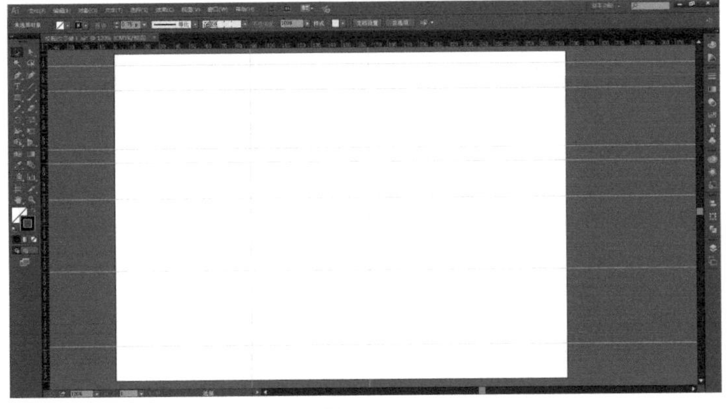

图5-1-237

步骤04 使用钢笔工具和锚点工具在辅助线的基础上绘制衣身造型，在属性栏中设置轮廓描边为 0.75 pt，如图5-1-238所示。

步骤05 使用钢笔工具和锚点工具在衣身上绘制一条分割线，在属性栏中设置轮廓描边为 0.75 pt，如图5-1-239所示。

图5-1-238　　图5-1-239

步骤06 双击工具箱中的填色按钮□，弹出“拾色器”对话框，设置各项参数，如图5-1-240所示。单击“确定”按钮，得到的效果如图5-1-241所示。

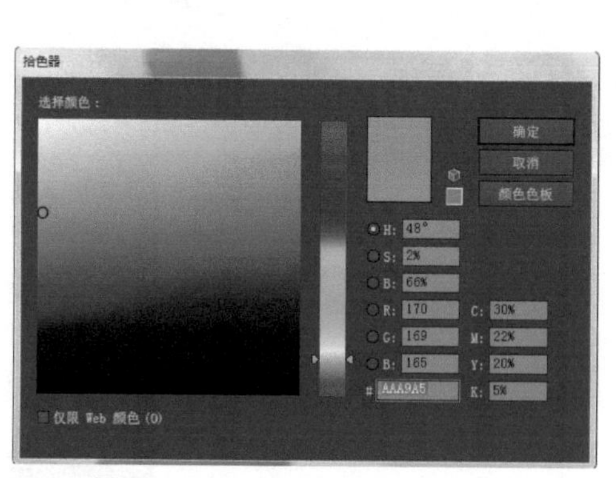

图5-1-240　　图5-1-241

步骤07 使用钢笔工具和锚点工具在肩部绘制分割线，在属性栏中设置轮廓描边为，如图5-1-242所示。

步骤08 使用吸管工具单击衣身部分吸取颜色，得到的效果如图5-1-243所示。

步骤09 使用钢笔工具和锚点工具绘制袖子，在属性栏中设置轮廓描边为，如图5-1-244所示。

步骤10 使用吸管工具单击衣身部分吸取颜色，得到的效果如图5-1-245所示。

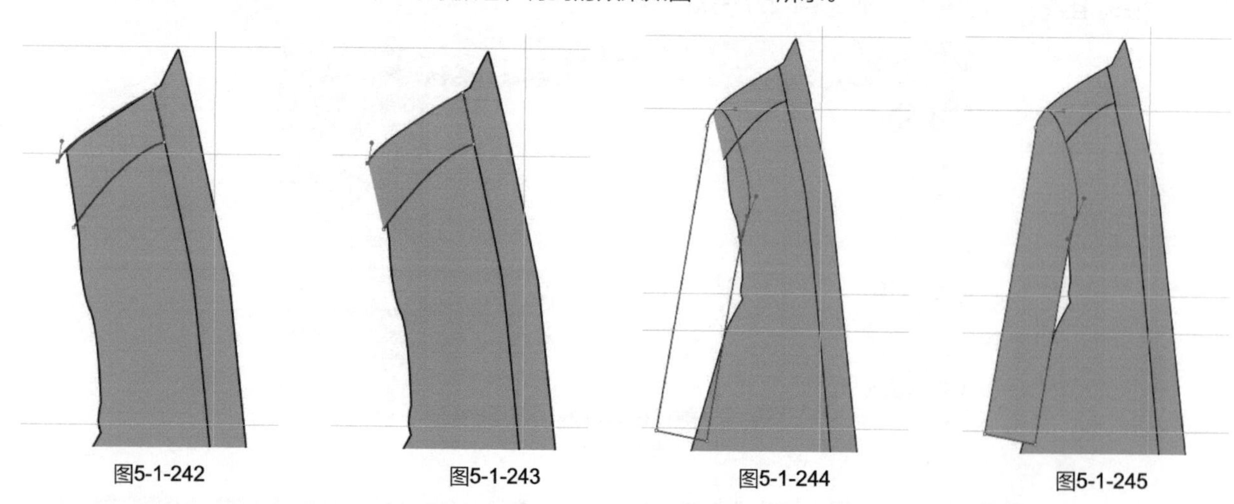

图5-1-242　　图5-1-243　　图5-1-244　　图5-1-245

步骤11 使用钢笔工具绘制袖口，在属性栏中设置轮廓描边为并填充白色，如图5-1-246所示。

步骤12 使用选择工具并按住【Shift】键选择袖子，执行菜单栏中的【对象】/【排列】/【置于底层】命令，得到的效果如图5-1-247所示。

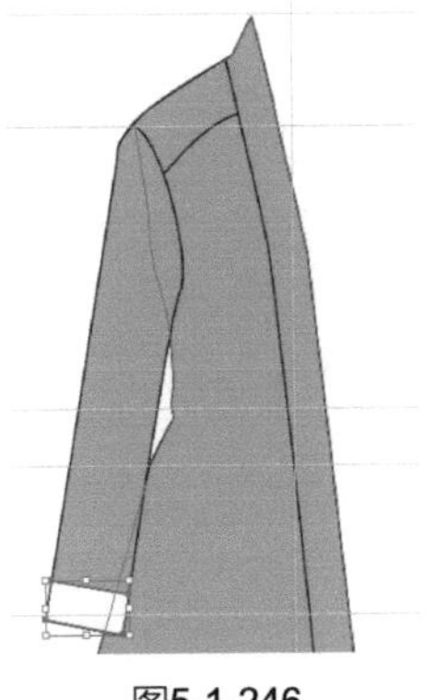

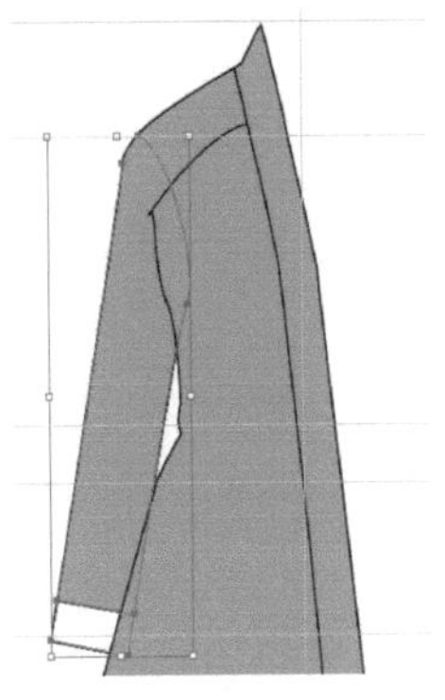

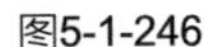

图5-1-246　　图5-1-247

步骤13 使用钢笔工具和锚点工具绘制分割线，在属性栏中设置轮廓描边为，如图5-1-248所示。

步骤14 使用钢笔工具在分割线上绘制口袋，在属性栏中设置轮廓描边为，得到的效果如图5-1-249所示。

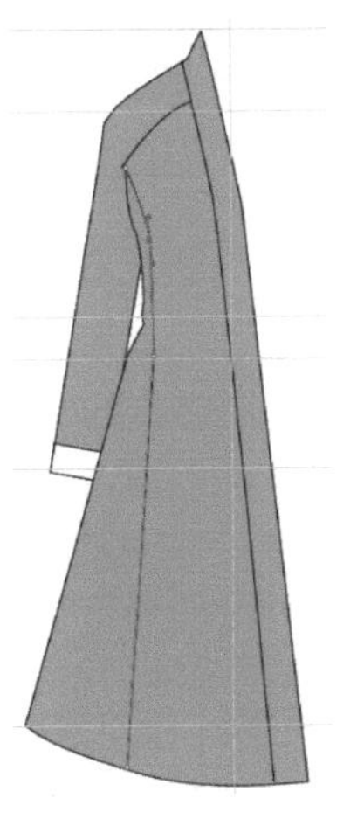

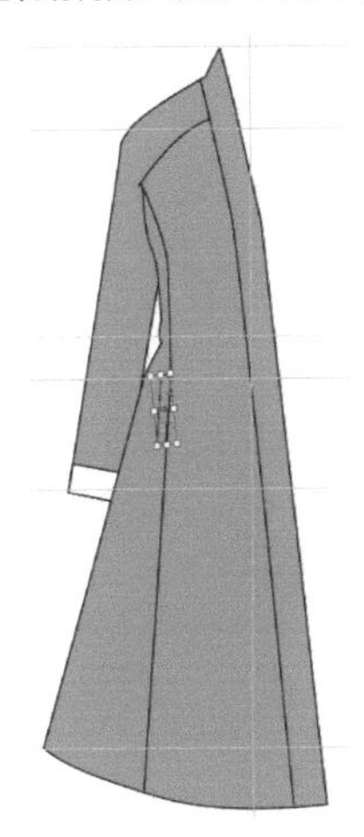

图5-1-248　　图5-1-249

步骤15 使用选择工具选择所有绘制好的图形，执行菜单栏中的【对象】/【变换】/【对称】命令，弹出“镜像”对话框，选择“轴→垂直”，单击“复制”按钮，得到的效果如图5-1-250所示。

步骤16 用向右方向键→把复制的图形向右平移到一定的位置，得到的效果如图5-1-251所示。

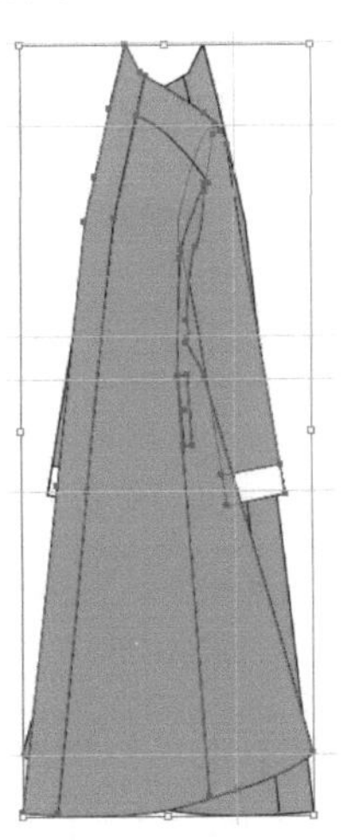

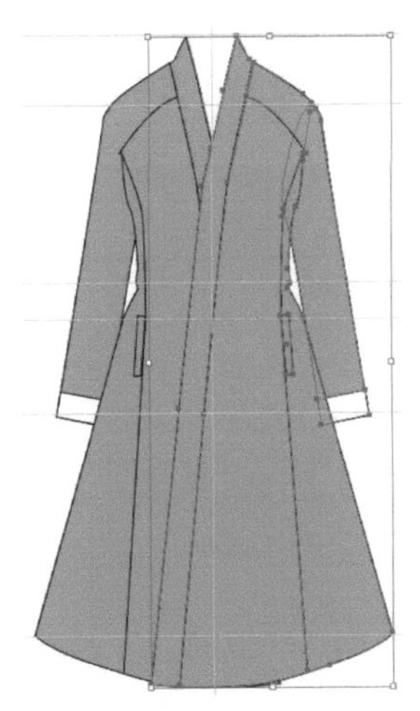

图5-1-250　　图5-1-251

步骤17 执行菜单栏中的【对象】/【排列】/【置于底层】命令，得到的效果如图5-1-252所示。

步骤18 使用直接选择工具调整下摆的节点，得到的效果如图5-1-253所示。

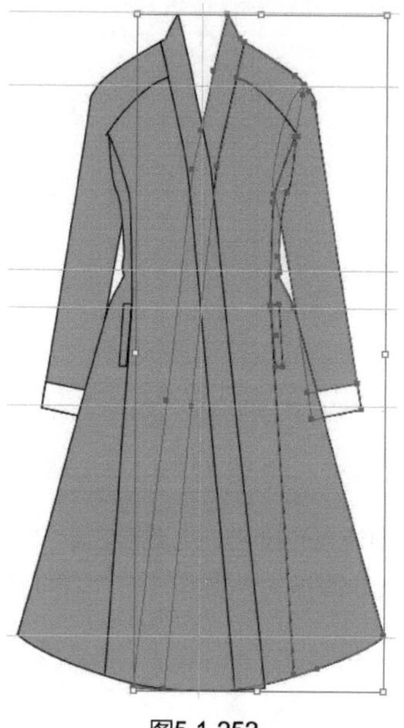

图5-1-252

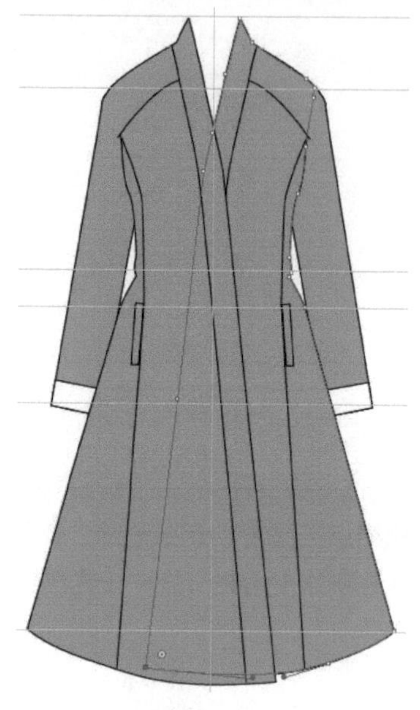

图5-1-253

步骤19 使用钢笔工具绘制后领口部分，在属性栏中设置轮廓描边为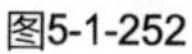并填充灰色，得到的效果如图5-1-254所示。

步骤20 执行菜单栏中的【对象】/【排列】/【置于底层】命令，得到的效果如图5-1-255所示。

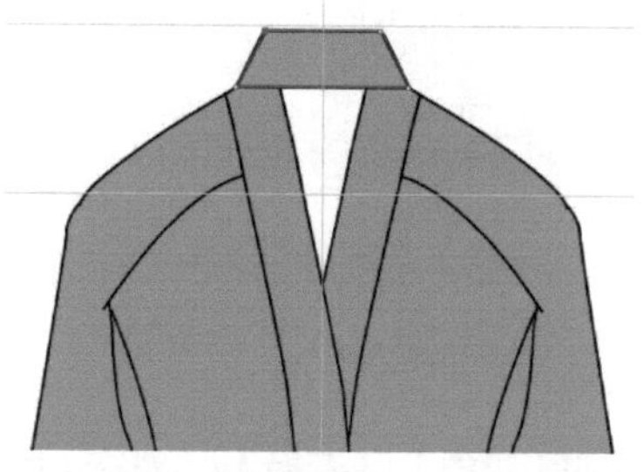

图5-1-254

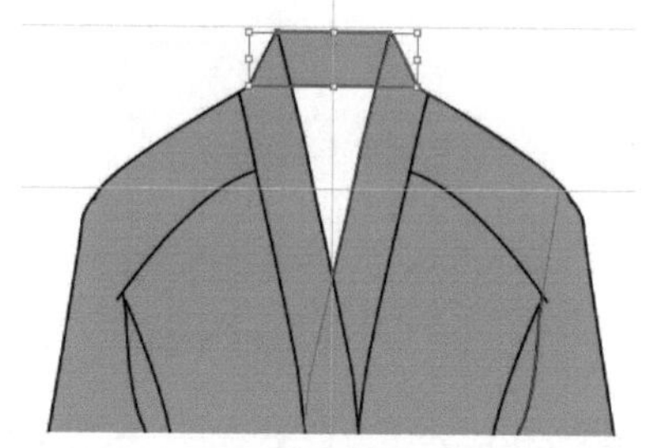

图5-1-255

步骤21 使用矩形工具在衣身上绘制一个长方形，在属性栏中设置轮廓描边为并填充灰色，得到的效果如图5-1-256所示。

步骤22 执行菜单栏中的【对象】/【排列】/【置于底层】命令，得到的效果如图5-1-257所示。

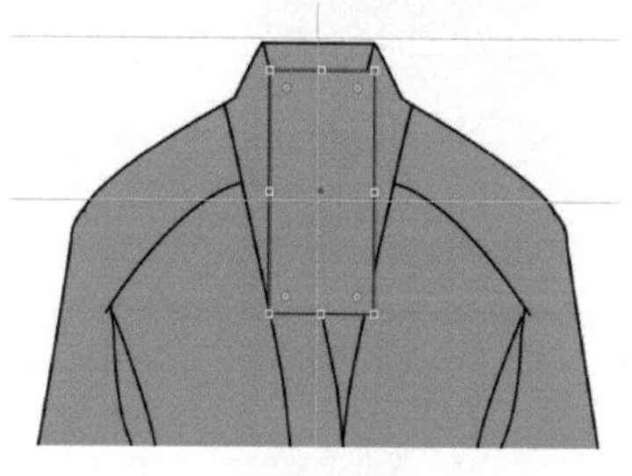

图5-1-256

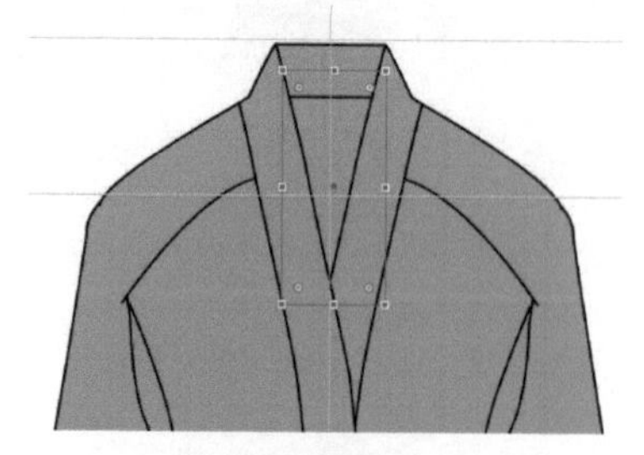

图5-1-257

步骤23 执行菜单栏中的【文件】/【打开】命令，打开“校服（女春秋装）”文件，用选择工具选择外套，按【Ctrl】+【X】组合键剪切图形，再单击“校服（女冬装）”文件，按【Ctrl】+【V】组合键粘贴图形，得到的效果如图5-1-258所示。

步骤24 使用选择工具选择外套上的祥云图案，将其摆放在图5-1-259所示的位置。

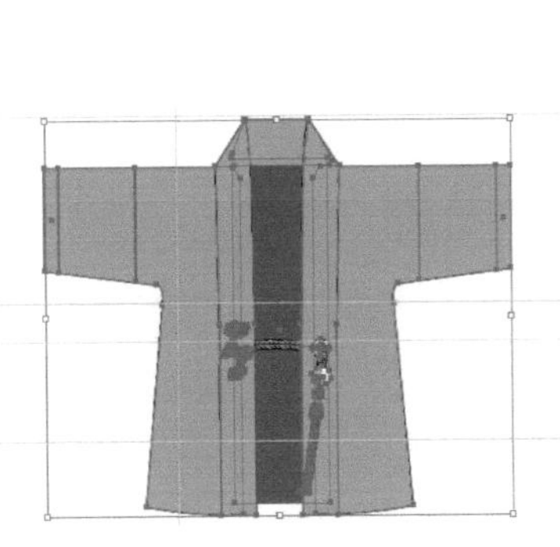

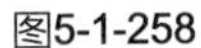

图5-1-258

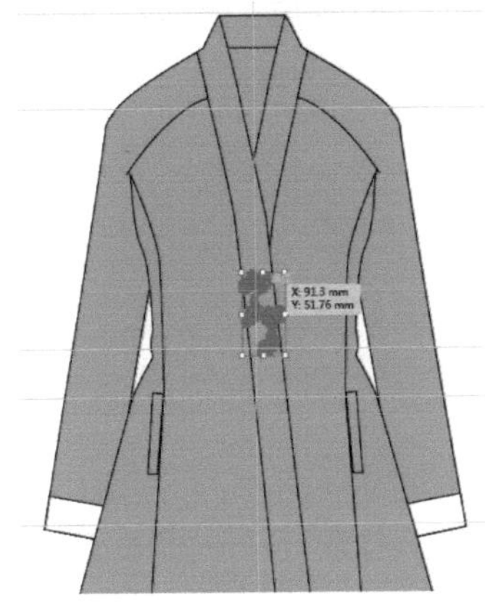

图5-1-259

步骤25 使用选择工具并按【Ctrl】+【Alt】+【Shift】组合键缩小并旋转图案，得到的效果如图5-1-260所示。

步骤26 使用选择工具选择外套上的扣眼、绳子及流苏装饰扣，把它们摆放在图5-1-261所示的位置。

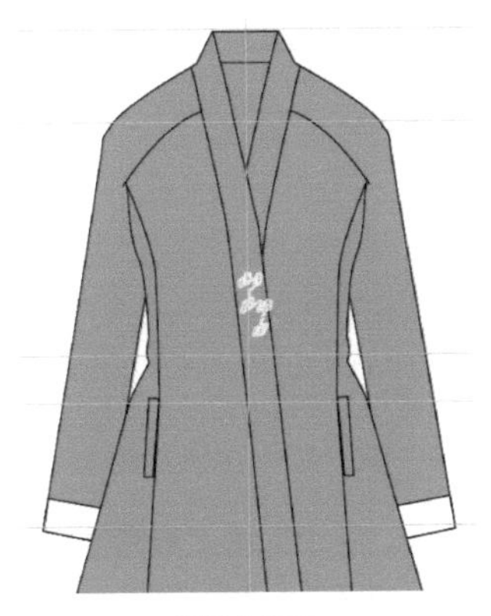

图5-1-260

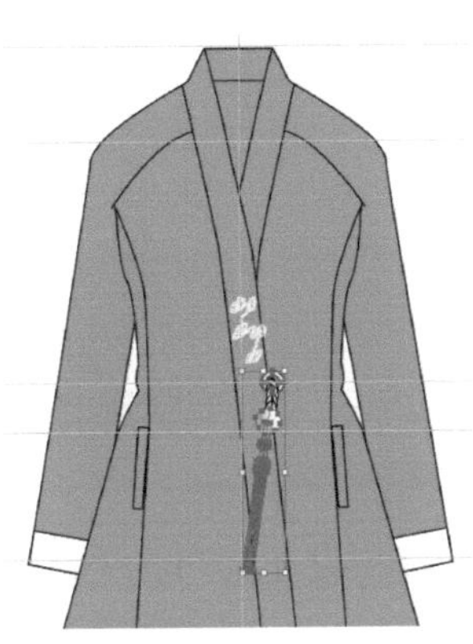

图5-1-261

步骤27 执行菜单栏中的【对象】/【变换】/【对称】命令，弹出“镜像”对话框，单击“确定”按钮，得到的效果如图5-1-262所示。

步骤28 使用钢笔工具和锚点工具在图5-1-263所示的位置绘制一条曲线。

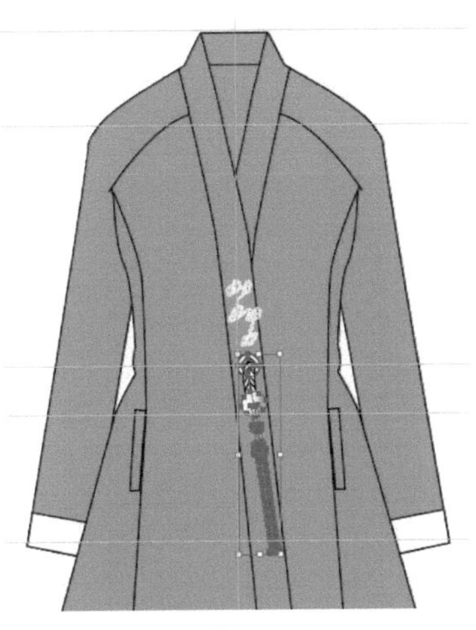

图5-1-262

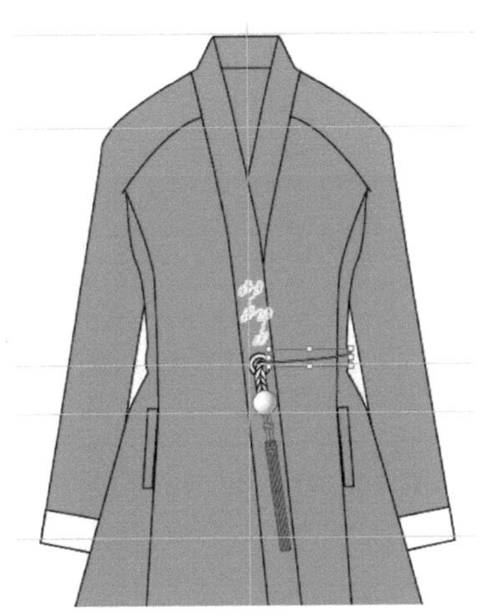

图5-1-263

步骤29 单击页面右侧的画笔按钮，打开“画笔”面板。再单击面板右上角的按钮，在弹出的对话框中选择“打开画笔库/用户定义画笔/绳子画笔”，打开第4章实例中保存的“绳子图案”，如图5-1-264所示。

步骤30 单击“画笔”面板中的“绳子图案画笔，得到的效果如图5-1-265所示。再单击“画笔”面板下方的“所选对象的选项”按钮■，弹出“描边选项”对话框，设置各项参数，如图5-1-266所示，单击“确定”按钮，得到的效果如图5-1-267所示。

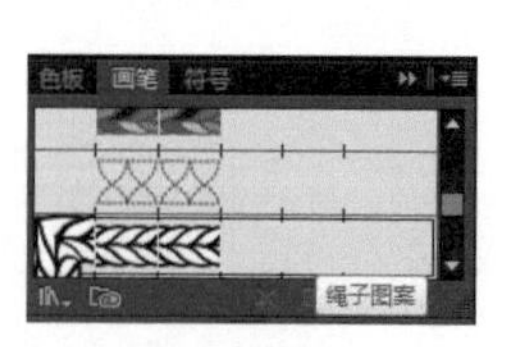

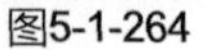

图5-1-264

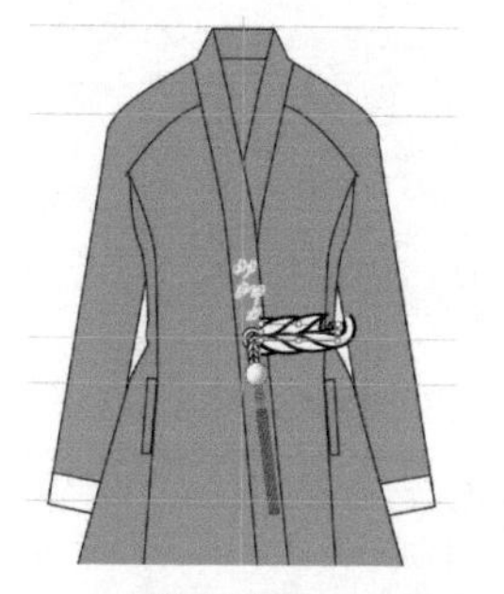

图5-1-265

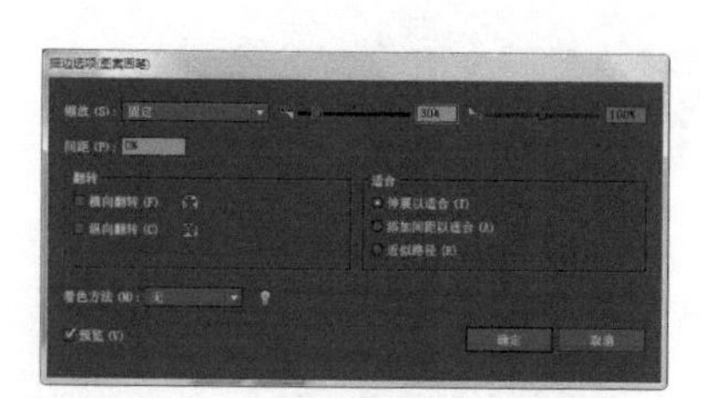

图5-1-266

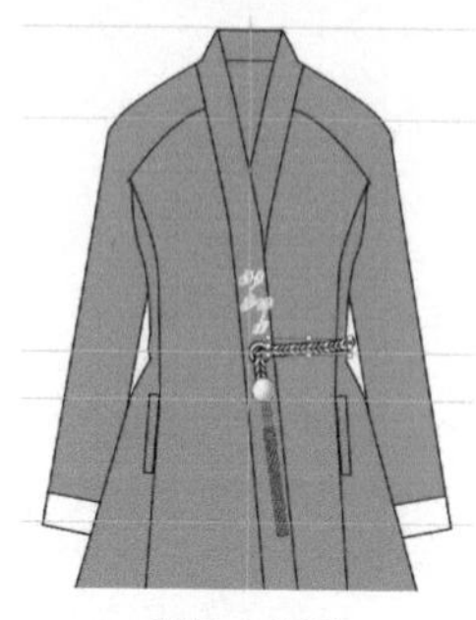

图5-1-267

步骤31 按【Ctrl】+【”】组合键数次，把绳子后移至扣眼下方，得到的效果如图5-1-268所示。

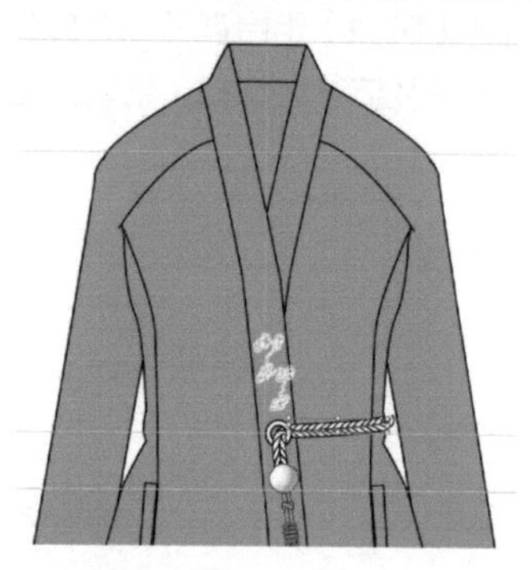

图5-1-268

步骤32 使用选择工具■选择女春秋装外套，按【Delete】键删除。使用钢笔工具■和锚点工具■在辅助线的基础上绘制裤腿造型，在属性栏中设置轮廓描边为■并填充灰色，如图5-1-269所示。

步骤33 使用钢笔工具■和锚点工具■在裤身上绘制两条裤挺线，如图5-1-270所示。

步骤34 使用钢笔工具■和锚点工具■绘制裤脚口，在属性栏中设置轮廓描边为■并填充灰色，如图5-1-271所示。

步骤35 使用钢笔工具■绘制口袋，在属性栏中设置轮廓描边为■，如图5-1-272所示。

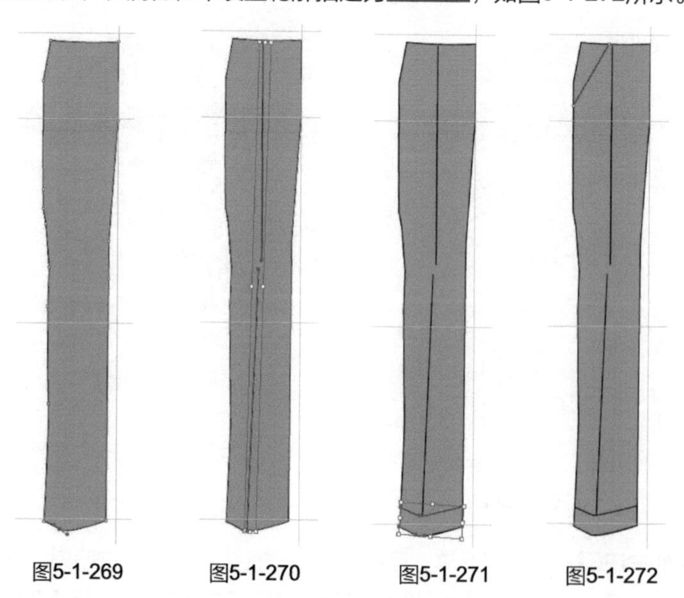

图5-1-269　图5-1-270　图5-1-271　图5-1-272

步骤36 使用选择工具■选择所有裤腿图形，执行菜单栏中的【对象】/【变换】/【对称】命令，在弹出的对话框中选择“轴→垂直”，单击“复制”按钮，得到的效果如图5-1-273所示。

步骤37 用向右方向键→把复制的图形向右平移到一定的位置，得到的效果如图5-1-274所示。

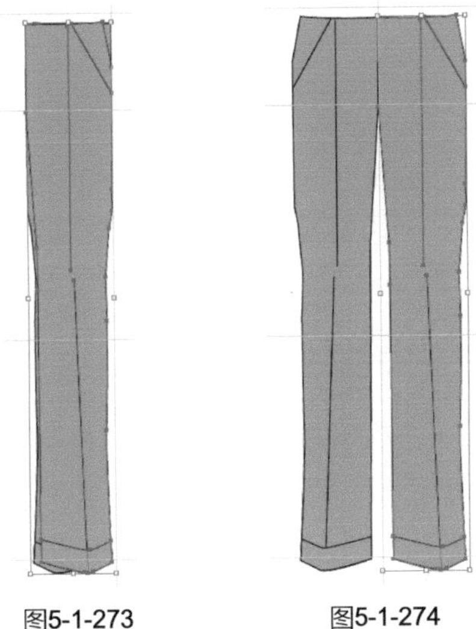

图5-1-273　　图5-1-274

步骤38 使用钢笔工具和锚点工具绘制褶裥线，在属性栏中设置轮廓描边为，如图5-1-275所示。

步骤39 使用钢笔工具和锚点工具绘制门襟线，在属性栏中设置轮廓描边为，如图5-1-276所示。

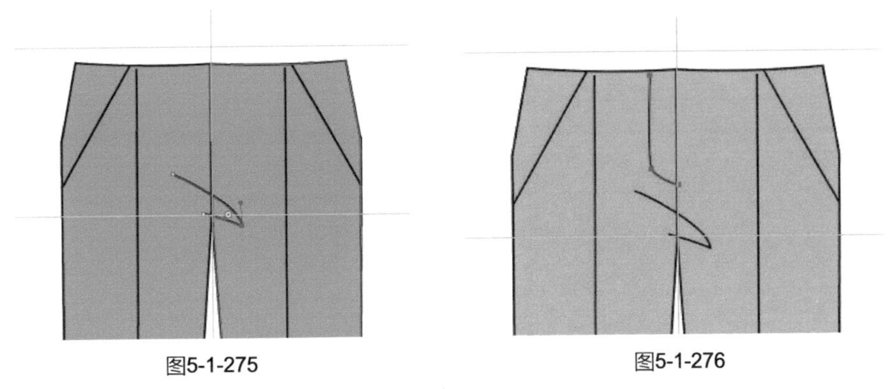

图5-1-275　　图5-1-276

步骤40 使用钢笔工具和锚点工具绘制腰头部分，在属性栏中设置轮廓描边为并填充灰色，得到的效果如图5-1-277所示。

步骤41 使用钢笔工具绘制分割线，在属性栏中设置轮廓描边为，得到的效果如图5-1-278所示。

步骤42 使用椭圆工具并按住【Shift】键，在裤腰上绘制纽扣，如图5-1-279所示。

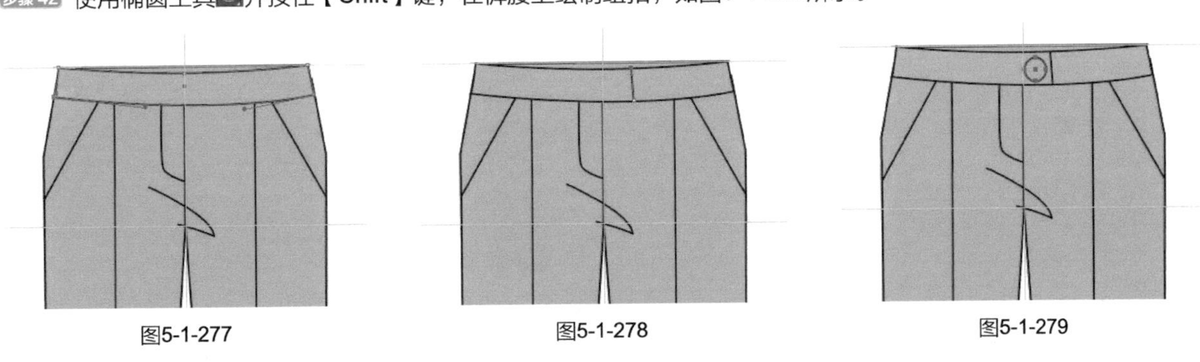

图5-1-277　　图5-1-278　　图5-1-279

步骤43 执行菜单栏中的【视图】/【参考线】/【清除参考线】命令，得到的效果如图5-1-280所示。

步骤44 使用选择工具分别框选上衣和裤子，按【Ctrl】+【G】组合键编组图形，最终完成的校服女冬装整体着装效果如图5-1-281所示。

图5-1-280

图5-1-281

实例20 男式校服冬装款式设计

实例目的： 了解绘制校服基本造型的基础工具的使用，以及校服细节设计，如装饰绳、流苏等。

实例要点： 使用钢笔工具和锚点工具绘制校服的基本轮廓造型（注意上下装比例）；
装饰细节表现（装饰绳扣、流苏、图案等）。

最终效果如图**5-1-282**所示。

图5-1-282

操作步骤

步骤01 启动Illustrator CC应用程序，执行菜单栏中的【文件】/【新建】命令，弹出“新建文档”对话框，设置文件名为“校服（男冬装）”，页面取向为“横向”，如图**5-1-283**所示。单击“确定”按钮，得到的效果如图**5-1-284**所示。

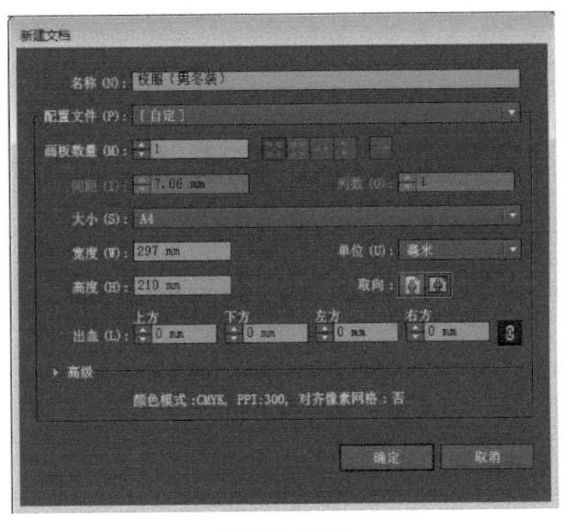

图5-1-283

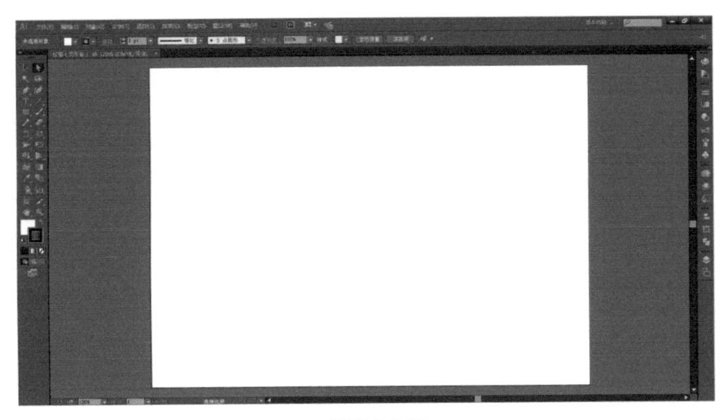

图5-1-284

步骤02 执行菜单栏中的【视图】/【标尺】/【显示标尺】命令，得到的效果如图5-1-285所示。

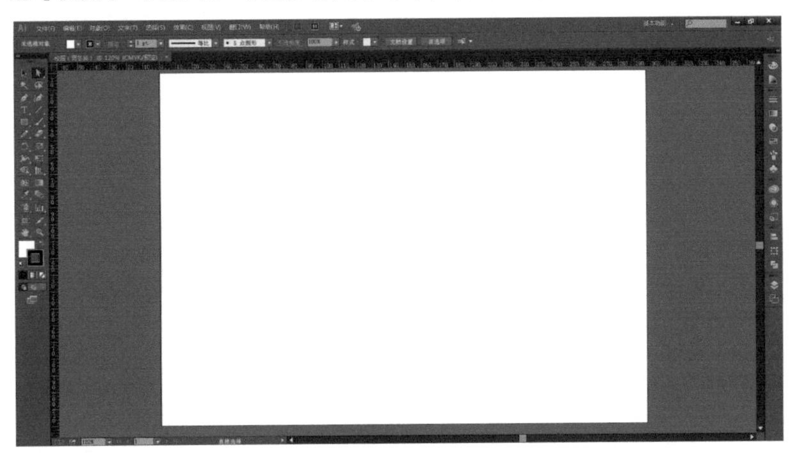

图5-1-285

步骤03 用鼠标单击上方和左方的标尺栏，分别从上往下、从左往右拖动鼠标，添加八条辅助线，确定领高、衣长、肩线、腰线、裤长等位置，如图5-1-286所示。

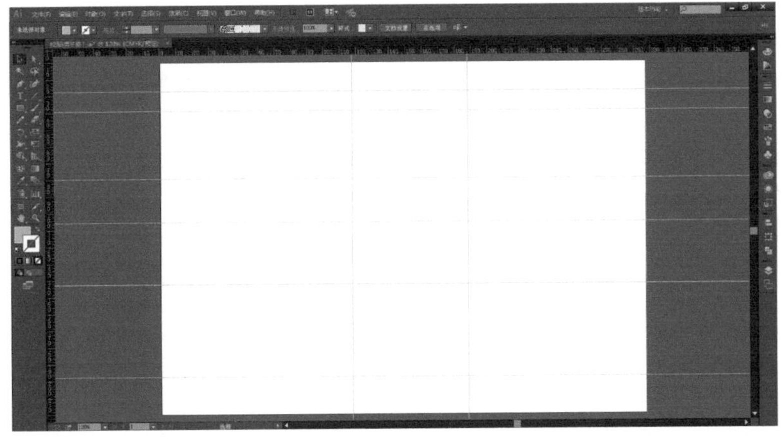

图5-1-286

步骤04 使用钢笔工具和锚点工具在辅助线的基础上绘制衣身造型，在属性栏中设置轮廓描边为，如图5-1-287所示。

步骤05 使用钢笔工具和锚点工具在衣身上绘制衣缘，在属性栏中设置轮廓描边为，如图5-1-288所示。

步骤06 单击选择工具选择衣身和衣缘，双击工具箱中的填色按钮□，弹出“拾色器”对话框，设置各项参数，如图5-1-289所示。单击“确定”按钮，得到的效果如图5-1-290所示。

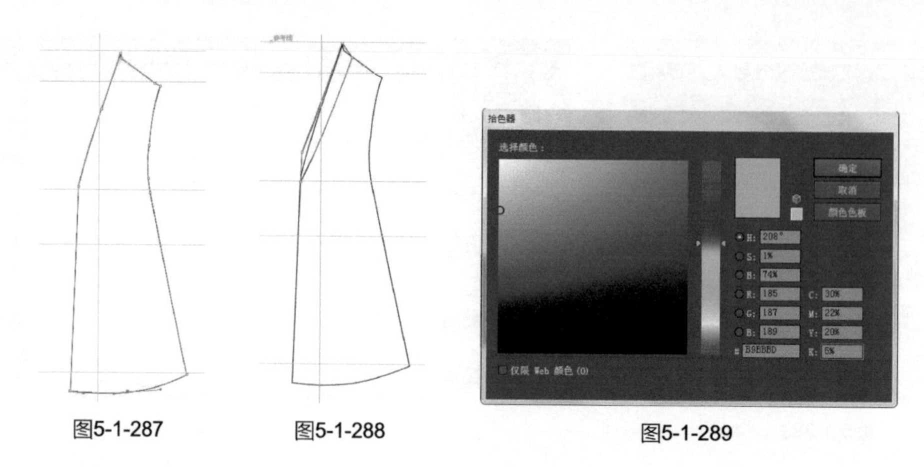
图5-1-287　图5-1-288　图5-1-289

步骤07 使用钢笔工具和锚点工具在肩部绘制分割线，在属性栏中设置轮廓描边为并填充灰色，如图5-1-291所示。

步骤08 使用钢笔工具和锚点工具绘制袖子，在属性栏中设置轮廓描边为，如图5-1-292所示。

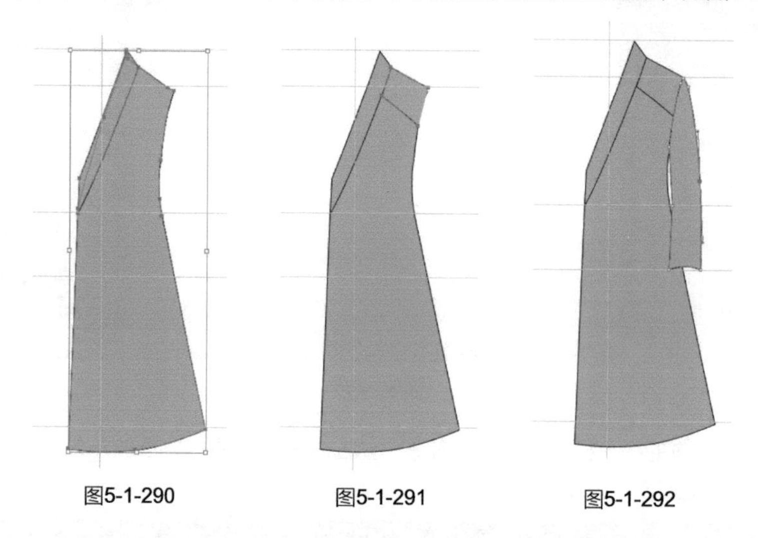
图5-1-290　图5-1-291　图5-1-292

步骤09 执行菜单栏中的【对象】/【排列】/【后移一层】命令，得到的效果如图5-1-293所示。

步骤10 使用钢笔工具和锚点工具绘制袖口，在属性栏中设置轮廓描边为并填充白色，得到的效果如图5-1-294所示。

步骤11 使用选择工具选择所有绘制好的图形，执行菜单栏中的【对象】/【变换】/【对称】命令，弹出“镜像”对话框，选择“轴→垂直”，单击“复制”按钮，得到的效果如图5-1-295所示。

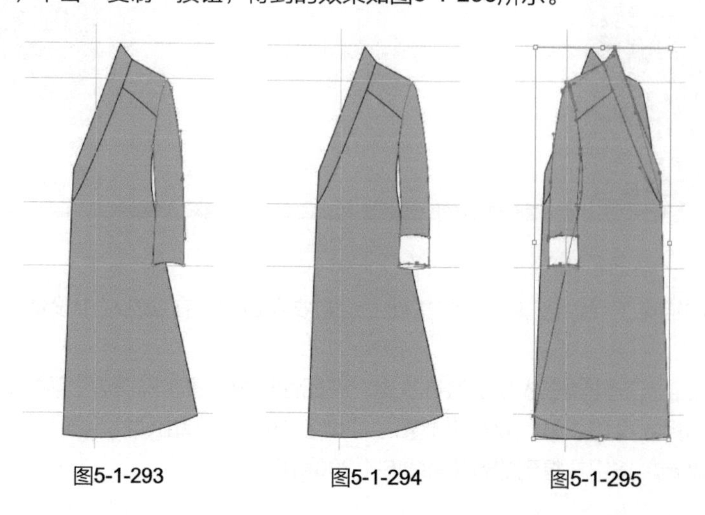
图5-1-293　图5-1-294　图5-1-295

步骤12 按住向左方向键←把复制的图形向左平移到一定的位置，得到的效果如图5-1-296所示。

步骤13 执行菜单栏中的【对象】/【排列】/【置于底层】命令，得到的效果如图5-1-297所示。

步骤14 使用直接选择工具调整下摆的节点，得到的效果如图5-1-298所示。

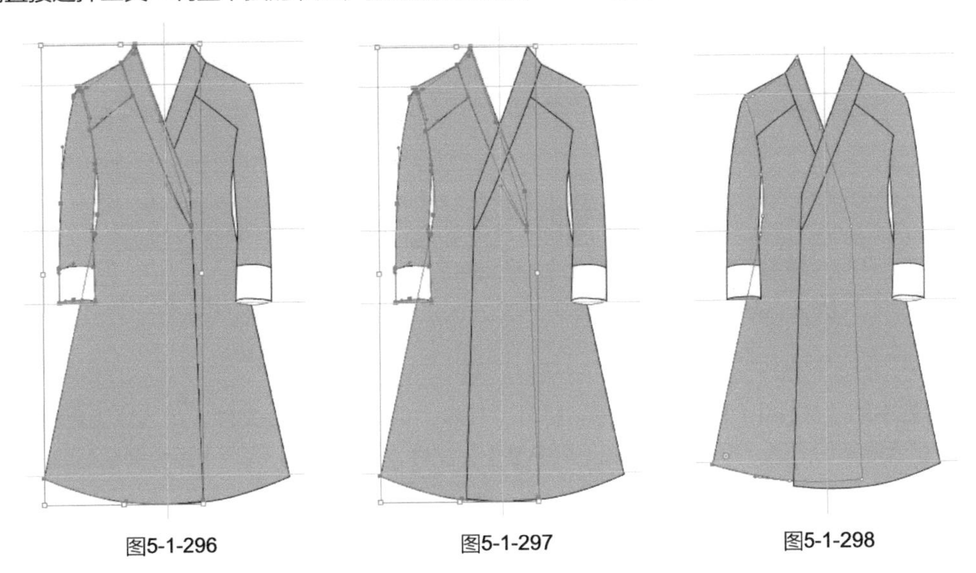

图5-1-296　　图5-1-297　　图5-1-298

步骤15 使用钢笔工具绘制后领口部分，在属性栏中设置轮廓描边为并填充灰色，得到的效果如图5-1-299所示。

步骤16 执行菜单栏中的【对象】/【排列】/【置于底层】命令，得到的效果如图5-1-300所示。

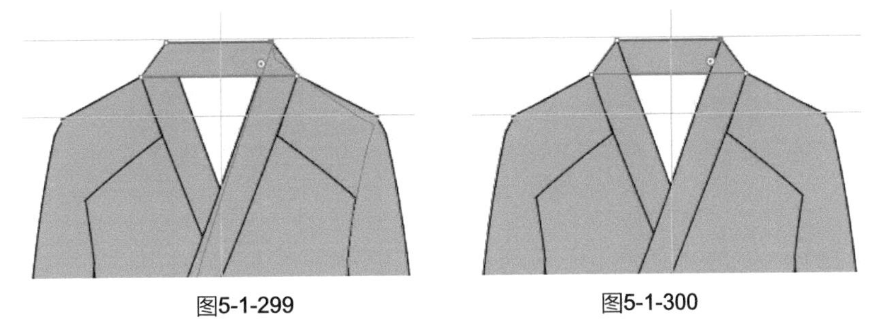

图5-1-299　　图5-1-300

步骤17 使用矩形工具在衣身上绘制一个长方形，在属性栏中设置轮廓描边为并填充灰色，得到的效果如图5-1-301所示。

步骤18 执行菜单栏中的【对象】/【排列】/【置于底层】命令，得到的效果如图5-1-302所示。

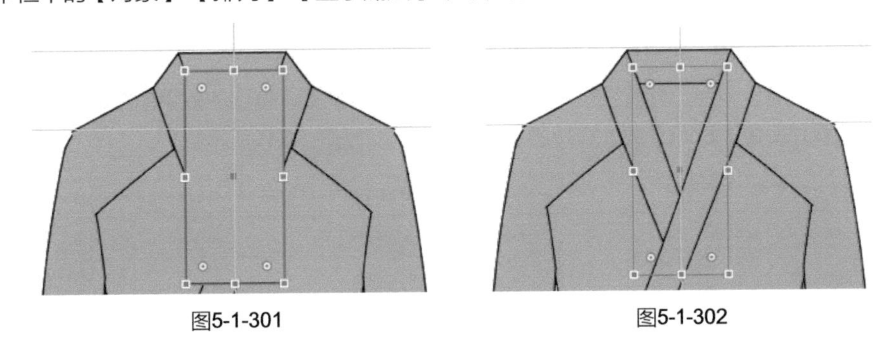

图5-1-301　　图5-1-302

步骤19 使用钢笔工具绘制口袋，在属性栏中设置轮廓描边为并填充灰色，得到的效果如图5-1-303所示。

步骤20 重复实例“女式校服冬装款式设计”中步骤（23）~（31）的操作，完成祥云图案、流苏装饰扣及绳带的绘制，得到的效果如图5-1-304所示。

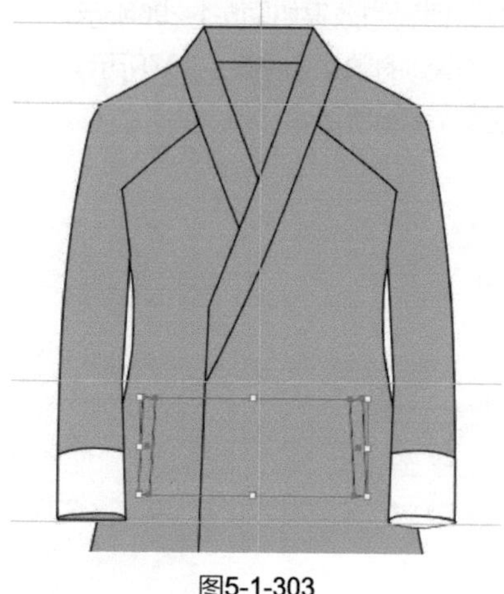

图5-1-303

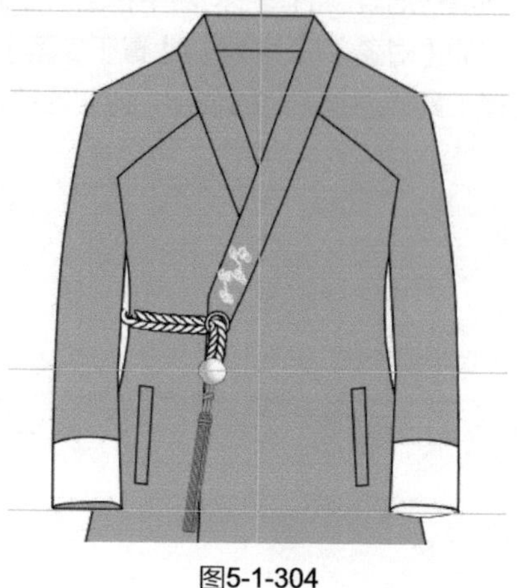

图5-1-304

步骤21 执行菜单栏中的【文件】/【打开】命令，打开“校服（男春秋装）”文件。用选择工具选择裤子，按【Ctrl】+【X】组合键剪切图形，再单击“校服（男冬装）”文件，按【Ctrl】+【V】组合键粘贴图形，得到的效果如图5-1-305所示。

步骤22 按【Ctrl】+【Shift】+【G】组合键取消编组，使用选择工具选择流苏扣，按【Delete】键删除，得到的效果如图5-1-306所示。

步骤23 使用直接选择工具调整腰头上方的节点，降低腰线的位置，得到的效果如图5-1-307所示。

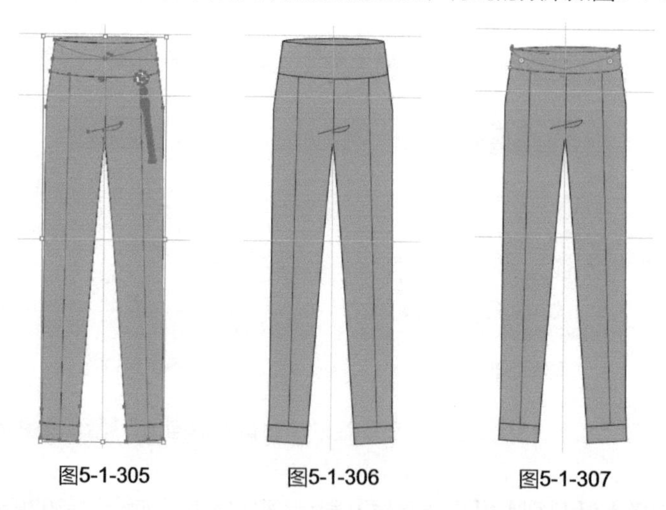

图5-1-305　　图5-1-306　　图5-1-307

步骤24 执行菜单栏中的【视图】/【参考线】/【清除参考线】命令，使用钢笔工具和锚点工具绘制门襟线，在属性栏中设置轮廓描边为，如图5-1-308所示。

步骤25 使用钢笔工具绘制分割线，在属性栏中设置轮廓描边为，得到的效果如图5-1-309所示。

步骤26 使用椭圆工具并按住【Shift】键，在裤腰上绘制纽扣，如图5-1-310所示。

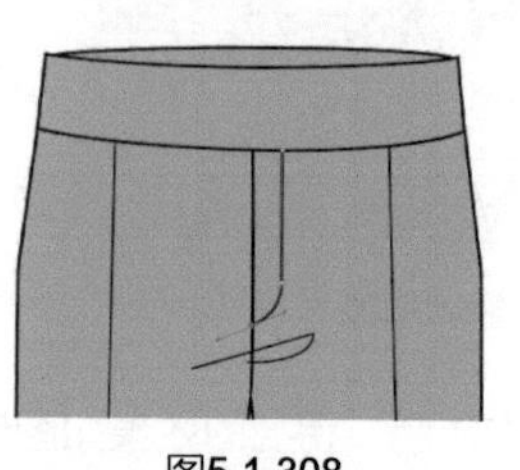

图5-1-308

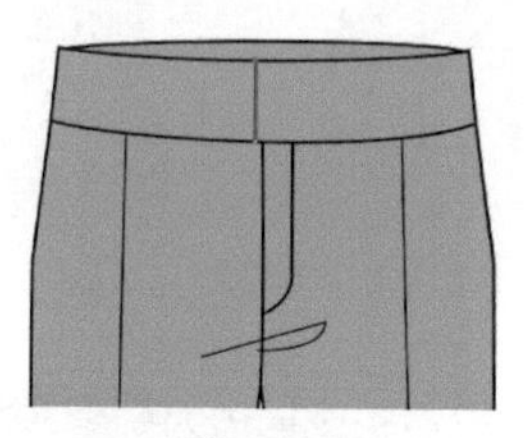

图5-1-309

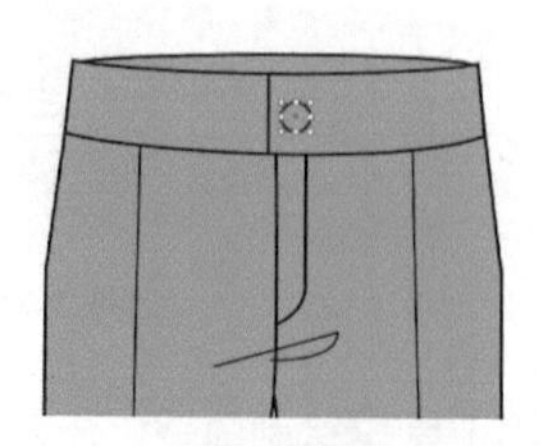

图5-1-310

步骤27 使用选择工具框选整条裤子，按【Ctrl】+【G】组合键编组图形。执行菜单栏中的【对象】/【排列】/【置于底层】命令，把裤子放在大衣的下面，整体着装效果如图5-1-311所示。

图5-1-311

Lesson 2 改良汉服——常服款式设计

实例21 翻领连衣裙款式设计

实例目的：了解绘制连衣裙基本造型的基础工具的使用，以及连衣裙细节设计，如翻领、毛球绳腰带、绣花图案等。

实例要点：使用钢笔工具和锚点工具绘制连衣裙的基本造型（注意上下装比例）；
装饰细节表现（如绣花图案、毛球绳腰带及裙子褶裥的表现等）。

最终效果如图5-2-1所示。

图5-2-1

步骤01 启动Illustrator CC应用程序，执行菜单栏中的【文件】/【新建】命令，弹出“新建文档”对话框，设置文件名为“翻领连衣裙”，页面取向为“横向”，单击“确定”按钮，得到的效果如图5-2-2所示。

图5-2-2

步骤02 执行菜单栏中的【视图】/【标尺】/【显示标尺】命令，得到的效果如图5-2-3所示。

图5-2-3

步骤03 用鼠标单击上方和左方的标尺栏，分别从上往下、从左往右拖动鼠标，添加八条辅助线，确定领高、肩线、袖长、腰线、裙长等位置，如图5-2-4所示。

图5-2-4

步骤04 使用钢笔工具和锚点工具在辅助线的基础上绘制衣身，在属性栏中设置轮廓描边为并填充白色，得到的效果如图5-2-5所示。

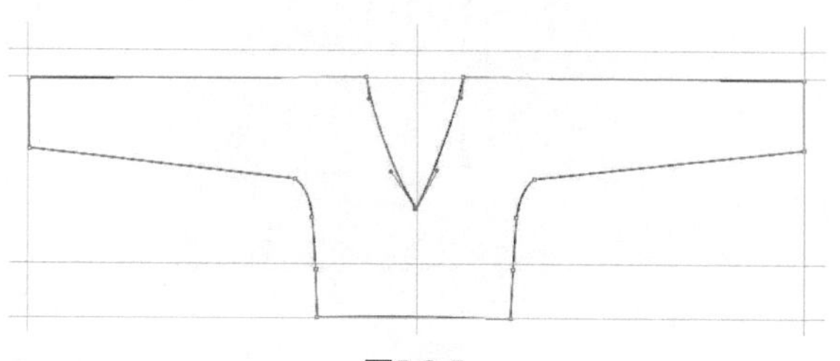

图5-2-5

步骤05 使用钢笔工具和锚点工具在衣袖上绘制两条分割线，在属性栏中设置轮廓描边为，得到的效果如图5-2-6所示。

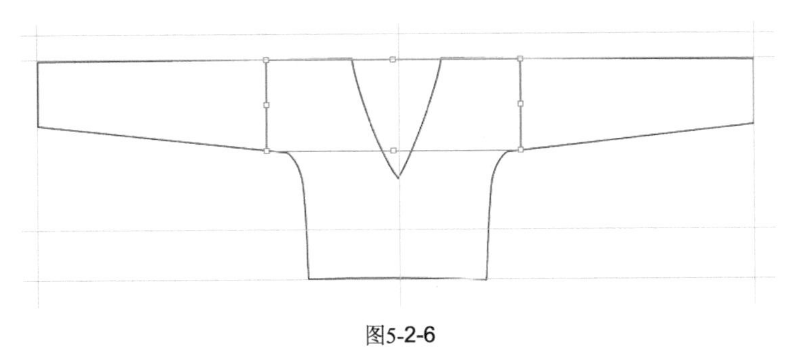

图5-2-6

步骤06 使用钢笔工具和锚点工具在辅助线的基础上绘制裙身，在属性栏中设置轮廓描边为，得到的效果如图5-2-7所示。

步骤07 双击工具箱中的填色按钮□，弹出“拾色器”对话框，设置各项参数，如图5-2-8所示。单击“确定”按钮，得到的效果如图5-2-9所示。

图5-2-7

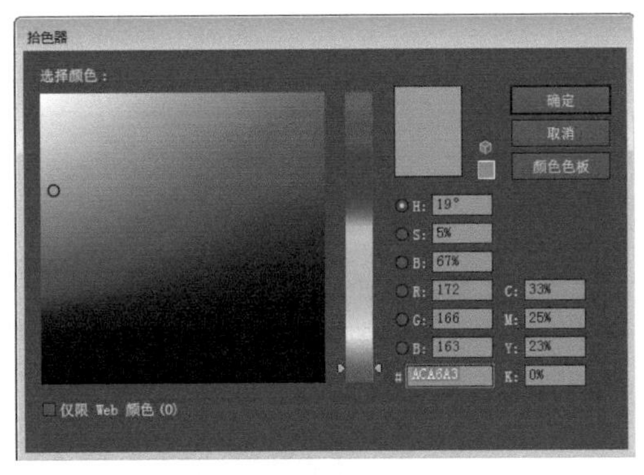

图5-2-8

步骤08 使用钢笔工具和锚点工具绘制腰头，在属性栏中设置轮廓描边为，并填充和裙身一样的浅紫色，得到的效果如图5-2-10所示。

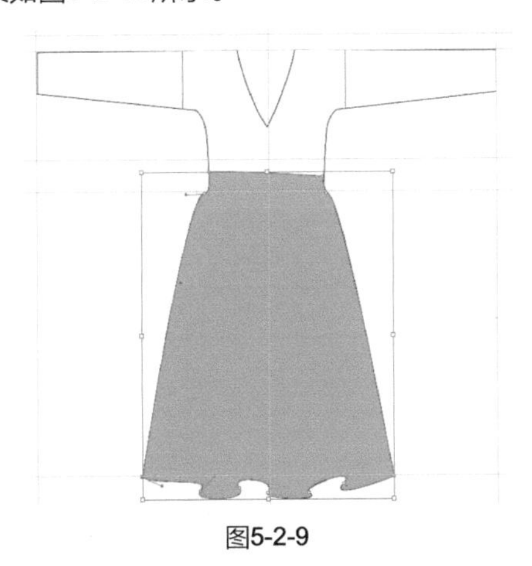

图5-2-9

图5-2-10

步骤09 使用钢笔工具和锚点工具绘制裙子上的褶裥线，在属性栏中设置轮廓描边为，得到的效果如图5-2-11所示。

步骤10 使用选择工具选择所有褶裥线，按住【Alt】键的同时按住鼠标左键拖动鼠标，复制所有的褶裥线，单击“颜色”面板中的黑色，得到的效果如图5-2-12所示。

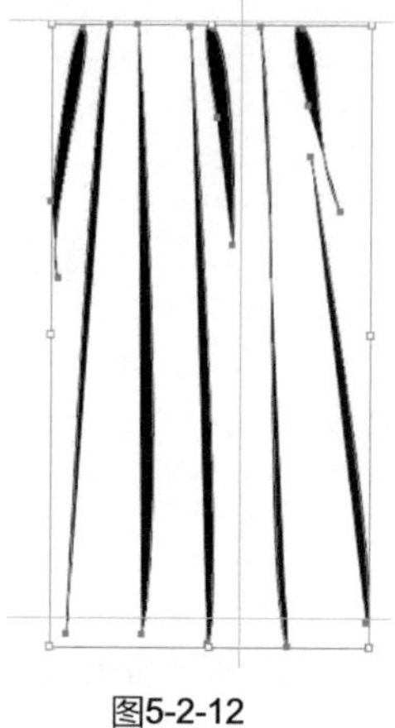

图5-2-11　　图5-2-12

步骤11 单击页面右侧的按钮，在弹出的面板中选择“透明度”面板，设置“不透明度”参数，如图5-2-13所示，得到的效果如图5-2-14所示。

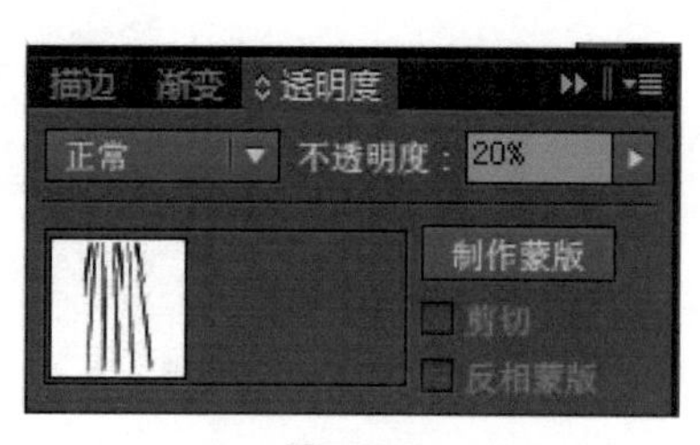

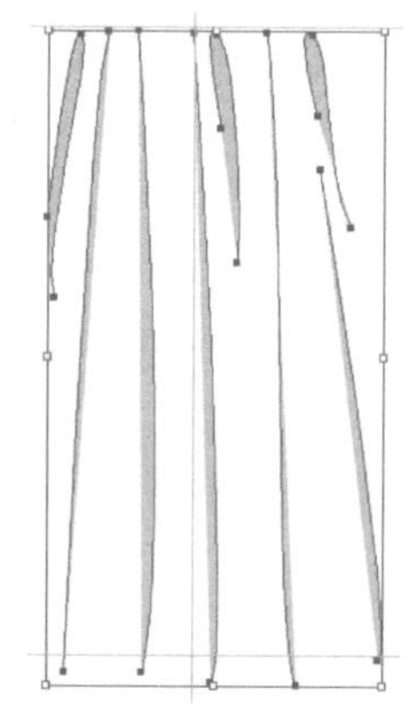

图5-2-13　　图5-2-14

步骤12 单击选择工具把图形移动到图5-2-15所示的位置。

步骤13 使用钢笔工具和锚点工具在裙摆处表现裙子的翻折部分，在属性栏中设置轮廓描边为，并填充和裙身一样的浅灰紫色，得到的效果如图5-2-16所示。

步骤14 执行菜单栏中的【对象】/【排列】/【置于底层】命令，得到的效果如图5-2-17所示。

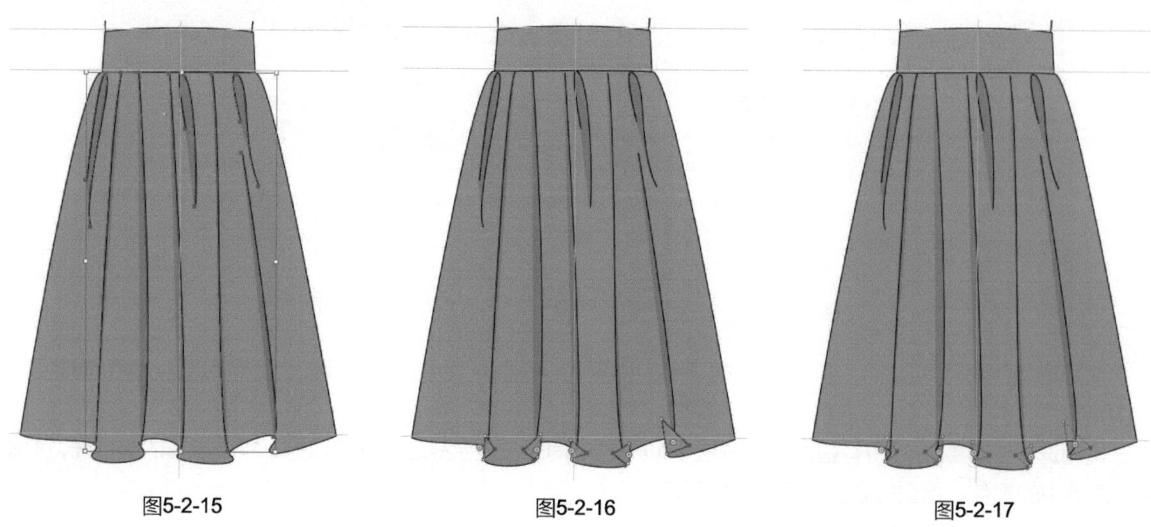

图5-2-15　　图5-2-16　　图5-2-17

步骤15 使用钢笔工具和锚点工具在腰部绘制褶裥线，在属性栏中设置轮廓描边为，得到的效果如图5-2-18所示。

步骤16 使用选择工具单击腰部，执行菜单栏中的【对象】/【排列】/【置于顶层】命令，得到的效果如图5-2-19所示。

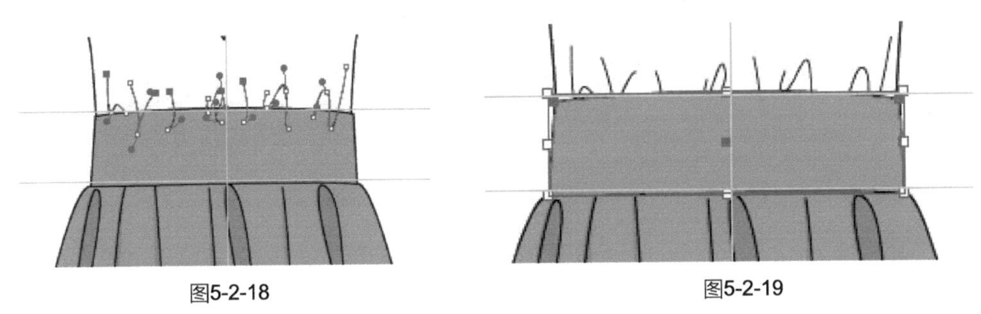

图5-2-18　　图5-2-19

步骤17 使用钢笔工具和锚点工具绘制翻领，在属性栏中设置轮廓描边为并填充白色，得到的效果如图5-2-20所示。

步骤18 使用钢笔工具绘制分割线，在属性栏中设置轮廓描边为，得到的效果如图5-2-21所示。

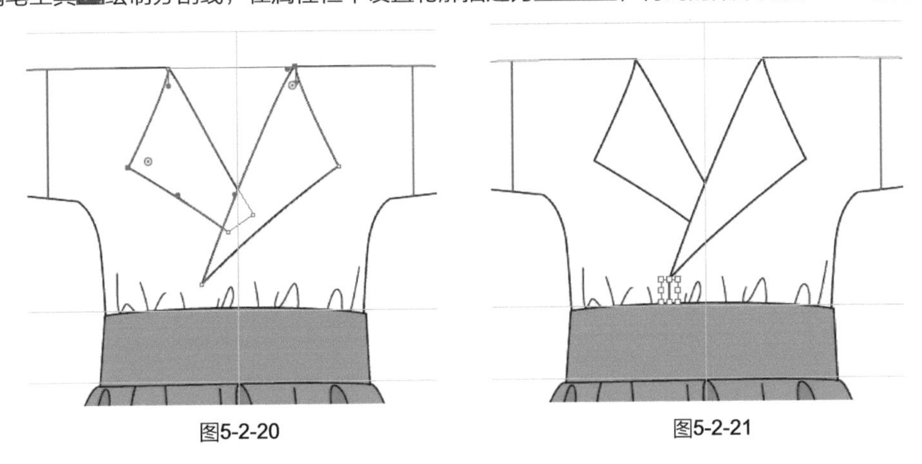

图5-2-20　　图5-2-21

步骤19 使用钢笔工具和锚点工具绘制翻领镶边（路径与翻领边缘相重合），在属性栏中设置轮廓描边为，得到的效果如图5-2-22所示。

步骤20 执行菜单栏中的【对象】/【路径】/【轮廓化描边】命令，得到的效果如图5-2-23所示。

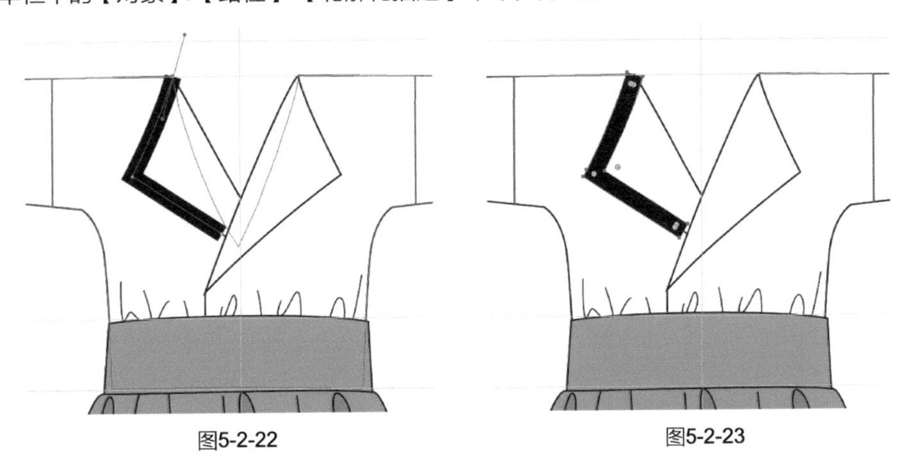

图5-2-22　　图5-2-23

步骤21 使用直接选择工具调整节点，使镶边与翻领相吻合，得到的效果如图5-2-24所示。

步骤22 双击工具箱中的填色按钮□，弹出“拾色器”对话框，设置各项参数，如图5-2-25所示，在属性栏中设置轮廓描边为。单击“确定”按钮，得到的效果如图5-2-26所示。

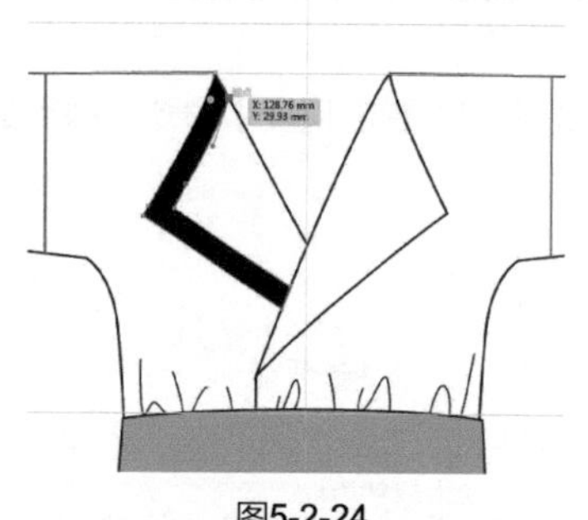
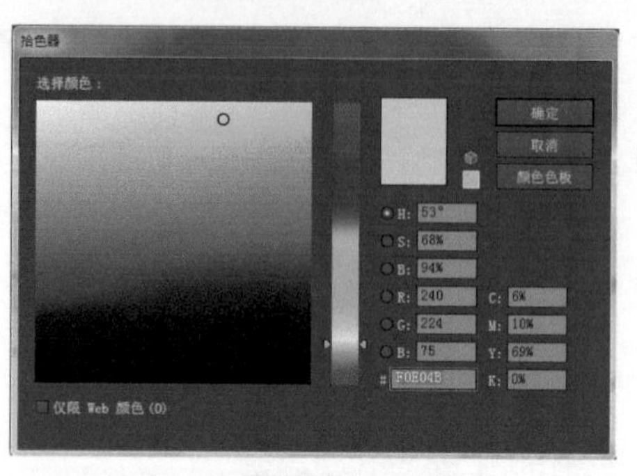

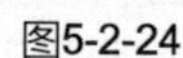

图5-2-24　　图5-2-25

步骤23 使用钢笔工具绘制分割线，在属性栏中设置轮廓描边为，得到的效果如图5-2-27所示。

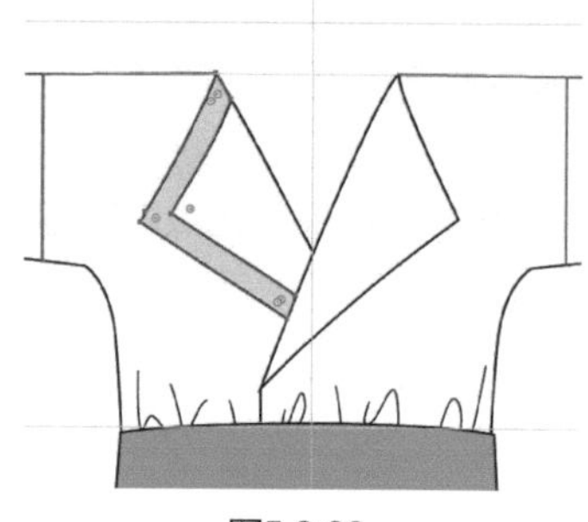
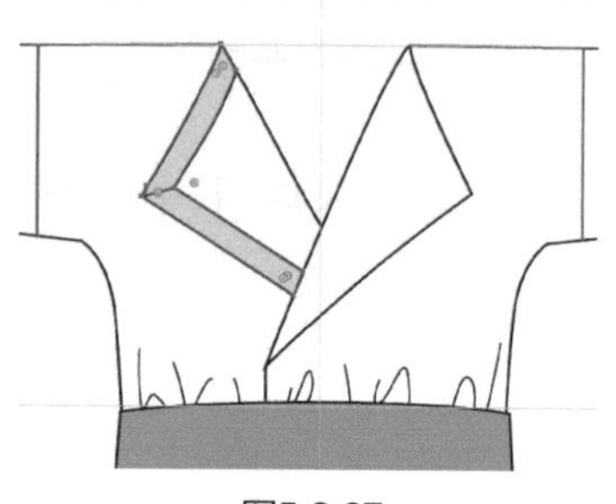

图5-2-26　　图5-2-27

步骤24 重复步骤（19）~（23）的操作，绘制右侧翻领镶边，得到的效果如图5-2-28所示。

步骤25 使用钢笔工具和锚点工具绘制内衣的交领，在属性栏中设置轮廓描边为并填充颜色，得到的效果如图5-2-29所示。

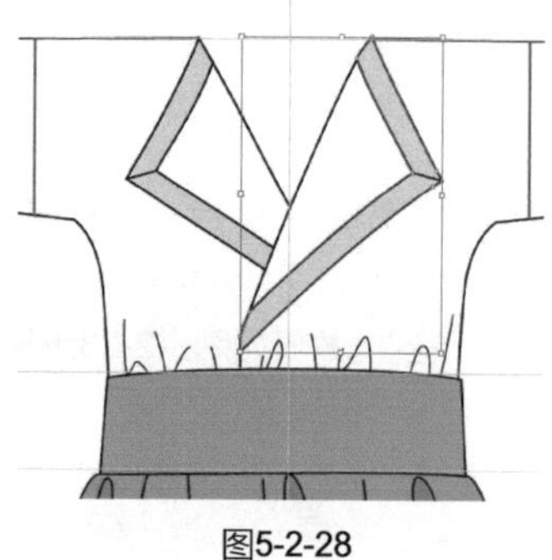
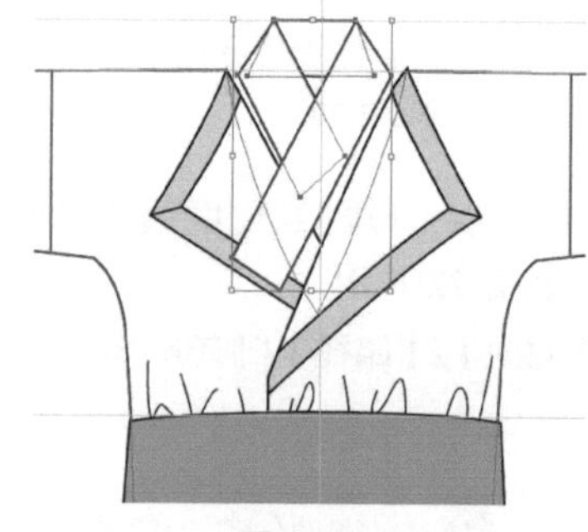

图5-2-28　　图5-2-29

步骤26 执行菜单栏中的【对象】/【排列】/【置于底层】命令，得到的效果如图5-2-30所示。

步骤27 使用矩形工具在衣身上绘制一个矩形，在属性栏中设置轮廓描边为并填充白色，得到的效果如图5-2-31所示。

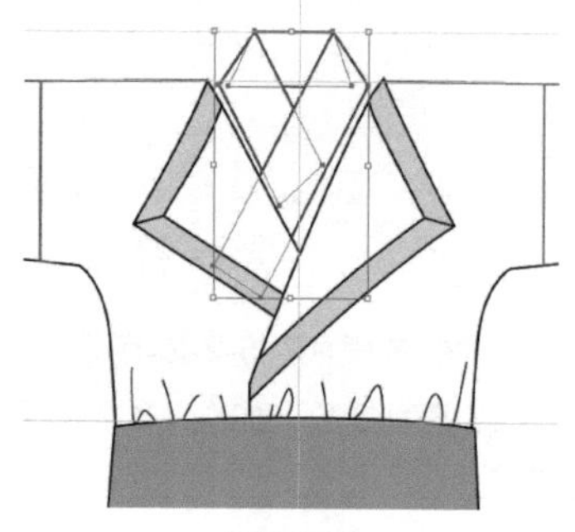
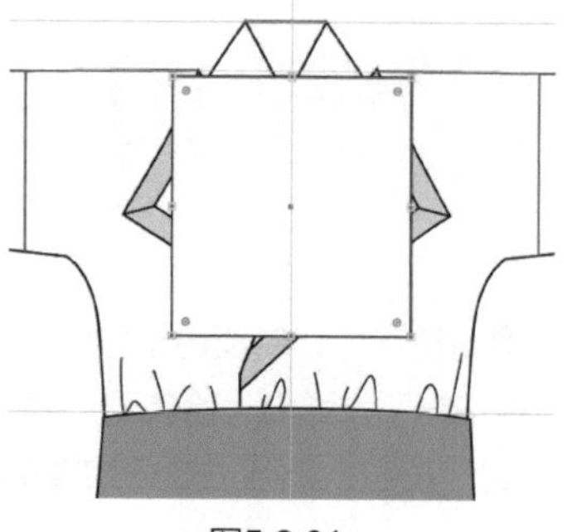

图5-2-30　　图5-2-31

步骤28 执行菜单栏中的【对象】/【排列】/【置于底层】命令，得到的效果如图5-2-32所示。

步骤29 使用钢笔工具和锚点工具绘制连衣裙后片，在属性栏中设置轮廓描边为并填充白色，得到的效果如图5-2-33所示。

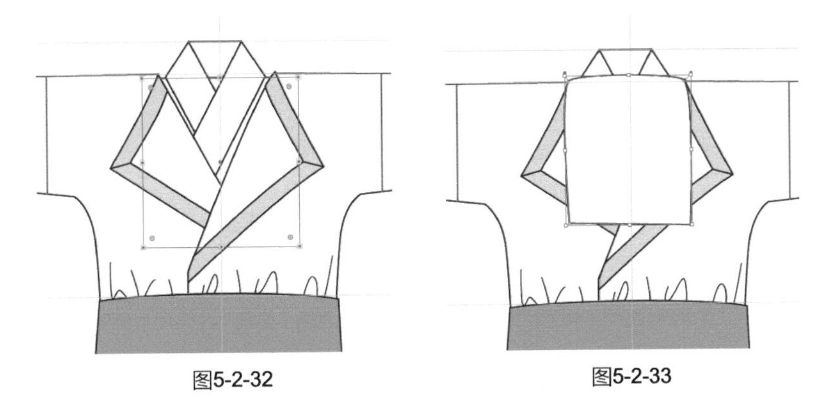

图5-2-32　　图5-2-33

步骤30 执行菜单栏中的【对象】/【排列】/【置于底层】命令，得到的效果如图5-2-34所示。

步骤31 执行菜单栏中的【文件】/【打开】命令，打开“图案素材”中的“花草图案”文件，如图5-2-35所示。用选择工具选择图案，按【Ctrl】+【X】组合键剪切图形，再单击“翻领连衣裙”文件，按【Ctrl】+【V】组合键粘贴图案，得到的效果如图5-2-36所示。

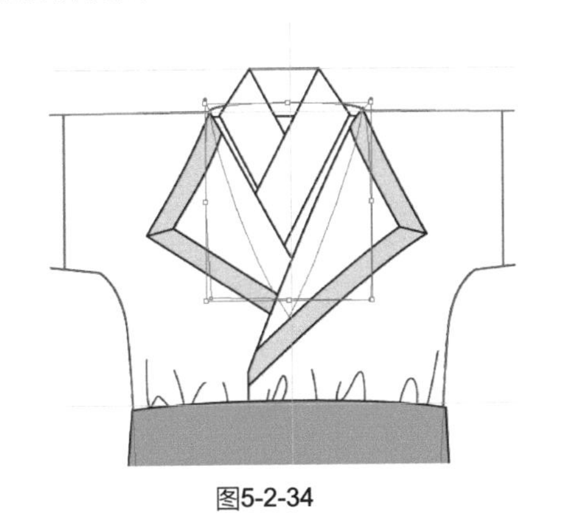

图5-2-34

图5-2-35

步骤32 使用选择工具选择圆形花图案，双击工具箱中的填色按钮□，弹出“拾色器”对话框，设置各项参数，如图5-2-37所示，在属性栏中设置轮廓描边为。单击“确定”按钮，得到的效果如图5-2-38所示。

图5-2-36

图5-2-37

步骤33 使用选择工具把图案摆放在右边袖口，并按【Ctrl】+【Shift】+【Alt】组合键，等比例缩小图案，得到的效果如图5-2-39所示。

图5-2-38

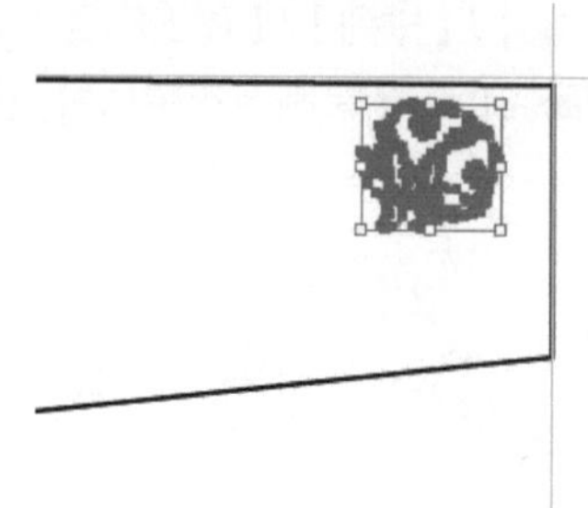

图5-2-39

步骤34 使用选择工具选择卷草图案，双击工具箱中的填色按钮□，弹出“拾色器”对话框，设置各项参数，如图5-2-40所示，在属性栏中设置轮廓描边为 0.1 pt。单击“确定”按钮，得到的效果如图5-2-41所示。

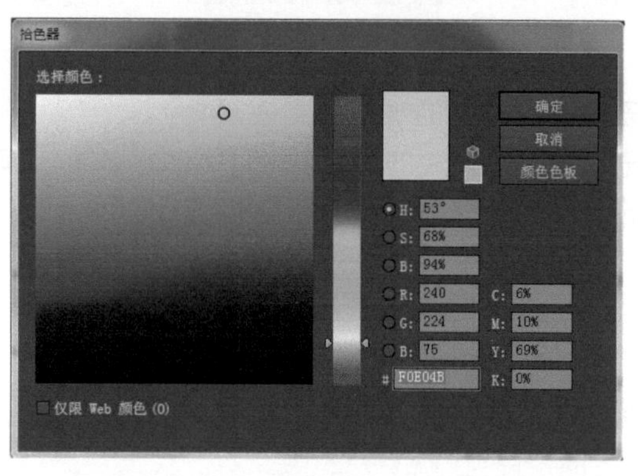

图5-2-40

图5-2-41

步骤35 使用选择工具把图案摆放在右侧翻领处，并按【Ctrl】+【Shift】+【Alt】组合键，等比例缩小并旋转图案，得到的效果如图5-2-42所示。

步骤36 使用选择工具选择花、草图案，执行菜单栏中的【对象】/【变换】/【对称】命令，弹出“镜像”对话框，选择“轴→垂直”，单击“复制”按钮，得到的效果如图5-2-43所示。

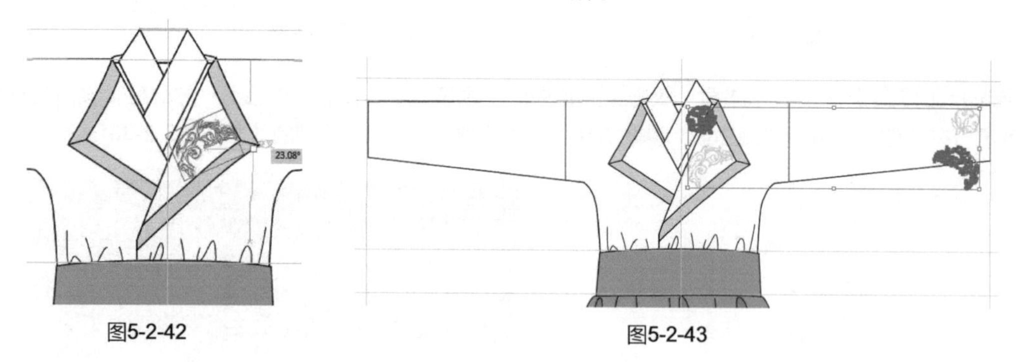

图5-2-42　　图5-2-43

步骤37 按住向左方向键←把复制的图形向左平移到一定的位置，得到的效果如图5-2-44所示。

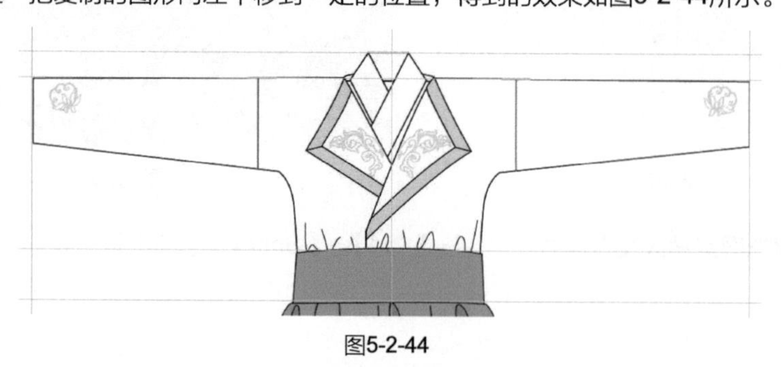

图5-2-44

步骤38 执行菜单栏中的【视图】/【参考线】/【清除参考线】命令，得到的效果如图5-2-45所示。

步骤39 使用钢笔工具和锚点工具绘制腰带，在属性栏中设置轮廓描边为，得到的效果如图5-2-46所示。

图5-2-45

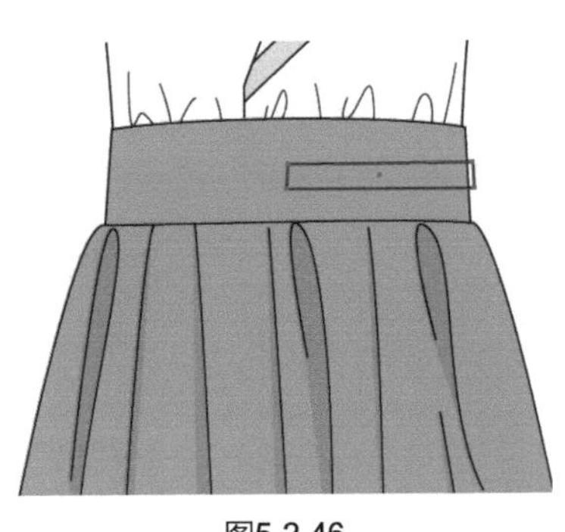

图5-2-46

步骤40 双击工具箱中的填色按钮，弹出“拾色器”对话框，设置各项参数，如图5-1-47所示。单击“确定”按钮，得到的效果如图5-2-48所示。

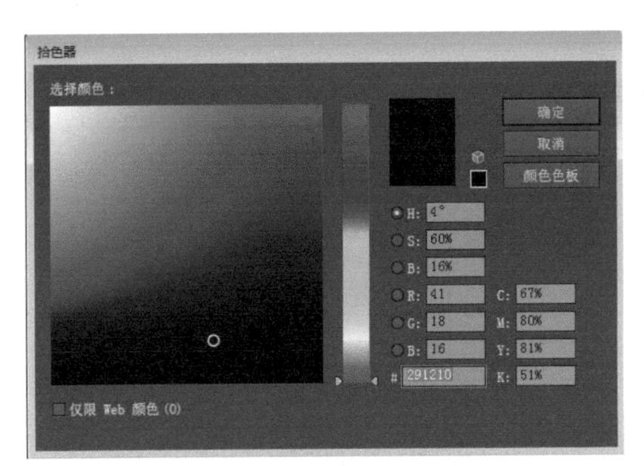

图5-2-47

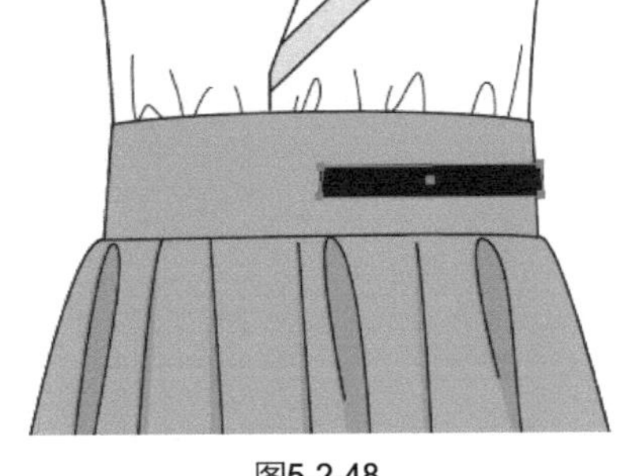

图5-2-48

步骤41 单击页面右侧的画笔按钮，打开“画笔”面板。再单击面板右上角的按钮，在弹出的对话框中选择“打开画笔库/用户定义画笔/绳子画笔”，打开第4章实例中保存的“绳子图案”，如图5-2-49所示。

步骤42 使用选择工具把“画笔”面板中的“绳子图案”拖到页面中，得到的效果如图5-2-50所示。

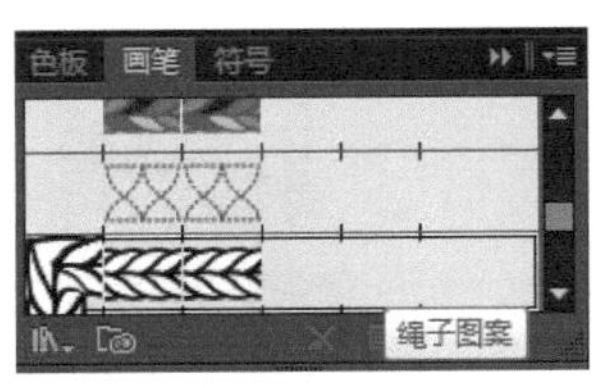

图5-2-49

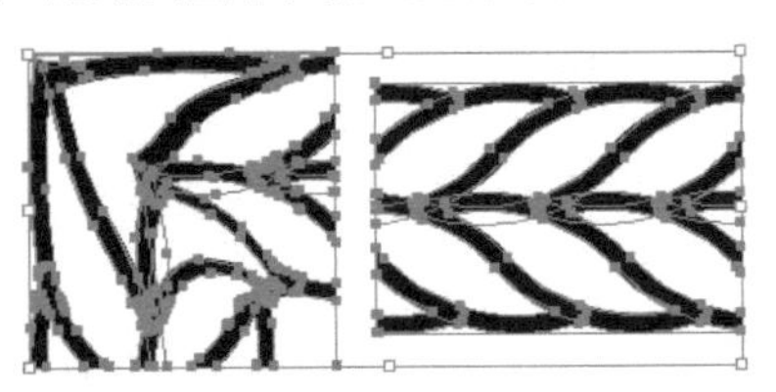

图5-2-50

步骤43 执行菜单栏中的【对象】/【取消编组】命令，按【Delete】键删除一部分画笔图案，得到的效果如图5-2-51所示。

步骤44 使用直接选择工具并按住【Shift】键，选择图5-2-52所示的图形。

步骤45 重复步骤（40）的操作，填充深咖啡色，得到的效果如图5-2-53所示。

图5-2-51

图5-2-52

图5-2-53

步骤46 使用选择工具框选图形，把图形拖入“画笔”面板中，弹出“新建画笔”对话框，选择“图案画笔”，如图5-2-54所示。

步骤47 单击“确定”按钮，弹出“图案画笔选项”对话框，命名为“绳子画笔2”，设置各项参数，如图5-2-55所示。再单击“确定”按钮，创建新的“绳子图案”画笔，如图5-2-56所示。

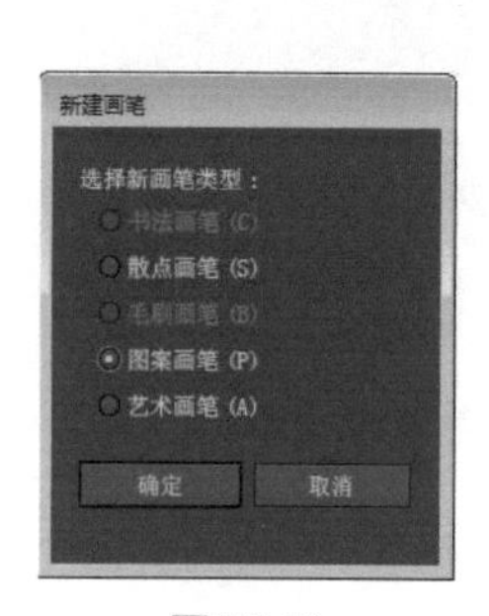

图5-2-54

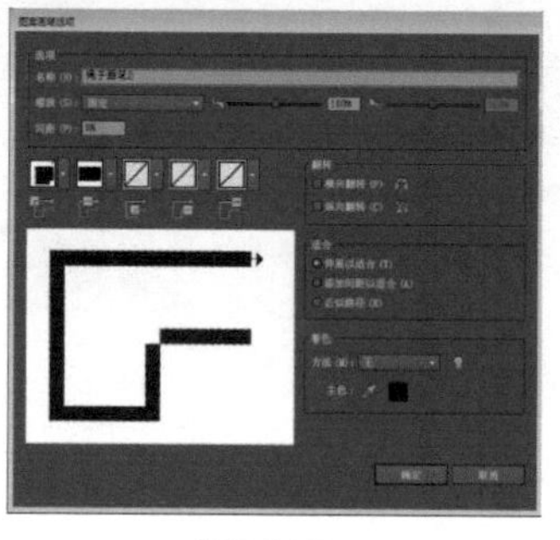

图5-2-55

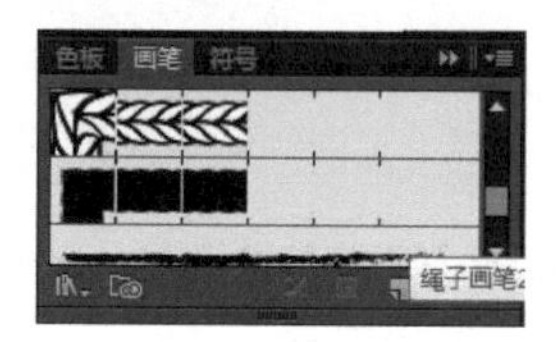

图5-2-56

步骤48 使用钢笔工具和锚点工具绘制图5-2-57所示的绳带。

步骤49 单击“画笔”面板中的“绳子画笔2”，得到的效果如图5-2-58所示。

图5-2-57

图5-2-58

步骤50 单击画“笔面”板中的所选对象的选项按钮，弹出“描边选项”对话框，设置各项参数，如图5-2-59所示。单击“确定”按钮，得到的效果如图5-2-60所示。

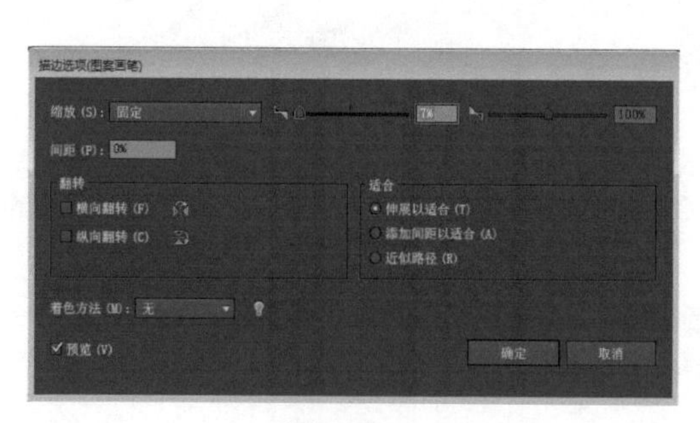

图5-2-59

图5-2-60

步骤 51 使用椭圆工具并按住【Shift】键，在腰部绘制装饰毛球，填充白色并设置为无描边，得到的效果如图5-2-61所示。

步骤 52 执行菜单栏中的【效果】/【扭曲和变换】/【波纹效果】命令，弹出“波纹效果”对话框，设置各项参数，如图5-2-62所示，单击“确定”按钮，得到的效果如图5-2-63所示。

图5-2-61

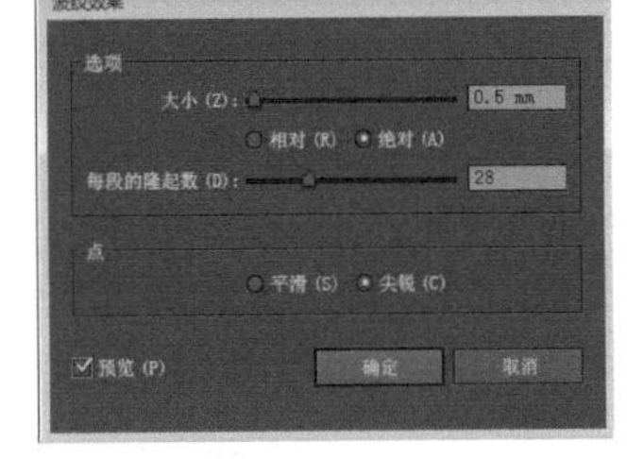

图5-2-62

步骤 53 单击选择工具并按住【Alt】键向右拖动鼠标左键，复制图形，如图5-2-64所示。

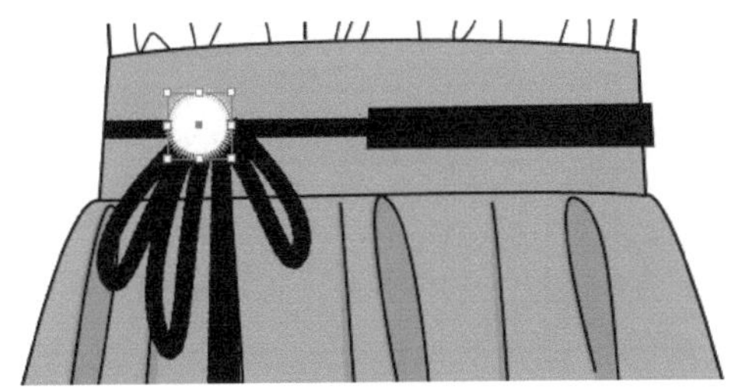

图5-2-63

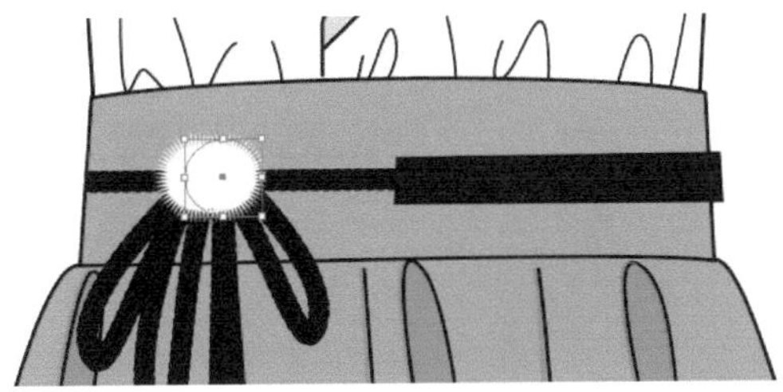

图5-2-64

步骤 54 执行菜单栏中的【效果】/【扭曲和变换】/【粗糙化】命令，弹出“粗糙化”对话框，设置各项参数，如图5-2-65所示，单击“确定”按钮，得到的效果如图5-2-66所示。

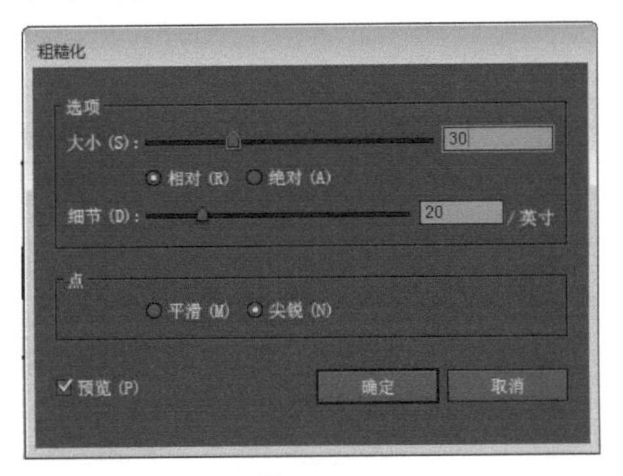

图5-2-65

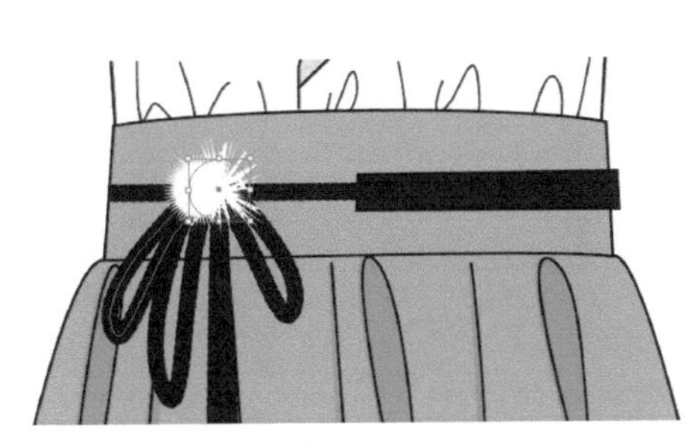

图5-2-66

步骤 55 使用选择工具把复制的图形向左移动到图5-2-67所示的位置。

步骤 56 使用选择工具选择两个白色图形，按【Ctrl】+【G】组合键编组,如图5-2-68所示。

图5-2-67

图5-2-68

步骤 57 单击选择工具并按住【Alt】键向右下方拖动鼠标左键，复制毛球，按【Alt】+【Shift】+【Ctrl】组合键等比例放大毛球，得到的效果如图5-2-69所示。

步骤58 按住【Alt】键的同时按住鼠标左键，往左拖动鼠标复制出第三个毛球，填充为浅灰色，得到的效果如图5-2-70所示。

图5-2-69

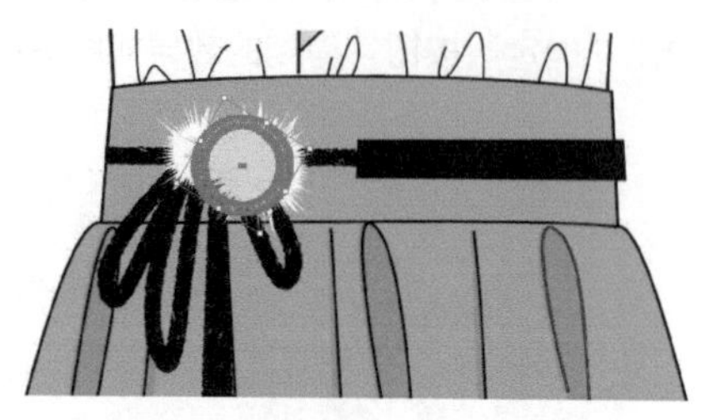
图5-2-70

步骤59 执行菜单栏中的【对象】/【排列】/【后移一层】命令，得到的效果如图5-2-71所示。

步骤60 使用选择工具选择绳带，执行菜单栏中的【对象】/【排列】/【置于顶层】命令，得到的效果如图5-2-72所示。

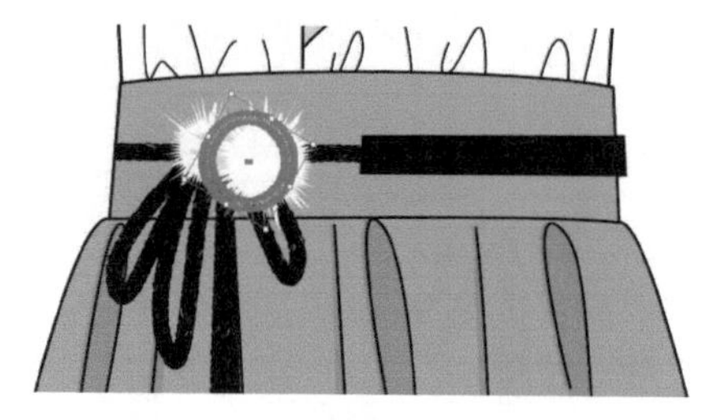
图5-2-71

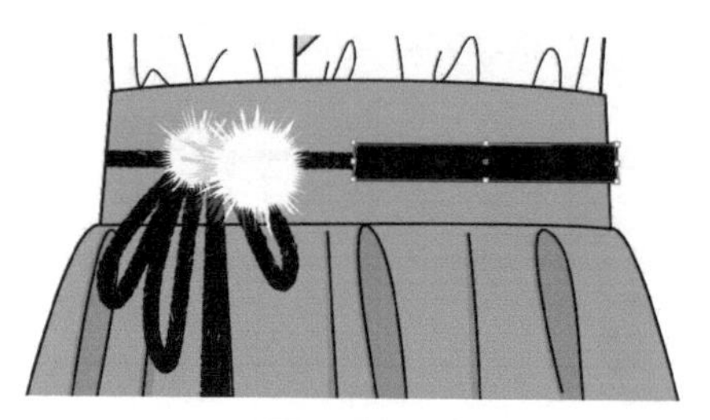
图5-2-72

步骤61 使用椭圆工具和锚点工具绘制图5-2-73所示的绳带上的装饰珠，在属性栏中设置轮廓描边为。

步骤62 单击页面右侧的按钮，在弹出的面板中选择“渐变”面板，设置“径向”类型，如图5-2-74所示，设置渐变颜色参数，如图5-2-75、图5-2-76和图5-2-77所示，从红色到深红色再到红色渐变。装饰珠的渐变效果如图5-2-78所示。

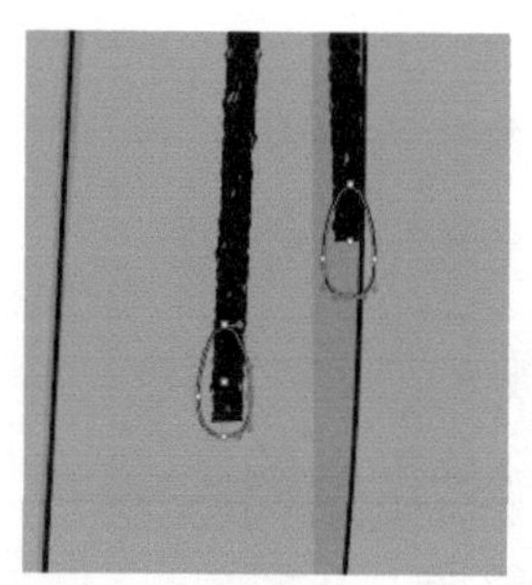
图5-2-73

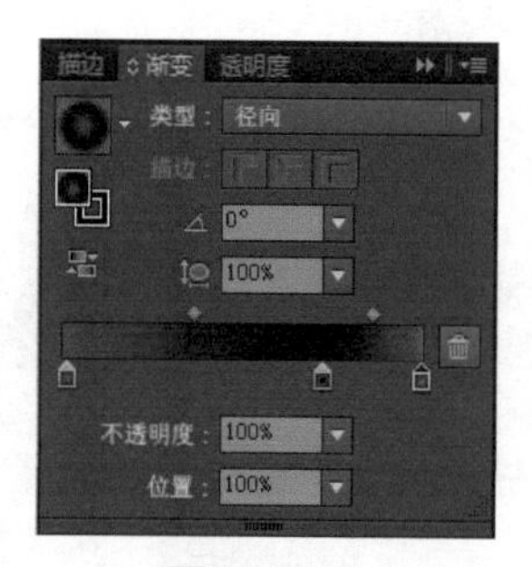

图5-2-74

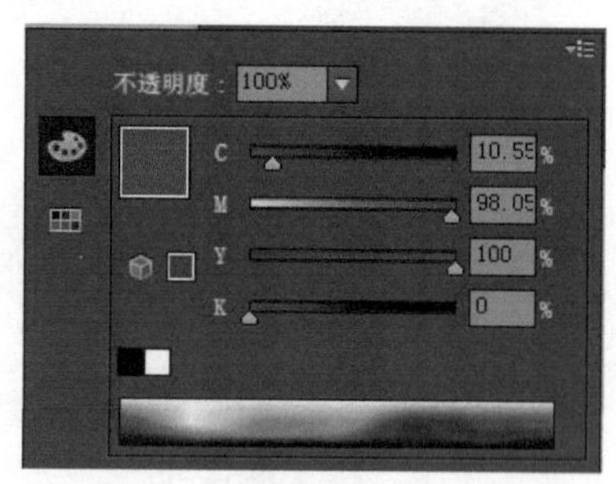

图5-2-75

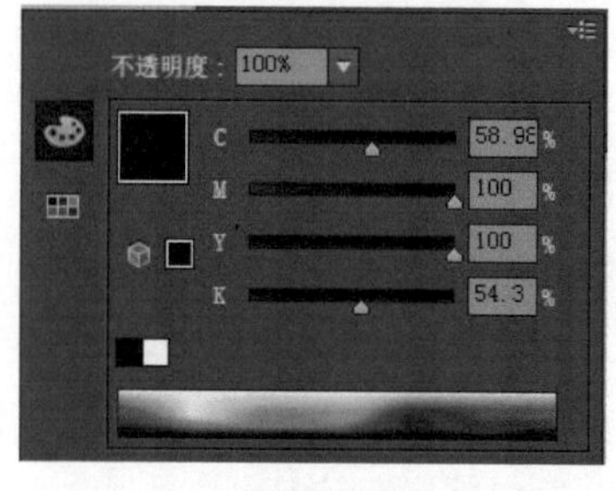

图5-2-76

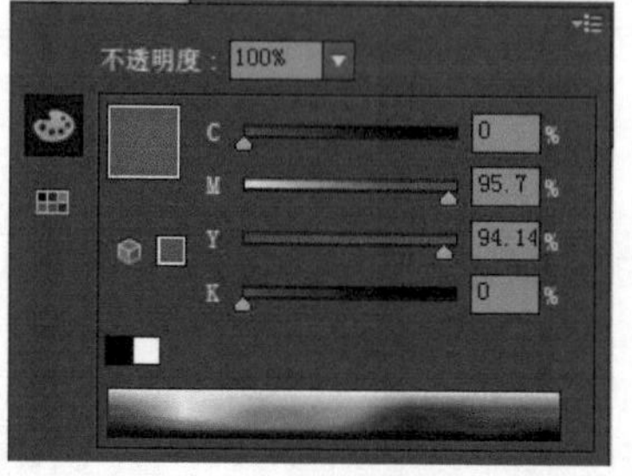

图5-2-77

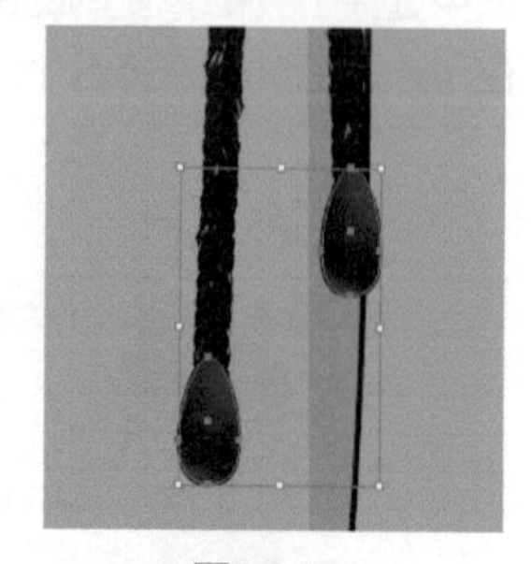
图5-2-78

步骤63 使用选择工具框选图形，按【Ctrl】+【G】组合键编组图形，最终完成的连衣裙整体效果如图5-2-79所示。

图5-2-79

实例22 袄裙两件套款式设计

实例目的：了解绘制袄裙基本造型的基础工具的使用，以及袄裙细节设计，如立领、装饰扣、绣花图案等。

实例要点：使用钢笔工具和锚点工具绘制袄裙的基本造型（注意上下装比例）；

装饰细节表现（如绣花图案、花瓣造型及裙子褶裥的表现等）。

最终效果如图5-2-80所示。

图5-2-80

操作步骤

步骤 01 启动Illustrator CC应用程序，执行菜单栏中的【文件】/【新建】命令，弹出“新建文档”对话框，设置文件名为“袄裙两件套”，页面取向为“横向”，如图5-2-81所示。单击“确定”按钮，得到的效果如图5-2-82所示。

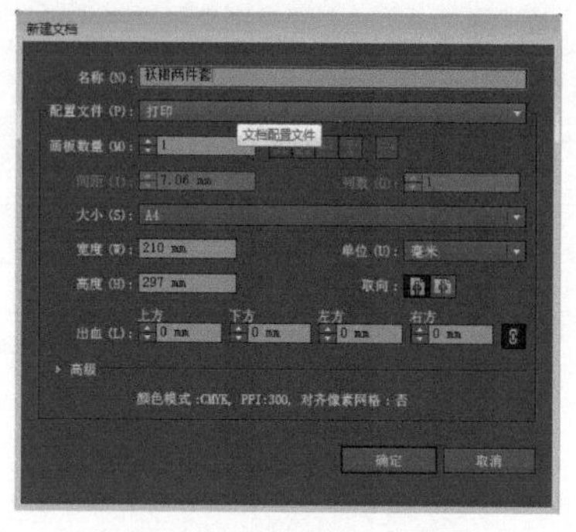

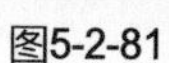

图5-2-81

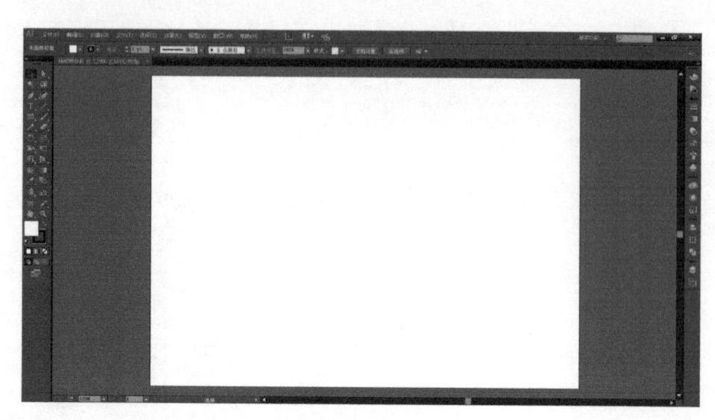

图5-2-82

步骤02 执行菜单栏中的【视图】/【标尺】/【显示标尺】命令，得到的效果如图5-2-83所示。

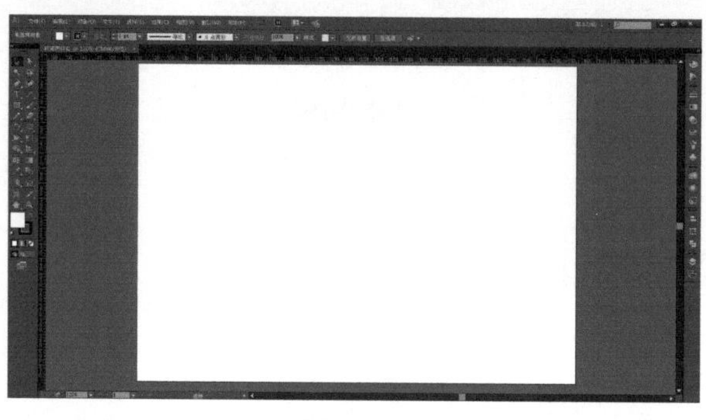

图5-2-83

步骤03 用鼠标单击上方和左方的标尺栏，分别从上往下、从左往右拖动鼠标，添加八条辅助线，确定衣长、领口、肩线、袖肥、腰线、裙等位置，如图5-2-84所示。

图5-2-84

步骤04 使用钢笔工具和锚点工具在辅助线的基础上绘制衣身，如图5-2-85所示。在属性栏中设置轮廓描边为 0.75 pt 。

步骤05 分别双击工具箱中的填色按钮和描边按钮，弹出“拾色器”对话框，设置各项参数，分别如图5-2-86和图5-2-87所示。单击“确定”按钮，得到的效果如图5-2-88所示。

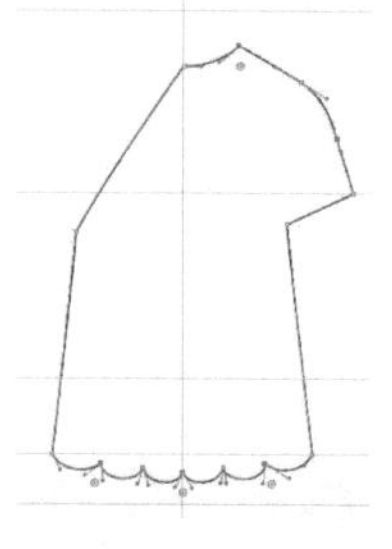

图5-2-85

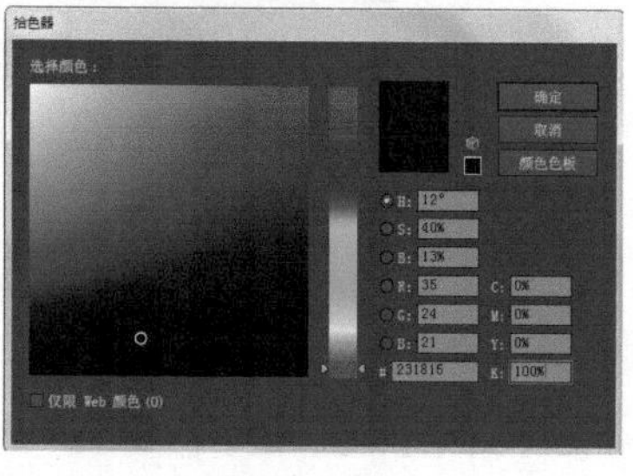

图5-2-86

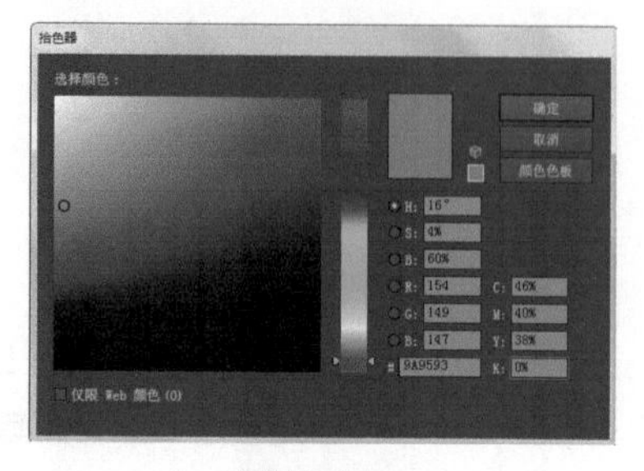

图5-2-87

步骤06 使用钢笔工具和锚点工具绘制衣袖，在属性栏中设置轮廓描边为，得到的效果如图5-2-89所示。

步骤07 使用吸管工具单击衣身，得到的效果如图5-2-90所示。执行菜单栏中的【对象】/【排列】/【置于底层】命令，得到的效果如图5-2-91所示。

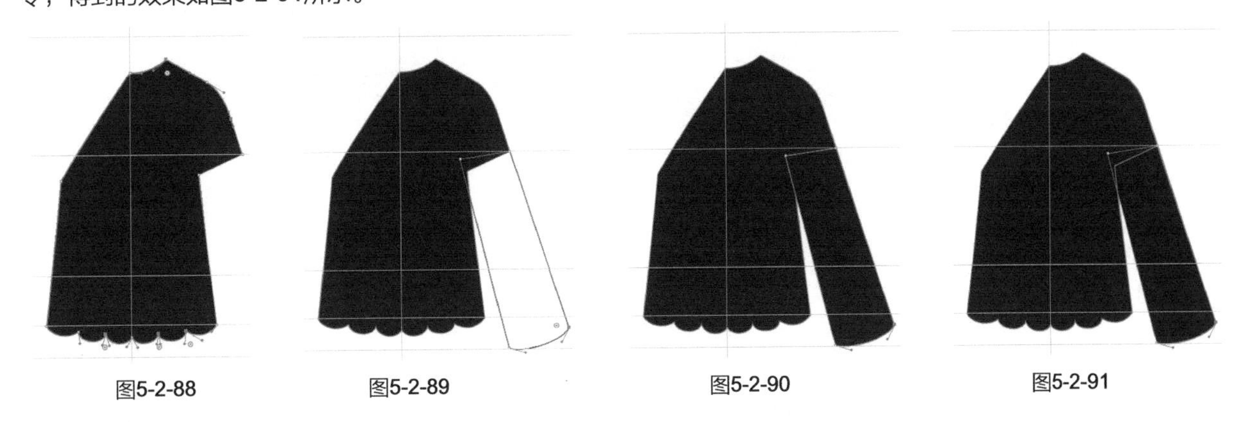

图5-2-88　图5-2-89　图5-2-90　图5-2-91

步骤08 使用钢笔工具绘制褶裥线，如图5-2-92所示，在属性栏中设置轮廓描边为，填充为灰色。

步骤09 使用选择工具选择衣身、衣袖和褶裥线，执行菜单栏中的【对象】/【变换】/【对称】命令，弹出“镜像”对话框，选择“轴→垂直”，再单击“复制”按钮，得到的效果如图5-2-93所示。

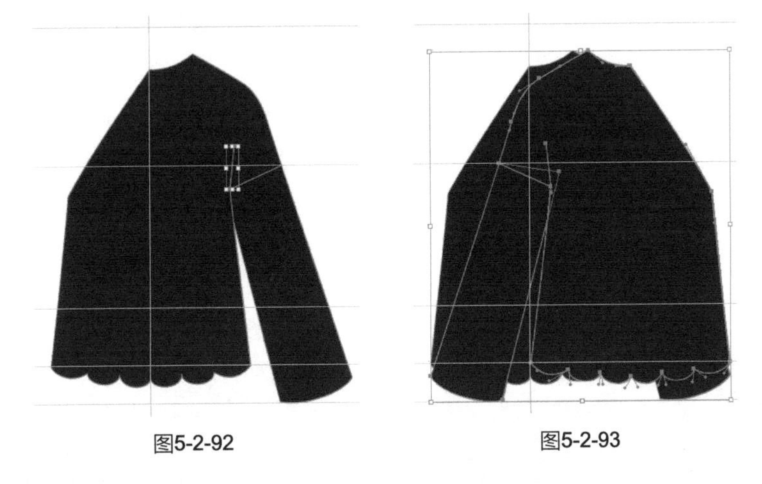

图5-2-92　图5-2-93

步骤10 用向左方向键←把复制的图形向左平移到一定的位置，得到的效果如图5-2-94所示。

步骤11 执行菜单栏中的【对象】/【排列】/【置于底层】命令，得到的效果如图5-2-95所示。

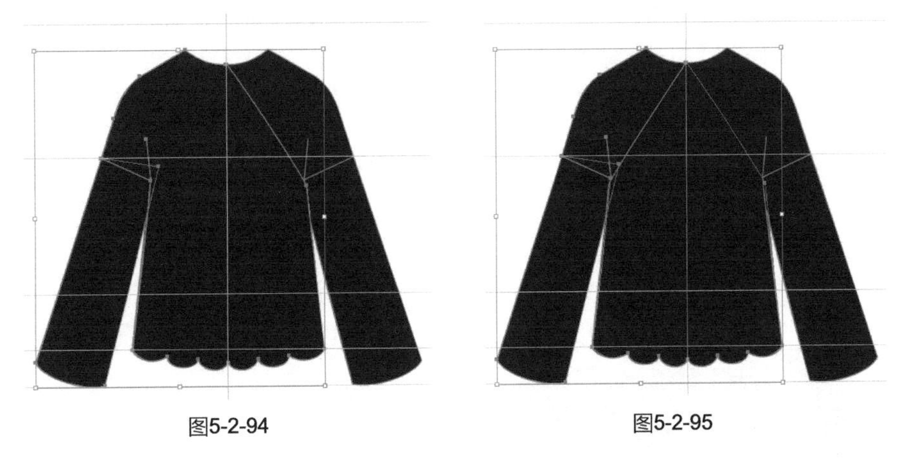

图5-2-94　图5-2-95

步骤12 使用钢笔工具和锚点工具绘制立领，在属性栏中设置轮廓描边为，得到的效果如图5-2-96所示。

步骤13 使用吸管工具单击衣身，得到的效果如图5-2-97所示。

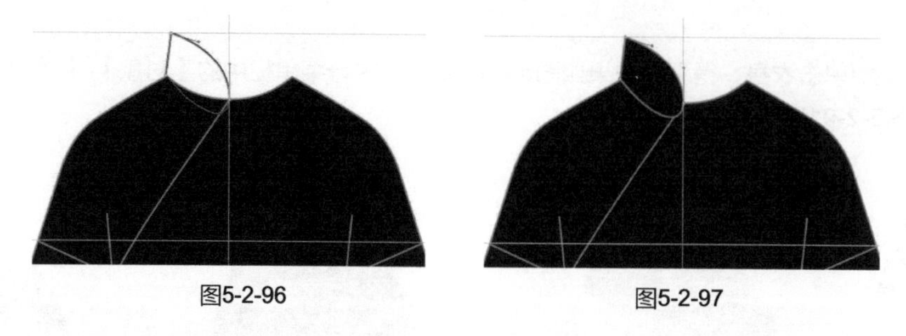

图5-2-96　　图5-2-97

步骤14 执行菜单栏中的【对象】/【排列】/【置于底层】命令，得到的效果如图5-2-98所示。

步骤15 执行菜单栏中的【对象】/【变换】/【对称】命令，弹出“镜像”对话框，选择“轴→垂直”，再单击“复制”按钮，得到的效果如图5-2-99所示。

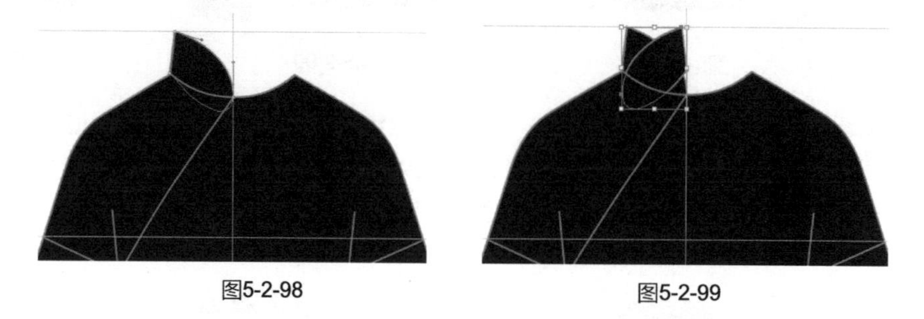

图5-2-98　　图5-2-99

步骤16 用向右方向键→把复制的图形向右平移到一定的位置，得到的效果如图5-2-100所示。

步骤17 使用钢笔工具和锚点工具绘制后领，在属性栏中设置轮廓描边为并填充黑色，得到的效果如图5-2-101所示。

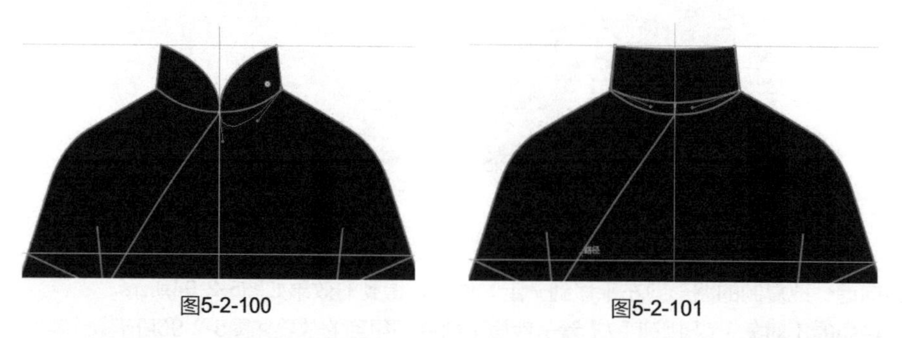

图5-2-100　　图5-2-101

步骤18 执行菜单栏中的【对象】/【排列】/【置于底层】命令，得到的效果如图5-2-102所示。

步骤19 执行菜单栏中的【文件】/【打开】命令，打开“图案素材”中的“金属扣”文件。用选择工具选择扣子，按【Ctrl】+【X】组合键剪切图形，再单击“袄裙两件套”文件，按【Ctrl】+【V】组合键粘贴图案，得到的效果如图5-2-103所示。

步骤20 使用选择工具把金属扣移动到立领上，按【Ctrl】+【Alt】+【Shift】组合键等比例缩小金属扣，得到的效果如图5-2-104所示。

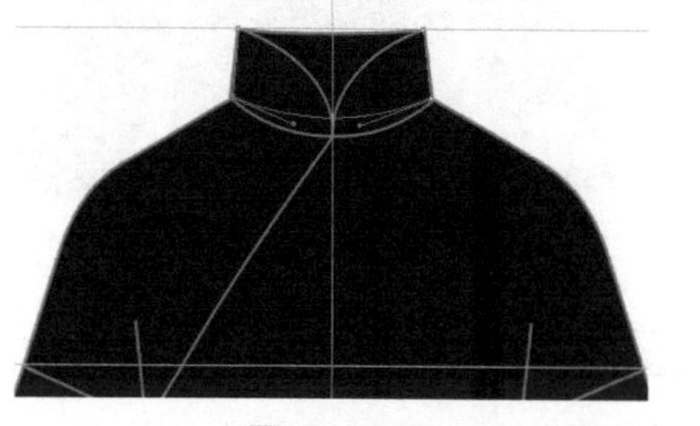

图5-2-102

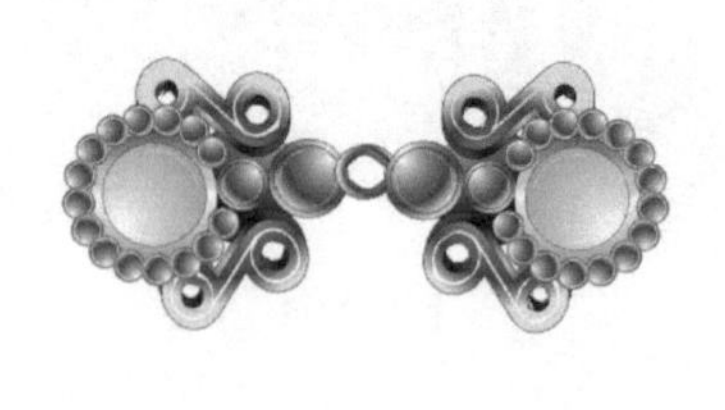

图5-2-103

步骤21 执行菜单栏中的【文件】/【打开】命令，打开“图案素材”中的“兰花图案”文件，如图5-2-105所示。用选择工具选择图案，按【Ctrl】+【X】组合键剪切图形，再单击“袄裙两件套”文件，按【Ctrl】+【V】组合键粘贴图案，得到的效果如图5-2-106所示。

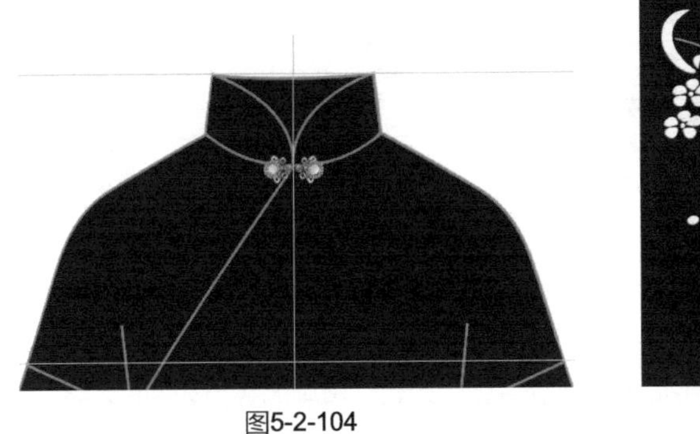

图5-2-104　　图5-2-105

步骤22 使用选择工具把图案移动到右侧肩部，按【Ctrl】+【Alt】+【Shift】组合键等比例缩小图案，得到的效果如图5-2-107所示。

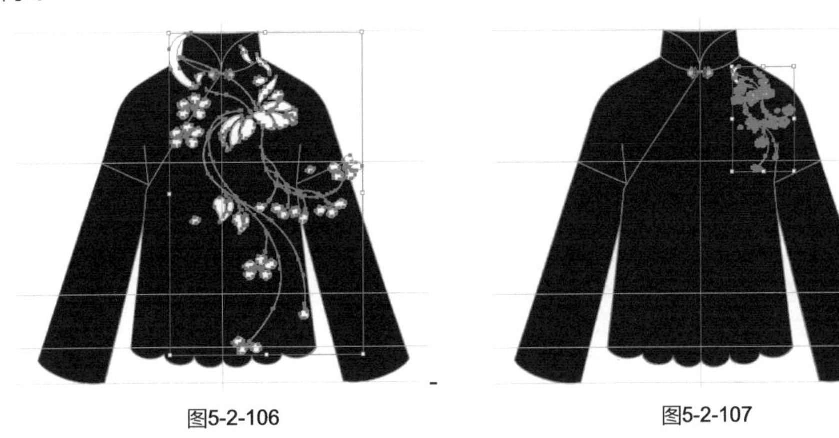

图5-2-106　　图5-2-107

步骤23 使用钢笔工具和锚点工具在袖口绘制图形，在属性栏中设置轮廓描边为并填充黑色，得到的效果如图5-2-108所示。

步骤24 使用选择工具选择兰花图案，按住【Alt】键的同时按住鼠标左键拖动鼠标复制图案，再把复制的图案移动到袖口，如图5-2-109所示。

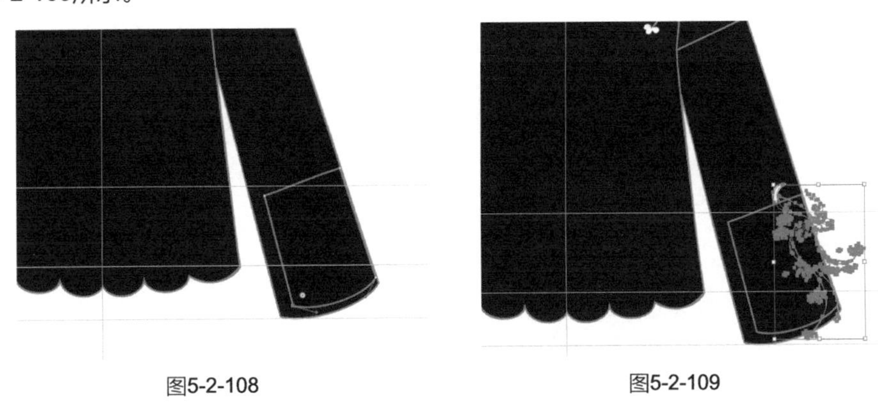

图5-2-108　　图5-2-109

步骤25 用选择工具旋转图案，再按【Ctrl】+【Alt】+【Shift】组合键等比例缩小图案，得到的效果如图5-2-110所示。

步骤26 按住【Shift】键加选袖口图形，执行菜单栏中的【对象】/【剪切蒙版】/【建立】命令，得到的效果如图5-2-111所示。

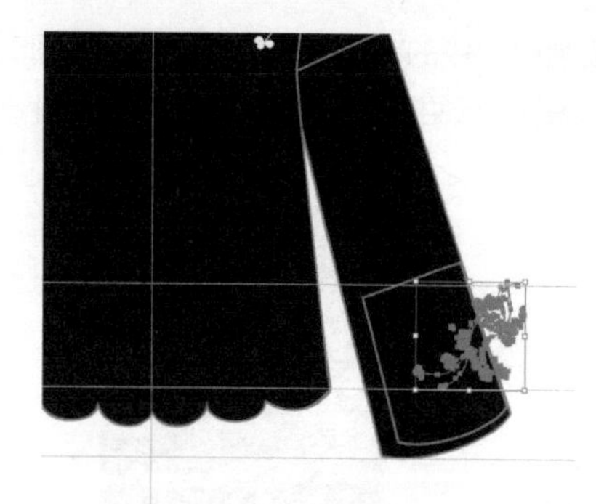

图5-2-110

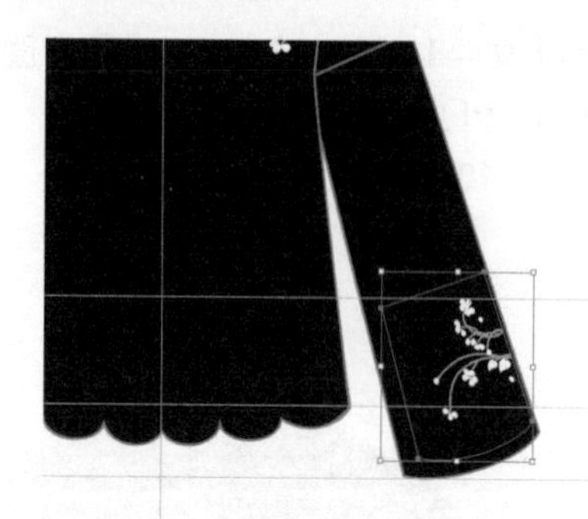

图5-2-111

步骤27 执行菜单栏中的【对象】/【变换】/【对称】命令，弹出“镜像”对话框，选择“轴→垂直”，再单击“复制”按钮，复制袖口图案，把复制的图形向右平移到一定的位置，得到的效果如图5-2-112所示。

步骤28 使用钢笔工具和锚点工具在辅助线的基础上绘制裙子，在属性栏中设置轮廓描边为，得到的效果如图5-2-113所示。

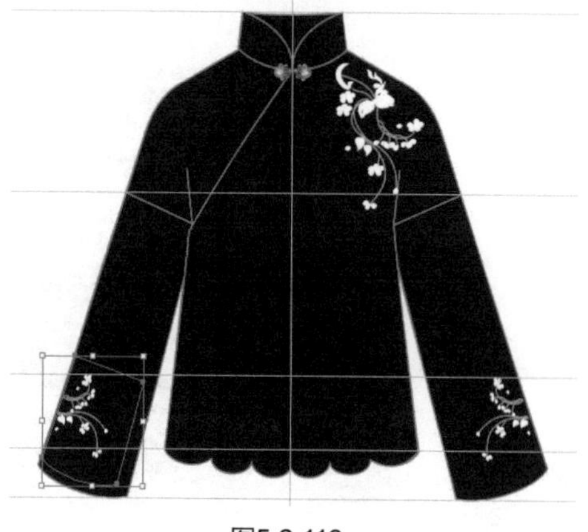

图5-2-112

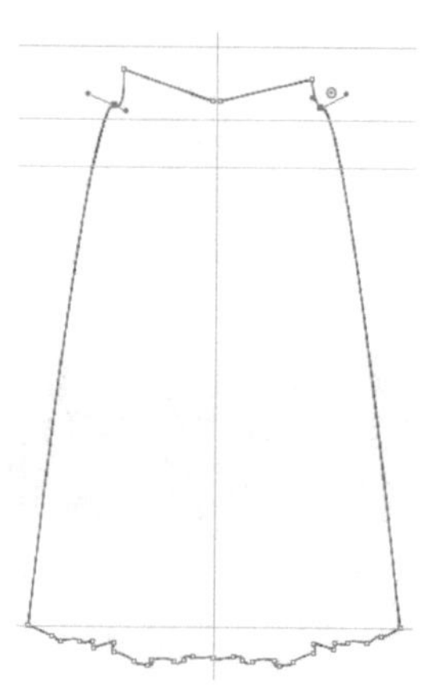

图5-2-113

步骤29 双击工具箱中的填色按钮□，弹出“拾色器”对话框，设置各项参数，如图5-2-114所示。单击“确定”按钮，得到的效果如图5-2-115所示。

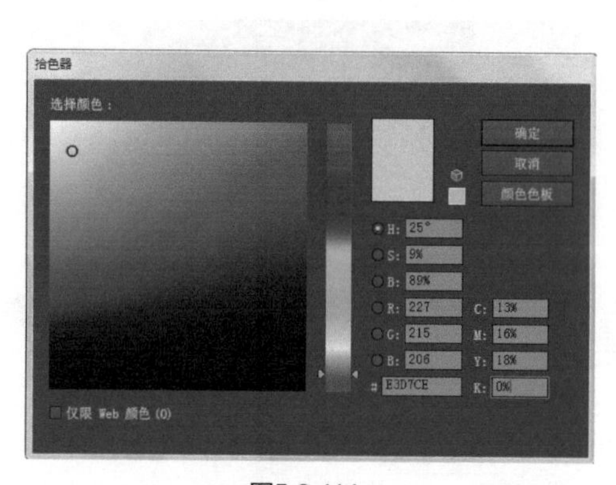

图5-2-114

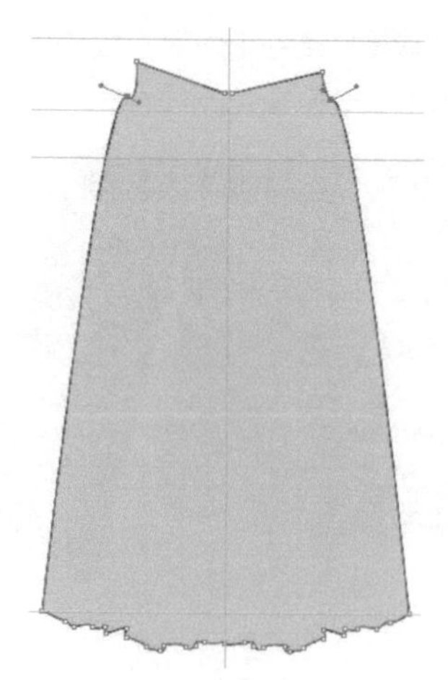

图5-2-115

步骤30 使用钢笔工具和直接选择工具绘制裙身上的褶裥线，在属性栏中设置轮廓描边为，得到的效果如图5-2-116所示。

步骤31 使用选择工具按住【Alt】键，同时按住鼠标左键往上拖动鼠标复制第二层裙子，如图5-2-117所示。

步骤32 选择“透明度”面板，设置“不透明度”参数为30%，得到的效果如图5-2-118所示。

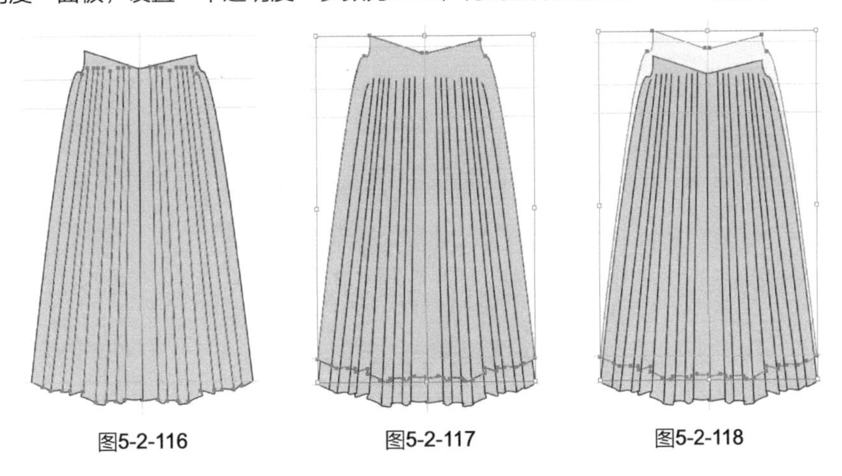

图5-2-116 图5-2-117 图5-2-118

步骤33 使用直接选择工具框选第二层裙子上的节点，移动到图5-2-119所示的位置。

步骤34 使用直接选择工具往左右两边调整裙摆两侧的节点，得到的效果如图5-2-120所示

步骤35 执行菜单栏中的【对象】/【排列】/【置于顶层】命令，得到的效果如图5-2-121所示。

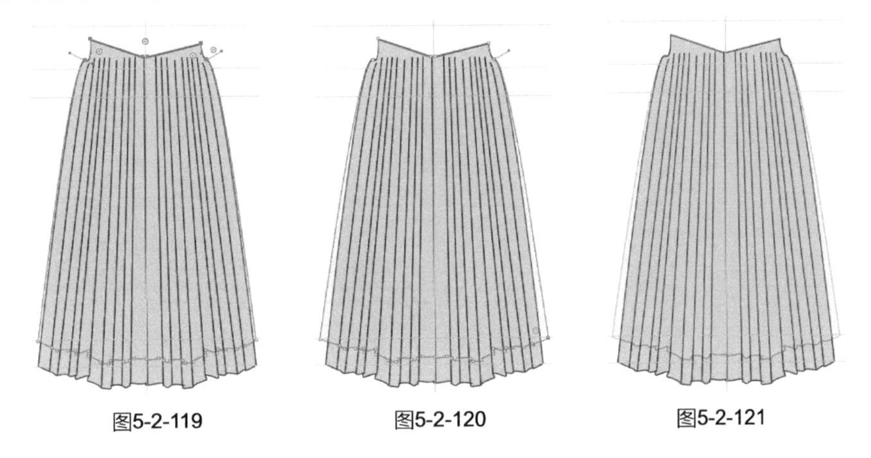

图5-2-119 图5-2-120 图5-2-121

步骤36 使用钢笔工具和锚点工具绘制裙子腰头，在属性栏中设置轮廓描边为，得到的效果如图5-2-122所示。

步骤37 使用吸管工具单击裙摆部分吸取颜色，得到的效果如图5-2-123所示。

步骤38 执行菜单栏中的【视图】/【参考线】/【清除参考线】命令，得到的效果如图5-2-124所示。

图5-2-122 图5-2-123 图5-2-124

步骤39 使用钢笔工具和直接选择工具绘制两条飘带，在属性栏中设置轮廓描边为，得到的效果如图5-2-125所示。

步骤40 双击工具箱中的填色按钮□，弹出“拾色器”对话框，设置各项参数，如图5-2-126所示，单击“确定”按钮，得到的效果如图5-2-127所示。

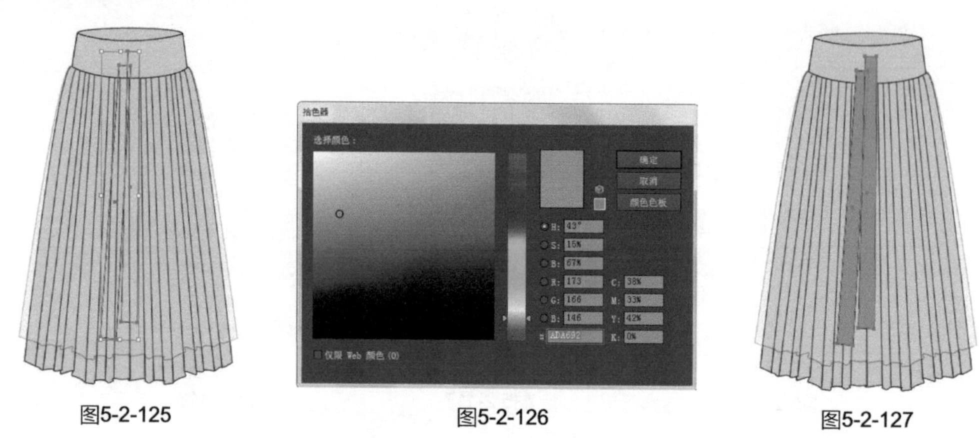

图5-2-125　图5-2-126　图5-2-127

步骤41 执行菜单栏中的【对象】/【排列】/【后移一层】命令，得到的效果如图5-2-128所示。

步骤42 使用选择工具，按住【Alt】键的同时按住鼠标左键拖动鼠标复制图案，把复制的图案摆放在飘带上。按【Ctrl】+【Alt】+【Shift】组合键等比例缩小图案并旋转图案，得到的效果如图5-2-129所示。

步骤43 使用钢笔工具和直接选择工具绘制两条图形，在属性栏中设置轮廓描边为并填充白色，得到的效果如图5-2-130所示。

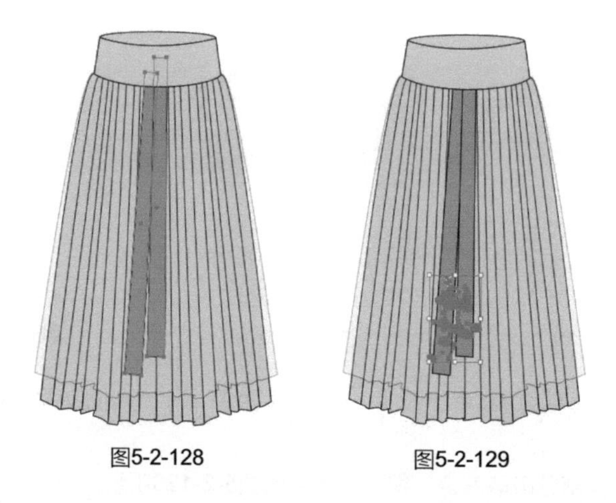

图5-2-128　图5-2-129

步骤44 使用选择工具选择飘带上的图案，按【Ctrl】+【C】组合键复制，再按【Shift】+【Ctrl】+【V】组合键原地粘贴图案，得到的效果如图5-2-131所示。

步骤45 使用选择工具选择两个图形，执行菜单栏中的【对象】/【排列】/【置于顶层】命令，得到的效果如图5-2-132所示。

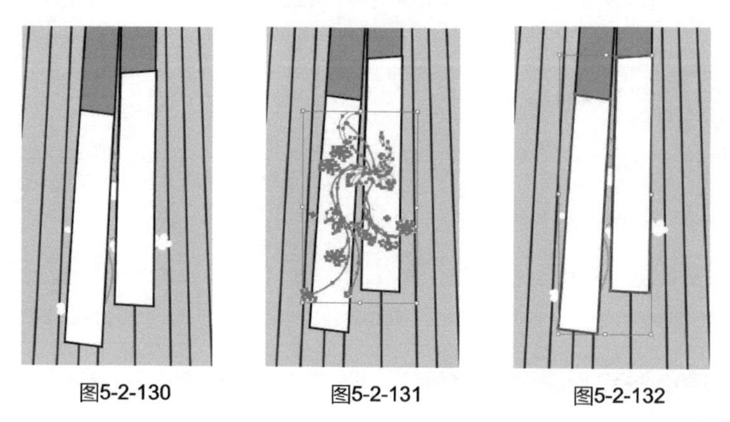

图5-2-130　图5-2-131　图5-2-132

步骤46 使用选择工具并按住【Shift】键选择左侧图形和图案，执行菜单栏中的【对象】/【剪切蒙版】/【建立】命令，得到的效果如图5-2-133所示。

步骤47 使用选择工具并按【Shift】键选择右侧图形和图案，执行菜单栏中的【对象】/【剪切蒙版】/【建立】命令，得到的效果如图5-2-134所示。

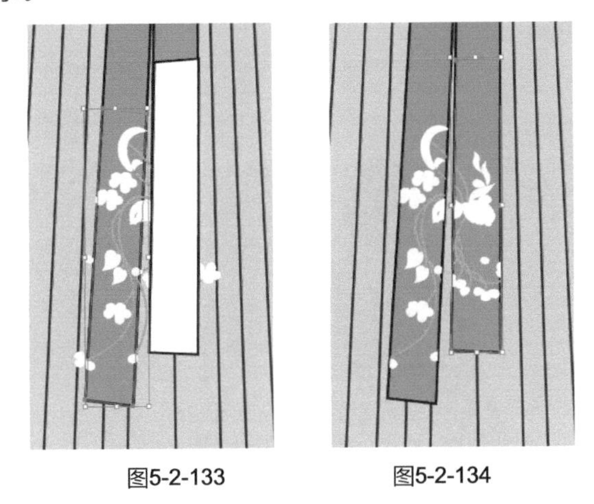

图5-2-133　　图5-2-134

步骤48 使用选择工具分别框选上衣和裙子，按【Ctrl】+【G】组合键编组图形，如图5-2-135所示。使用选择工具选择裙子，执行菜单栏中的【对象】/【排列】/【置于底层】命令，把裙子摆放在上衣下面，最终完成的整体着装效果如图5-2-136所示。

图5-2-135　　图5-2-136

实例23 披风两件套款式设计

实例目的： 了解绘制披风基本造型的基础工具的使用，以及披风细节设计，如连帽、蝴蝶结、绣花图案等。

实例要点： 使用钢笔工具和锚点工具绘制披风和裙子的基本造型（注意上下装比例）；
装饰细节表现（如绣花图案、蝴蝶结及裙子褶裥的表现等）。

最终效果如图5-2-137所示。

图5-2-137

操作步骤

步骤01 启动Illustrator CC应用程序，执行菜单栏中的【文件】/【新建】命令，弹出“新建文档”对话框，设置文件名为“披风两件套”，页面取向为“横向”，如图5-2-138所示。单击“确定”按钮，得到的效果如图5-2-139所示。

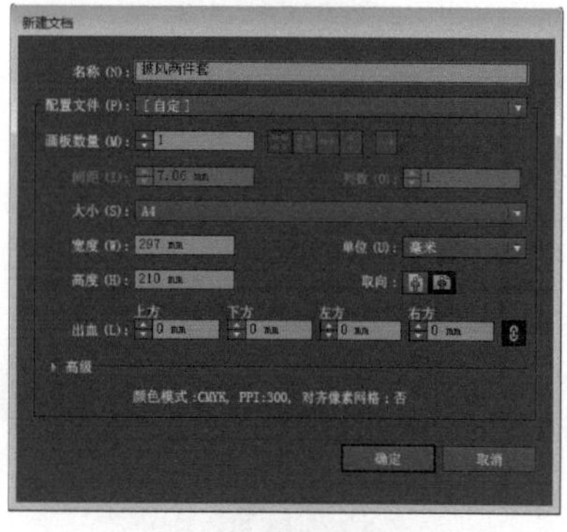

图5-2-138

图5-2-139

步骤02 执行菜单栏中的【视图】/【标尺】/【显示标尺】命令，得到的效果如图5-2-140所示。

图5-2-140

步骤03 用鼠标单击上方和左方的标尺栏，分别从上往下、从左往右拖动鼠标，添加八条辅助线，确定帽高、领、衣长、口袋、胸线、裙长等位置，如图5-2-141所示。

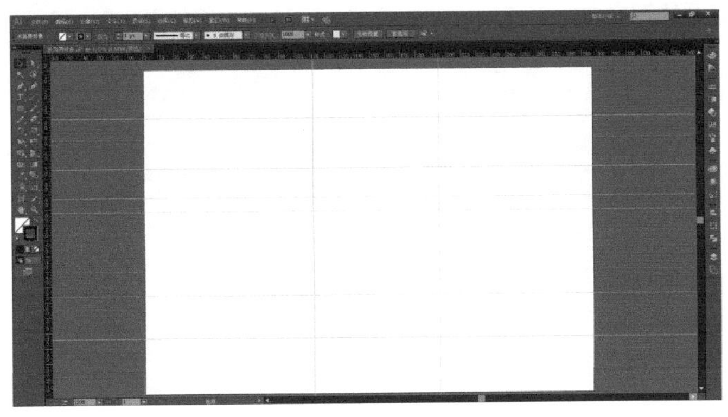

图5-2-141

步骤04 使用钢笔工具和锚点工具在辅助线的基础上绘制披风造型，在属性栏中设置轮廓描边为，得到的效果如图5-2-142所示。

步骤05 双击工具箱中的填色按钮，弹出“拾色器”对话框，设置各项参数,如图5-2-143所示，单击“确定”按钮，得到的效果如图5-2-144所示。

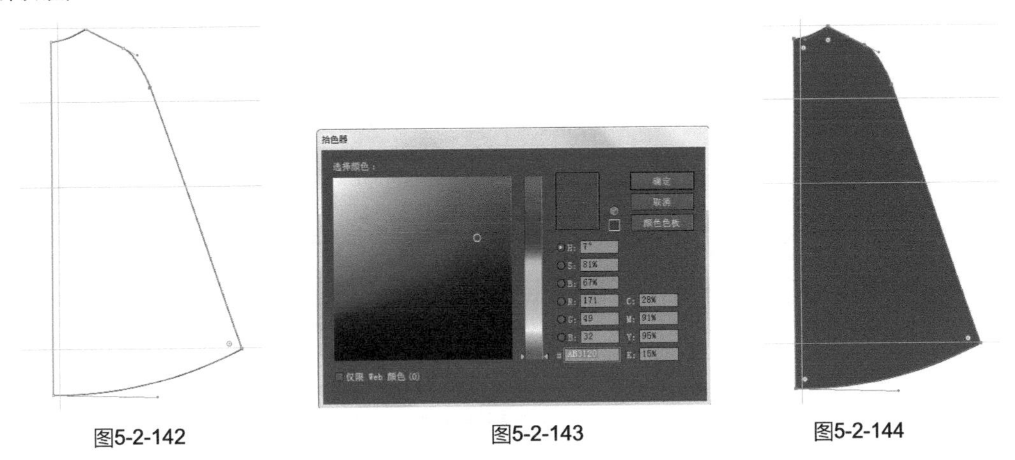

图5-2-142　图5-2-143　图5-2-144

步骤06 使用钢笔工具绘制斜插袋，在属性栏中设置轮廓描边为，得到的效果如图5-2-145所示。

步骤07 使用钢笔工具绘制口袋贴边，在属性栏中设置轮廓描边为并填充白色，得到的效果如图5-2-146所示。

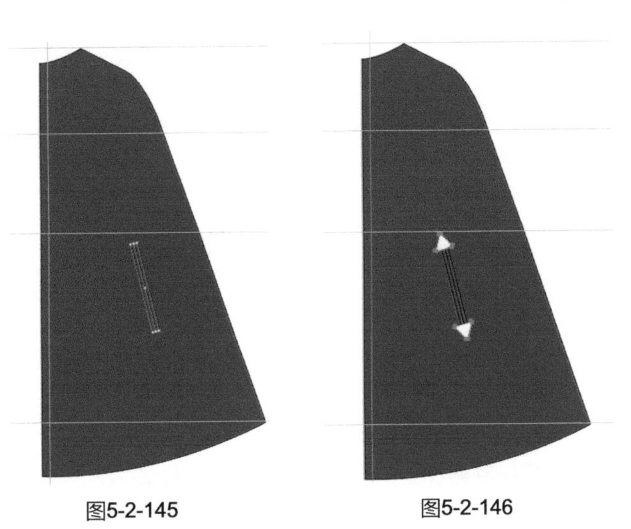

图5-2-145　图5-2-146

步骤08 使用选择工具选择所有绘制好的图形，执行菜单栏中的【对象】/【变换】/【对称】命令，弹出“镜像”对话框，选择“轴→垂直”，单击“复制”按钮，得到的效果如图5-2-147所示。

步骤09 用向左方向键←把复制的图形向左平移到一定的位置，得到的效果如图5-2-148所示。

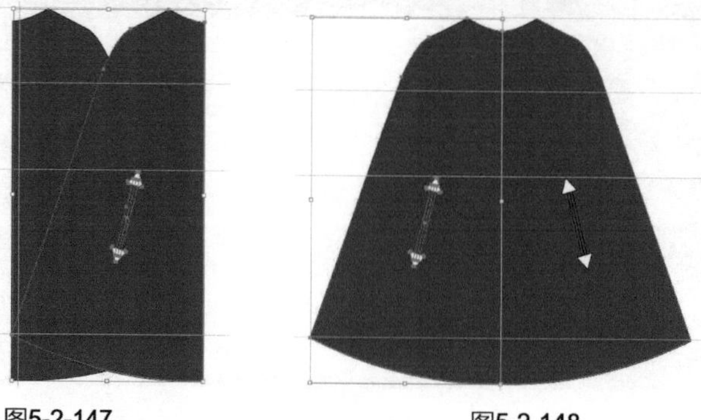

图5-2-147　　图5-2-148

步骤10 使用钢笔工具和锚点工具在辅助线的基础上绘制帽子和帽里，在属性栏中设置轮廓描边为，得到的效果如图5-2-149所示。

步骤11 使用吸管工具单击衣身部分吸取颜色，得到的效果如图5-2-150所示。

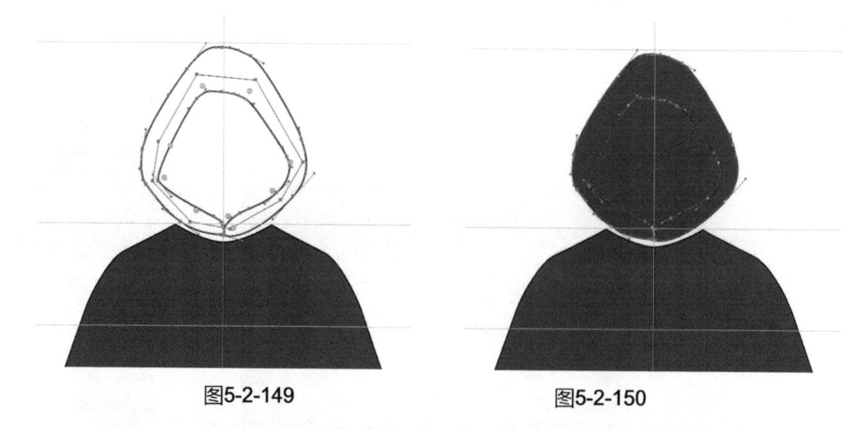

图5-2-149　　图5-2-150

步骤12 使用钢笔工具和锚点工具绘制领圈，在属性栏中设置轮廓描边为，得到的效果如图5-2-151所示。

步骤13 使用吸管工具单击衣身部分吸取颜色，得到的效果如图5-2-152所示。

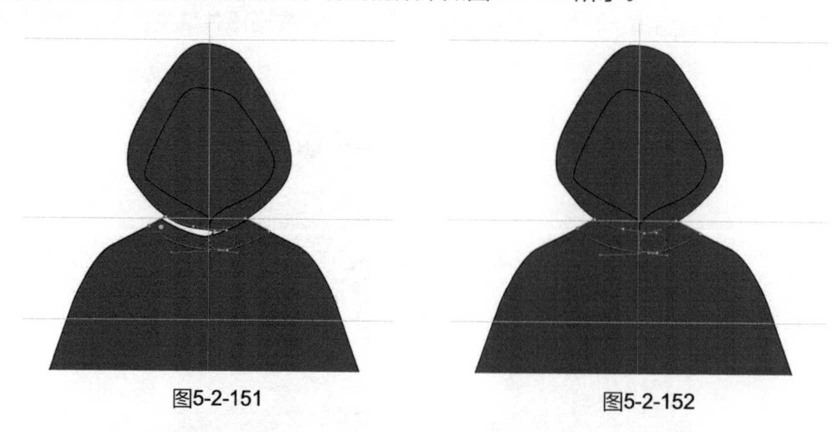

图5-2-151　　图5-2-152

步骤14 使用钢笔工具和锚点工具绘制帽子上的五条分割线，在属性栏中设置轮廓描边为，得到的效果如图5-2-153所示。

步骤15 使用钢笔工具和锚点工具绘制帽檐上的褶裥线，在属性栏中设置轮廓描边为，得到的效果如图5-2-154所示。

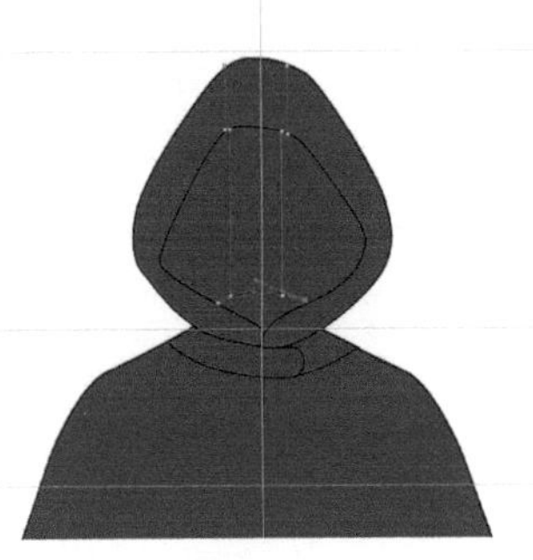

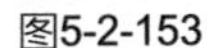

图5-2-153

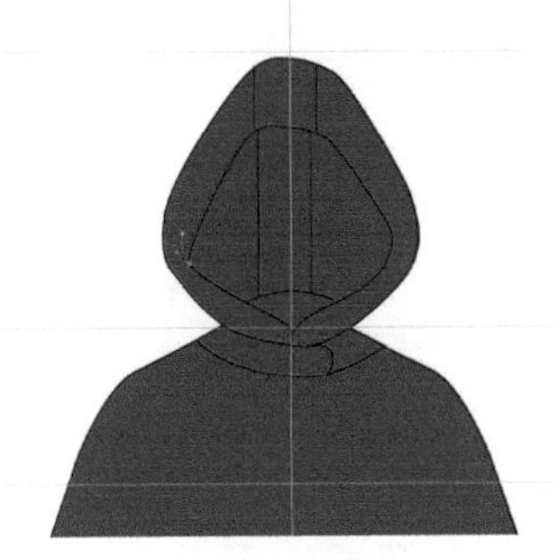

图5-2-154

步骤16 执行菜单栏中的【文件】/【打开】命令，打开“图案素材”中的“梅花图案”文件，如图5-2-155所示。使用选择工具选择图案，按【Ctrl】+【X】组合键剪切图形，再单击“披风两件套”文件，按【Ctrl】+【V】组合键粘贴图案，得到的效果如图5-2-156所示。

图5-2-155

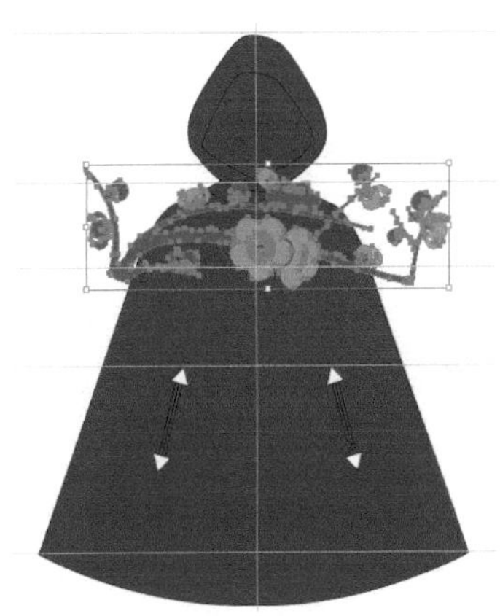

图5-2-156

步骤17 执行菜单栏中的【对象】/【变换】/【对称】命令，弹出“镜像”对话框，选择“轴→垂直”，单击“复制”按钮复制图案，使用选择工具把复制的图案移动到图5-2-157所示的位置。

步骤18 使用选择工具并按住【Shift】+【Ctrl】+【Alt】组合键等比例缩小图案，把缩小的图案摆放到图5-2-158所示的位置。

图5-2-157

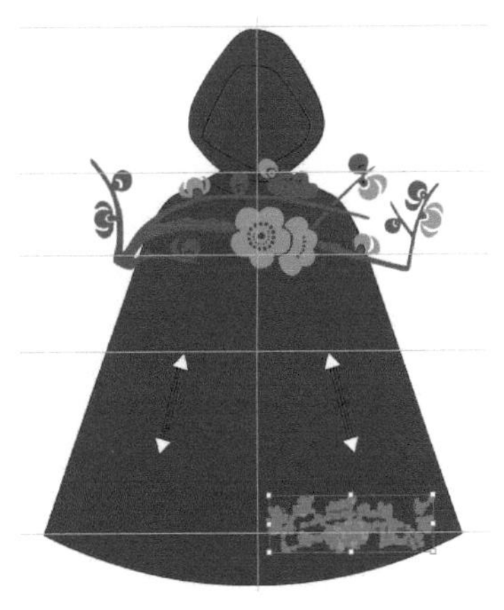

图5-2-158

步骤19 使用钢笔工具和锚点工具在衣身上绘制图形，在属性栏中设置轮廓描边为 0.75 pt，得到的效果如图5-2-159所示。

步骤20 使用选择工具选择图案，按【Shift】+【Ctrl】+【Alt】组合键等比例缩小图案，把缩小的图案摆放到图5-2-160所示的位置。

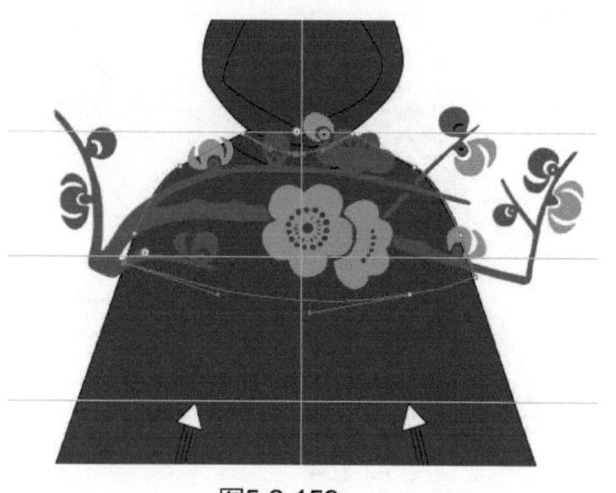

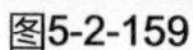

图5-2-159

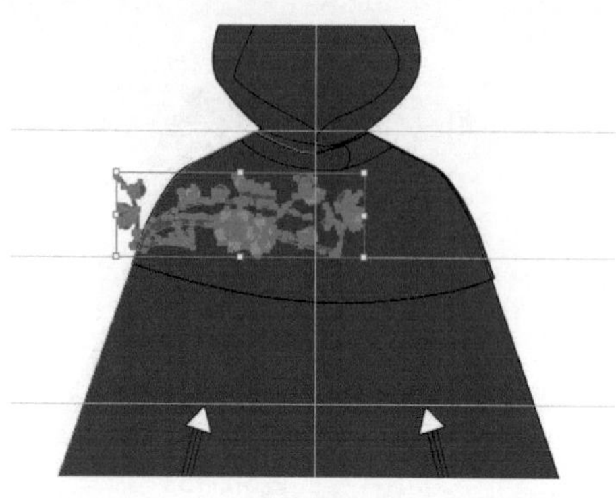

图5-2-160

步骤21 使用选择工具并按住【Shift】加选图形，执行菜单栏中的【对象】/【剪切蒙版】/【建立】命令，得到的效果如图5-2-161所示。

步骤22 使用钢笔工具和锚点工具绘制蝴蝶结，在属性栏中设置轮廓描边为并填充白色，得到的效果如图5-2-162所示。

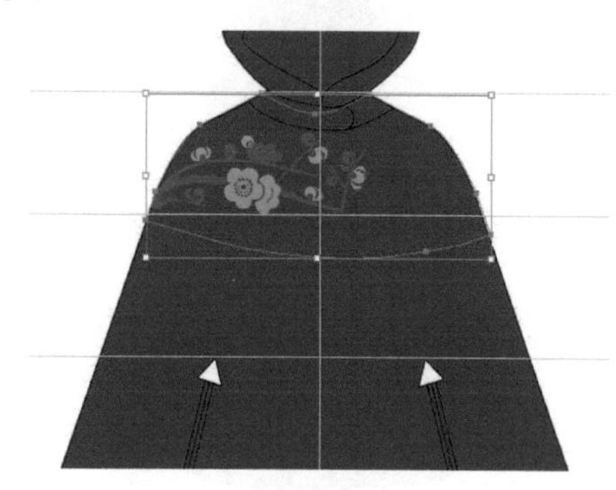

图5-2-161

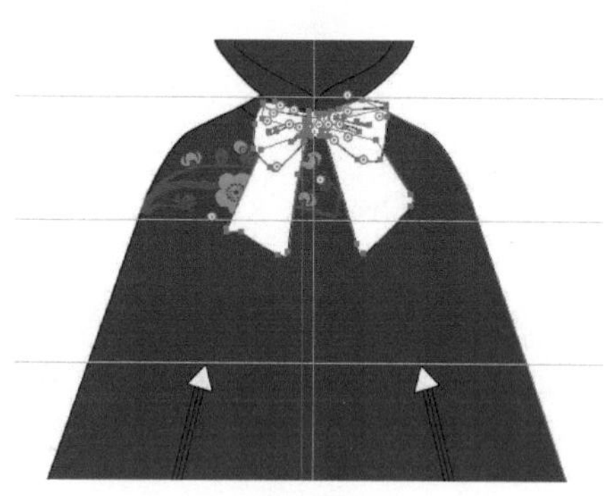

图5-2-162

步骤23 使用钢笔工具和锚点工具在辅助线的基础上绘制裙子，在属性栏中设置轮廓描边为，得到的效果如图5-2-163所示。

步骤24 双击工具箱中的填色按钮□，弹出“拾色器”对话框，设置各项参数，如图5-2-164所示。单击“确定”按钮，得到的效果如图5-2-165所示。

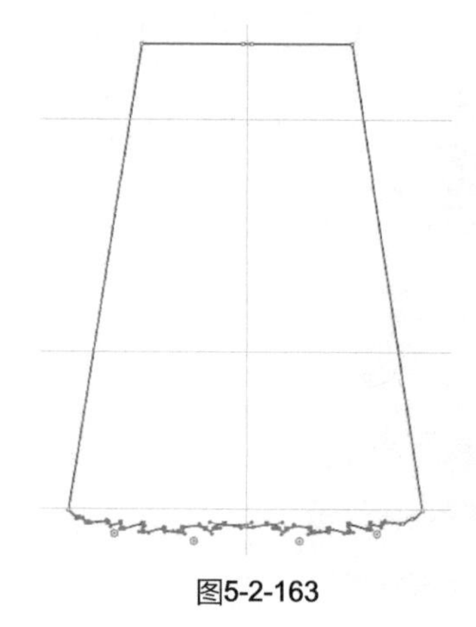

图5-2-163

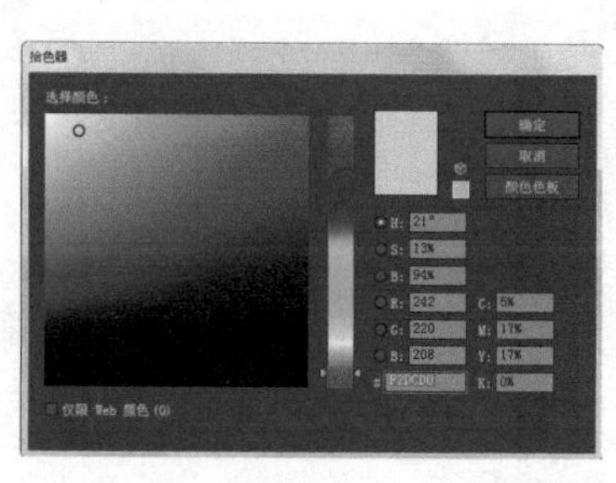

图5-2-164

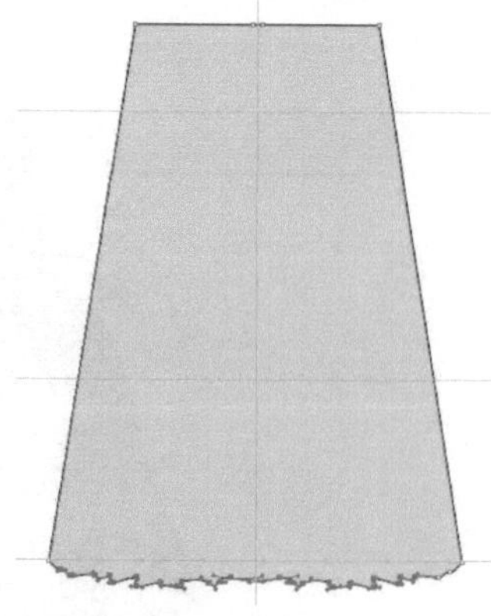

图5-2-165

步骤25 使用钢笔工具和直接选择工具绘制裙身上的褶裥线，在属性栏中设置轮廓描边为，得到的效果如图5-2-166所示。

步骤26 使用钢笔工具和直接选择工具绘制抹胸，在属性栏中设置轮廓描边为，得到的效果如图5-2-167所示。

步骤27 使用吸管工具单击裙身部分吸取颜色，得到的效果如图5-2-168所示。

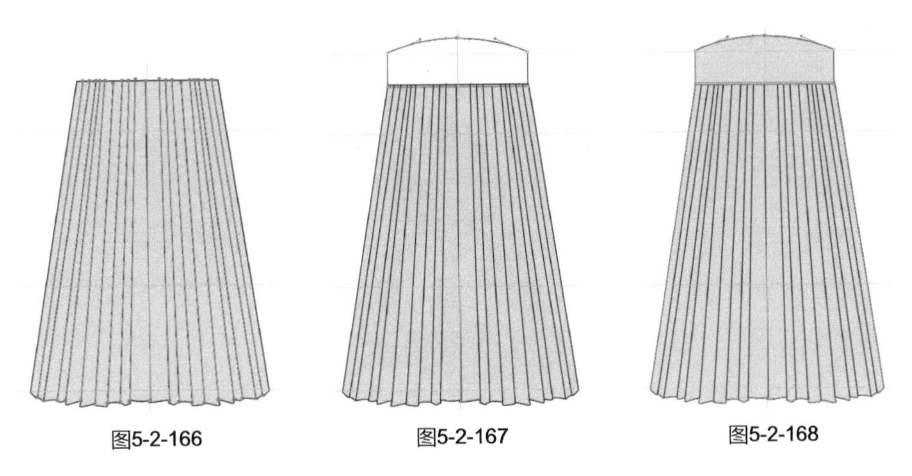

图5-2-166　　图5-2-167　　图5-2-168

步骤 28 使用矩形工具绘制两条肩带，在属性栏中设置轮廓描边为，得到的效果如图5-2-169所示。

步骤 29 使用吸管工具单击裙身部分吸取颜色，执行菜单栏中的【对象】/【排列】/【置于底层】命令，得到的效果如图5-2-170所示。

步骤 30 使用选择工具选择披风右下方的梅花图案，按住【Alt】键的同时按住鼠标左键拖动鼠标，复制图案到吊带裙胸前，如图5-2-171所示。

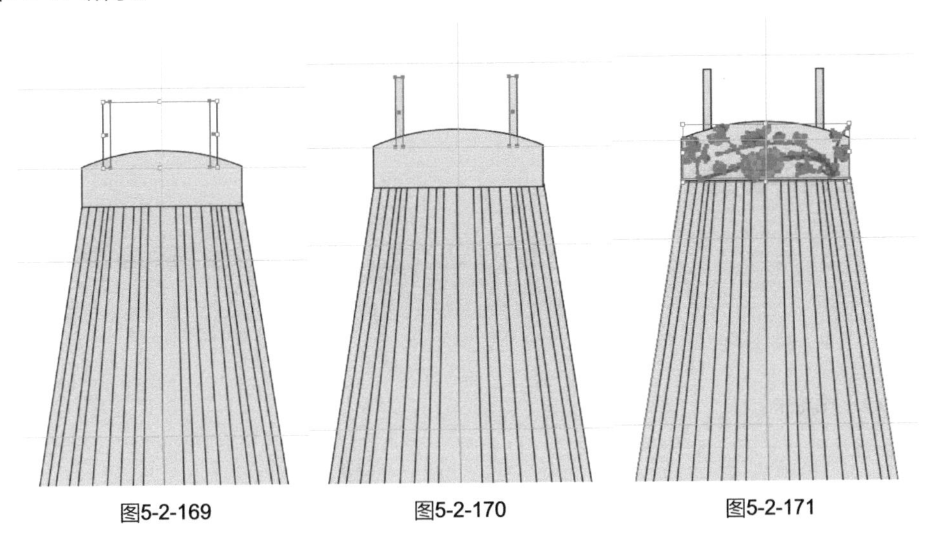

图5-2-169　　图5-2-170　　图5-2-171

步骤 31 按【Shift】+【Ctrl】+【Alt】组合键等比例缩小梅花图案，得到的效果如图5-2-172所示。

步骤 32 执行菜单栏中的【视图】/【参考线】/【清除参考线】命令，得到的效果如图5-2-173所示。

图5-2-172　　图5-2-173

步骤 33 使用选择工具分别框选上衣和裙子，按【Ctrl】+【G】组合键编组图形。使用选择工具选择裙子，执行菜单栏中的【对象】/【排列】/【置于底层】命令，把裙子摆放在披风下面，最终完成的整体着装效果如图5-2-174所示。

图5-2-174

实例24 连身裤两件套款式设计

实例目的： 了解绘制连身裤基本造型的基础工具的使用，以及细节设计，如腰封、腰带、绣花图案等。

实例要点： 使用钢笔工具和锚点工具绘制连身裤的基本造型（注意上下装比例）；
装饰细节表现（如腰封、腰带及绣花图案的表现等）。

最终效果如图5-2-175所示。

图5-2-175

操作步骤

步骤 01 启动Illustrator CC应用程序，执行菜单栏中的【文件】/【新建】命令，弹出“新建文档”对话框，设置文件名为“连身裤两件套”，页面取向为“横向”，如图5-2-176所示。单击“确定”按钮，得到的效果如图5-2-177所示。

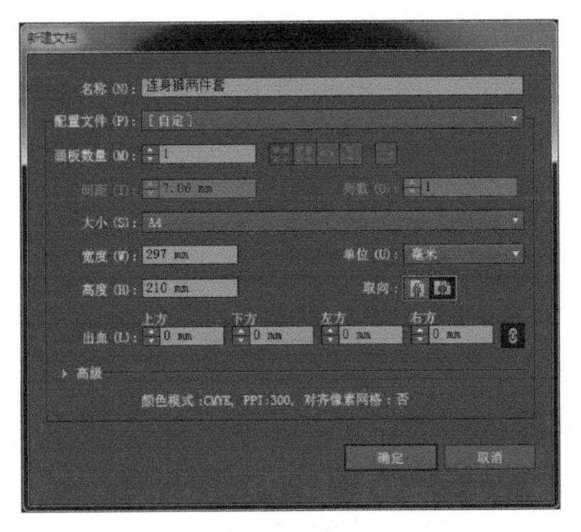

图5-2-176

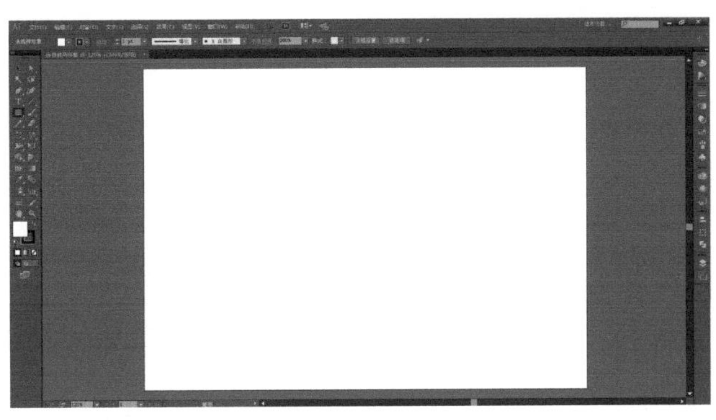

图5-2-177

步骤 02 执行菜单栏中的【视图】/【标尺】/【显示标尺】命令，得到的效果如图5-2-178所示。

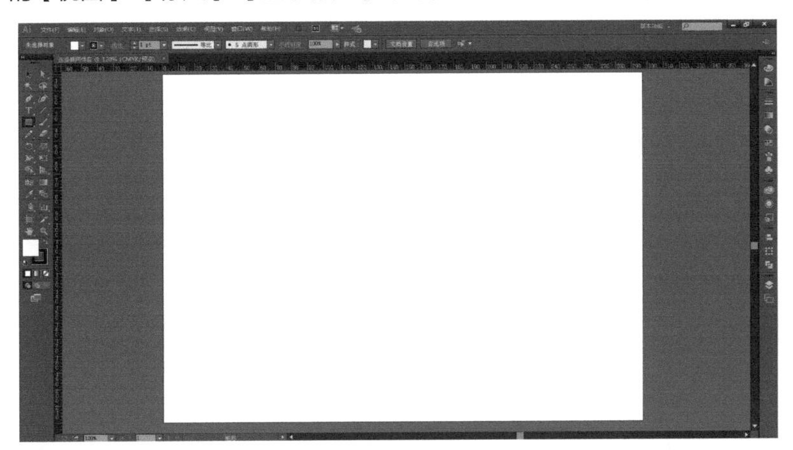

图5-2-178

步骤 03 用鼠标单击上方和左方的标尺栏，分别从上往下、从左往右拖动鼠标，添加九条辅助线，确定领高、衣长、肩线、腰线、裤长等位置，如图5-2-179所示。

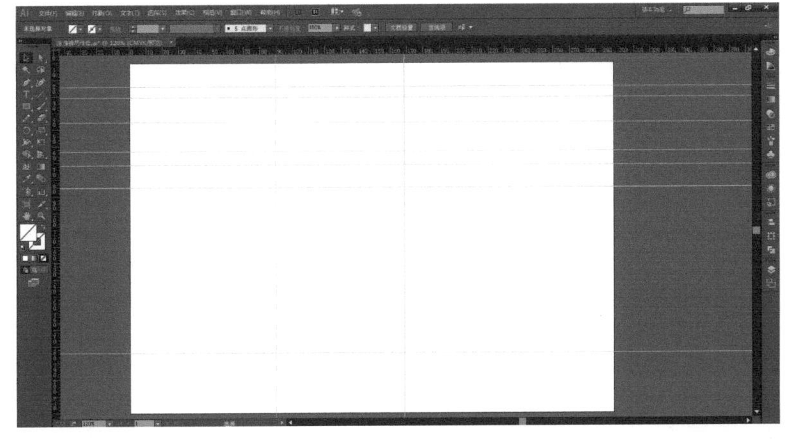

图5-2-179

步骤 04 使用钢笔工具在辅助线的基础上绘制路径，如图5-2-180所示，在属性栏中设置轮廓描边为 0.75 pt 并填充白色。使用锚点工具调整路径造型，得到的衣身效果如图5-2-181所示。

步骤05 使用钢笔工具绘制一条分割线，在属性栏中设置轮廓描边为，得到的效果如图5-2-182所示。

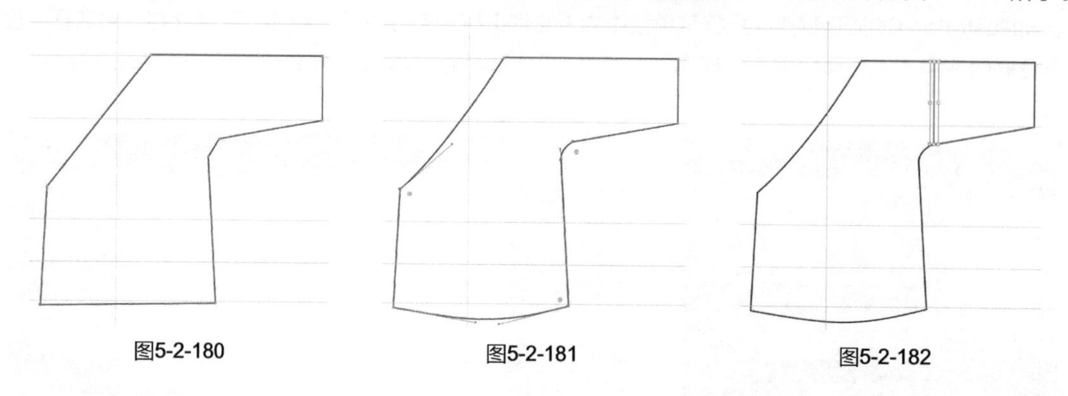

图5-2-180　　图5-2-181　　图5-2-182

步骤06 使用钢笔工具和锚点工具绘制领缘，在属性栏中设置轮廓描边为并填充白色，得到的效果如图5-2-183所示。

步骤07 使用钢笔工具绘制袖口，在属性栏中设置轮廓描边为并填充白色，得到的效果如图5-2-184所示。

步骤08 使用钢笔工具绘制一条分割线（袖口开衩），在属性栏中设置轮廓描边为，得到的效果如图5-2-185所示。

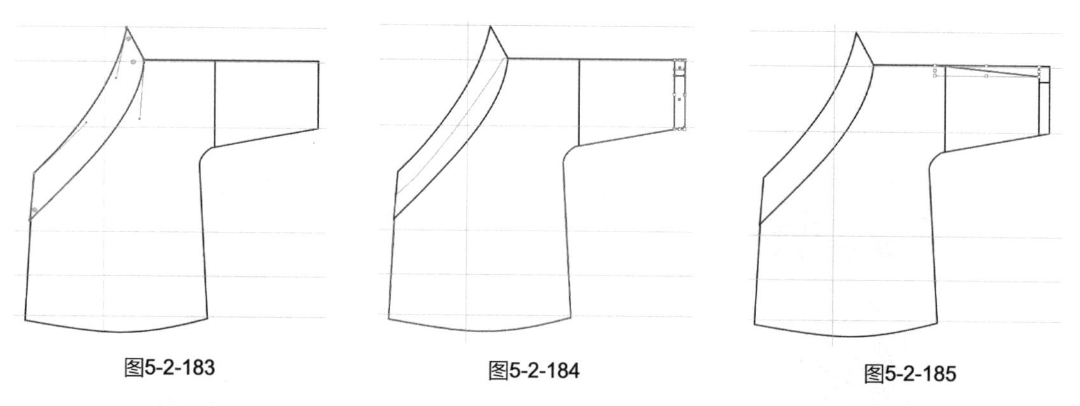

图5-2-183　　图5-2-184　　图5-2-185

步骤09 使用椭圆工具并按住【Shift】键在袖口绘制纽扣，在属性栏中设置轮廓描边为并填充白色，得到的效果如图5-2-186所示。执行菜单栏中的【文件】/【打开】命令，打开“图案素材”中的“荷花图案”文件，如图5-2-187所示。用选择工具选择图案，按【Ctrl】+【X】组合键剪切图形，再单击“连身裤两件套”文件，按【Ctrl】+【V】组合键粘贴图形，得到的效果如图5-2-188所示。

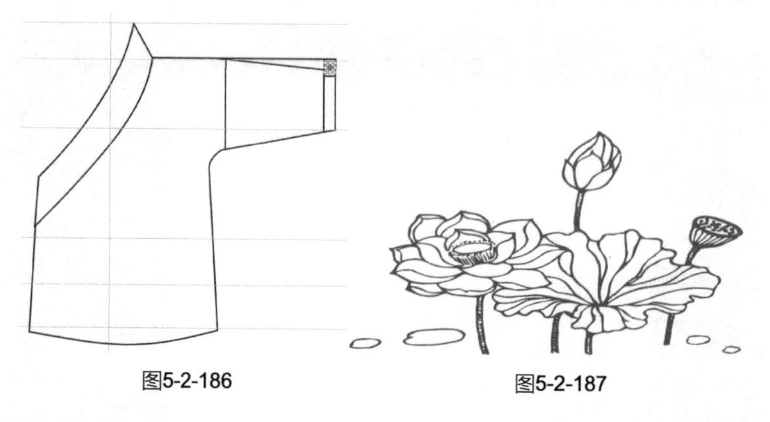

图5-2-186　　图5-2-187

步骤10 使用魔棒工具单击图案的深灰色填色部分，再双击工具箱中的填色按钮□，弹出“拾色器”对话框，设置各项参数，如图5-2-189所示。单击“确定”按钮，得到的效果如图5-2-190所示。

步骤11 选择荷花图案，执行菜单栏中的【对象】/【变换】/【对称】命令，弹出“镜像”对话框，选择“轴→水平”，单击“确定”按钮，得到的效果如图5-2-191所示。

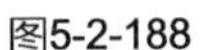

图5-2-188

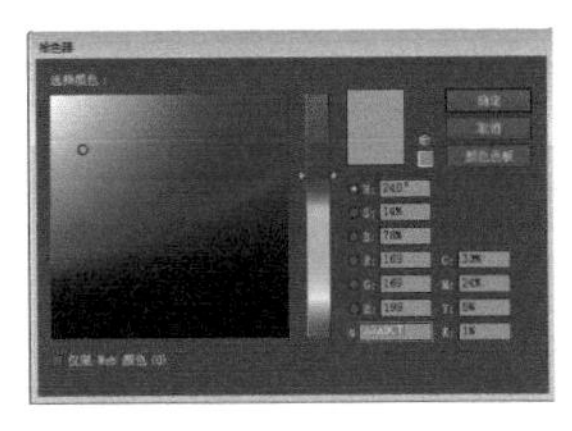

图5-2-189

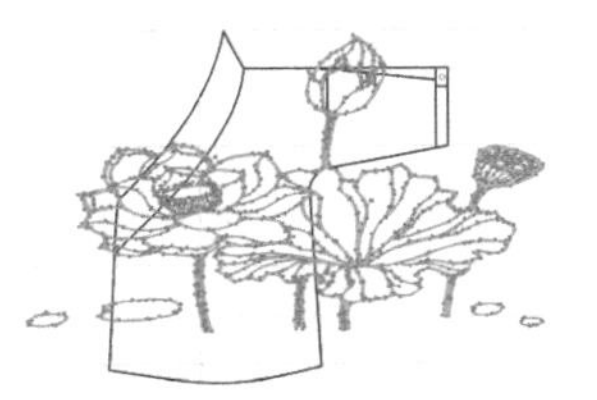

图5-2-190

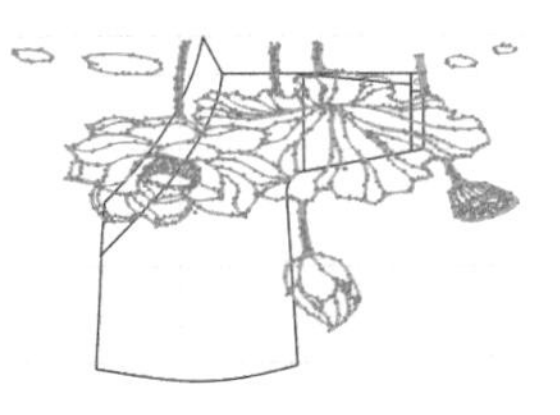

图5-2-191

步骤12 使用选择工具并按【Ctrl】+【Alt】+【Shift】组合键缩小并旋转图案，得到的效果如图5-2-192所示。

步骤13 使用选择工具选择所有图形，执行菜单栏中的【对象】/【变换】/【对称】命令，弹出“镜像”对话框，选择“轴→垂直”，单击“复制”按钮，得到的效果如图5-2-193所示。

步骤14 用向左方向键←把复制的图形向左平移到一定的位置，得到的效果如图5-2-194所示。

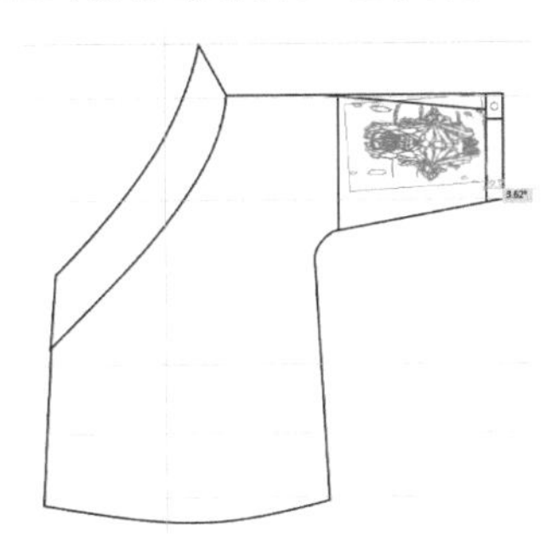

图5-2-192

图5-2-193

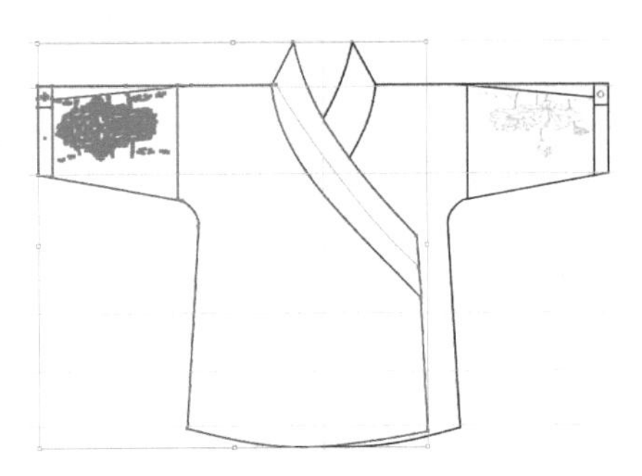

图5-2-194

步骤15 执行菜单栏中的【对象】/【排列】/【置于底层】命令，得到的效果如图5-2-195所示。

步骤16 使用直接选择工具调整下摆节点，得到的效果如图5-2-196所示。

步骤17 使用钢笔工具和锚点工具绘制后领，在属性栏中设置轮廓描边为并填充白色，得到的效果如图5-2-197所示。

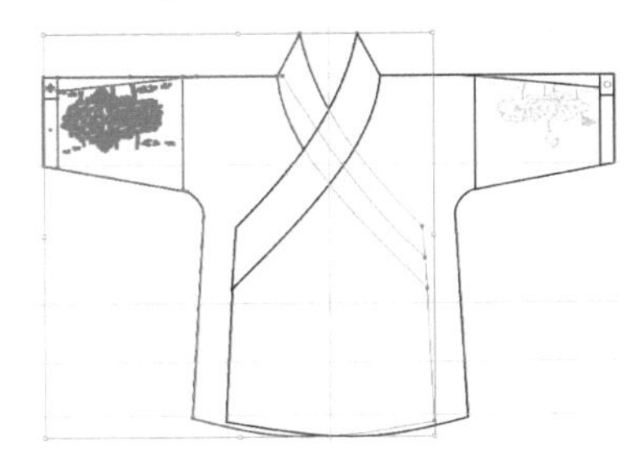

图5-2-195

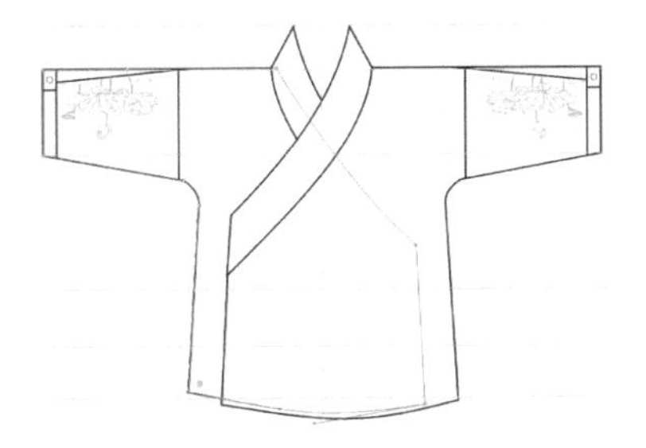

图5-2-196

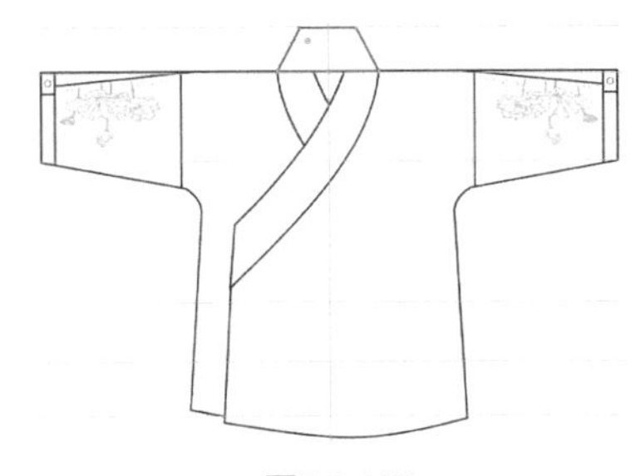

图5-2-197

步骤18 执行菜单栏中的【对象】/【排列】/【置于底层】命令，得到的效果如图5-2-198所示。

步骤19 使用矩形工具绘制一个长方形，在属性栏中设置轮廓描边为并填充白色，得到的效果如图5-2-199所示。

步骤20 执行菜单栏中的【对象】/【排列】/【置于底层】命令，得到的效果如图5-2-200所示。

图5-2-198

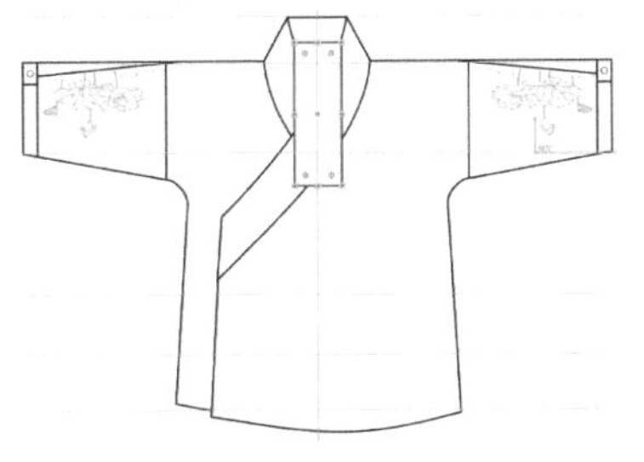

图5-2-199

图5-2-200

步骤21 使用钢笔工具和锚点工具绘制袖口的褶裥线，在属性栏中设置轮廓描边为并填充白色，得到的效果如图5-2-201所示。

步骤22 使用钢笔工具和锚点工具绘制衣身上的绑带，在属性栏中设置轮廓描边为并填充白色，得到的效果如图5-2-202所示。

步骤23 使用钢笔工具和锚点工具在辅助线的基础上绘制连身裤，在属性栏中设置轮廓描边为，得到的效果如图5-2-203所示。

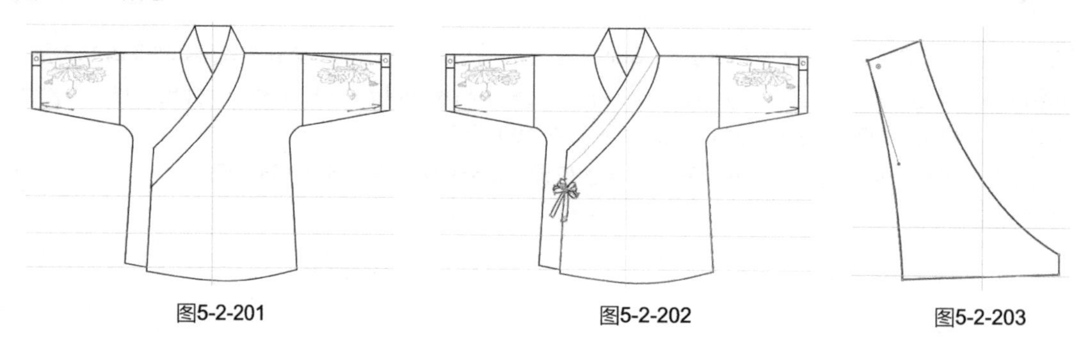

图5-2-201　　图5-2-202　　图5-2-203

步骤24 双击工具箱中的填色按钮□，弹出“拾色器”对话框，设置各项参数，如图5-2-204所示。单击“确定”按钮，得到的效果如图5-2-205所示。

步骤25 执行菜单栏中的【对象】/【变换】/【对称】命令，弹出“镜像”对话框，选择“轴→垂直”，单击“复制”按钮，得到的效果如图5-2-206所示。

步骤26 用向右方向键→把复制的图形向右平移到一定的位置，得到的效果如图5-2-207所示。

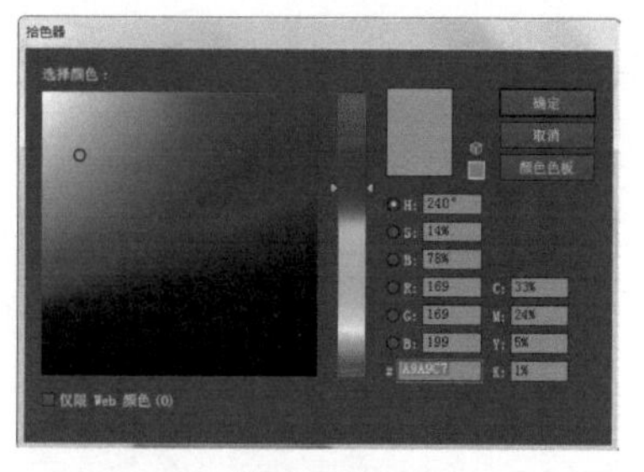

图5-2-204

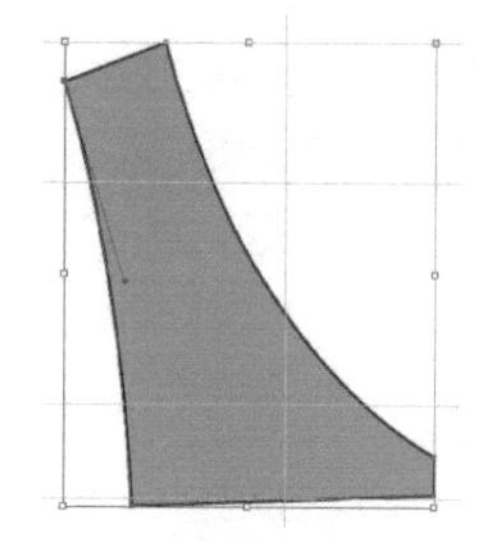

图5-2-205

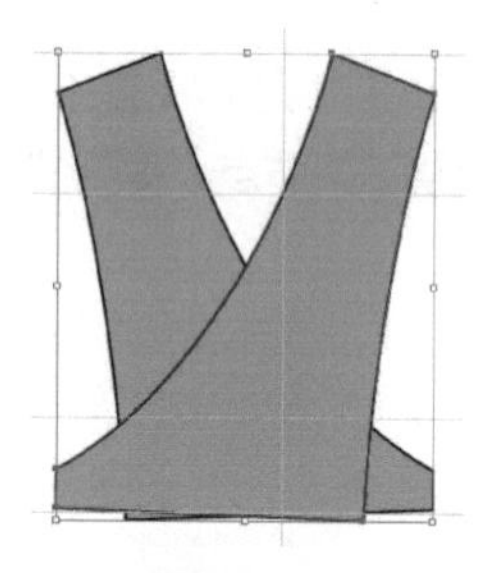

图5-2-206

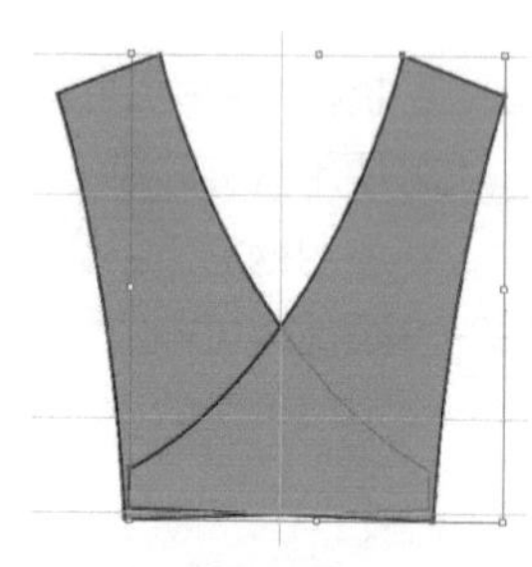

图5-2-207

步骤27 使用钢笔工具和锚点工具在辅助线的基础上绘制裤身，在属性栏中设置轮廓描边为，得到的效果如图5-2-208所示。

步骤28 使用吸管工具单击衣身部分吸取颜色，得到的效果如图5-2-209所示。

步骤29 执行菜单栏中的【视图】/【参考线】/【清除参考线】命令，得到的效果如图5-2-210所示。

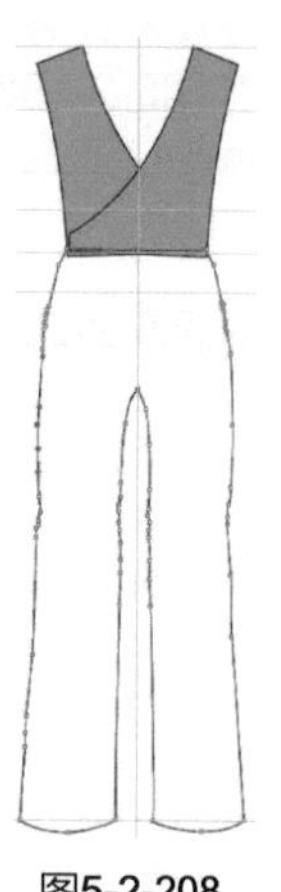

图5-2-208

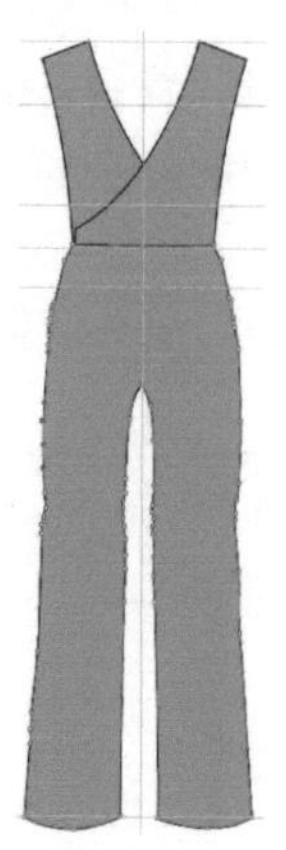

图5-2-209

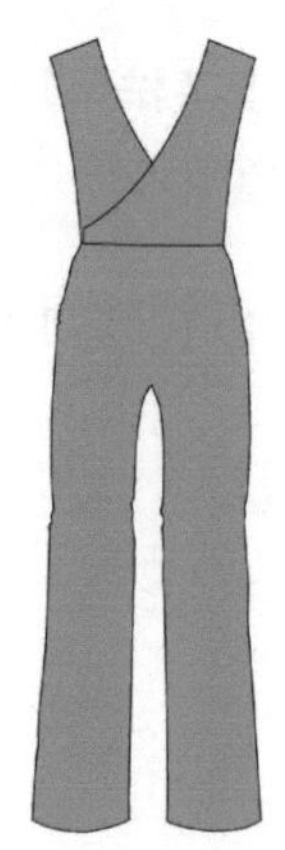

图5-2-210

步骤30 使用钢笔工具绘制裤中线，在属性栏中设置轮廓描边为，得到的效果如图5-2-211所示。

步骤31 使用钢笔工具和锚点工具绘制两条省道线，在属性栏中设置轮廓描边为，得到的效果如图5-2-212所示。

步骤32 使用钢笔工具和锚点工具绘制裤子上的褶裥线和裤挺线，在属性栏中设置轮廓描边为，得到的效果如图5-2-213所示。

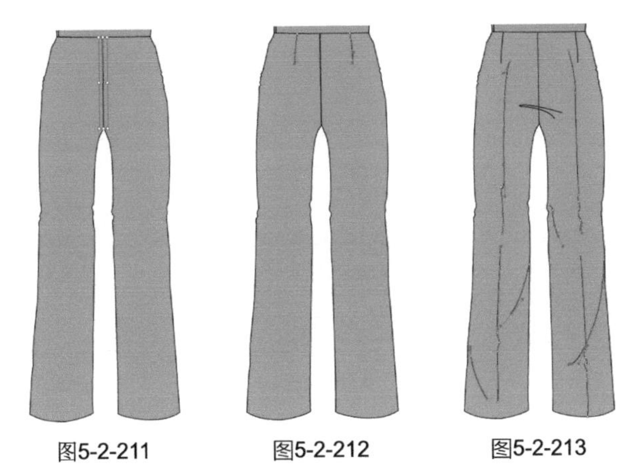
图5-2-211　　图5-2-212　　图5-2-213

步骤33 单击页面右侧的描边按钮，弹出"描边"面板，设置"配置文件"参数，如图5-2-214所示，得到的效果如图5-2-215所示。

步骤34 使用钢笔工具和锚点工具绘制裤子口袋线，在属性栏中设置轮廓描边为，得到的效果如图5-2-216所示。

步骤35 使用钢笔工具和锚点工具，分别在口袋、裤中、裤脚口处绘制五条缉明线，在属性栏中设置轮廓描边为，得到的效果如图5-2-217所示。

步骤36 在"描边"面板中设置参数，如图5-2-218所示，得到的效果如图5-2-219所示。

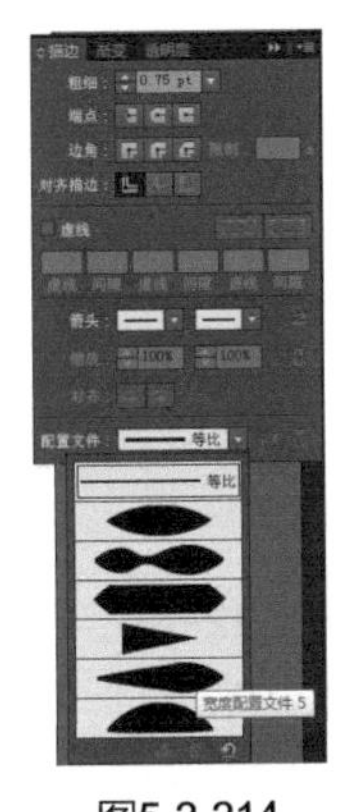
图5-2-214

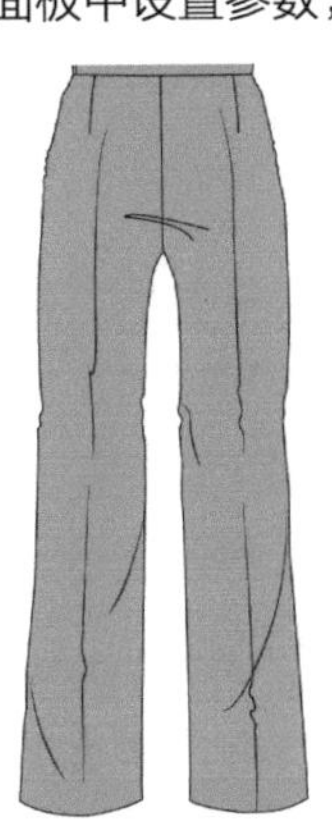
图5-2-215

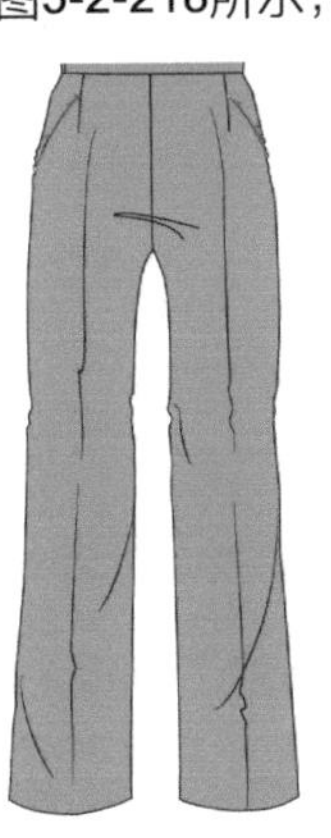
图5-2-216

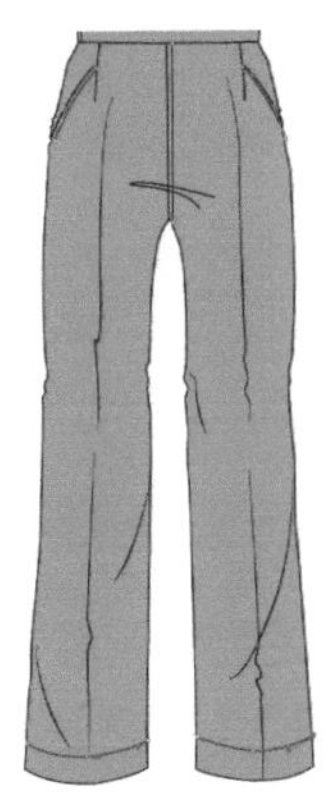
图5-2-217

图5-2-218

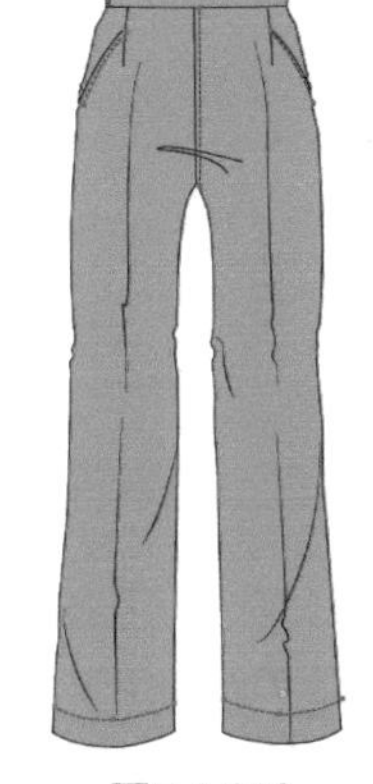
图5-1-219

步骤37 使用钢笔工具和锚点工具绘制腰封，在属性栏中设置轮廓描边为，得到的效果如图5-2-220所示。

步骤38 双击工具箱中的填色按钮，弹出"拾色器"对话框，设置各项参数，如图5-2-221所示，单击"确定"按钮得到的效果如图5-2-222所示。

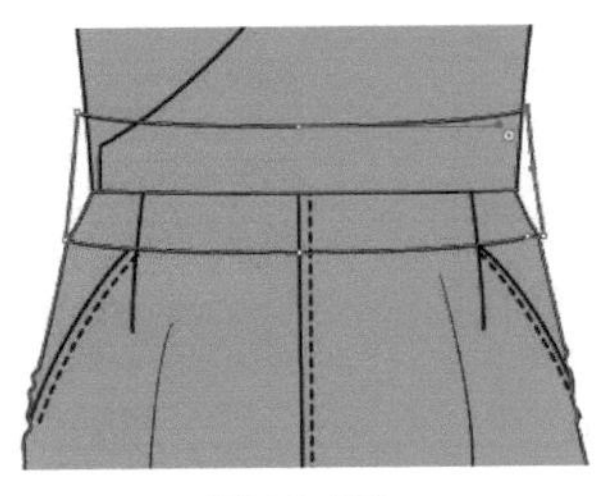
图5-2-220

图5-2-221

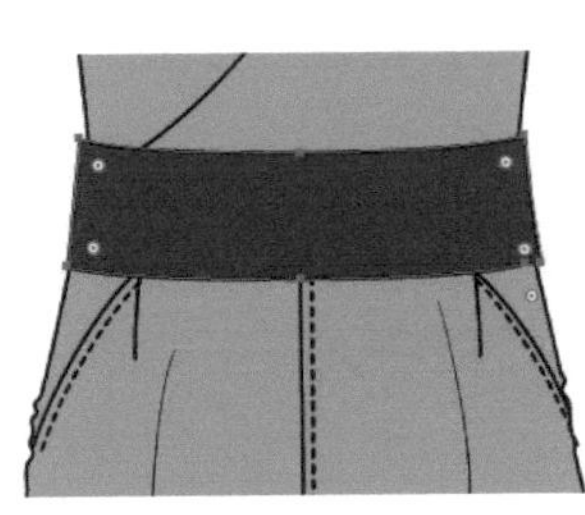
图5-2-222

步骤39 使用钢笔工具和锚点工具绘制后片，在属性栏中设置轮廓描边为，得到的效果如图5-2-223所示。

步骤40 使用吸管工具单击衣身部分吸取颜色，得到的效果如图5-2-224所示。

步骤41 执行菜单栏中的【对象】/【排列】/【置于底层】命令，得到的效果如图5-2-225所示。

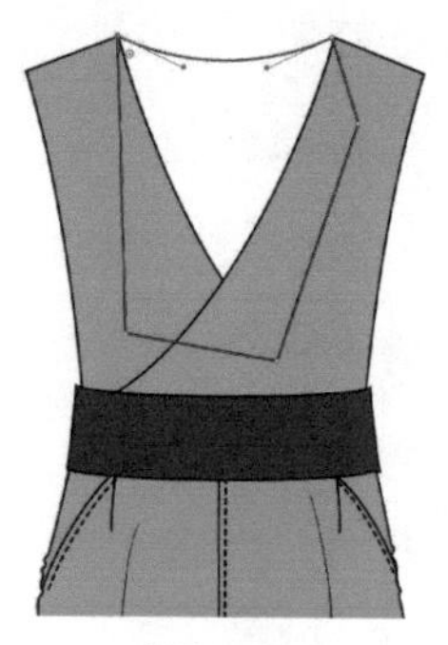
图5-2-223

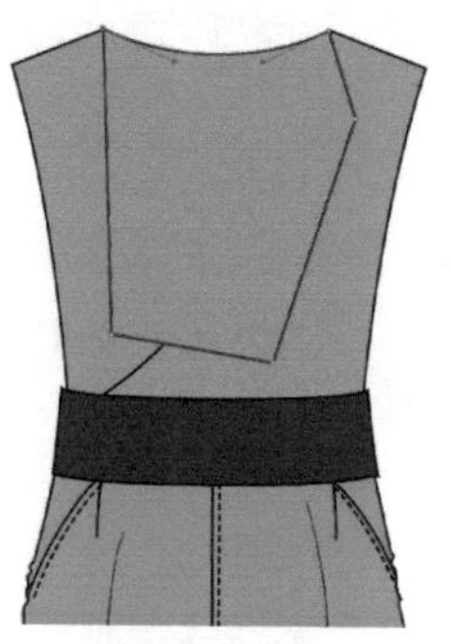
图5-2-224

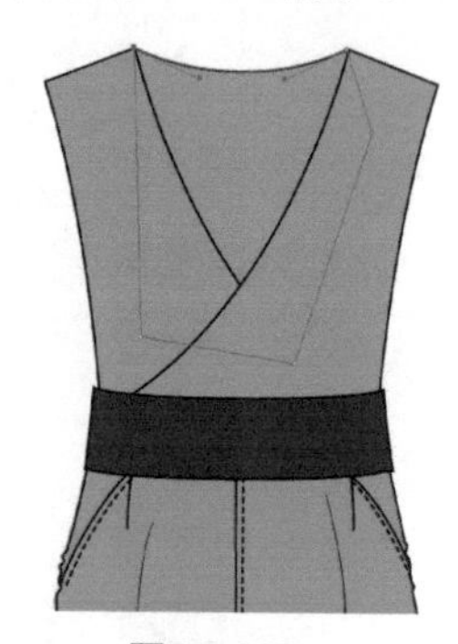
图5-2-225

步骤42 重复步骤（32）~（33）的操作，绘制腰部的褶裥线，得到的效果如图5-2-226所示。

步骤43 使用选择工具选择腰封，执行菜单栏中的【对象】/【排列】/【置于顶层】命令，得到的效果如图5-2-227所示。

步骤44 执行菜单栏中的【文件】/【打开】命令，打开“图案素材”中的“荷花图案”文件。用选择工具选择图案，按【Ctrl】+【X】组合键剪切图形，再单击“连身裤两件套”文件，按【Ctrl】+【V】组合键粘贴图案，得到的效果如图5-2-228所示。

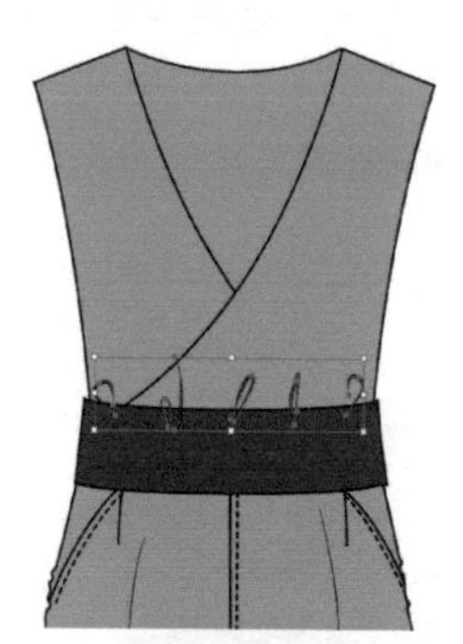
图5-2-226

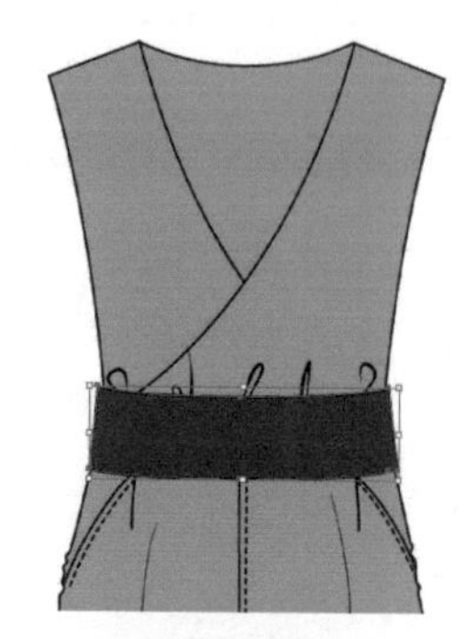
图5-2-227

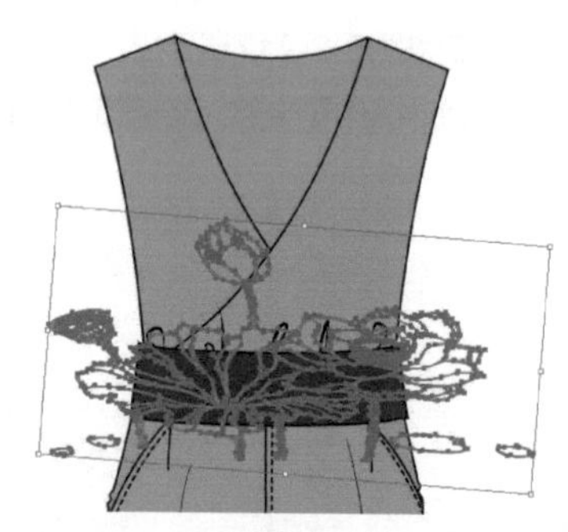
图5-2-228

步骤45 使用魔棒工具单击图案的深灰色填色部分，再单击“颜色”面板中的白色，得到的效果如图5-2-229所示。

步骤46 使用选择工具并按【Ctrl】+【Alt】+【Shift】组合键缩小并移动图案，得到的效果如图5-2-230所示。

步骤47 使用钢笔工具和锚点工具绘制腰带，在属性栏中设置轮廓描边为，得到的效果如图5-2-231所示。

步骤48 单击页面右侧的画笔按钮，打开“画笔”面板。再单击面板右上角的按钮，在弹出的对话框中选择“打开画笔库/用户定义画笔/绳子画笔2”，打开第5章实例中保存的“绳子画笔2”，如图5-2-232所示。

图5-2-229

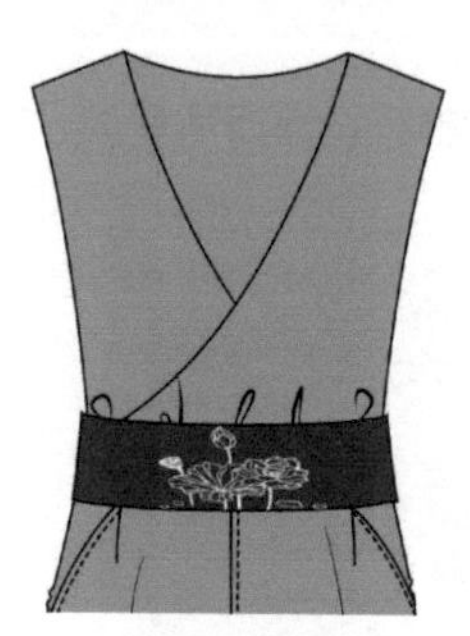
图5-2-230

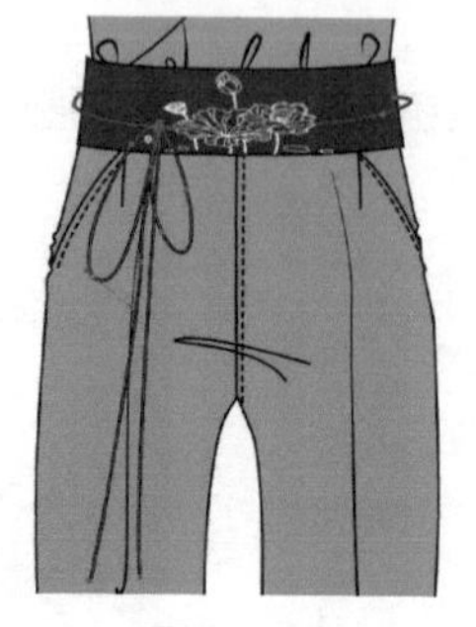
图5-2-231

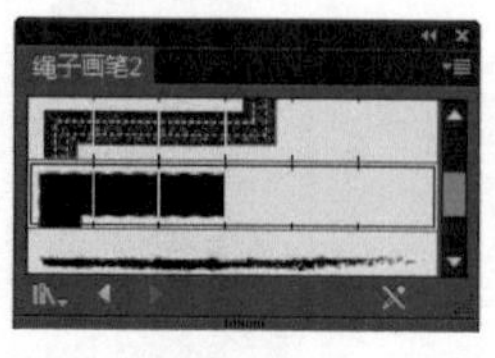

图5-2-232

步骤49 单击“画笔”面板中的“绳子图案”画笔，得到的效果如图5-2-233所示。再单击“画笔”面板下方的所选对象的选项按钮，弹出“描边选项”对话框，设置各项参数，如图5-2-234所示，单击“确定”按钮，得到的效果如图5-2-235所示。

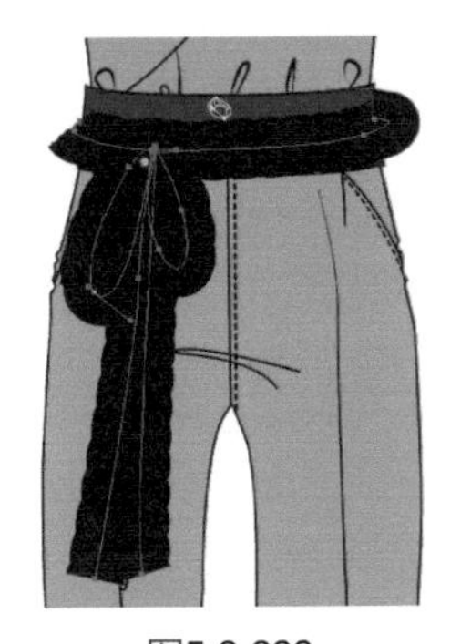

图5-2-233

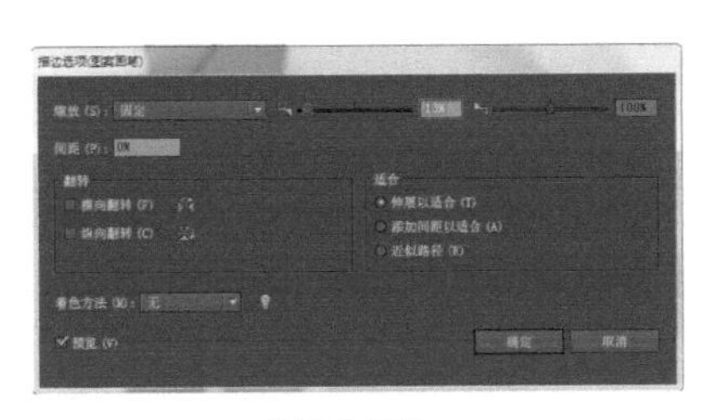

图5-2-234

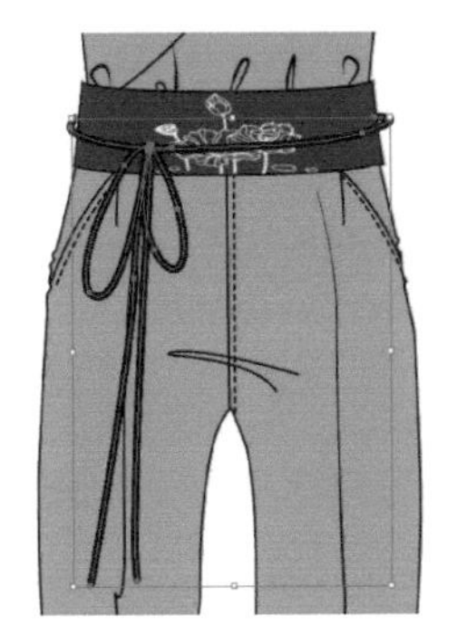

图5-2-235

步骤50 使用选择工具分别框选上衣和连身裤，按【Ctrl】+【G】组合键编组图形，最终完成的整体效果如图5-2-236所示。

图5-2-236

实例25 背带裙两件套款式设计

实例目的： 了解绘制背带裙基本造型的基础工具的使用，以及背带裙与上衣的细节设计，如绣花图案、裙子褶裥等。

实例要点： 使用钢笔工具和锚点工具绘制背带裙及上衣的基本造型（注意上下装比例）；
装饰细节表现（如绣花图案、裙子褶裥的表现等）。

最终效果如图5-2-237所示。

图5-2-237

操作步骤

步骤01 启动Illustrator CC应用程序，执行菜单栏中的【文件】/【新建】命令，弹出“新建文档”对话框，设置文件名为“背带裙两件套”，页面取向为“横向”，如图5-2-238所示。单击“确定”按钮，得到的效果如图5-2-239所示。

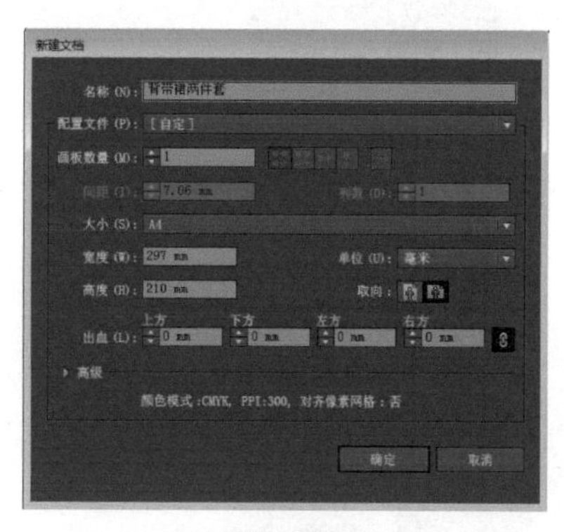

图5-2-238

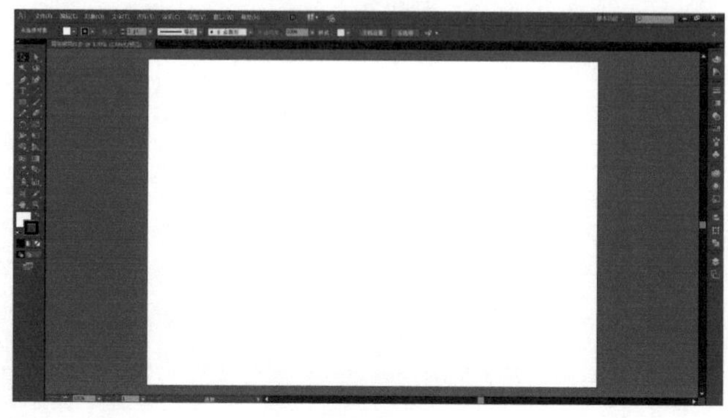

图5-2-239

步骤02 执行菜单栏中的【视图】/【标尺】/【显示标尺】命令，得到的效果如图5-2-240所示。

图5-2-240

步骤03 用鼠标单击上方和左方的标尺栏，分别从上往下、从左往右拖动鼠标，添加八条辅助线，确定衣长、领口、肩线、腰线、裙长等位置，如图5-2-241所示。

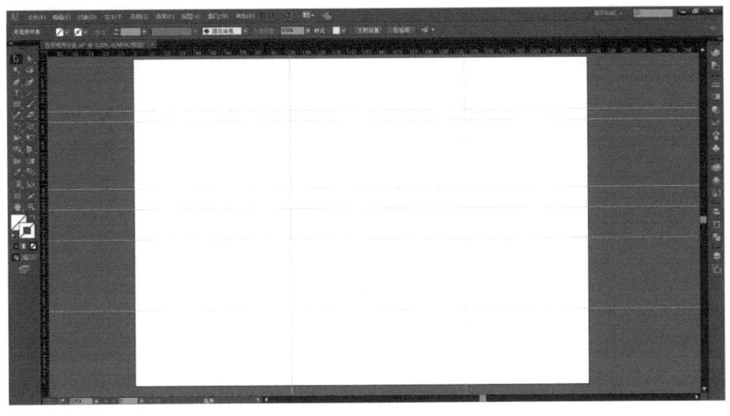

图5-2-241

步骤04 使用钢笔工具和锚点工具在辅助线的基础上绘制上衣，在属性栏中设置轮廓描边为0.75 pt并填充白色，得到的效果如图5-2-242所示。

步骤05 使用钢笔工具和锚点工具在衣身上绘制领缘，在属性栏中设置轮廓描边为0.75 pt，得到的效果如图5-2-243所示。

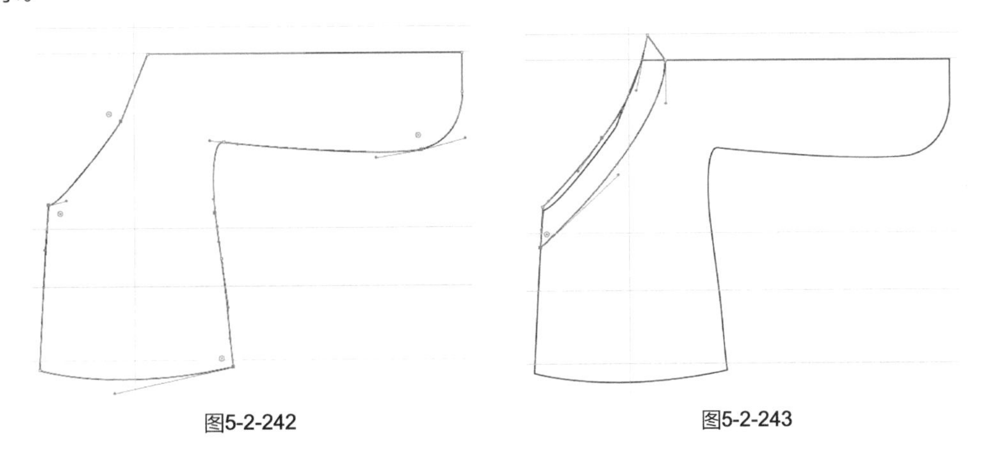

图5-2-242　　图5-2-243

步骤06 双击工具箱中的填色按钮□，弹出“拾色器”对话框，设置各项参数，如图5-2-244所示。单击“确定”按钮，得到的效果如图5-2-245所示。

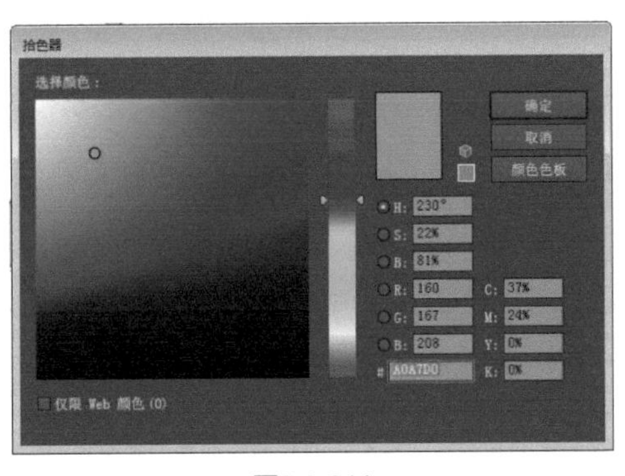

图5-2-244

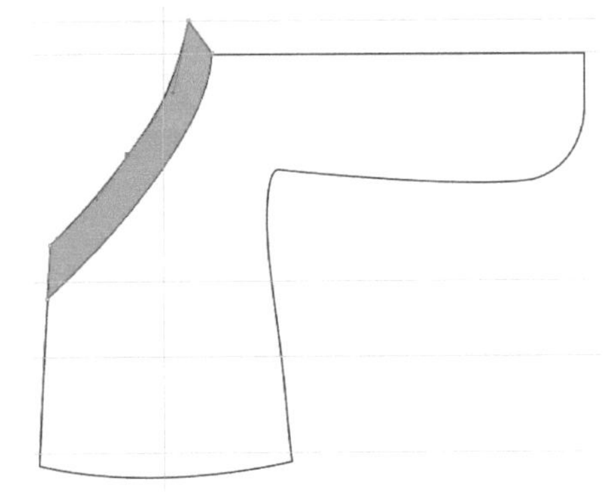

图5-2-245

步骤07 使用钢笔工具在袖子上绘制一条分割线，在属性栏中设置轮廓描边为0.75 pt，得到的效果如图5-2-246所示。

步骤08 使用钢笔工具绘制袖口，在属性栏中设置轮廓描边为0.75 pt，得到的效果如图5-2-247所示。

步骤09 使用吸管工具单击领缘吸取颜色，得到的效果如图5-2-248所示。

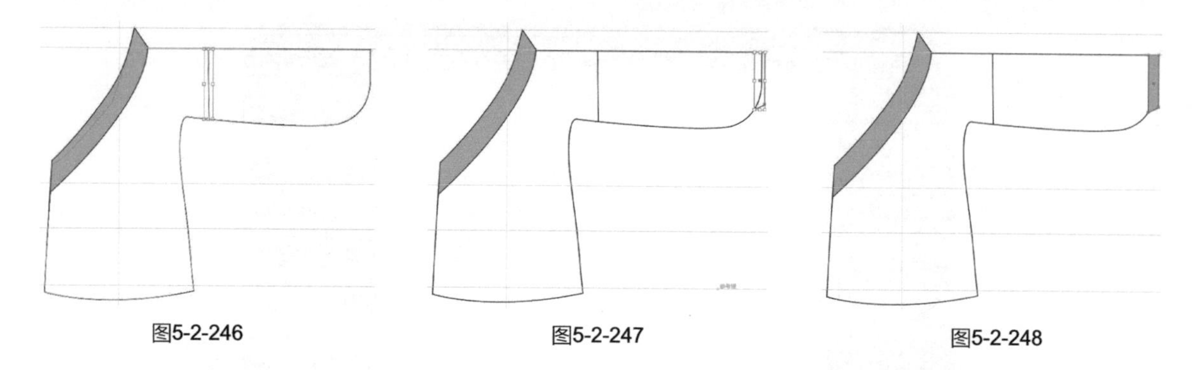

图5-2-246　　图5-2-247　　图5-2-248

步骤10 使用椭圆工具并按住【Shift】键在袖口绘制纽扣，在属性栏中设置轮廓描边为，得到的效果如图5-2-249所示。

步骤11 使用钢笔工具和锚点工具在袖口绘制褶裥线，在属性栏中设置轮廓描边为，得到的效果如图5-2-250所示。

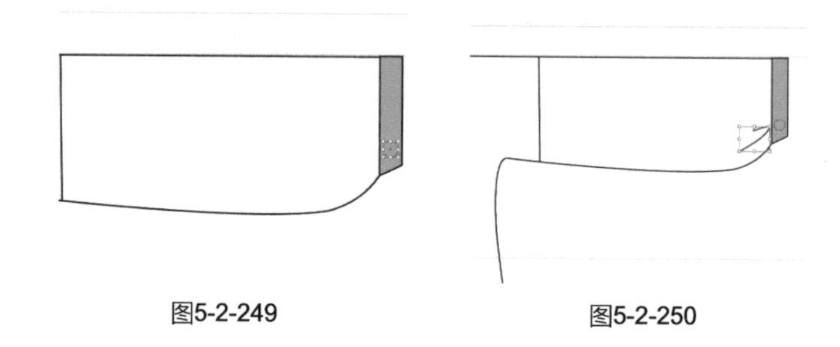

图5-2-249　　图5-2-250

步骤12 执行菜单栏中的【文件】/【打开】命令，打开“图案素材”中的“团花图案”文件，如图5-2-251所示。用选择工具选择图案，按【Ctrl】+【X】组合键剪切图形，再单击“背带裙两件套”文件，按【Ctrl】+【V】组合键粘贴图案，得到的效果如图5-2-252所示。

步骤13 双击工具箱中的填色按钮□，弹出“拾色器”对话框，设置各项参数，如图5-2-253所示。单击“确定”按钮，得到的效果如图5-2-254所示。

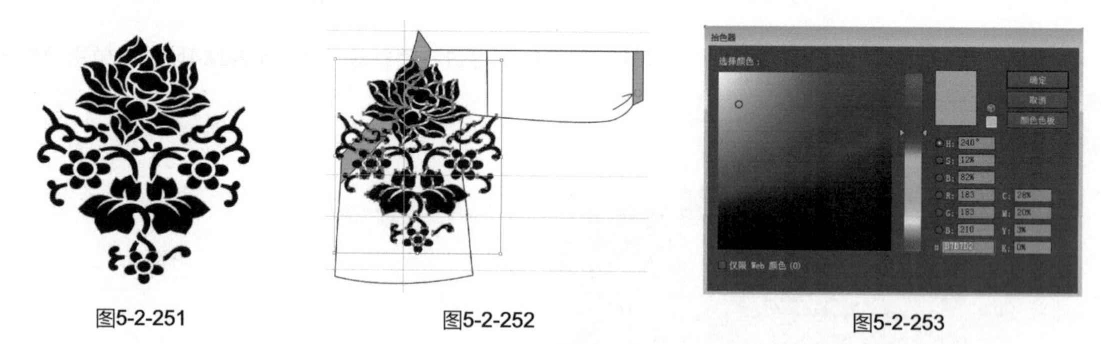

图5-2-251　　图5-2-252　　图5-2-253

步骤14 单击选择工具并按【Ctrl】+【Alt】+【Shift】组合键缩小图案。执行菜单栏中的【对象】/【变换】/【对称】命令，弹出“镜像”对话框，选择“轴→水平”，单击“确定”按钮，得到的效果如图5-2-255所示。

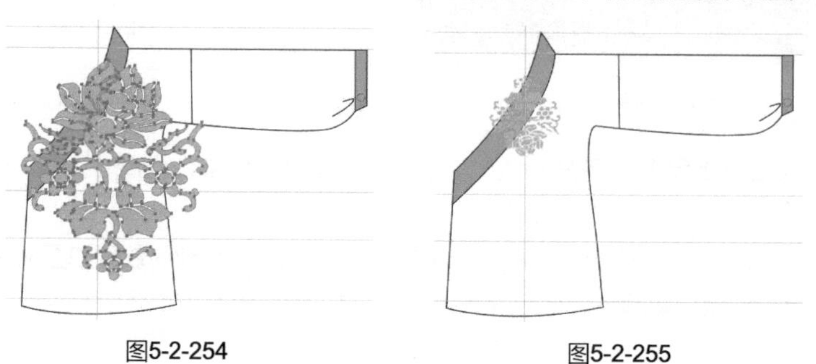

图5-2-254　　图5-2-255

步骤15 使用选择工具▶并按住【Alt】键，同时按住鼠标左键拖动鼠标复制图案，把复制的图案移动到图5-2-256所示的位置。

步骤16 按【Ctrl】+【Alt】+【Shift】组合键缩小图案，执行菜单栏中的【对象】/【变换】/【旋转】命令，设置旋转角度为90°，得到的效果如图5-2-257所示。

步骤17 按住【Alt】键向右平移复制图案，得到的效果如图5-2-258所示。

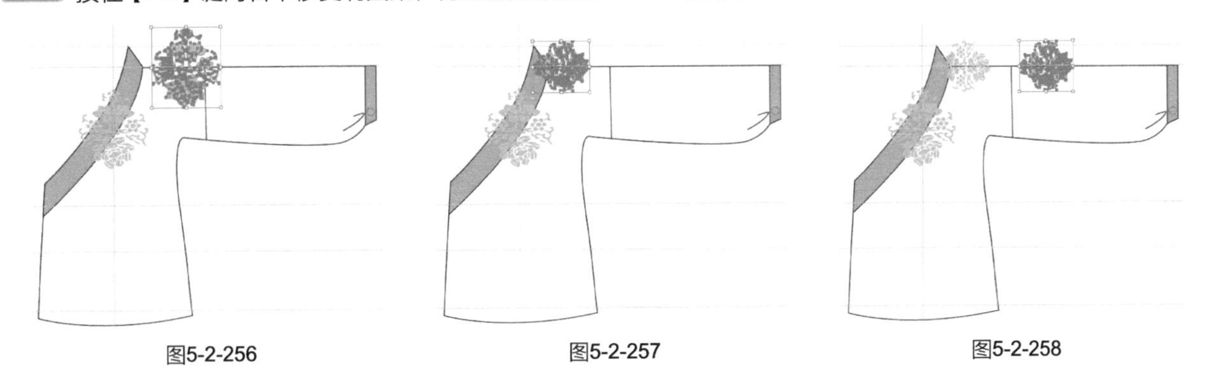

图5-2-256　　图5-2-257　　图5-2-258

步骤18 按【Ctrl】+【D】组合键复制第三个图案，得到的效果如图5-2-259所示。

步骤19 使用选择工具▶选择衣身，按【Ctrl】+【C】组合键复制图形，再按【Shift】+【Ctrl】+【V】组合键把复制的图形粘贴在最前面，得到的效果如图5-2-260所示。

步骤20 使用选择工具▶并按住【Shift】键加选胸前和袖子上的四个图案，执行菜单栏中的【对象】/【剪切蒙版】/【建立】命令，得到的效果如图5-2-261所示。

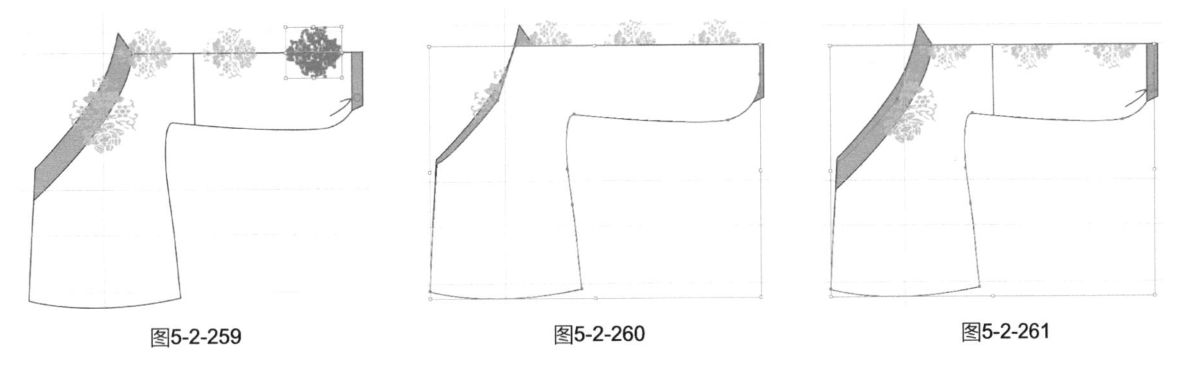

图5-2-259　　图5-2-260　　图5-2-261

步骤21 使用选择工具▶选择领缘，执行菜单栏中的【对象】/【排列】/【置于顶层】命令，得到的效果如图5-2-262所示。

步骤22 使用选择工具▶并按住【Shift】键选择所有绘制好的图形，执行菜单栏中的【对象】/【变换】/【对称】命令，弹出“镜像”对话框，选择“轴→垂直”，单击“复制”按钮，得到的效果如图5-2-263所示。

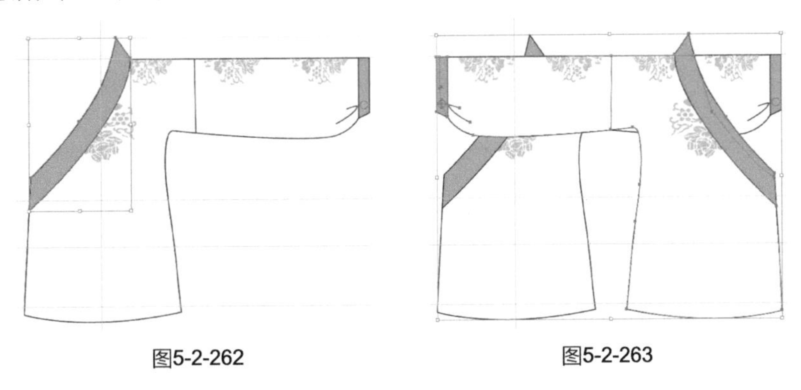

图5-2-262　　图5-2-263

步骤23 按住向左方向键←把复制的图形向左平移到一定的位置，得到的效果如图5-2-264所示。

步骤24 执行菜单栏中的【对象】/【排列】/【置于底层】命令，得到的效果如图5-2-265所示。

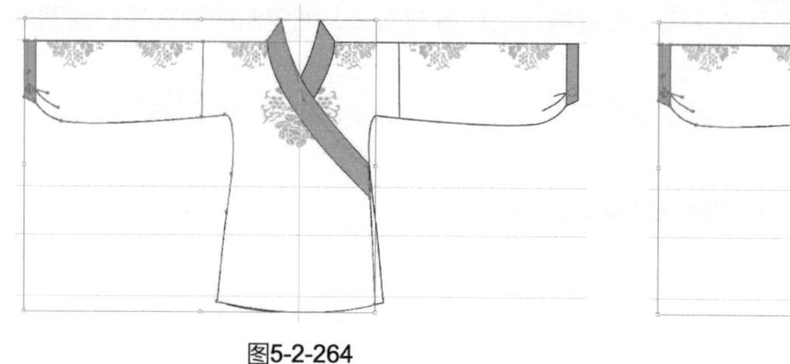
图5-2-264

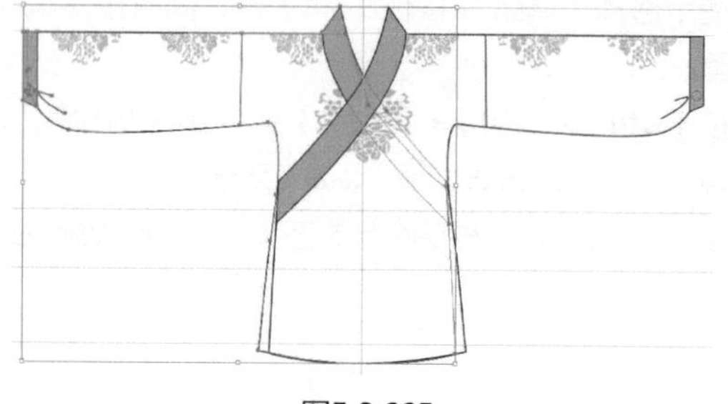
图5-2-265

步骤25 使用钢笔工具绘制后领口部分，在属性栏中设置轮廓描边为并填充和领缘一样的紫色，得到的效果如图5-2-266所示。

步骤26 执行菜单栏中的【对象】/【排列】/【置于底层】命令，得到的效果如图5-2-267所示。

图5-2-266　图5-2-267

步骤27 使用矩形工具在衣身上绘制一个长方形，在属性栏中设置轮廓描边为并填充白色，得到的效果如图5-2-268所示。

步骤28 执行菜单栏中的【对象】/【排列】/【置于底层】命令，得到的效果如图5-2-269所示。

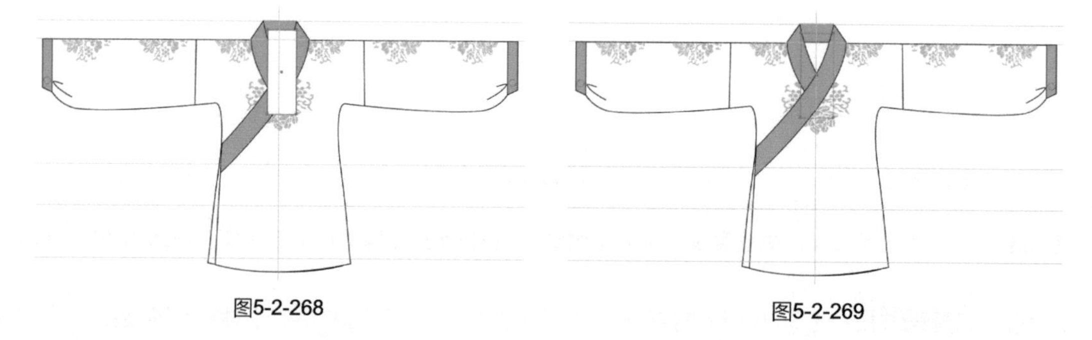
图5-2-268　图5-2-269

步骤29 使用钢笔工具和锚点工具绘制衣身上的绑带，在属性栏中设置轮廓描边为并填充白色，得到的效果如图5-2-270所示。

步骤30 使用钢笔工具绘制分割线，在属性栏中设置轮廓描边为，得到的效果如图5-2-271所示。

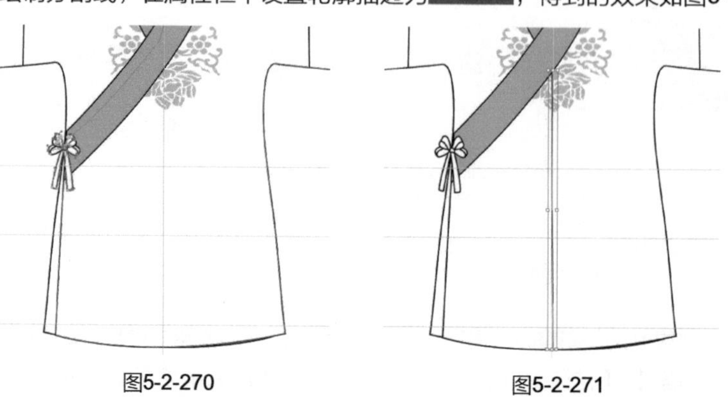
图5-2-270　图5-2-271

步骤31 使用钢笔工具和锚点工具在辅助线的基础上绘制裙子，在属性栏中设置轮廓描边为并填充和领缘一样的紫色，得到的效果如图5-2-272所示。

步骤32 使用钢笔工具和锚点工具，在辅助线的基础上绘制分割线，在属性栏中设置轮廓描边为，得到的效果如图5-2-273所示。

步骤33 使用钢笔工具和直接选择工具绘制裙身上的褶裥线，在属性栏中设置轮廓描边为，得到的效果如图5-2-274所示。

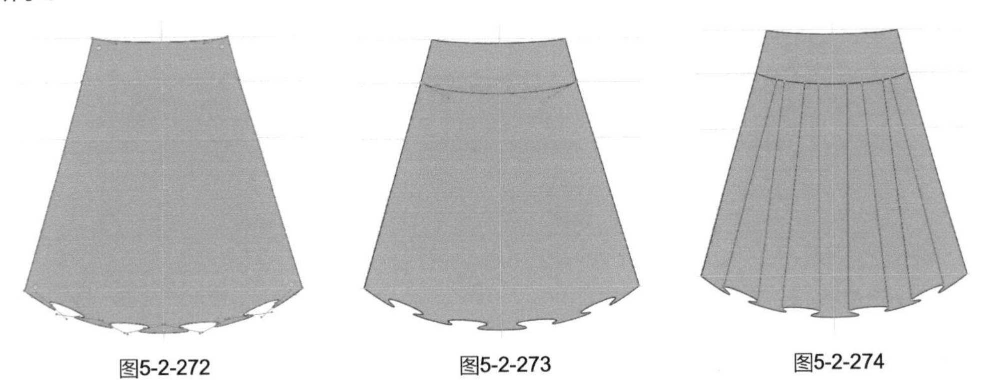

图5-2-272　　图5-2-273　　图5-2-274

步骤34 使用钢笔工具和锚点工具在裙摆处绘制图形，表现裙子的翻折部分，在属性栏中设置轮廓描边为并填充和裙身一样的紫色，得到的效果如图5-2-275所示。

步骤35 执行菜单栏中的【对象】/【排列】/【置于底层】命令，得到的效果如图5-2-276所示。

步骤36 使用椭圆工具并按住【Shift】键在腰头绘制两颗纽扣，在属性栏中设置轮廓描边为并填充白色，得到的效果如图5-2-277所示。

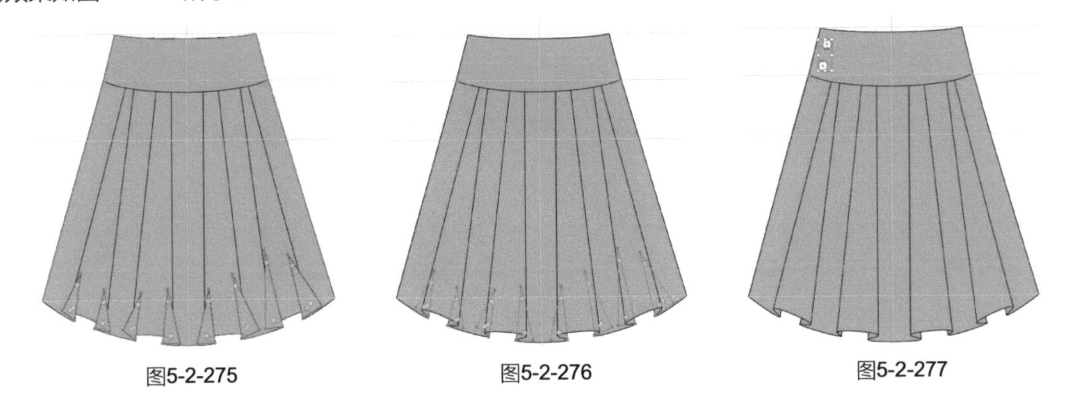

图5-2-275　　图5-2-276　　图5-2-277

步骤37 使用钢笔工具和锚点工具在腰部绘制一条装饰织带，在属性栏中设置轮廓描边为，描边颜色为白色，得到的效果如图5-2-278所示。

步骤38 使用钢笔工具和锚点工具在裙摆处绘制两条装饰织带，在属性栏中设置轮廓描边为，描边颜色为白色，得到的效果如图5-2-279所示。

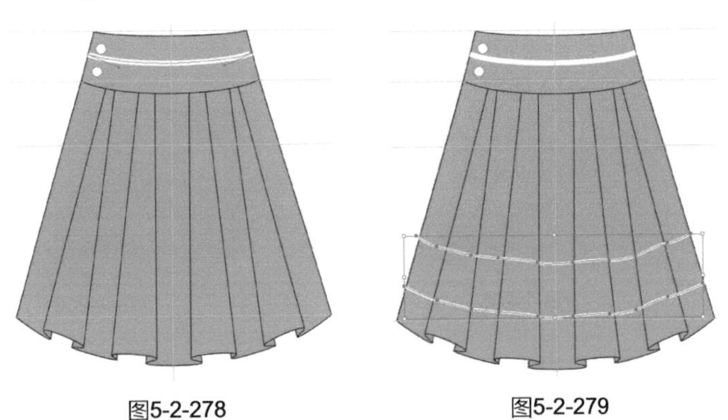

图5-2-278　　图5-2-279

步骤39 执行菜单栏中的【视图】/【参考线】/【清除参考线】命令，得到的效果如图5-2-280所示。

步骤40 使用矩形工具绘制两条肩带，在属性栏中设置轮廓描边为并填充和裙子一样的紫色，得到的效果如图5-2-281所示。

步骤41 执行菜单栏中的【对象】/【排列】/【置于底层】命令，得到的效果如图5-2-282所示。

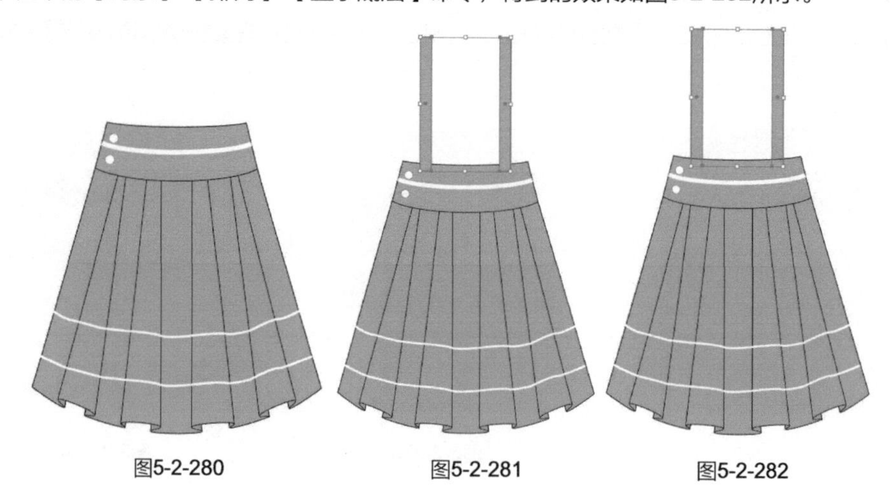

图5-2-280 图5-2-281 图5-2-282

步骤42 重复步骤（12）的操作，复制团花图案。执行菜单栏中的【对象】/【变换】/【旋转】命令，设置旋转角度为90°，得到的效果如图5-2-283所示。

步骤43 使用选择工具把图案拖入“画笔”面板中，弹出“新建画笔”对话框，选择“散点画笔”，如图5-2-284所示。

图5-2-283

图5-2-284

步骤44 单击“确定”按钮，弹出“散点画笔选项”对话框，命名为“团花画笔”，设置各项参数，如图5-2-285所示。再单击“确定”按钮，创建新的“团花”画笔，如图5-2-286所示。

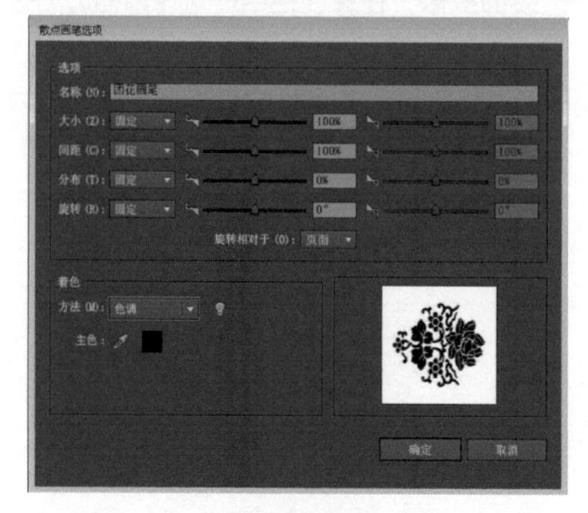

图5-2-285

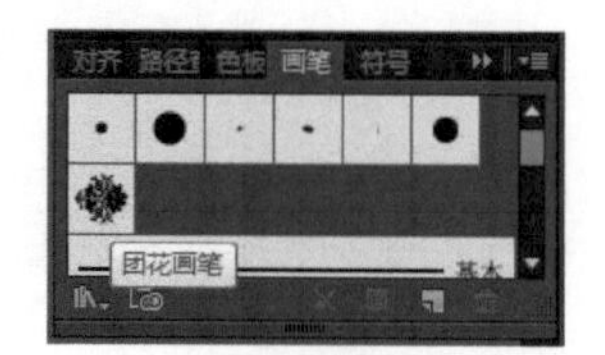

图5-2-286

步骤45 使用钢笔工具和锚点工具在裙摆处绘制一条白色花边，单击“画笔”面板中的“绳子图案”画笔，得到的效果如图5-2-287所示。

步骤46 单击“画笔”面板中的所选对象的选项按钮，弹出“描边选项”对话框，设置各项参数，如图5-2-288所示。

图5-2-287

图5-2-288

步骤47 单击“确定”按钮，得到的效果如图5-2-289所示。

步骤48 使用选择工具分别框选上衣和裙子，按【Ctrl】+【G】组合键编组图形，如图5-2-290所示。使用选择工具选择裙子，把裙子摆放在上衣上面，最终完成的整体着装效果如图5-2-291所示。

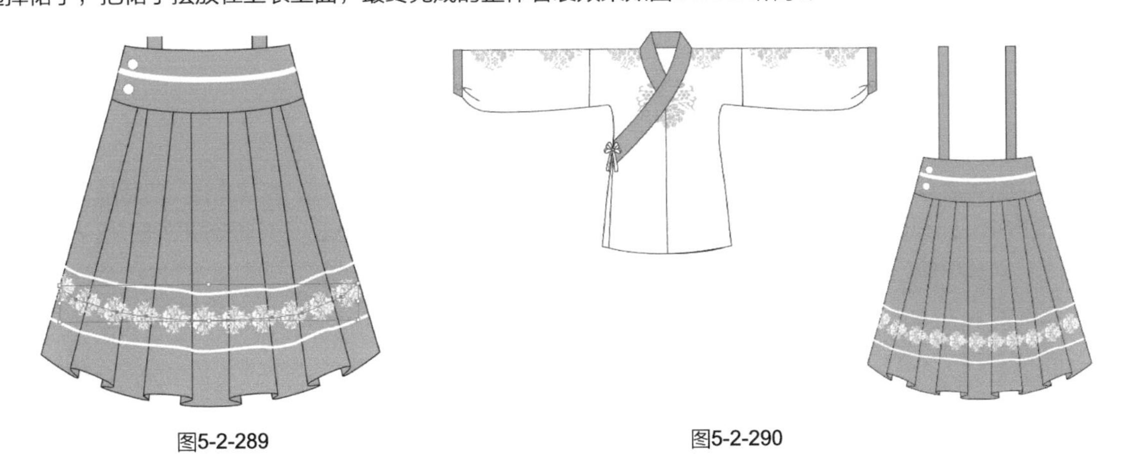

图5-2-289　　图5-2-290

图5-2-291

实例26 连衣裙两件套款式设计

实例目的： 了解绘制连衣裙及外套基本造型的基础工具的使用，以及连衣裙细节设计，如蕾丝花边、外套刺绣花边及装饰绳等。

实例要点： 使用钢笔工具和锚点工具绘制连衣裙、外套的基本造型（注意内外搭配比例）；
装饰细节表现（如绣花图案、蕾丝花边、穿绳装饰的表现等）。

最终效果如图5-2-292所示。

图5-2-292

操作步骤

步骤01 启动Illustrator CC应用程序，执行菜单栏中的【文件】/【新建】命令，弹出"新建文档"对话框，设置文件名为"连衣裙两件套"，页面取向为"横向"，如图5-2-293所示。单击"确定"按钮，得到的效果如图5-2-294所示。

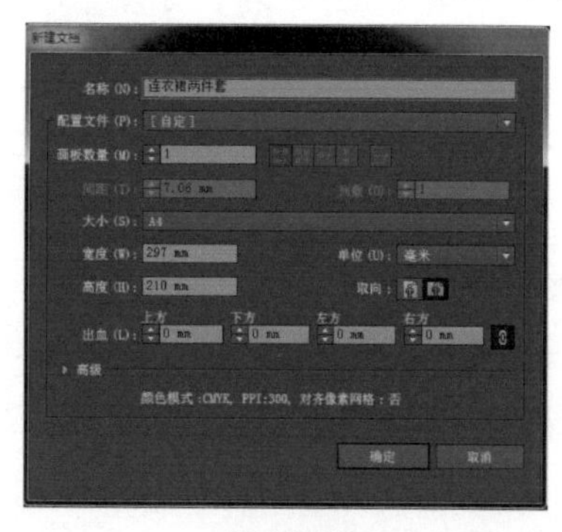

图5-2-293

图5-2-294

步骤02 执行菜单栏中的【视图】/【标尺】/【显示标尺】命令，得到的效果如图5-2-295所示。

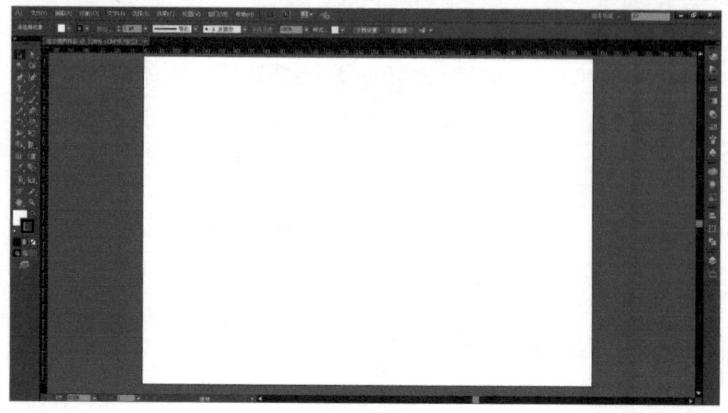

图5-2-295

步骤03 用鼠标单击上方和左方的标尺栏，分别从上往下、从左往右拖动鼠标，添加九条辅助线，确定领高、肩线、袖长、腰线、裙长、衣长等位置，如图5-2-296所示。

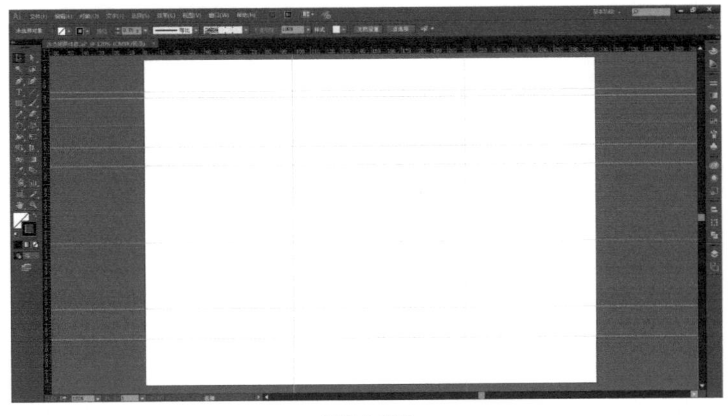

图5-2-296

步骤04 使用钢笔工具和锚点工具在辅助线的基础上绘制连衣裙衣身，在属性栏中设置轮廓描边为0.75 pt，得到的效果如图5-2-297所示。

步骤05 双击工具箱中的填色按钮□，弹出“拾色器”对话框，设置各项参数，如图5-2-298所示。单击“确定”按钮，得到的效果如图5-2-299所示。

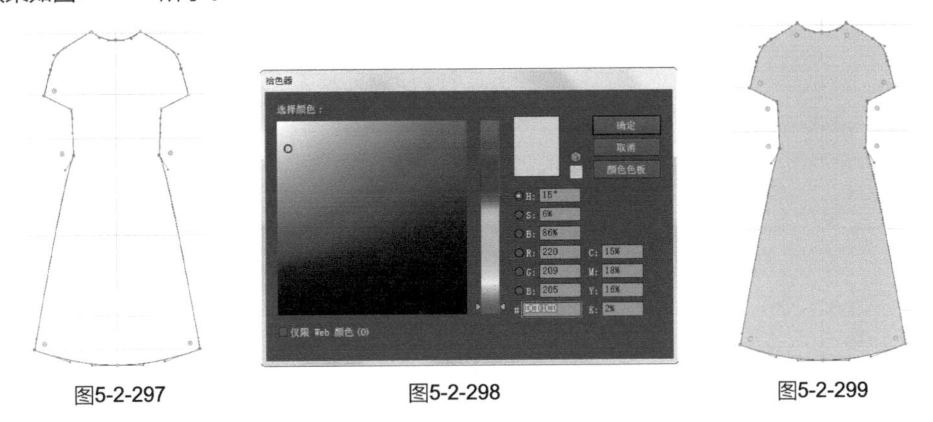

图5-2-297　图5-2-298　图5-2-299

步骤06 使用钢笔工具在腰部绘制两条分割线，在属性栏中设置轮廓描边为0.75 pt，得到的效果如图5-2-300所示。

步骤07 使用钢笔工具绘制两条褶裥线，在属性栏中设置轮廓描边为0.75 pt，得到的效果如图5-2-301所示。

步骤08 使用钢笔工具在上衣中间绘制六条压褶线，在属性栏中设置轮廓描边为0.5 pt，得到的效果如图5-2-302所示。

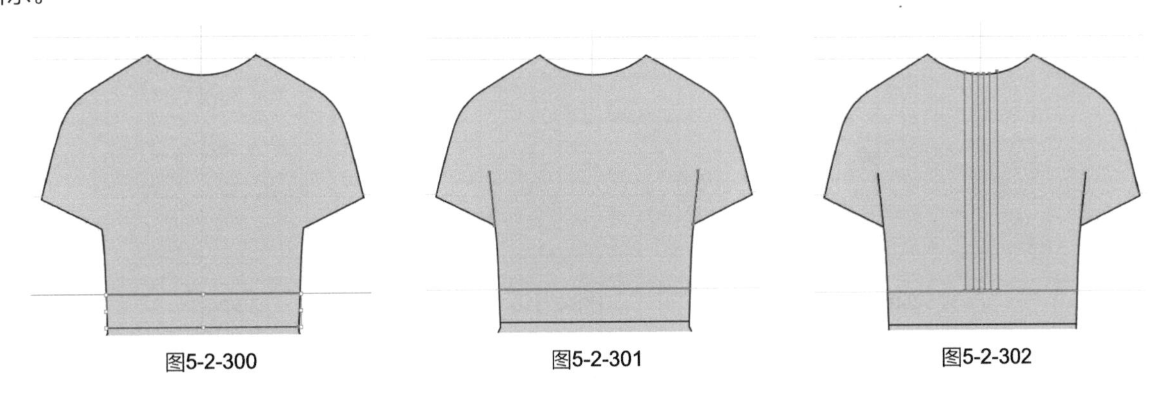

图5-2-300　图5-2-301　图5-2-302

步骤09 使用钢笔工具和锚点工具在腰部绘制褶裥线，在属性栏中设置轮廓描边为0.5 pt，得到的效果如图5-2-303所示。

步骤10 使用钢笔工具和锚点工具绘制袖子，在属性栏中设置轮廓描边为，得到的效果如图5-2-304所示。

步骤11 使用吸管工具单击衣身部分吸取颜色，得到的效果如图5-2-305所示。

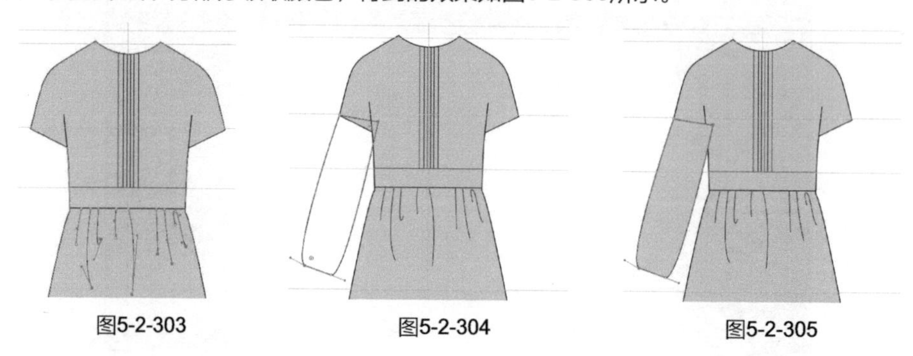

图5-2-303　　图5-2-304　　图5-2-305

步骤12 使用钢笔工具绘制袖口，在属性栏中设置轮廓描边为，得到的效果如图5-2-306所示。

步骤13 使用吸管工具单击衣身部分吸取颜色，执行菜单栏中的【对象】/【排列】/【置于底层】命令，得到的效果如图5-2-307所示。

步骤14 使用钢笔工具和锚点工具在袖口绘制褶裥线，在属性栏中设置轮廓描边为，得到的效果如图5-2-308所示。

图5-2-306　　图5-2-307　　图5-2-308

步骤15 使用钢笔工具在袖口绘制三条压褶线，在属性栏中设置轮廓描边为，得到的效果如图5-2-309所示。

步骤16 使用选择工具并按住【Shift】键选择袖子和袖口，执行菜单栏中的【对象】/【排列】/【置于底层】命令，得到的效果如图5-2-310所示。

步骤17 执行菜单栏中的【对象】/【变换】/【对称】命令，弹出“镜像”对话框，选择“轴→垂直”，单击“复制”按钮，得到的效果如图5-2-311所示。

图5-2-309　　图5-2-310　　图5-2-311

步骤18 用向右方向键→把复制的图形向右平移到一定的位置，得到的效果如图5-2-312所示。

步骤19 使用钢笔工具和锚点工具绘制领子，在属性栏中设置轮廓描边为，得到的效果如图5-2-313所示。

步骤20 使用吸管工具单击衣身部分吸取颜色，执行菜单栏中的【对象】/【排列】/【置于底层】命令，得到的效果如图5-2-314所示。

图5-2-312　　图5-2-313　　图5-2-314

步骤21 使用钢笔工具在领子上绘制后中分割线，在属性栏中设置轮廓描边为，得到的效果如图5-2-315所示。

步骤22 执行菜单栏中的【文件】/【打开】命令，打开“图案素材”中的“蕾丝花边”文件，如图5-2-316所示。用选择工具选择图案，按【Ctrl】+【X】组合键剪切图形，再单击“连衣裙两件套”文件，按【Ctrl】+【V】组合键粘贴图案，得到的效果如图5-2-317所示。

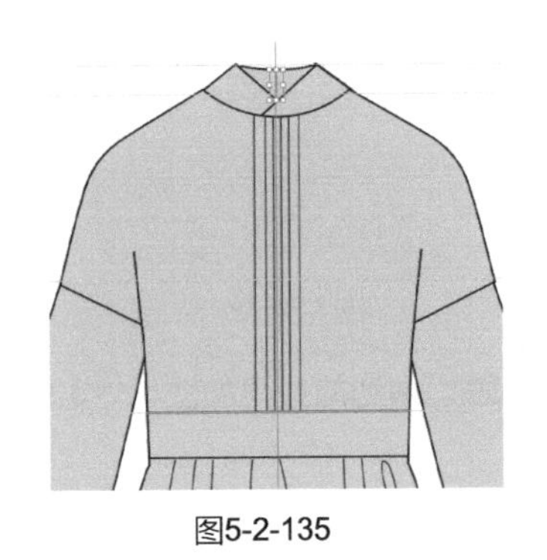

图5-2-135

图5-2-316

图5-2-317

步骤23 使用选择工具把图案拖入“画笔”面板中，弹出“新建画笔”对话框，选择“图案画笔”，如图5-2-318所示。

步骤24 单击“确定”按钮，弹出“图案画笔选项”对话框，命名为“蕾丝花边”，设置各项参数，如图5-2-319所示。再单击“确定”按钮，创建新的“蕾丝花边”画笔，如图5-2-320所示。

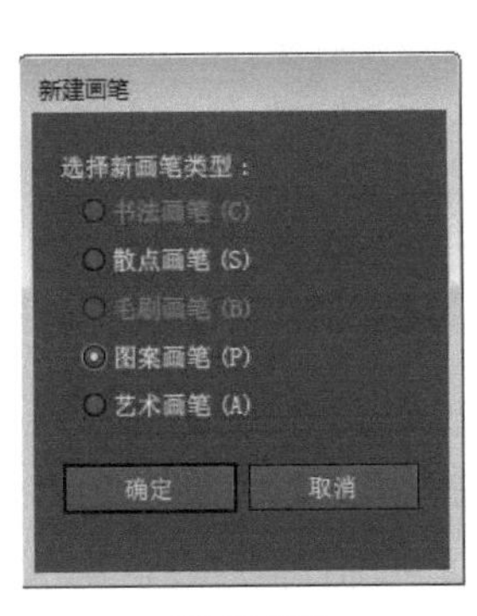

图5-2-318

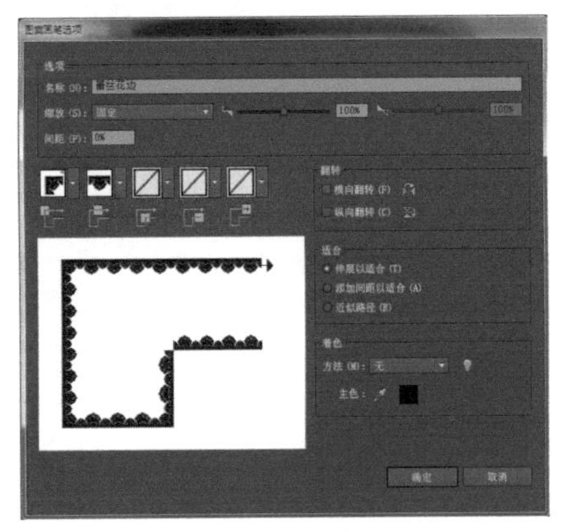

图5-2-319

步骤25 使用选择工具选择花边图案，按【Delete】键删除。使用钢笔工具在上衣中间和腰部绘制四条直线，在属性栏中设置轮廓描边为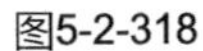，得到的效果如图5-2-321所示。

步骤26 单击“画笔”面板中的“蕾丝花边”画笔，得到的效果如图5-2-322所示。

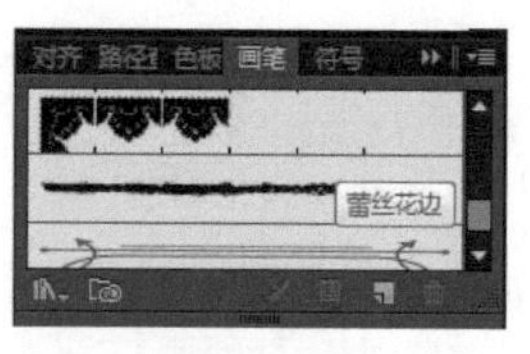
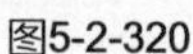

图5-2-320

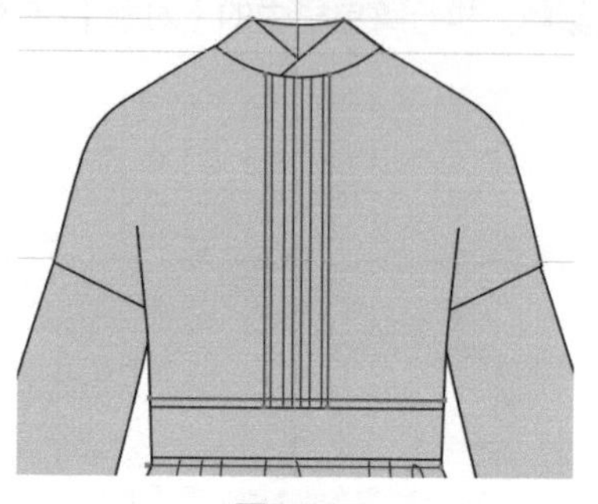
图5-2-321

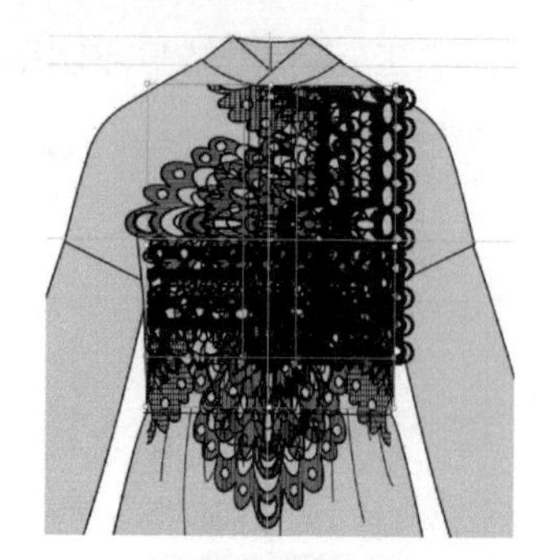
图5-2-322

步骤27 单击“画笔”面板中的所选对象的选项按钮，弹出“描边选项”对话框，设置各项参数，如图5-2-323所示。单击“确定”按钮，得到的效果如图5-2-324所示。

步骤28 双击工具箱中的描边按钮，填充白色，得到的效果如图5-2-325所示。

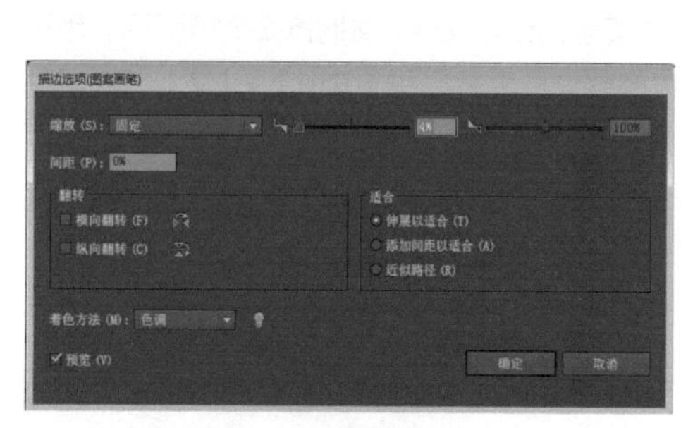
图5-2-323

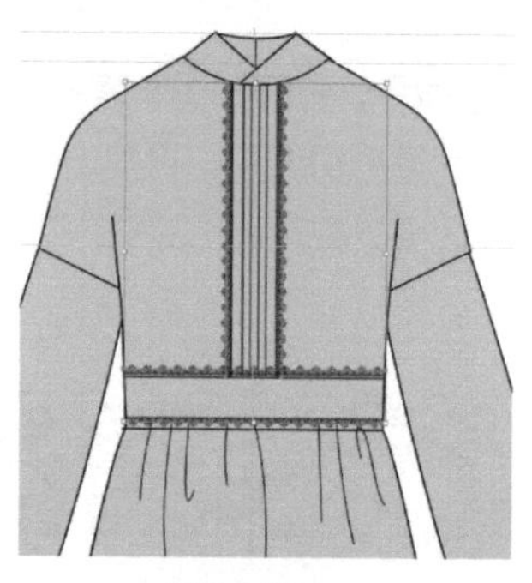
图5-2-324

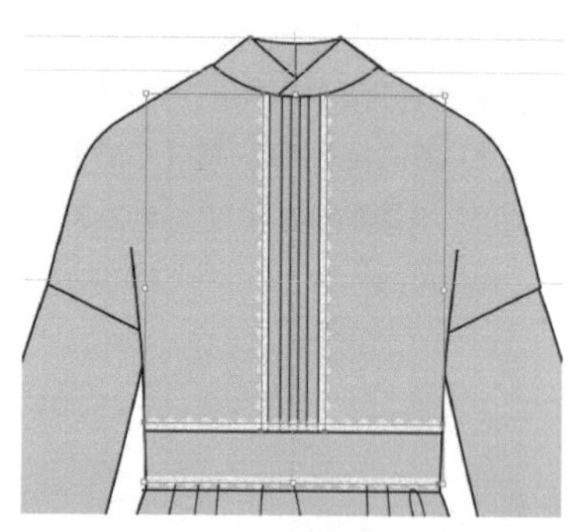
图5-2-325

步骤29 使用钢笔工具和锚点工具绘制外套，在属性栏中设置轮廓描边为，得到的效果如图5-2-326所示。

步骤30 双击工具箱中的填色按钮，弹出“拾色器”对话框，设置各项参数，如图5-2-327所示。单击“确定”按钮，得到的效果如图5-2-328所示。

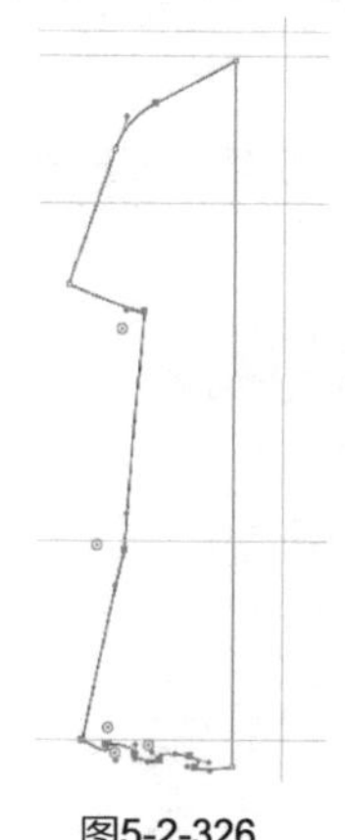
图5-2-326

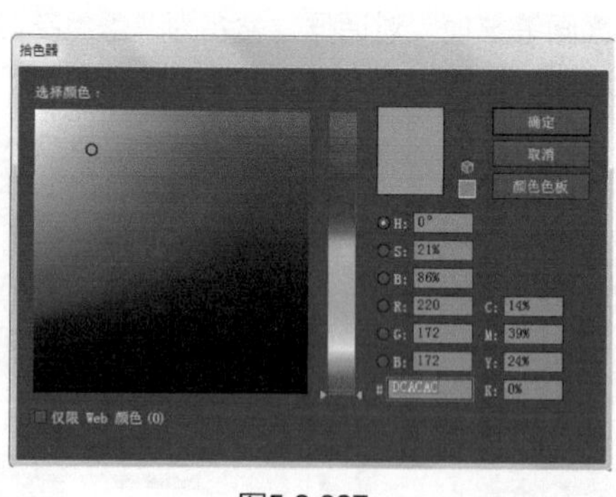

图5-2-327

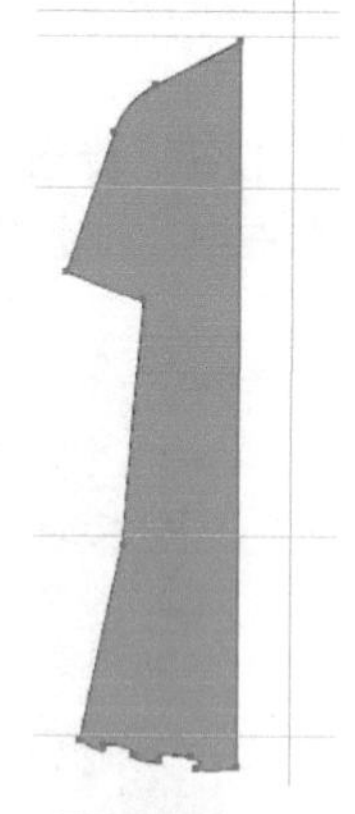
图5-2-328

步骤31 使用钢笔工具和锚点工具绘制两条分割线，在属性栏中设置轮廓描边为，得到的效果如图5-2-329所示。

步骤32 使用钢笔工具在衣身上绘制褶裥线，在属性栏中设置轮廓描边为，得到的效果如图5-2-330所示。

步骤33 使用钢笔工具绘制袖子，在属性栏中设置轮廓描边为，得到的效果如图5-2-331所示。

步骤34 使用吸管工具单击衣身部分吸取颜色，执行菜单栏中的【对象】/【排列】/【置于底层】命令，得到的效果如图5-2-332所示。

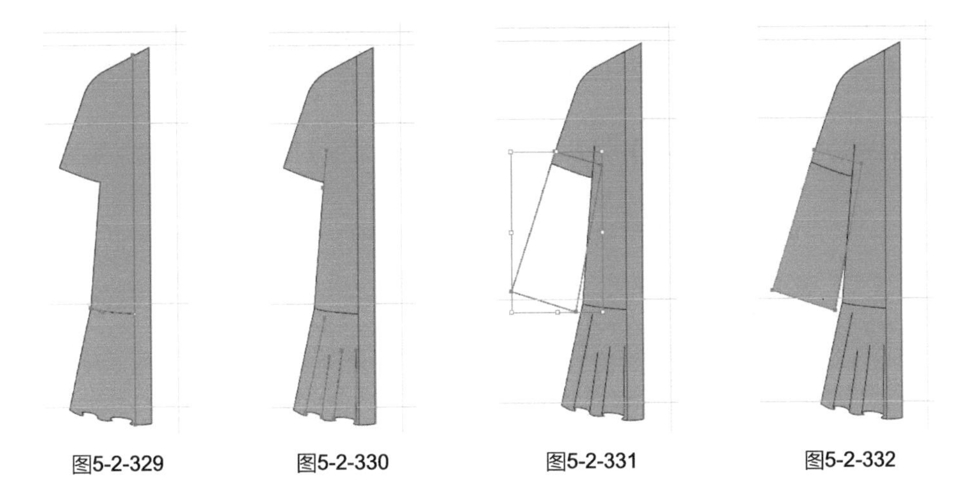
图5-2-329　图5-2-330　图5-2-331　图5-2-332

步骤35 按照实例“女式校服春秋装款式设计”中步骤（83）~（88）的操作，完成气眼扣和穿绳的绘制，得到的效果如图5-2-333所示。

步骤36 按照实例“女式校服春秋装款式设计”中步骤（52）~（66）的操作，完成流苏装饰扣的绘制，得到的效果如图5-2-334所示。

步骤37 执行菜单栏中的【文件】/【打开】命令，打开“图案素材”中的“水波纹图案”文件，如图5-2-335所示。用选择工具选择图案，按【Ctrl】+【X】组合键剪切图形，再单击“连衣裙两件套”文件，按【Ctrl】+【V】组合键粘贴图案，得到的效果如图5-2-336所示。

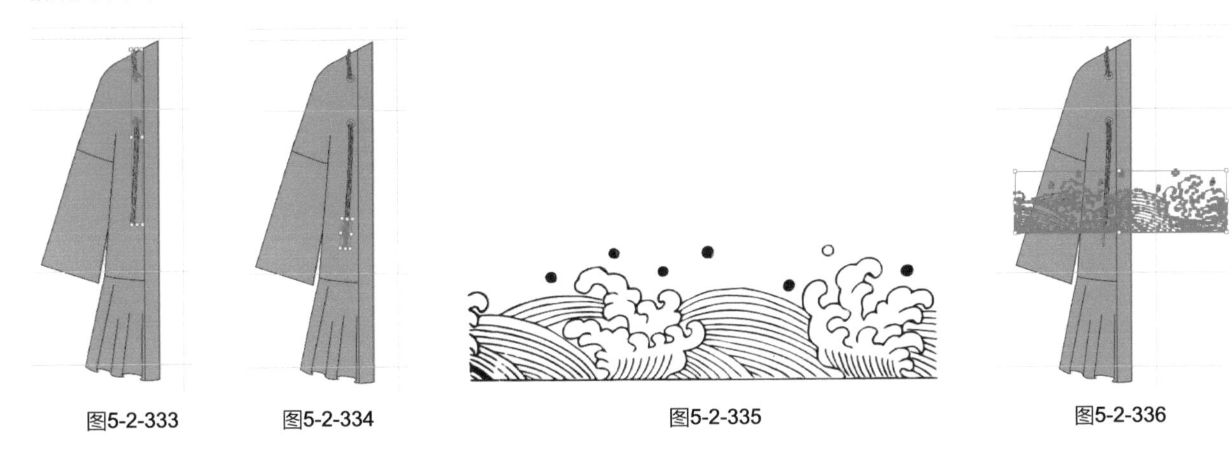
图5-2-333　图5-2-334　图5-2-335　图5-2-336

步骤38 将图案及描边填充为白色，得到的效果如图5-2-337所示。

步骤39 使用选择工具把图案摆放在袖口并旋转图案，如图5-2-338所示。

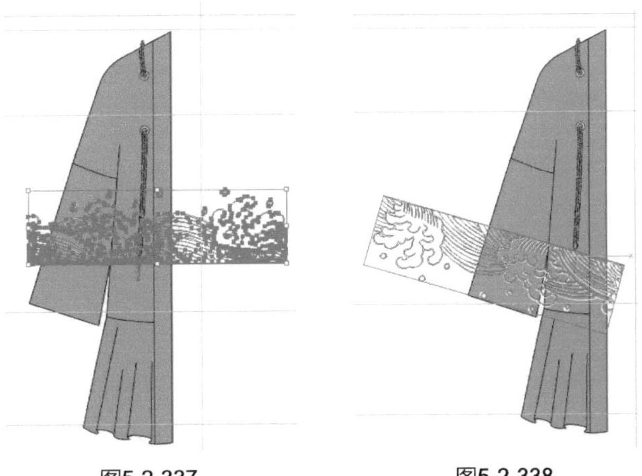
图5-2-337　图5-2-338

步骤40 按【Ctrl】+【Shift】+【Alt】组合键缩小袖口图案，得到的效果如图5-2-339所示。

步骤41 使用选择工具并按住【Alt】键，按住鼠标左键拖动鼠标复制图案，把复制的图案摆放在图5-2-340所示的位置。

步骤42 使用选择工具旋转图案，按【Ctrl】+【Shift】+【Alt】组合键缩小图案，得到的效果如图5-2-341所示。

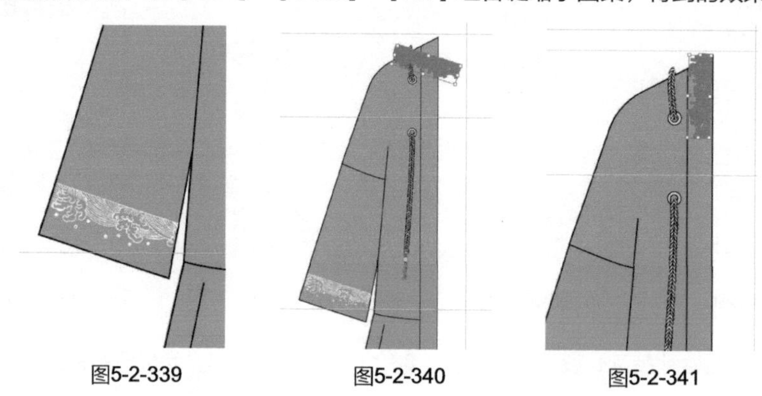

图5-2-339　图5-2-340　图5-2-341

步骤43 按住【Alt】键的同时按住鼠标左键向下拖动鼠标复制图案，把复制的图案移动到如图5-2-342所示的位置。

步骤44 连续按六次【Ctrl】+【D】组合键复制六组图案，把门襟填满，得到的效果如图5-2-343所示。

步骤45 使用钢笔工具绘制门襟贴边，在属性栏中设置轮廓描边为，得到的效果如图5-2-344所示。

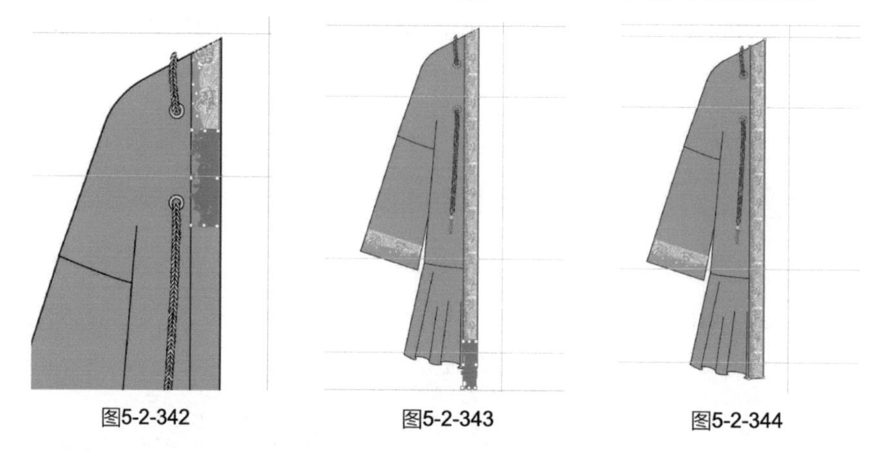

图5-2-342　图5-2-343　图5-2-344

步骤46 单击选择工具并按住【Shift】键加选门襟上的八个图案，执行菜单栏中【对象】/【剪切蒙版】/【建立】命令，得到的效果如图5-2-345所示。

步骤47 执行菜单栏中的【视图】/【参考线】/【清除参考线】命令，完成最终的效果如图5-2-346所示。

步骤48 使用选择工具框选所有绘制好的图形，执行菜单栏中的【对象】/【变换】/【对称】命令，弹出“镜像”对话框，选择“轴→垂直”，单击“复制”按钮，得到的效果如图5-2-347所示。

图5-2-345　图5-2-346　图5-2-347

步骤49 用向右方向键→把复制的图形向右平移到一定的位置，得到的效果如图5-2-348所示。

步骤50 使用钢笔工具和锚点工具绘制后片，在属性栏中设置轮廓描边为，得到的效果如图5-2-349所示。

步骤51 使用吸管工具单击衣身部分吸取颜色，执行菜单栏中的【对象】/【排列】/【置于底层】命令，得到的效果如图5-2-350所示。

步骤52 使用钢笔工具和锚点工具绘制后片分割线，在属性栏中设置轮廓描边为，得到的效果如图5-2-351所示。

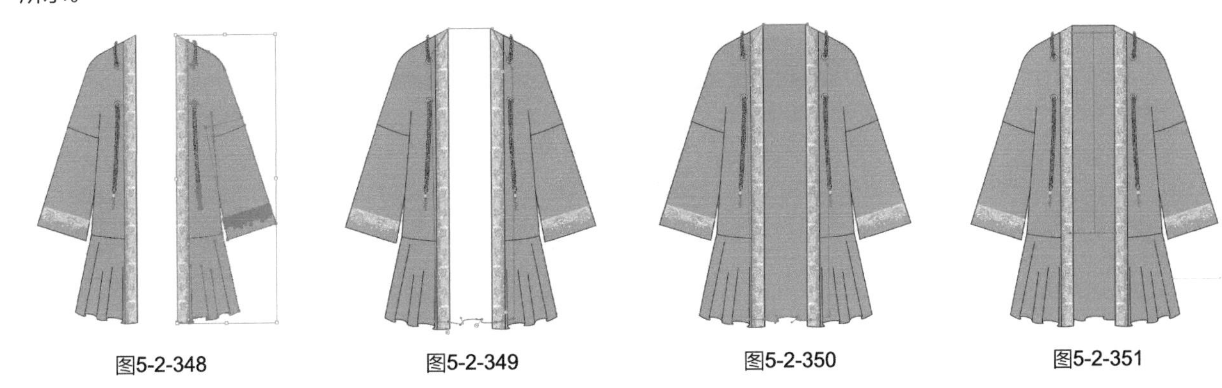

图5-2-348　图5-2-349　图5-2-350　图5-2-351

步骤53 使用钢笔工具绘制后片褶裥线，在属性栏中设置轮廓描边为，得到的效果如图5-2-352所示。

步骤54 使用选择工具框选整条连衣裙，按【Ctrl】+【G】组合键编组图形，得到的效果如图5-2-353所示。使用选择工具选择外套，把外套摆放在连衣裙上面，最终完成的整体着装效果如图5-2-354所示。

图5-2-352　图5-2-353

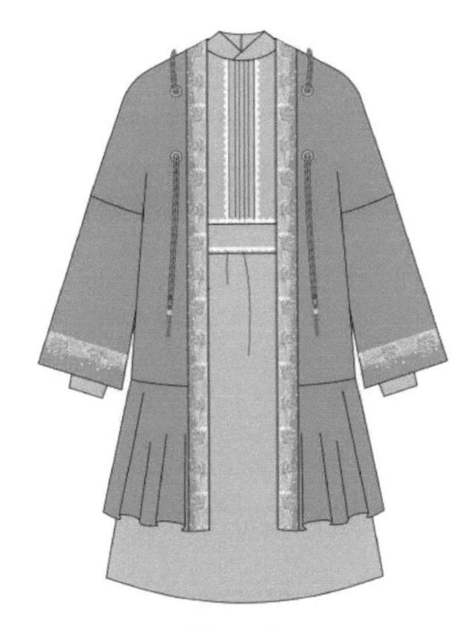

图5-2-354

实例27 男子翻领服款式设计

实例目的： 了解绘制翻领服基本造型的基础工具的使用，以及细节设计，如翻领、下摆开衩、绣花图案等。

实例要点： 使用钢笔工具和锚点工具绘制翻领服的基本造型（注意衣长与袖长的比例）；
装饰细节表现（如翻领、下摆开衩及绣花图案的表现等）。

最终效果如图5-2-355所示。

图5-2-355

操作步骤

步骤01 启动Illustrator CC应用程序，执行菜单栏中的【文件】/【新建】命令，弹出“新建文档”对话框，设置文件名为“男子翻领服”，页面取向为“横向”，如图5-2-356所示。单击“确定”按钮，得到的效果如图5-2-357所示。

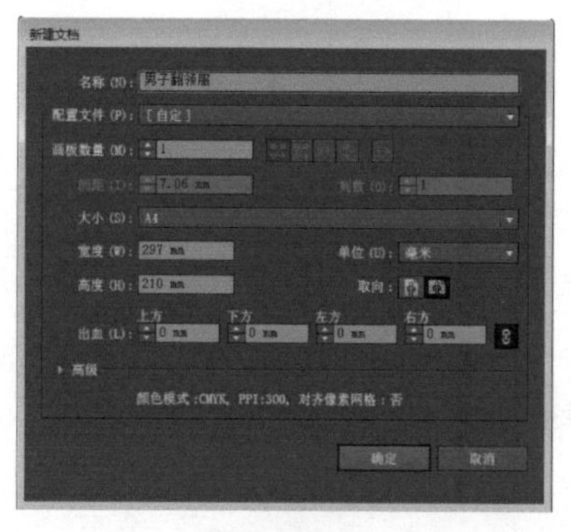

图5-2-356

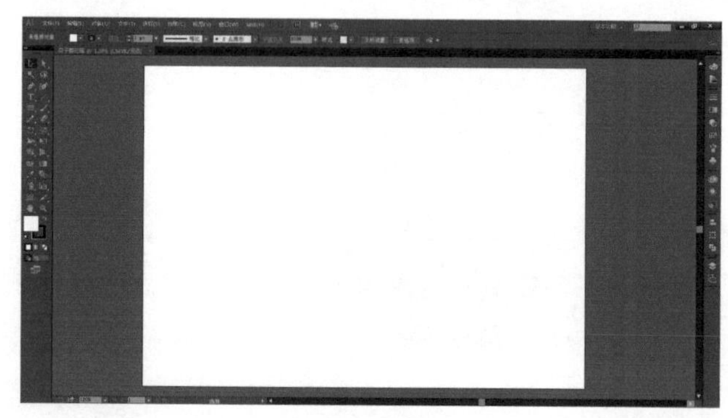

图5-2-357

步骤02 执行菜单栏中的【视图】/【标尺】/【显示标尺】命令，得到的效果如图5-2-358所示。

图5-2-358

步骤03 用鼠标单击上方和左方的标尺栏，分别从上往下、从左往右拖动鼠标，添加六条辅助线，确定领高、肩线、翻领、腰线、衣长等位置，如图5-2-359所示。

图5-2-359

步骤04 使用钢笔工具和锚点工具在辅助线的基础上绘制翻领服造型，在属性栏中设置轮廓描边为，得到的效果如图5-2-360所示。

步骤05 分别双击工具箱中的填色按钮和描边按钮，弹出“拾色器”对话框，设置各项参数，分别如图5-2-361、图5-2-362所示。单击“确定”按钮，得到的效果如图5-2-363所示。

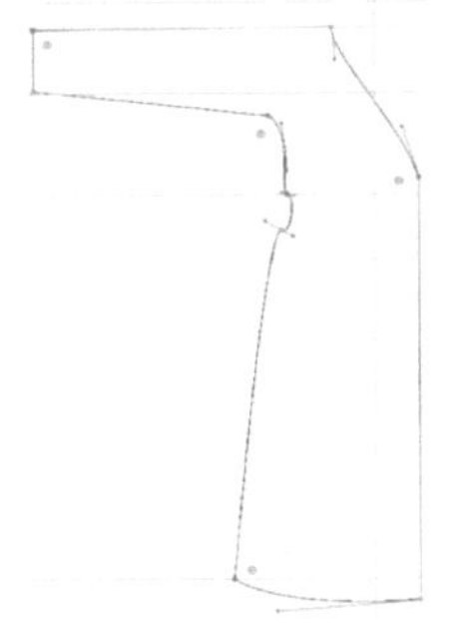

图5-2-360

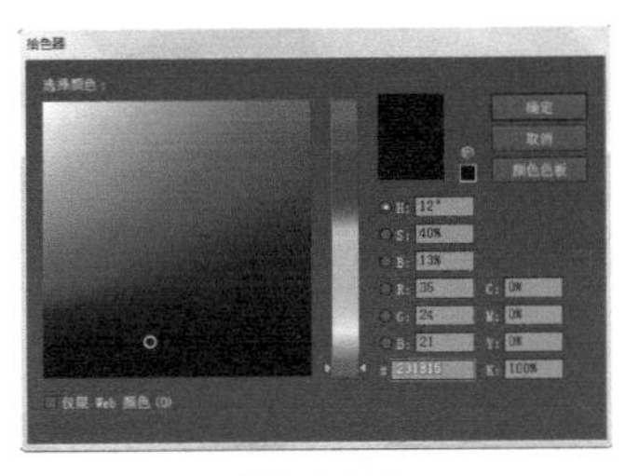

图5-2-361

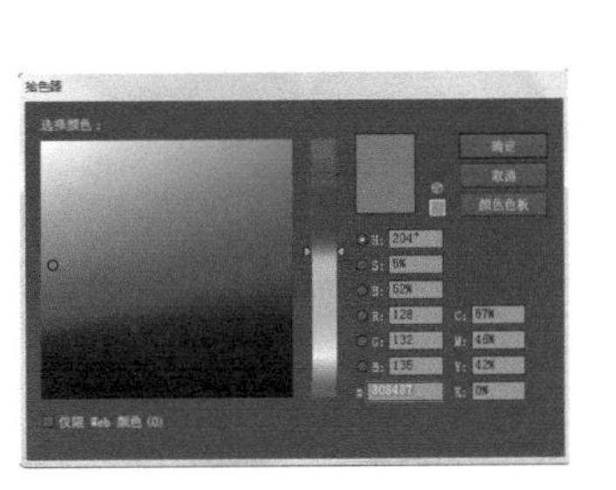

图5-2-362

图5-2-363

步骤06 使用钢笔工具在袖子上绘制分割线，在属性栏中设置轮廓描边为，描边颜色为灰色，得到的效果如图5-2-364所示。

步骤07 使用钢笔工具绘制袖口翻折边，在属性栏中设置轮廓描边为，得到的效果如图5-2-365所示。

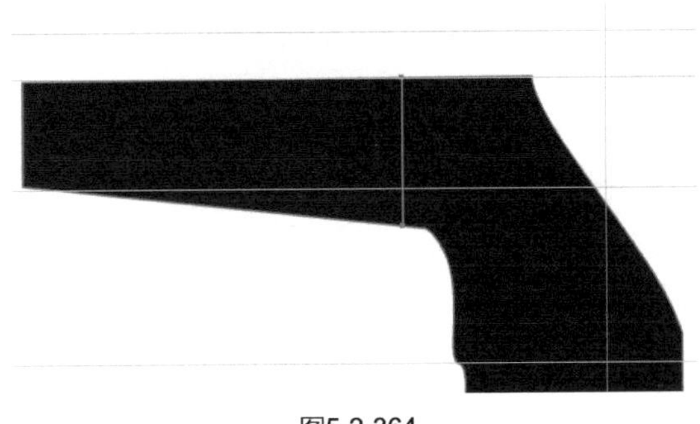

图5-2-364

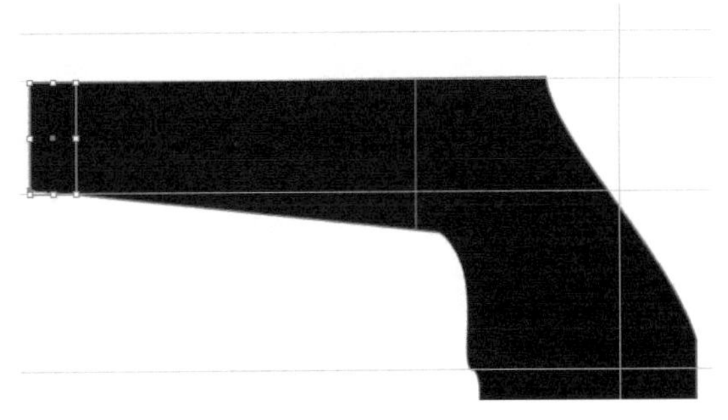

图5-2-365

步骤08 分别双击工具箱中的填色按钮和描边按钮，弹出“拾色器”对话框，设置各项参数，分别如图5-2-366、图5-2-367所示。单击“确定”按钮，得到的效果如图5-2-368所示。

步骤09 使用钢笔工具绘制下摆开衩部分，在属性栏中设置轮廓描边为，得到的效果如图5-2-369所示。

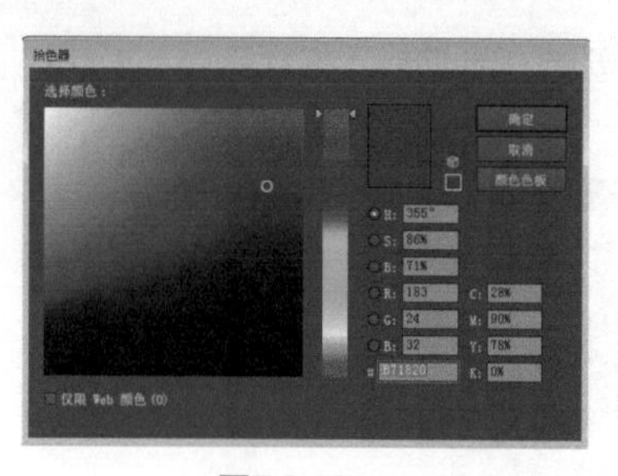

图5-2-366

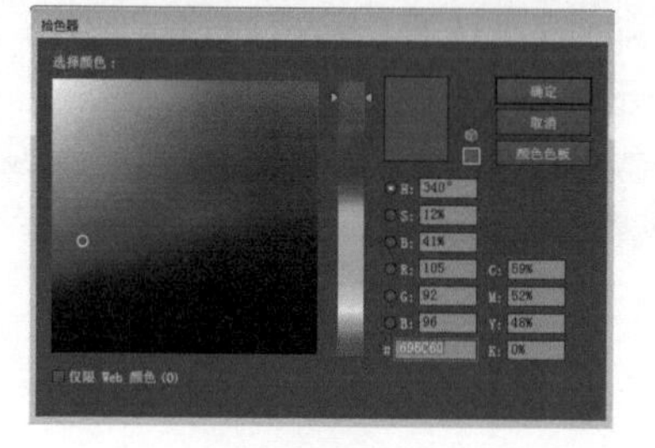

图5-2-367

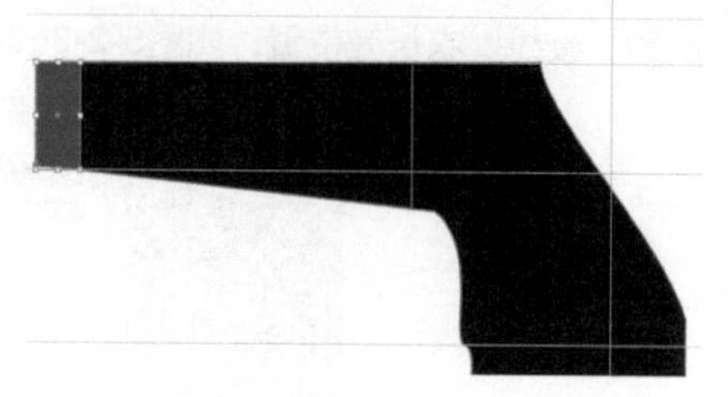

图5-2-368

步骤10 使用吸管工具单击袖口部分吸取颜色，得到的效果如图5-2-370所示。

步骤11 执行菜单栏中的【对象】/【排列】/【置于底层】命令，得到的效果如图5-2-371所示。

图5-2-369　　图5-2-370　　图5-2-371

步骤12 使用钢笔工具和锚点工具绘制翻领造型，在属性栏中设置轮廓描边为，得到的效果如图5-2-372所示。

步骤13 使用吸管工具单击袖口吸取颜色，得到的效果如图5-2-373所示。

步骤14 使用钢笔工具和锚点工具在翻领上绘制一条分割线，在属性栏中设置轮廓描边为，得到的效果如图5-2-374所示。

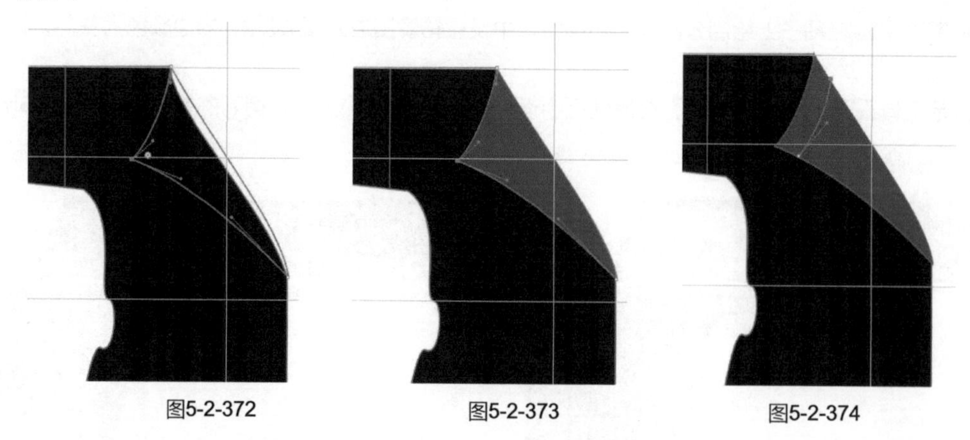

图5-2-372　　图5-2-373　　图5-2-374

步骤15 使用椭圆工具并按住【Shift】键绘制纽扣，使用吸管工具单击袖口吸取颜色，得到的效果如图5-2-375所示。

步骤16 使用钢笔工具绘制扣袢，使用吸管工具单击袖口吸取颜色，得到的效果如图5-2-376所示。

步骤17 执行菜单栏中的【对象】/【排列】/【后移一层】命令，得到的效果如图5-2-377所示。

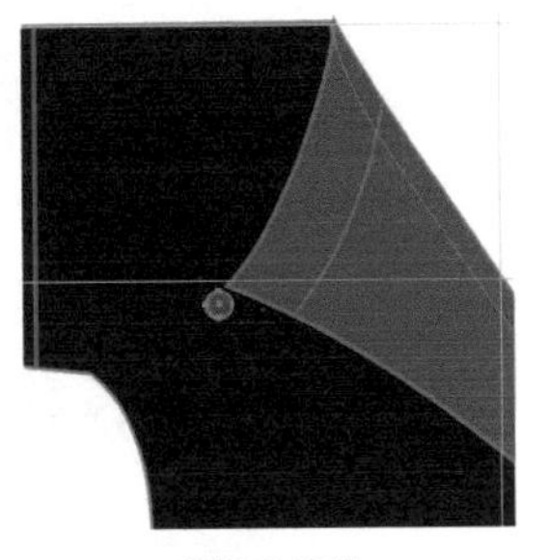

图5-2-375

图5-2-376

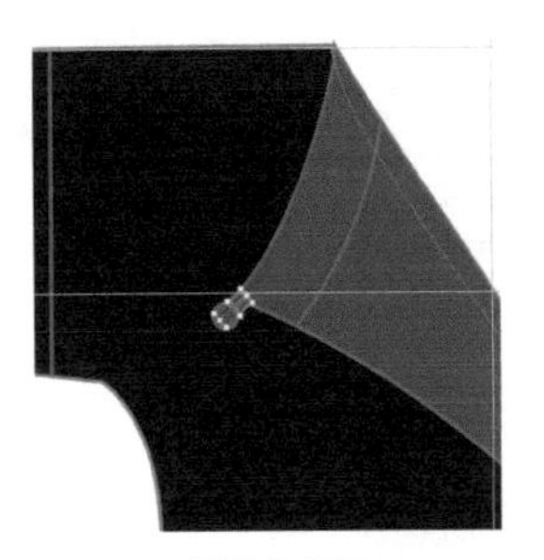

图5-2-377

步骤18 执行菜单栏中的【文件】/【打开】命令，打开“图案素材”中的“莲花图案”文件，如图5-2-378所示。用选择工具选择图案，按【Ctrl】+【X】组合键剪切图形，再单击“男子翻领服”文件，按【Ctrl】+【V】组合键粘贴图案，得到的效果如图5-2-379所示。

步骤19 使用选择工具并按【Ctrl】+【Alt】+【Shift】组合键缩小图案，然后把图案摆放在图5-2-380所示的位置。

图5-2-378

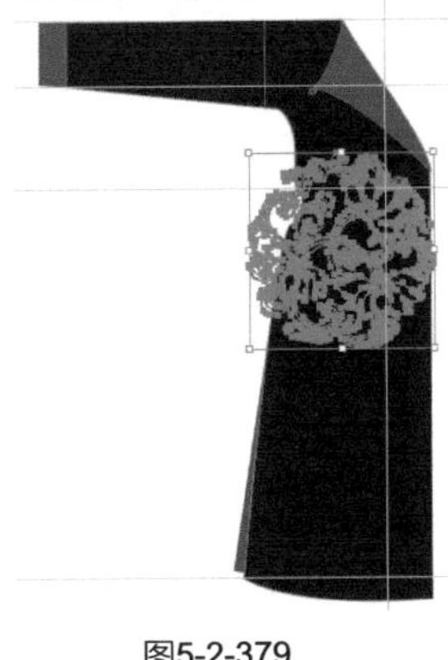

图5-2-379

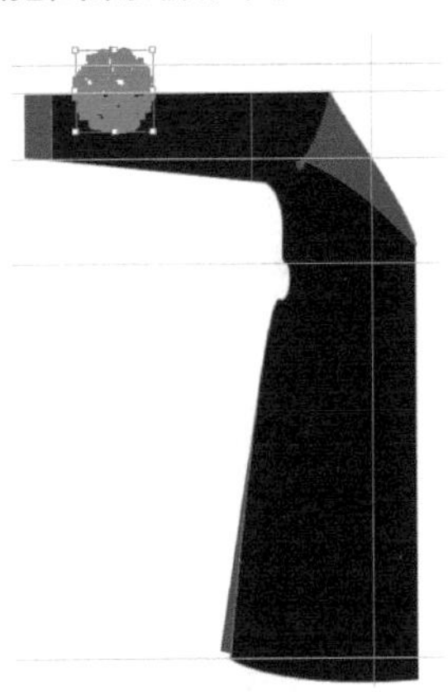

图5-2-380

步骤20 分别双击工具箱中的填色按钮和描边按钮，弹出“拾色器”对话框，将图案和描边填充为白色，得到的效果如图5-2-381所示。

步骤21 使用钢笔工具绘制图5-2-382所示的图形。单击选择工具并按住【Shift】键加选图案，执行菜单栏中的【对象】/【剪切蒙版】/【建立】命令，得到的效果如图5-2-383所示。

图5-2-381

图5-2-382

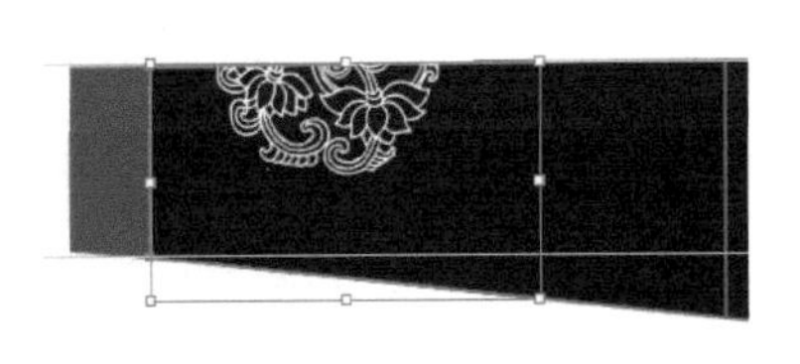

图5-2-383

步骤22 单击选择工具并按住【Shift】键选择所有图形，执行菜单栏中的【对象】/【变换】/【对称】命令，弹出“镜像”对话框，选择“轴→垂直”，单击“复制”按钮，得到的效果如图5-2-384所示。

步骤23 用向右方向键→把复制的图形向右平移到一定的位置，得到的效果如图5-2-385所示。

步骤24 使用钢笔工具在衣身上绘制一条分割线，在属性栏中设置轮廓描边为灰色，得到的效果如图5-2-386所示。

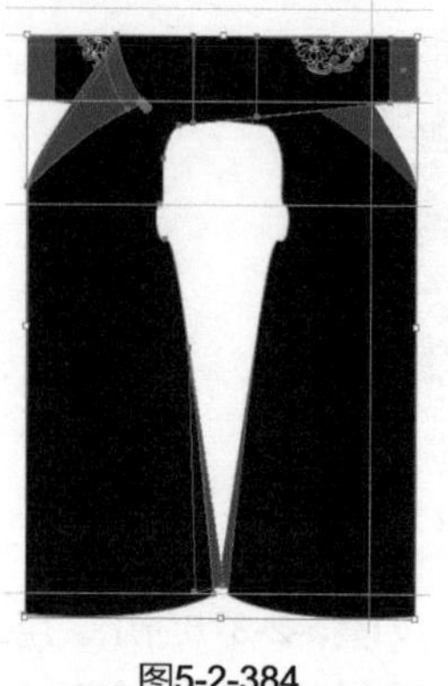

图5-2-384

图5-2-385

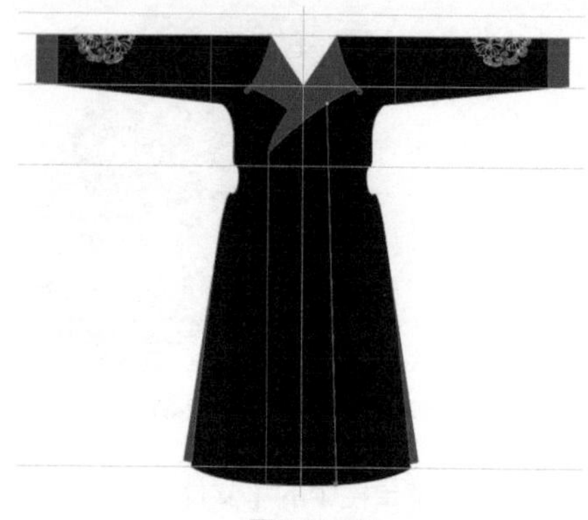

图5-2-386

步骤25 使用直接选择工具往下调整下摆节点，得到的效果如图5-2-387所示。

步骤26 使用钢笔工具在门襟上绘制图形并填充白色，得到的效果如图5-2-388所示。

步骤27 选择“透明度”面板，设置“不透明度”参数为13%，得到的效果如图5-2-389所示。

图5-2-387　图5-2-388　图5-2-389

步骤28 使用钢笔工具和锚点工具绘制腰带，在属性栏中设置轮廓描边为，得到的效果如图5-2-390所示。使用吸管工具单击衣身吸取颜色，得到的效果如图5-3-391所示。

步骤29 使用选择工具选择袖口的莲花图案，按住【Alt】键并移动鼠标左键，复制图案，把复制的图案移动到腰带上，如图5-2-392所示。

图5-2-390　图5-2-391　图5-2-392

步骤30 执行菜单栏中的【对象】/【排列】/【置于顶层】命令，得到的效果如图5-2-393所示。

步骤31 使用钢笔工具和锚点工具绘制腰部褶裥线，在属性栏中设置轮廓描边为灰色，得到的效果如图5-2-394所示。

图5-2-393

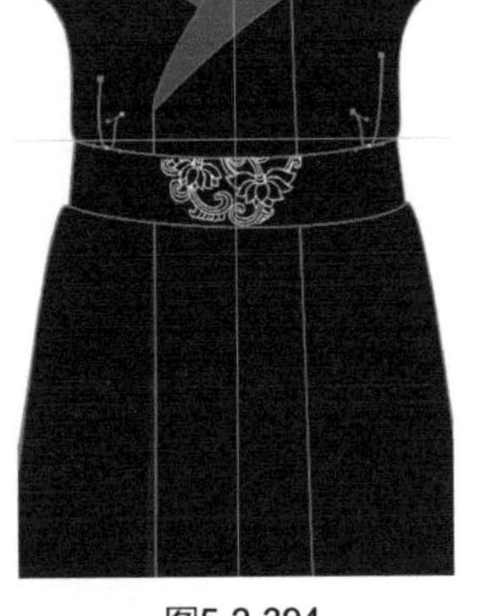

图5-2-394

步骤 32 使用钢笔工具在辅助线的基础上绘制内衣的交领，在属性栏中设置轮廓描边为并填充白色，得到的效果如图5-2-395所示。

步骤 33 执行菜单栏中的【对象】/【排列】/【置于底层】命令，得到的效果如图5-2-396所示。

步骤 34 使用矩形工具在衣身上绘制一个矩形，在属性栏中设置轮廓描边为并填充白色，得到的效果如图5-2-397所示。

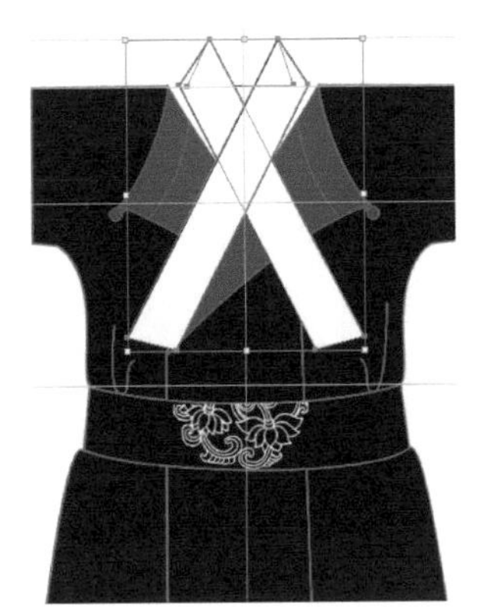

图5-2-395

图5-2-396

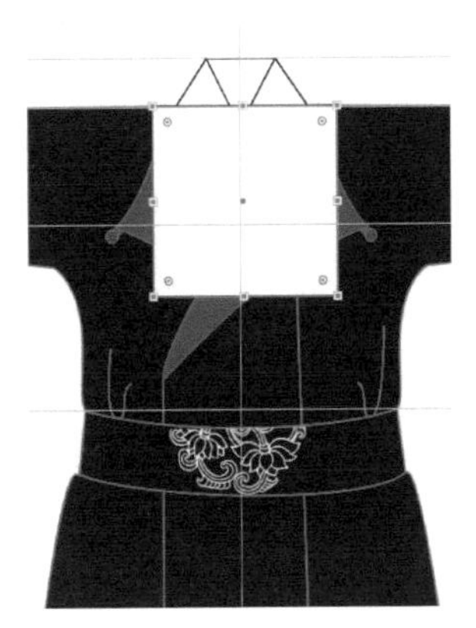

图5-2-397

步骤 35 执行菜单栏中的【对象】/【排列】/【置于底层】命令，得到的效果如图5-2-398所示。

步骤 36 使用钢笔工具和锚点工具绘制翻领服后片，使用吸管工具单击袖口吸取颜色，得到的效果如图5-2-399所示。

步骤 37 执行菜单栏中的【对象】/【排列】/【置于底层】命令，得到的效果如图5-2-400所示。

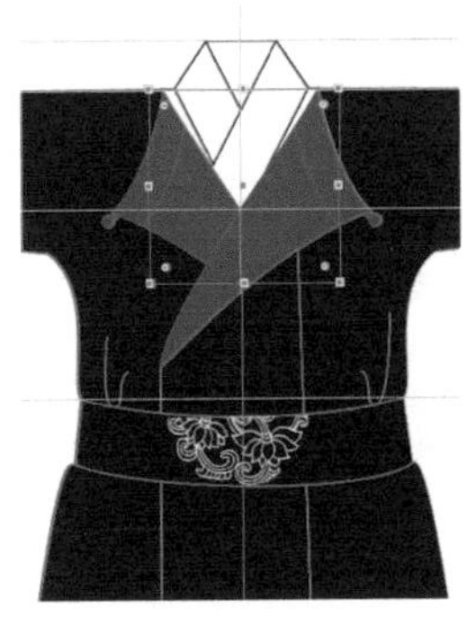

图5-2-398

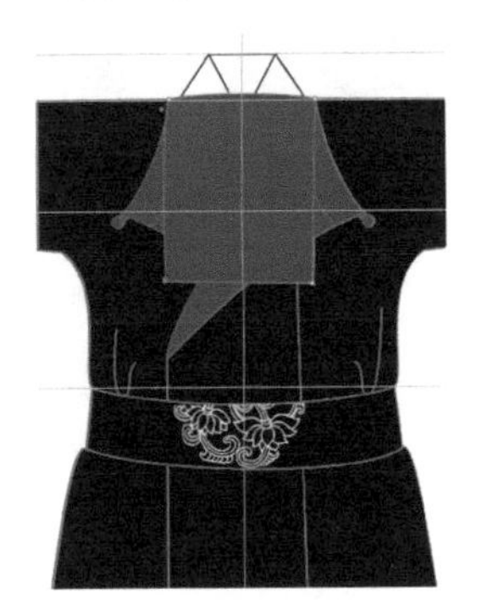

图5-2-399

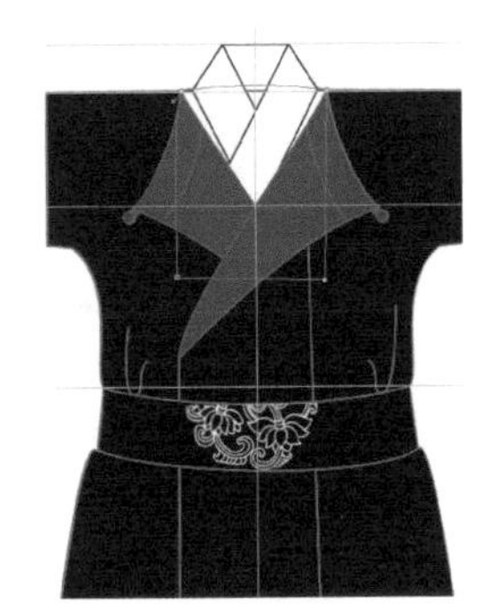

图5-2-400

步骤 38 执行菜单栏中的【视图】/【参考线】/【清除参考线】命令，使用选择工具框选所有图形，按【Ctrl】+【G】组合键编组图形，最终完成的整体着装效果如图5-2-401所示。

图5-2-401

实例28 男子套装款式设计

实例目的：了解绘制套装基本造型的基础工具的使用，以及套装细节设计，如立领、纽扣、口袋等。

实例要点：使用钢笔工具和锚点工具绘制套装的基本造型（注意上下装比例）；
装饰细节表现（如立领、纽扣及口袋的表现等）。

最终效果如图**5-2-402**所示。

图5-2-402

操作步骤

步骤 01 启动Illustrator CC应用程序，执行菜单栏中的【文件】/【新建】命令，弹出“新建文档”对话框，设置文件名为“男子套装”，页面取向为“横向”，如图**5-2-403**所示。单击“确定”按钮，得到的效果如图**5-2-404**所示。

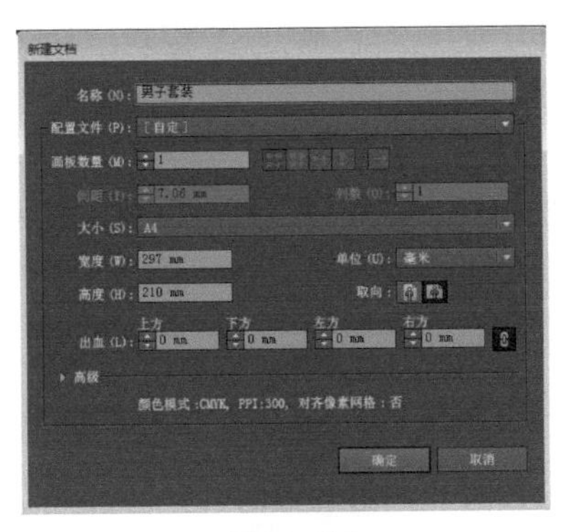

图5-2-403

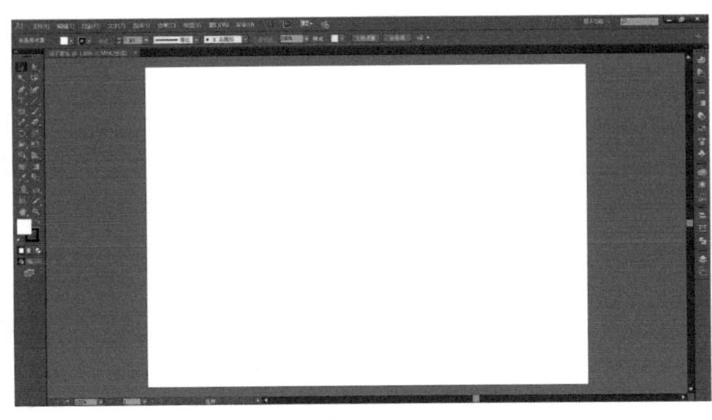

图5-2-404

步骤02 执行菜单栏中的【视图】/【标尺】/【显示标尺】命令，得到的效果如图5-2-405所示。

步骤03 用鼠标单击上方和左方的标尺栏，分别从上往下、从左往右拖动鼠标，添加九条辅助线，确定领高、肩线、袖长、腰线、衣长、裤长等位置，如图5-2-406所示。

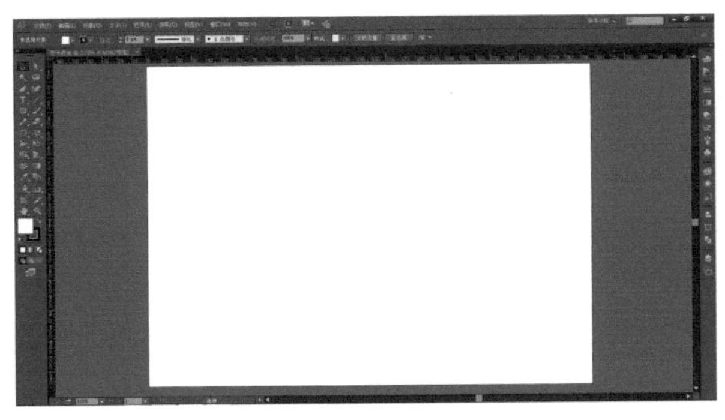

图5-2-405

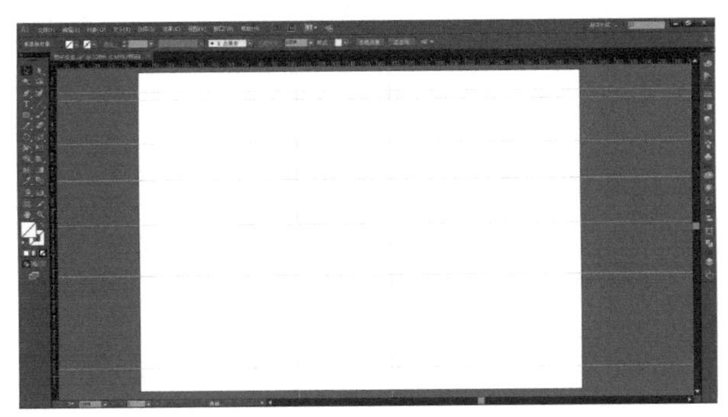

图5-2-406

步骤04 使用钢笔工具和锚点工具在辅助线的基础上绘制衣身造型，在属性栏中设置轮廓描边为，如图5-2-407所示。

步骤05 分别双击工具箱中的填色按钮和描边按钮，弹出“拾色器”对话框，设置各项参数，分别如图5-2-408、图5-2-409所示。单击“确定”按钮，得到的效果如图5-2-410所示。

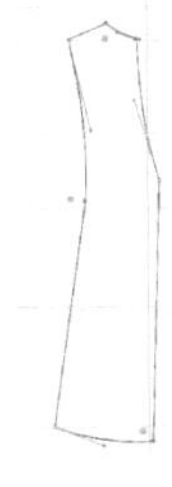

图5-2-407

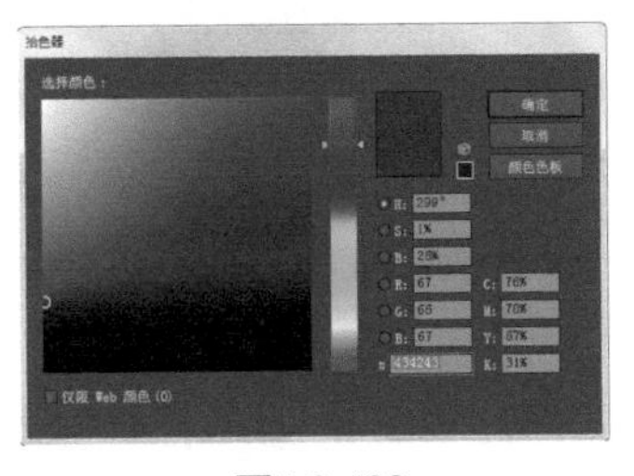

图5-2-408

图5-2-409

步骤06 使用钢笔工具和锚点工具在辅助线的基础上绘制袖子，在属性栏中设置轮廓描边为，如图5-2-411所示。

步骤07 使用吸管工具单击衣身部分吸取颜色，得到的效果如图5-2-412所示。

步骤08 使用钢笔工具在袖子上绘制一条褶裥线，在属性栏中设置轮廓描边为，填充为浅灰色，如图5-2-413所示。

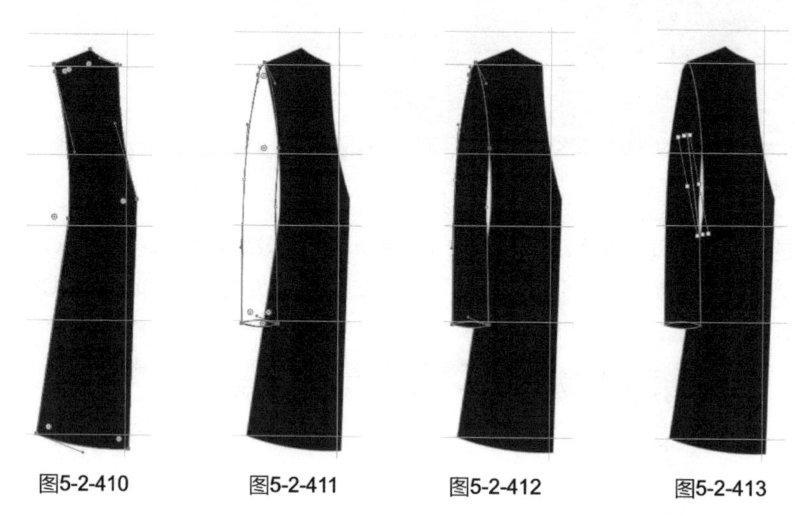

图5-2-410 图5-2-411 图5-2-412 图5-2-413

步骤09 使用钢笔工具和锚点工具在辅助线的基础上绘制立领，在属性栏中设置轮廓描边为，如图5-2-414所示。

步骤10 分别双击工具箱中的填色按钮和描边按钮，弹出“拾色器”对话框，设置各项参数，分别如图5-2-415、图5-2-416所示。单击“确定”按钮，得到的效果如图5-2-417所示。

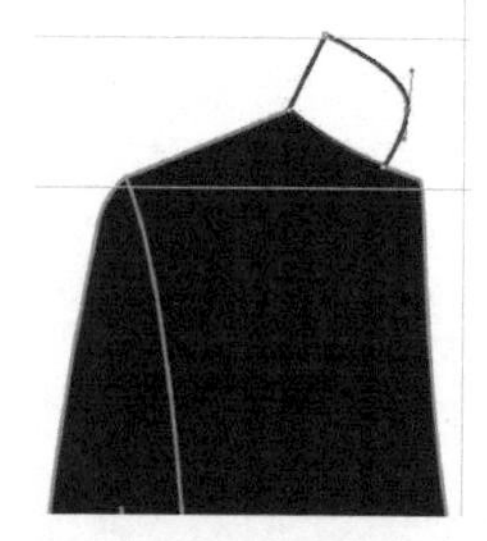

图5-2-414

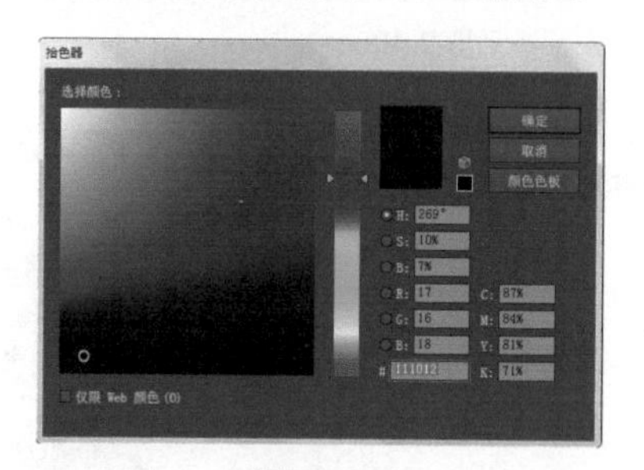

图5-2-415

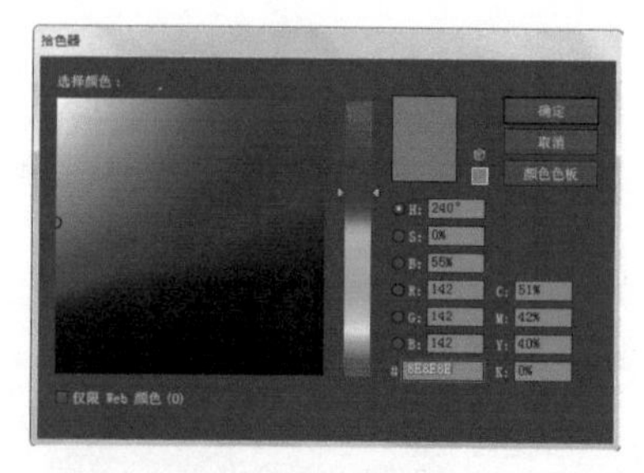

图5-2-416

步骤11 使用钢笔工具在衣身上绘制一条省道线，在属性栏中设置轮廓描边为，填充为浅灰色，如图5-2-418所示。

步骤12 使用钢笔工具绘制口袋，在属性栏中设置轮廓描边为，填充为浅灰色，如图5-2-419所示。

步骤13 使用吸管工具单击立领部分吸取颜色，得到的效果如图5-2-420所示。

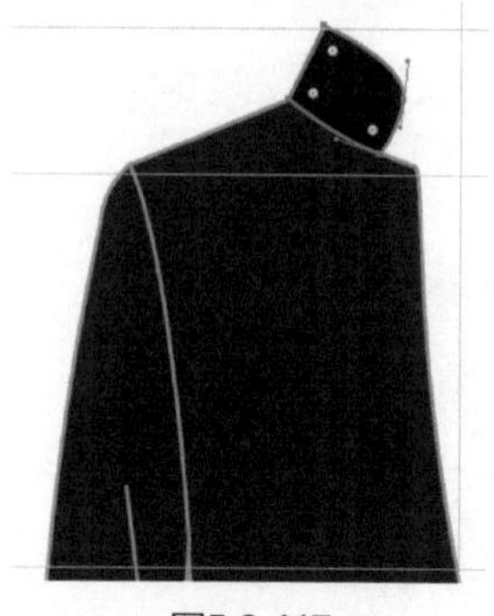

图5-2-417

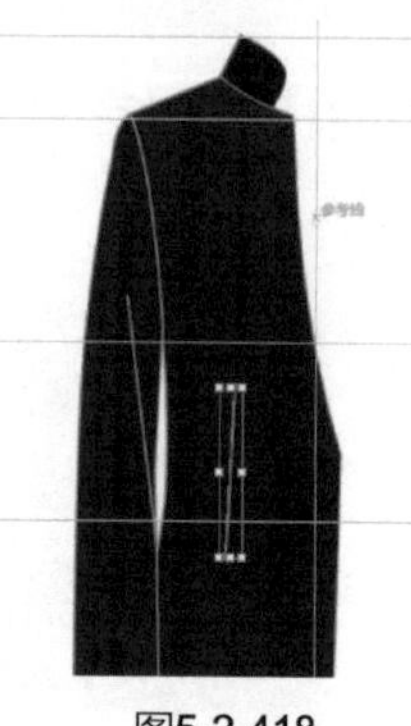

图5-2-418

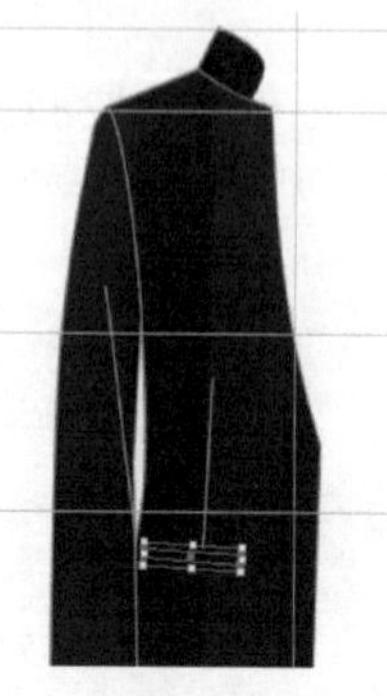

图5-2-419

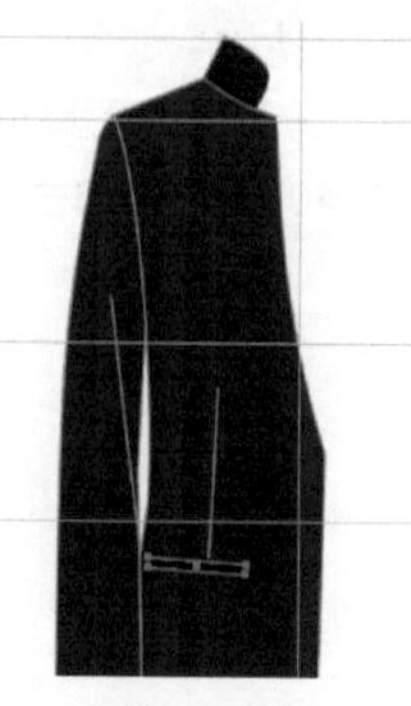

图5-2-420

步骤14 使用选择工具选择所有绘制好的图形，执行菜单栏中的【对象】/【变换】/【对称】命令，弹出“镜像”对话框，选择“轴→垂直”，单击“复制”按钮，得到的效果如图5-2-421所示。

步骤15 用向右方向键→把复制的图形向右平移到一定的位置，得到的效果如图5-2-422所示。

步骤16 使用直接选择工具往下调整下摆节点，得到的效果如图5-2-423所示。

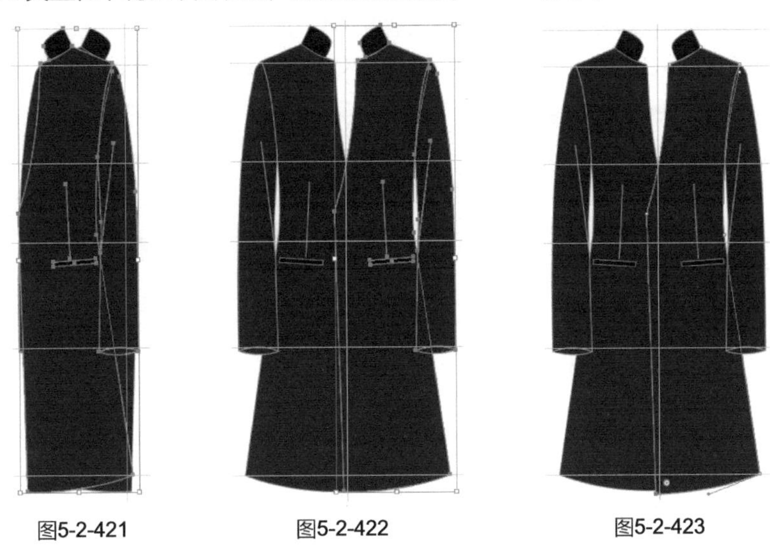

图5-2-421　图5-2-422　图5-2-423

步骤17 使用钢笔工具绘制后领，在属性栏中设置轮廓描边为，如图5-2-424所示。

步骤18 使用吸管工具单击衣身部分吸取颜色，执行菜单栏中的【对象】/【排列】/【置于底层】命令，得到的效果如图5-2-425所示。

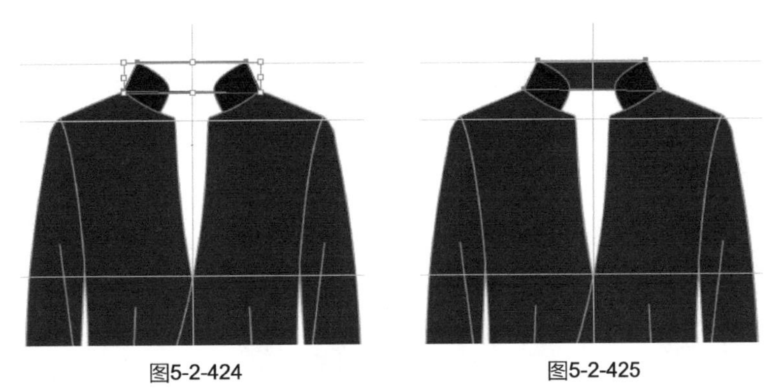

图5-2-424　图5-2-425

步骤19 使用钢笔工具绘制后片，在属性栏中设置轮廓描边为，如图5-2-426所示。

步骤20 使用吸管工具单击衣身部分吸取颜色，执行菜单栏中的【对象】/【排列】/【置于底层】命令，得到的效果如图5-2-427所示。

步骤21 使用钢笔工具绘制后中分割线，在属性栏中设置轮廓描边为，填充为浅灰色，如图5-2-428所示。

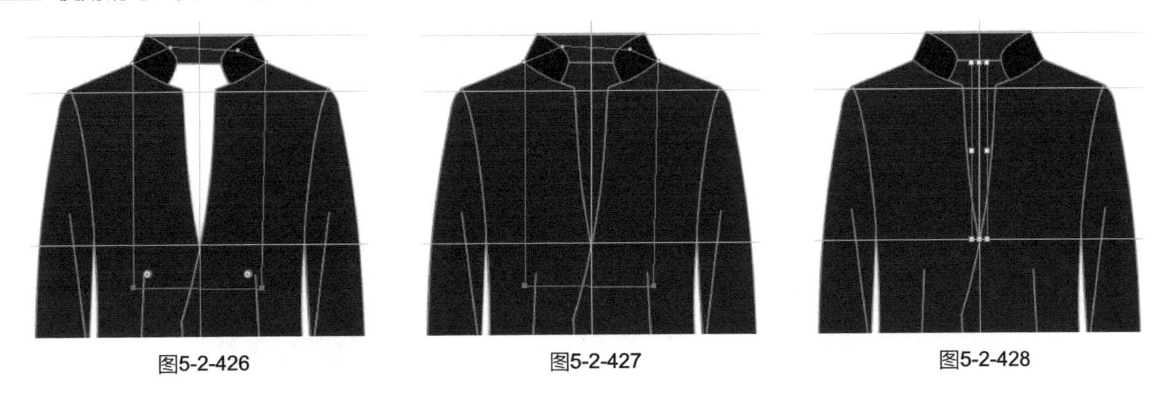

图5-2-426　图5-2-427　图5-2-428

步骤22 使用椭圆工具 并按住【Shift】键绘制纽扣，在属性栏中设置轮廓描边为 并填充和立领一样的黑色，得到的效果如图5-2-429所示。

步骤23 使用钢笔工具 在纽扣上绘制四条分割线，在属性栏中设置轮廓描边为 ，得到的效果如图5-2-430所示。

步骤24 使用选择工具 并按住【Shift】键加选圆形，按【Ctrl】+【G】组合键编组图形。再按住【Alt】键并按住鼠标左键往下移动鼠标，复制出第二颗纽扣，得到的效果如图5-2-431所示。

步骤25 按两次【Ctrl】+【D】组合键再复制两个纽扣，得到的效果如图5-2-432所示。

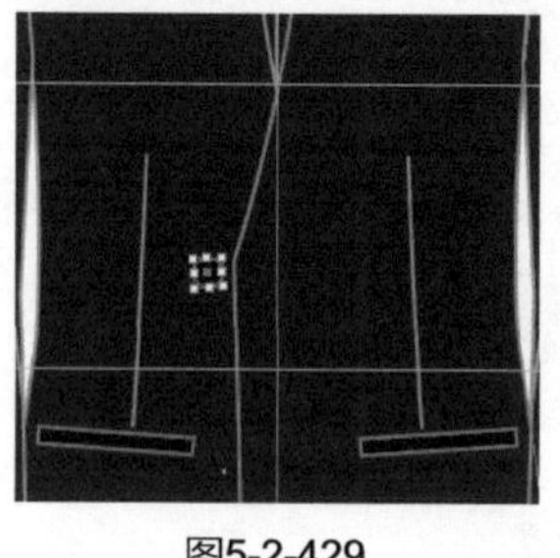
图5-2-429

图5-2-430

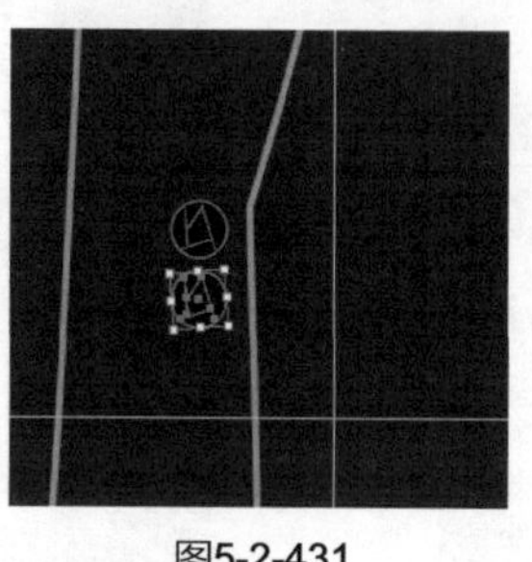
图5-2-431

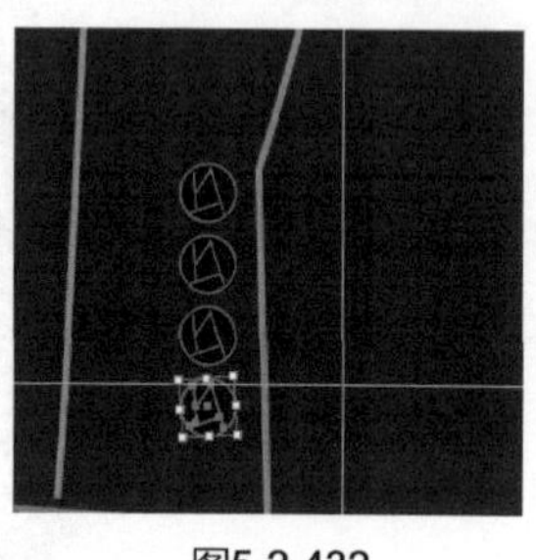
图5-2-432

步骤26 使用钢笔工具 绘制裤子造型，在属性栏中设置轮廓描边为 ，如图5-2-433所示。

步骤27 使用吸管工具 单击立领吸取颜色，得到的效果如图5-2-434所示。

步骤28 执行菜单栏中的【视图】/【参考线】/【清除参考线】命令，使用钢笔工具 绘制裤中线，在属性栏中设置轮廓描边为 ，填充为浅灰色，如图5-2-435所示。

步骤29 使用钢笔工具 和锚点工具 绘制三条褶裥线，在属性栏中设置轮廓描边为 ，填充为浅灰色，得到的效果如图5-2-436所示。

步骤30 使用钢笔工具 和锚点工具 绘制门襟线，在属性栏中设置轮廓描边为 ，填充为浅灰色，得到的效果如图5-2-437所示。

步骤31 使用钢笔工具 绘制裤挺线，在属性栏中设置轮廓描边为 ，填充为浅灰色，得到的效果如图5-2-438所示。

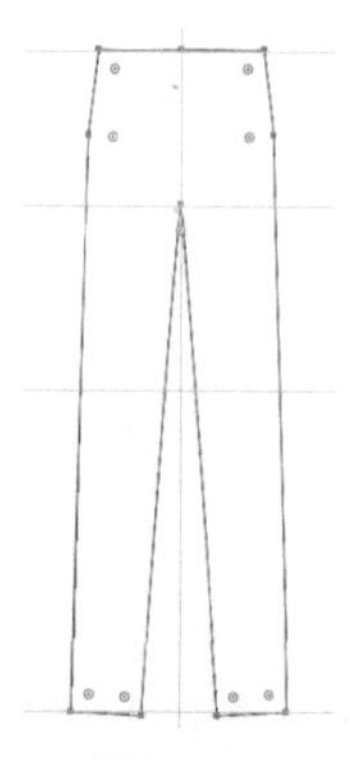
图5-2-433

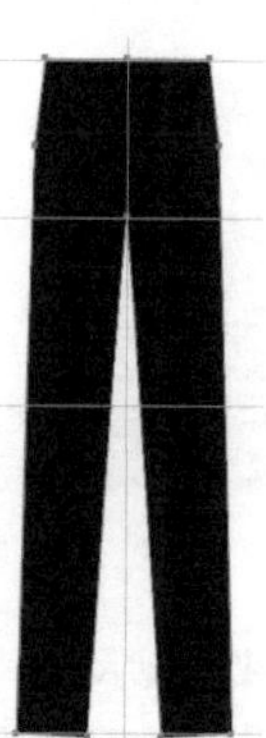
图5-2-434

图5-2-435

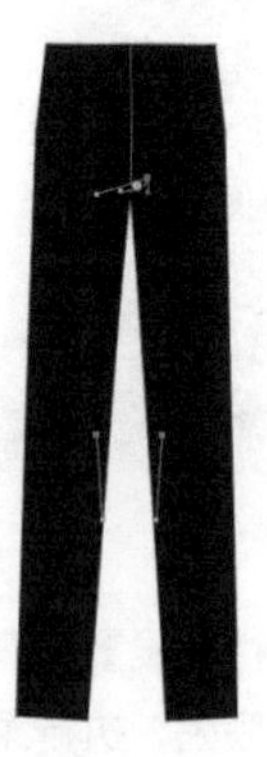
图5-2-436

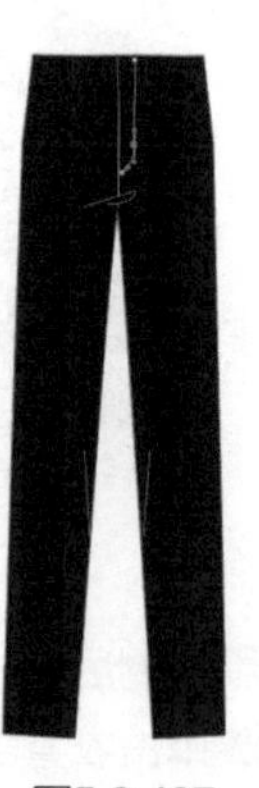
图5-2-437

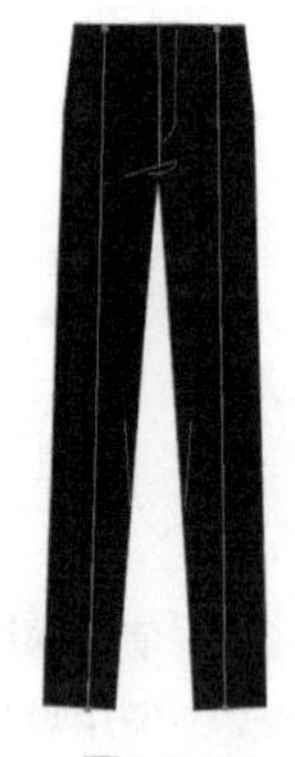
图5-2-438

步骤32 使用钢笔工具 和锚点工具 绘制裤腰，在属性栏中设置轮廓描边为 ，得到的效果如图5-2-439所示。

步骤33 使用吸管工具 单击裤腿吸取颜色，得到的效果如图5-2-440所示。

步骤34 使用选择工具 选择裤中线，执行菜单栏中的【对象】/【排列】/【置于顶层】命令，得到的效果如图5-2-441所示。

图5-2-439

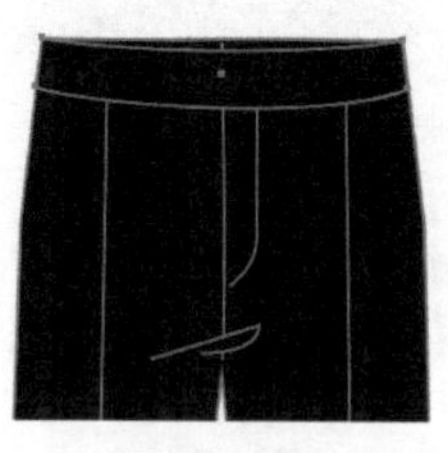
图5-2-440

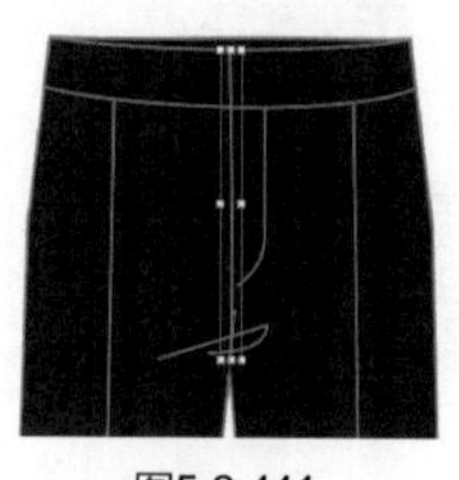
图5-2-441

步骤35 使用椭圆工具并按住【Shift】键绘制纽扣，在属性栏中设置轮廓描边为，填充为浅灰色，得到的效果如图5-2-442所示。

步骤36 使用钢笔工具绘制两个裤腰袢，在属性栏中设置轮廓描边为，得到的效果如图5-2-443所示。

图5-2-442

图5-2-443

步骤37 使用选择工具分别框选外套和裤子，按【Ctrl】+【G】组合键编组图形。使用选择工具选择裤子，执行菜单栏中的【对象】/【排列】/【置于底层】命令，把裤子放在外套的下面，整体着装效果如图5-2-444所示。

图5-2-444

实例29 男子圆领服款式设计

实例目的： 了解绘制圆领服的基础工具的使用，以及圆领服细节设计，如圆领、下摆开衩、绣花图案等。

实例要点： 使用钢笔工具和锚点工具绘制圆领服的基本造型（注意衣长与袖长的比例）；
装饰细节表现（如圆领、下摆开衩及绣花图案的表现等）。

最终效果如图5-2-445所示。

图5-2-445

操作步骤

步骤 01 启动Illustrator CC应用程序，执行菜单栏中的【文件】/【新建】命令，弹出“新建文档”对话框，设置文件名为“男子圆领服”，页面取向为“横向”，如图5-2-446所示。单击“确定”按钮，得到的效果如图5-2-447所示。

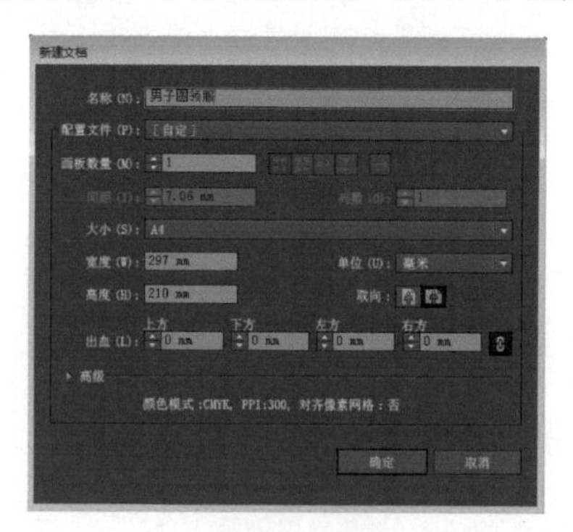

图5-2-446

图5-2-447

步骤 02 执行菜单栏中的【视图】/【标尺】/【显示标尺】命令，得到的效果如图5-2-448所示。

图5-2-448

步骤 03 用鼠标单击上方和左方的标尺栏，分别从上往下、从左往右拖动鼠标，添加八条辅助线，确定领高、肩线、袖长、腰线、衣长等位置，如图5-2-449所示。

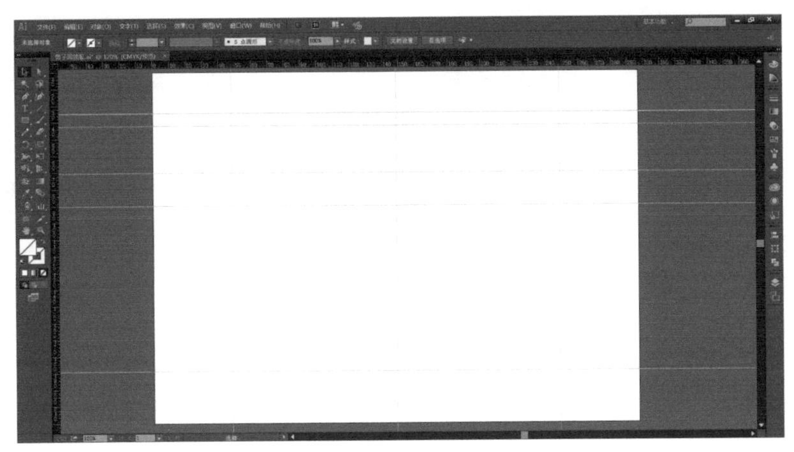

图5-2-449

步骤04 使用钢笔工具和锚点工具在辅助线的基础上绘制圆领服造型，在属性栏中设置轮廓描边为，得到的效果如图5-2-450所示。

步骤05 分别双击工具箱中的填色按钮和描边按钮，弹出“拾色器”对话框，设置各项参数，分别如图5-2-451、图5-2-452所示。单击“确定”按钮，得到的效果如图5-2-453所示。

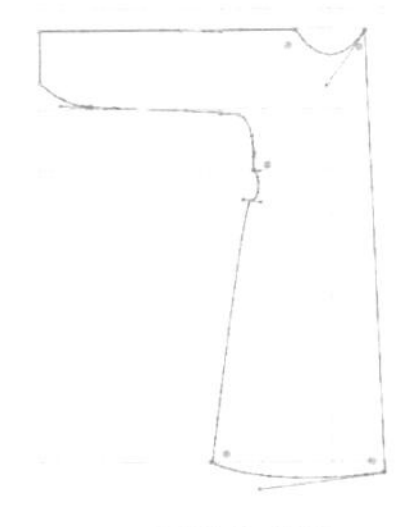

图5-2-450

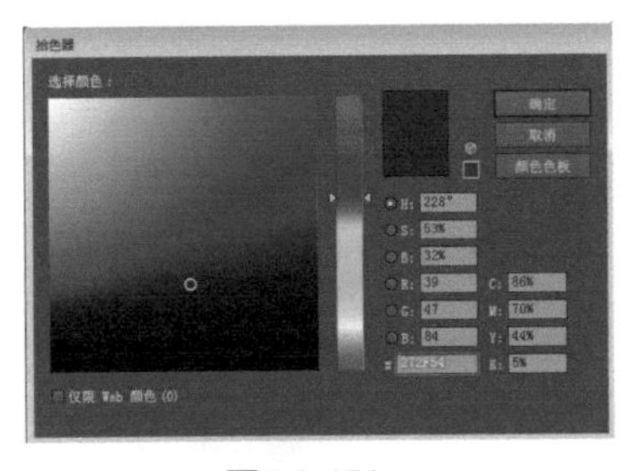

图5-2-451

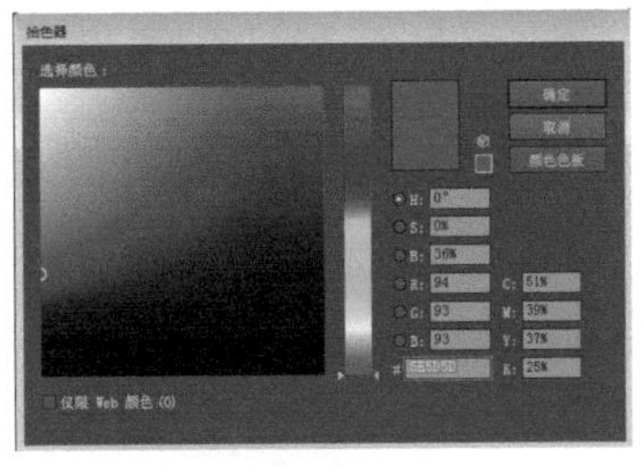

图5-2-452

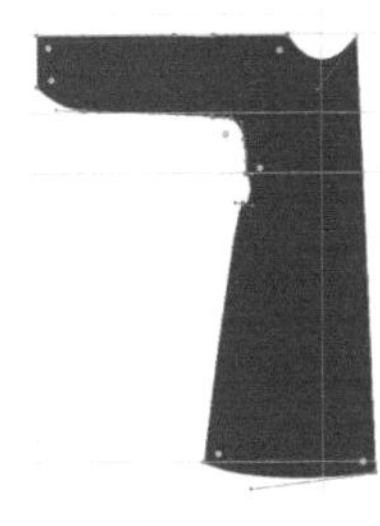

图5-2-453

步骤06 使用钢笔工具在袖子上绘制镶边，在属性栏中设置轮廓描边为，描边为白色，得到的效果如图5-2-454所示。

步骤07 使用钢笔工具绘制下摆开衩部分，在属性栏中设置轮廓描边为，得到的效果如图5-2-455所示。

步骤08 使用吸管工具单击衣身部分吸取颜色，执行菜单栏中的【对象】/【排列】/【置于底层】命令，得到的效果如图5-2-456所示。

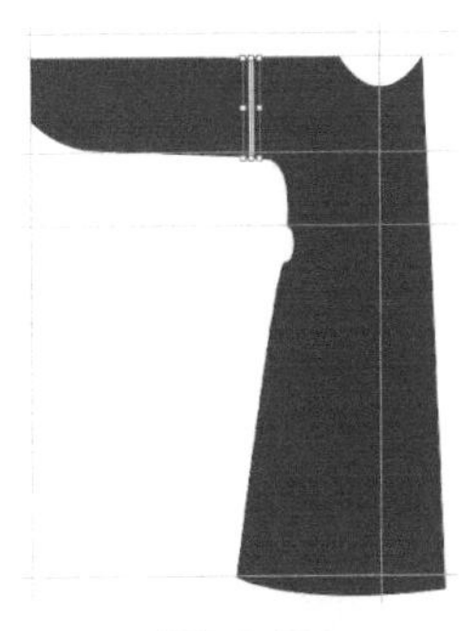

图5-2-454

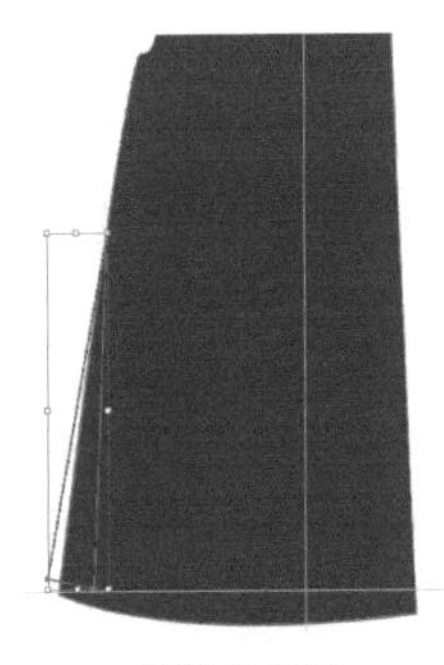

图5-2-455

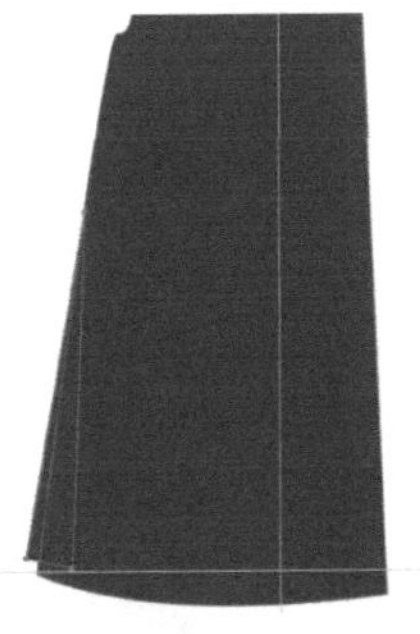

图5-2-456

步骤09 执行菜单栏中的【文件】/【打开】命令，打开“图案素材”中的“莲花图案”文件，如图5-2-457所示。单击选择工具选择图案，按【Ctrl】+【X】组合键剪切图形，再单击“男子圆领服”文件，按【Ctrl】+【V】组合键粘贴图案，得到的效果如图5-2-458所示。

步骤10 分别双击工具箱中的填色按钮和描边按钮，弹出“拾色器”对话框，将图案、描边填充为白色，得到的效果如图5-2-459所示。

图5-2-457

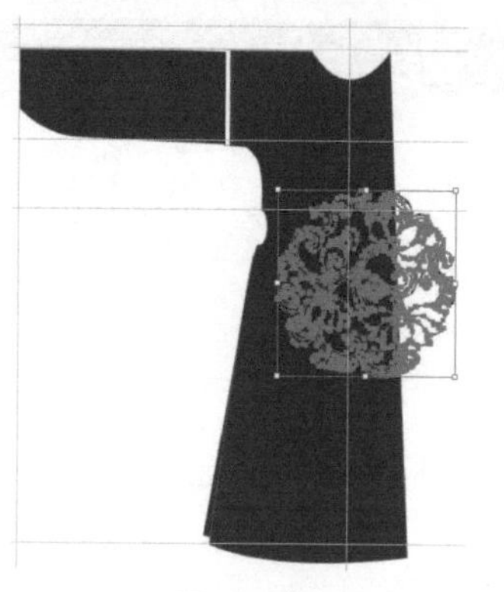

图5-2-458

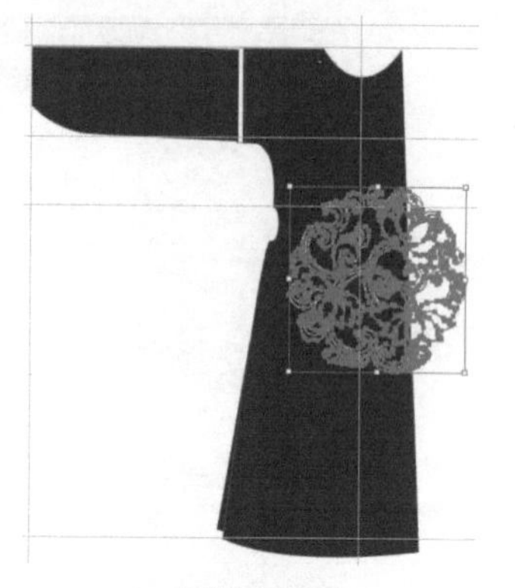

图5-2-459

步骤11 单击选择工具并按住【Alt】键，按住鼠标左键移动鼠标复制图案，把复制的图案摆放在如图5-2-460所示的位置。

步骤12 按【Ctrl】+【Alt】+【Shift】组合键缩小图案，得到的效果如图5-2-461所示。

图5-2-460

图5-2-461

步骤13 使用钢笔工具绘制图5-2-462所示的图形。使用选择工具并按住【Shift】键加选图案，执行菜单栏中的【对象】/【剪切蒙版】/【建立】命令，得到的效果如图5-2-463所示。

步骤14 使用钢笔工具和锚点工具在袖口绘制一条褶裥线，在属性栏中设置轮廓描边为 0.15 pt，得到的效果如图5-2-464所示。

步骤15 使用选择工具选择所有图形，执行菜单栏中的【对象】/【变换】/【对称】命令，弹出“镜像”对话框，选择“轴→垂直”，单击“复制”按钮，得到的效果如图5-2-465所示。

图5-2-462

图5-2-463

图5-2-464

图5-2-465

步骤16 用向右方向键→把复制的图形向右平移到一定的位置，得到的效果如图5-2-466所示。

步骤17 使用选择工具选择衣身上的图案，执行菜单栏中的【对象】/【排列】/【置于顶层】命令，得到的效果如图5-2-467所示。

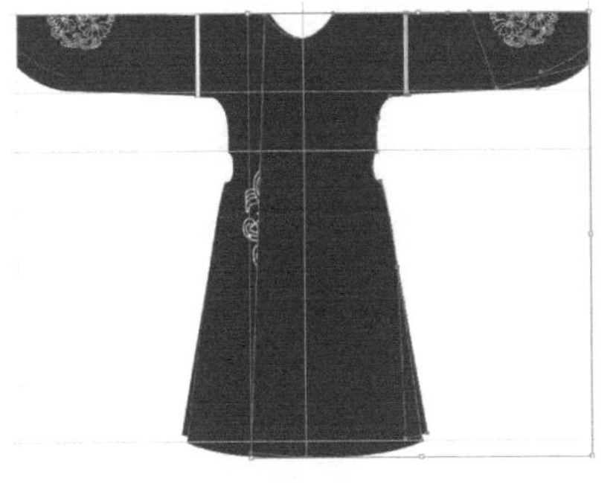

图5-2-466

图5-2-467

步骤18 按【Ctrl】+【Alt】+【Shift】组合键缩小图案，把图案摆放在胸前，如图5-2-468所示。

步骤19 使用直接选择工具往下调整下摆节点，得到的效果如图5-2-469所示。

图5-2-468

图5-2-469

步骤20 使用钢笔工具和锚点工具绘制领口，在属性栏中设置轮廓描边为，得到的效果如图5-2-470所示。

步骤21 使用吸管工具单击衣身吸取颜色，得到的效果如图5-2-471所示。

图5-2-470

图5-2-471

步骤22 使用椭圆工具并按住【Shift】键绘制纽扣，使用吸管工具单击袖口吸取颜色，得到的效果如图5-2-472所示。

步骤23 使用钢笔工具和锚点工具绘制内衣交领，在属性栏中设置轮廓描边为并填充白色，得到的效果如图5-2-473所示。

步骤24 执行菜单栏中的【对象】/【排列】/【置于底层】命令，得到的效果如图5-2-474所示。

图5-2-472

图5-2-473

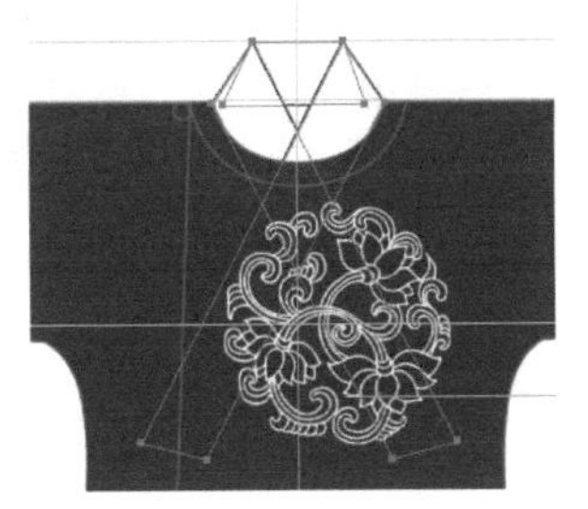

图5-2-474

步骤25 使用钢笔工具在衣身上绘制一条分割线，在属性栏中设置轮廓描边为，填充为浅灰色，得到的效果如图5-2-475所示。

步骤26 执行菜单栏中的【视图】/【参考线】/【清除参考线】命令，得到的效果如图5-2-476所示。

图5-2-475　　图5-2-476

步骤27 使用钢笔工具在门襟上绘制图形并填充黑色，得到的效果如图5-2-477所示。

步骤28 选择"透明度"面板，设置"不透明度"参数为19%，得到的效果如图5-2-478所示。

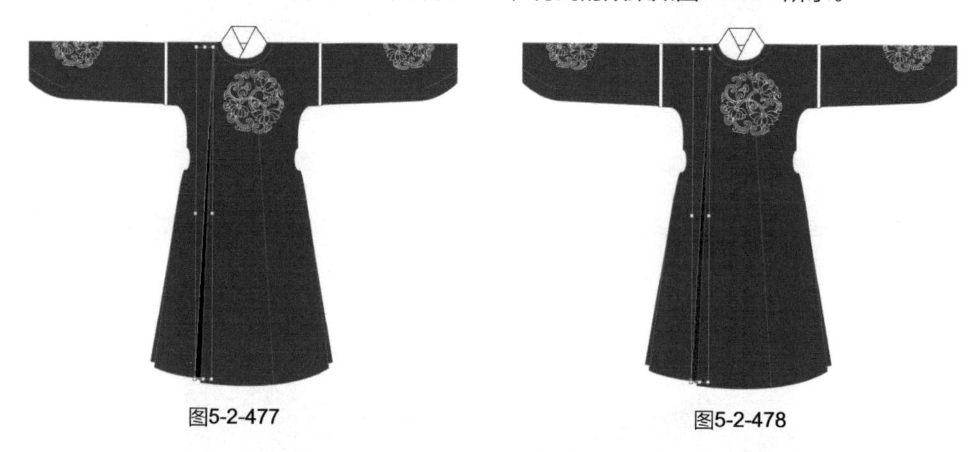

图5-2-477　　图5-2-478

步骤29 使用钢笔工具和锚点工具绘制腰带，在属性栏中设置轮廓描边为，得到的效果如图5-2-479所示。

步骤30 使用吸管工具单击衣身吸取颜色，得到的效果如图5-2-480所示。

步骤31 使用钢笔工具和锚点工具绘制腰部褶裥线，在属性栏中设置轮廓描边为，填充为灰色，得到的效果如图5-2-481所示。

步骤32 使用钢笔工具和锚点工具绘制腰带上的装饰线，在属性栏中设置轮廓描边为，填充为白色，得到的效果如图5-2-482所示。

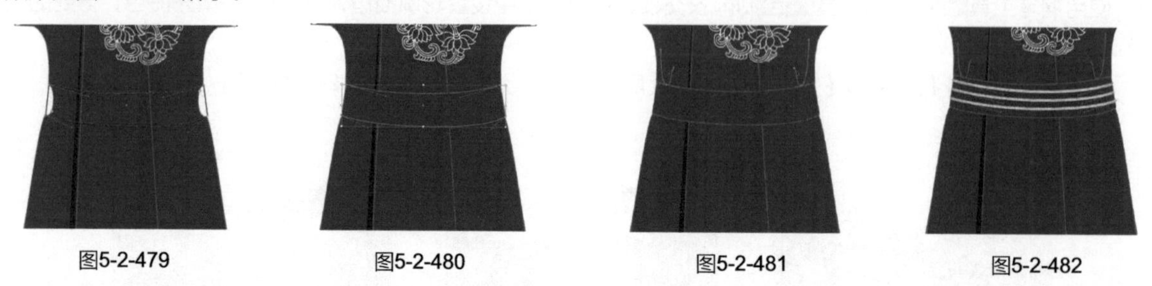

图5-2-479　　图5-2-480　　图5-2-481　　图5-2-482

步骤33 使用选择工具框选所有图形，按【Ctrl】+【G】组合键编组图形，最终完成的整体着装效果如图5-2-483所示。

图5-2-483

Lesson 3 改良汉服——婚礼服款式设计

实例30 婚礼服两件套款式设计

实例目的：了解绘制婚礼服基本造型的基础工具的使用，以及婚礼服细节设计，如云肩、流苏装饰、绣花图案等。

实例要点：使用钢笔工具和锚点工具绘制婚礼服的基本造型（注意上下装比例）；

装饰细节表现（如云肩、流苏装饰及绣花图案的表现等）。

最终效果如图5-3-1所示。

图5-3-1

操作步骤

步骤01 启动Illustrator CC应用程序，执行菜单栏中的【文件】/【新建】命令，弹出“新建文档”对话框，设置文件名为“婚礼服两件套”，页面取向为“横向”，如图5-3-2所示。单击“确定”按钮，得到的效果如图5-3-3所示。

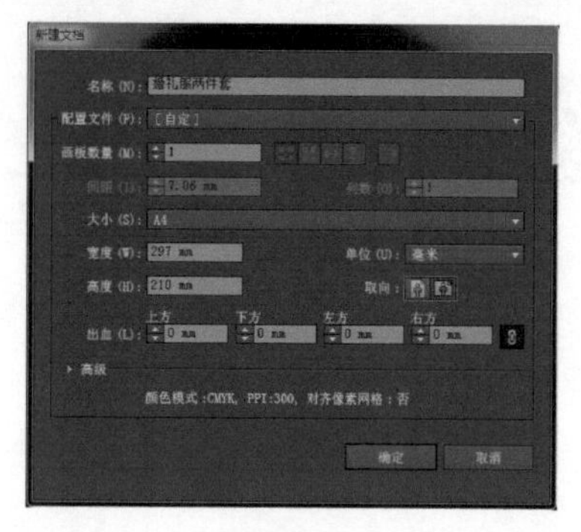

图5-3-2

图5-3-3

步骤02 执行菜单栏中的【视图】/【标尺】/【显示标尺】命令，得到的效果如图5-3-4所示。

步骤03 用鼠标单击上方和左方的标尺栏，分别从上往下、从左往右拖动鼠标，添加八条辅助线，确定领口、肩线、袖长、腰线、衣长、裙长等位置，如图5-3-5所示。

图5-3-4

图5-3-5

步骤04 使用钢笔工具和锚点工具在辅助线的基础上绘制衣身，如图5-3-6所示，在属性栏中设置轮廓描边为。

步骤05 双击工具箱中的填色按钮□，弹出“拾色器”对话框，设置参数，如图5-3-7所示。单击“确定”按钮，得到的效果如图5-3-8所示。

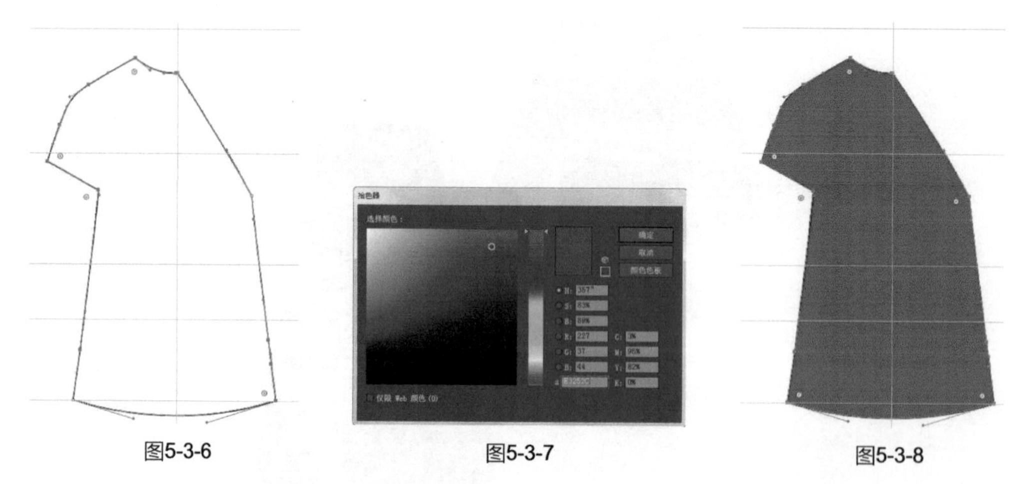

图5-3-6 图5-3-7 图5-3-8

步骤06 使用钢笔工具和锚点工具绘制第一层袖子，在属性栏中设置轮廓描边为，得到的效果如图5-3-9所示。

步骤07 使用吸管工具单击衣身吸取颜色，执行菜单栏中的【对象】/【排列】/【置于底层】命令，得到的效果如图5-3-10所示。

步骤08 重复前面两步的操作，绘制第二层袖子，得到的效果如图5-3-11所示。

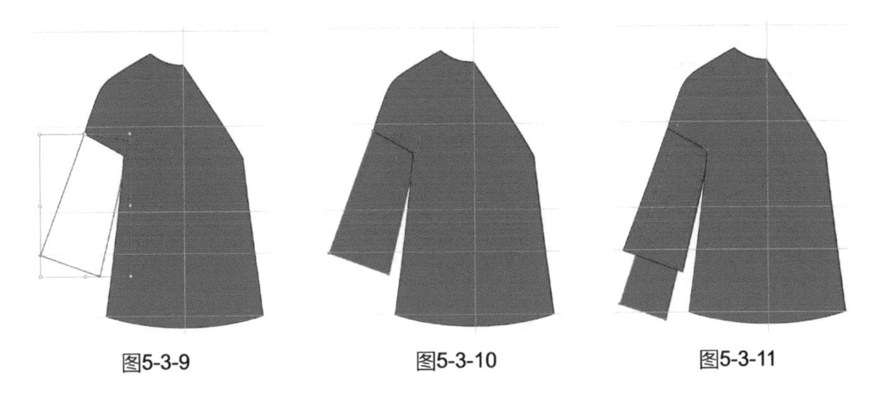

图5-3-9　　图5-3-10　　图5-3-11

步骤 09 使用钢笔工具绘制一条褶裥线，在属性栏中设置轮廓描边为，得到的效果如图5-3-12所示。

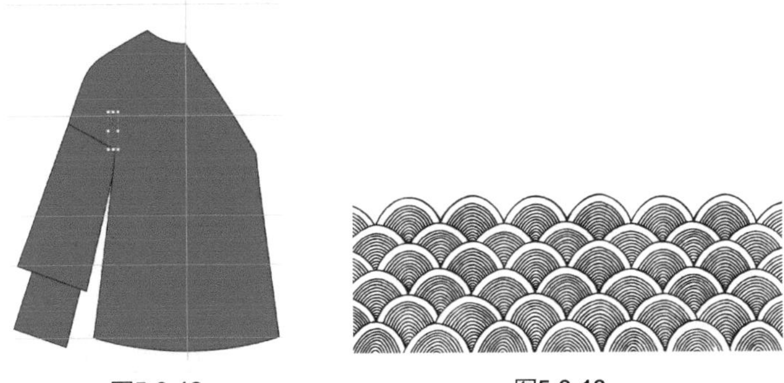

图5-3-12　　图5-3-13

步骤 10 执行菜单栏中的【文件】/【打开】命令，打开“图案素材”中的“水纹样”文件，如图5-3-13所示。用选择工具选择图案，按【Ctrl】+【X】组合键剪切图形，再单击“婚礼服两件套”文件，按【Ctrl】+【V】组合键粘贴图案，得到的效果如图5-3-14所示。

步骤 11 双击工具箱中的填色按钮□，弹出“拾色器”对话框，设置参数，如图5-3-15所示。单击“确定”按钮，给图案填充金色，设置为无描边，得到的效果如图5-3-16所示。

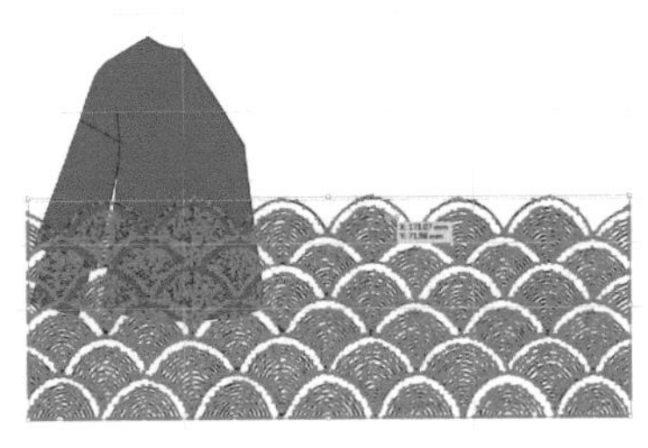

图5-3-14

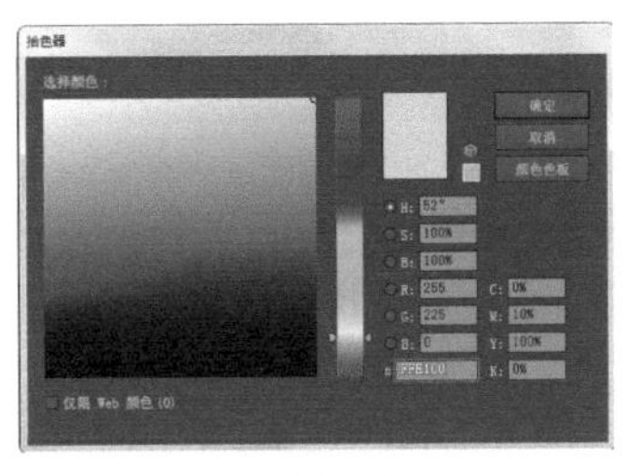

图5-3-15

步骤 12 使用选择工具把图案移动到袖子上，按【Ctrl】+【Alt】+【Shift】组合键等比例缩小并旋转图案，得到的效果如图5-3-17所示。

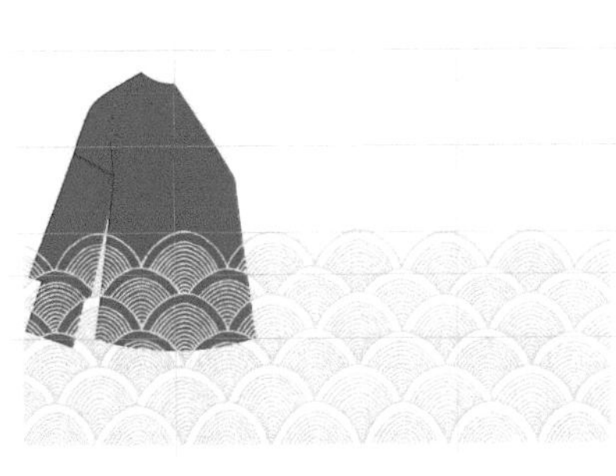

图5-3-16

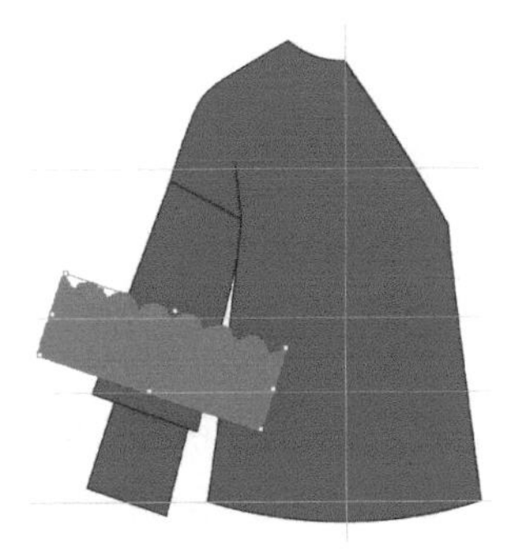

图5-3-17

步骤13 使用钢笔工具在大袖口绘制图形，在属性栏中设置轮廓描边为，得到的效果如图5-3-18所示。

步骤14 单击选择工具并按住【Shift】键加选图案，执行菜单栏中的【对象】/【剪切蒙版】/【建立】命令，得到的效果如图5-3-19所示。

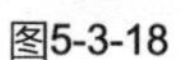

图5-3-18

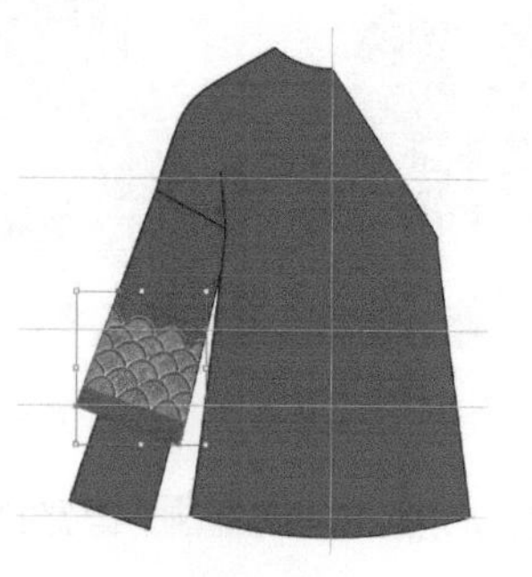

图5-3-19

图5-3-20

步骤15 执行菜单栏中的【文件】/【打开】命令，打开“图案素材”中的“水纹样2”文件，如图5-3-20所示。用选择工具选择图案，按【Ctrl】+【X】组合键剪切图形，再单击“婚礼服两件套”文件，按【Ctrl】+【V】组合键粘贴图案，得到的效果如图5-3-21所示。

步骤16 使用吸管工具单击大袖口图案吸取颜色，得到的效果如图5-3-22所示。

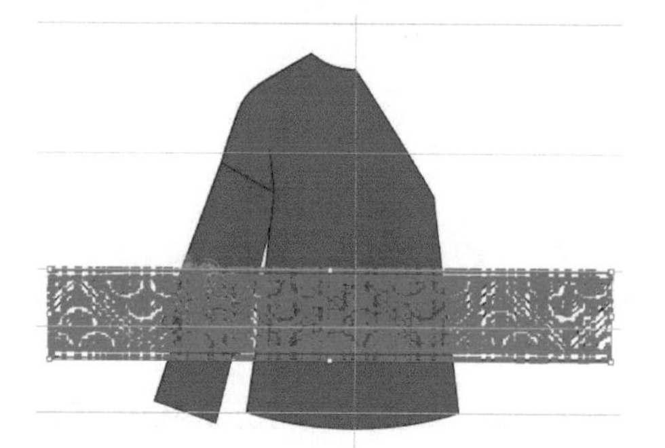

图5-3-21

图5-3-22

步骤17 使用选择工具把图案移动到小袖子上，按【Ctrl】+【Alt】+【Shift】组合键等比例缩小并旋转图案，得到的效果如图5-3-23所示。

步骤18 使用钢笔工具在小袖口绘制图形，在属性栏中设置轮廓描边为，得到的效果如图5-3-24所示。

步骤19 单击选择工具并按住【Shift】键加选图案，执行菜单栏中的【对象】/【剪切蒙版】/【建立】命令，得到的效果如图5-3-25所示。

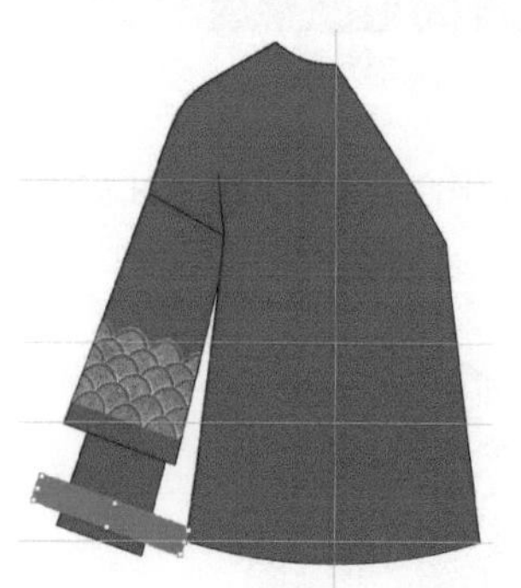

图5-3-23

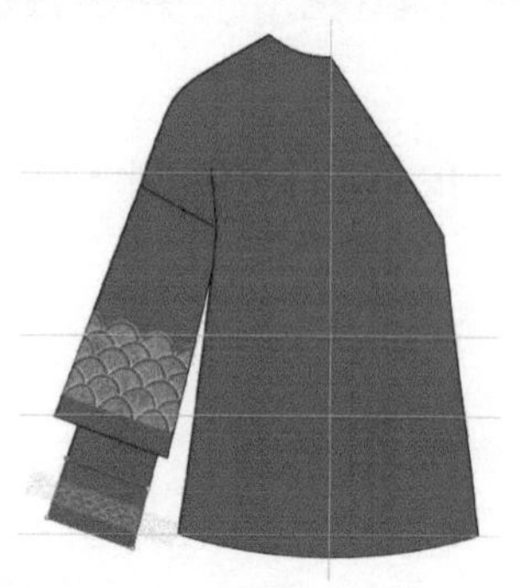

图5-3-24

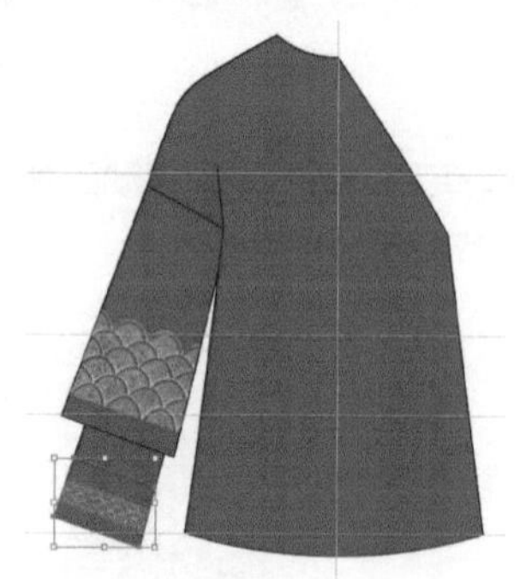

图5-3-25

步骤20 使用选择工具选择所有图形，执行菜单栏中的【对象】/【变换】/【对称】命令，弹出“镜像”对话框，选择“轴→垂直”，单击“复制”按钮，得到的效果如图5-3-26所示。

步骤21 用向右方向键→把复制的图形向右平移到一定的位置，得到的效果如图5-3-27所示。

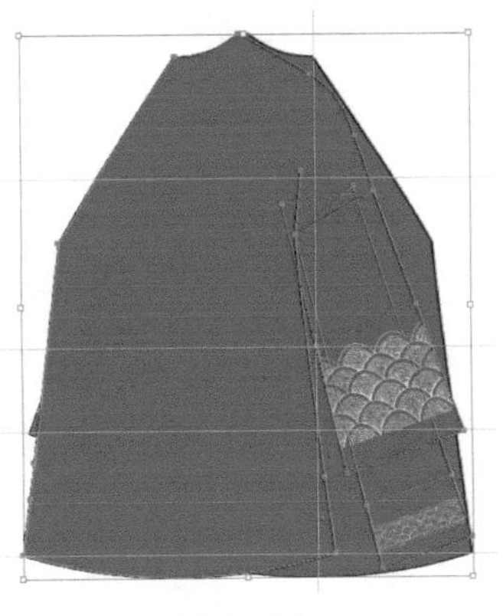

图5-3-26

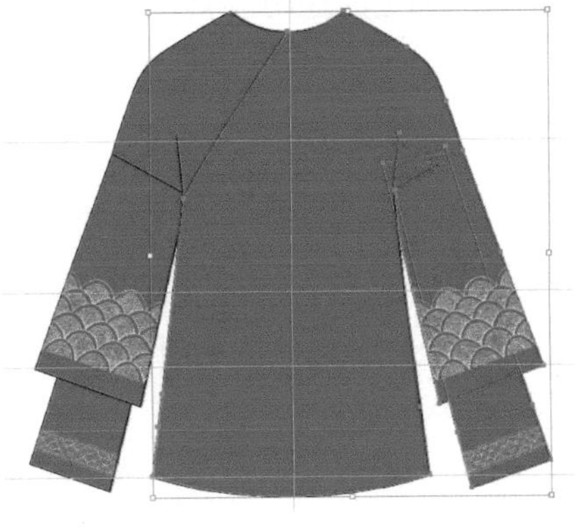

图5-3-27

步骤22 使用钢笔工具和锚点工具绘制立领，在属性栏中设置轮廓描边为，得到的效果如图5-3-28所示。

步骤23 使用吸管工具单击衣身部分吸取颜色，执行菜单栏中的【对象】/【排列】/【置于底层】命令，得到的效果如图5-3-29所示。

图5-3-28

图5-3-29

步骤24 执行菜单栏中的【文件】/【打开】命令，打开“图案素材”中的“龙凤纹样”文件，如图5-3-30所示。用选择工具选择图案，按【Ctrl】+【X】组合键剪切图形，再单击“婚礼服两件套”文件，按【Ctrl】+【V】组合键粘贴图案，得到的效果如图5-3-31所示。

图5-3-30

图5-3-31

步骤25 使用吸管工具单击大袖口图案吸取颜色，得到的效果如图5-3-32所示。

步骤26 重复步骤（10）和步骤（11）的操作，按【Ctrl】+【Alt】+【Shift】组合键缩小图案，得到的效果如图5-3-33所示。

步骤27 使用钢笔工具和锚点工具在下摆处绘制图形，在属性栏中设置轮廓描边为，得到的效果如图5-3-34所示。

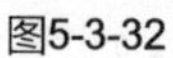
图5-3-32

图5-3-33

图5-3-34

步骤28 单击选择工具并按住【Shift】键加选图案，执行菜单栏中的【对象】/【剪切蒙版】/【建立】命令，得到的效果如图5-3-35所示。

步骤29 使用钢笔工具和锚点工具绘制云肩图形，在属性栏中设置轮廓描边为，得到的效果如图5-3-36所示。

步骤30 使用吸管工具单击衣身吸取颜色，得到的效果如图5-3-37所示。

图5-3-35

图5-3-36

图5-3-37

步骤31 执行菜单栏中的【文件】/【打开】命令，打开“图案素材”中的“缠枝花图案”文件，如图5-3-38所示。用选择工具选择图案，按【Ctrl】+【X】组合键剪切图形，再单击“婚礼服两件套”文件，按【Ctrl】+【V】组合键粘贴图案，使用选择工具把图案放在云肩上，得到的效果如图5-3-39所示。

步骤32 使用选择工具选择云肩，按【Ctrl】+【C】组合键复制图形，再按【Shift】+【Ctrl】+【V】组合键就地粘贴图形，得到的效果如图5-3-40所示。

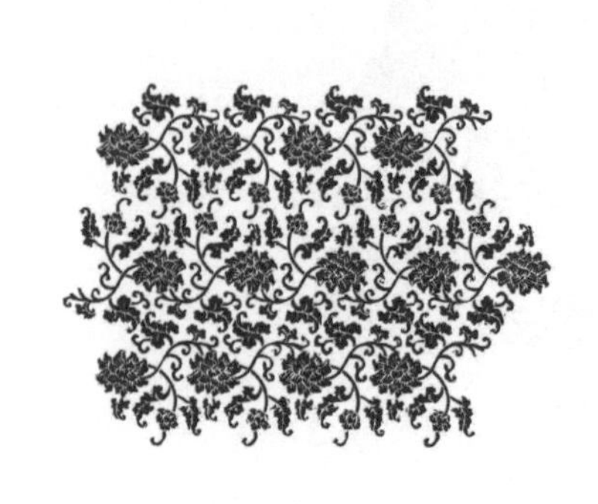
图5-3-38

图5-3-39

图5-3-40

步骤33 使用选择工具并按住【Shift】键加选缠枝花图案，执行菜单栏中的【对象】/【剪切蒙版】/【建立】命令，得到的效果如图5-3-41所示。

步骤34 使用钢笔工具和锚点工具绘制云肩镶边，在属性栏中设置轮廓描边为，填充为金色，得到的效果如图5-3-42所示。

步骤35 执行菜单栏中的【文件】/【打开】命令，打开“图案素材”中的“流苏”文件，如图5-3-43所示。用选择工具选择图案，按【Ctrl】+【X】组合键剪切图形，再单击“婚礼服两件套”文件，按【Ctrl】+【V】组合键粘贴图案，使用选择工具把图案放在云肩上，得到的效果如图5-3-44所示。

图5-3-41　图5-3-42　图5-3-43

步骤36 使用选择工具并按住【Alt】键，复制并移动流苏到图5-3-45所示的位置。

步骤37 选择两个流苏，执行菜单栏中的【对象】/【变换】/【对称】命令，弹出“镜像”对话框，选择“轴→垂直”，单击“复制”按钮，得到的效果如图5-3-46所示

图5-3-44　图5-3-45　图5-3-46

步骤38 用向右方向键→把复制的图形向右平移到一定的位置，得到的效果如图5-3-47所示。

步骤39 使用钢笔工具在云肩上绘制一条分割线，在属性栏中设置轮廓描边为，得到的效果如图5-3-48所示。

步骤40 执行菜单栏中的【文件】/【打开】命令，打开“图案素材”中的“金属扣”文件。用选择工具选择扣子，按【Ctrl】+【X】组合键剪切图形，再单击“婚礼服两件套”文件，按【Ctrl】+【V】组合键粘贴图案，得到的效果如图5-3-49所示。

图5-3-47　图5-3-48　图5-3-49

步骤41 使用选择工具把金属扣移动到立领上，按【Ctrl】+【Alt】+【Shift】组合键等比例缩小金属扣，得到的效果如图5-3-50所示。

步骤42 使用钢笔工具和锚点工具在辅助线的基础上绘制裙身，在属性栏中设置轮廓描边为，得到的效果如图5-3-51所示。

步骤43 使用吸管工具单击衣身吸取颜色，得到的效果如图5-3-52所示。

图5-3-50　　图5-3-51　　图5-3-52

步骤44 使用钢笔工具和锚点工具绘制裙子上的褶裥线，在属性栏中设置轮廓描边为，得到的效果如图5-3-53所示。

步骤45 使用选择工具并按住【Shift】键选择所有褶裥线，按住【Alt】键的同时按住鼠标左键，拖动鼠标复制所有的褶裥线，单击"颜色"面板中的黑色，得到的效果如图5-3-54所示。

步骤46 单击页面右侧的按钮，在弹出的面板中选择"透明度"面板，设置"不透明度"参数为10%，得到的效果如图5-3-55所示。

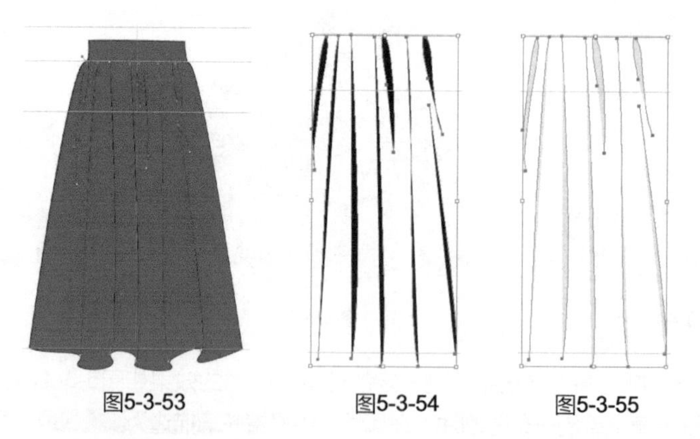

图5-3-53　　图5-3-54　　图5-3-55

步骤47 用选择工具把图形移动到图5-3-56所示的位置。

步骤48 使用钢笔工具和锚点工具在裙摆处表现裙子的翻折部分，在属性栏中设置轮廓描边为，并填充和裙身一样的红色，得到的效果如图5-3-57所示。

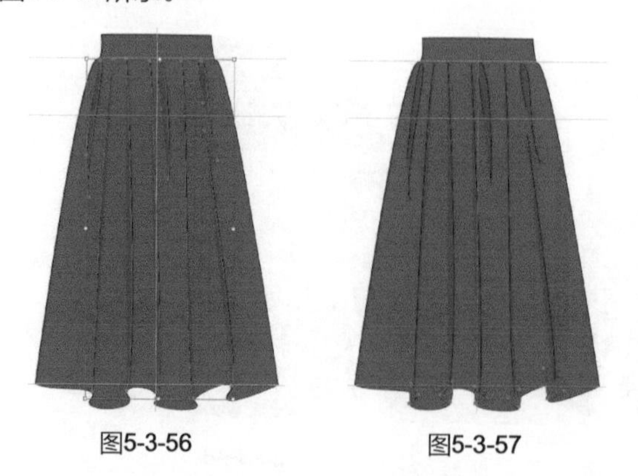

图5-3-56　　图5-3-57

步骤49 执行菜单栏中的【对象】/【排列】/【置于底层】命令，得到的效果如图5-3-58所示。

步骤50 使用钢笔工具和锚点工具绘制蔽膝，在属性栏中设置轮廓描边为，并填充和裙身一样的红色，得到的效果如图5-3-59所示。

图5-3-58　图5-3-59

步骤51 使用钢笔工具和锚点工具绘制蔽膝上的金色镶边，在属性栏中设置轮廓描边为，得到的效果如图5-3-60所示。

步骤52 再次重复步骤（10）~（11）的操作，按【Ctrl】+【Alt】+【Shift】组合键缩小图案，得到的效果如图5-3-61所示。

步骤53 执行菜单栏中的【对象】/【变换】/【对称】命令，弹出“镜像”对话框，选择“轴→水平”，单击“复制”按钮，得到的效果如图5-3-62所示。

步骤54 用向上方向键↑把复制的图形向上平移到一定的位置，得到的效果如图5-3-63所示。

图5-3-60　图5-3-61　图5-3-62

步骤55 使用选择工具选择蔽膝，按【Ctrl】+【C】组合复制图形，再按【Shift】+【Ctrl】+【V】组合键就地粘贴图形，得到的效果如图5-3-64所示。

步骤56 单击选择工具并按住【Shift】键加选上、下两组图案，执行菜单栏中的【对象】/【剪切蒙版】/【建立】命令，得到的效果如图5-3-65所示。

图5-3-63　图5-3-64　图5-3-65

步骤57 使用选择工具选择上衣的龙凤纹样，按住【Alt】键的同时按住鼠标左键拖动鼠标，复制并移动龙凤纹样到蔽膝上，执行菜单栏中的【对象】/【排列】/【置于顶层】命令，得到的效果如图5-3-66所示。

步骤58 按【Shift】+【Ctrl】+【G】组合键取消图案编组，按【Delete】键删除凤纹，得到的效果如图5-3-67所示。

步骤59 使用选择工具调整龙纹图案的大小与位置，得到的效果如图5-3-68所示。

图5-3-66　　图5-3-67　　图5-3-68

步骤60 使用钢笔工具和锚点工具绘制腰头，在属性栏中设置轮廓描边为，并填充红色，得到的效果如图5-3-69所示。

步骤61 执行菜单栏中的【视图】/【参考线】/【清除参考线】命令，使用选择工具分别框选上衣和裙子，按【Ctrl】+【G】组合键编组图形，得到的效果如图5-3-70所示。使用选择工具选择裙子，执行菜单栏中的【对象】/【排列】/【置于底层】命令，把裙子放在上衣的下面，整体着装效果如图5-3-71所示。

图5-3-69　　图5-3-70　　图5-3-71

实例31 披肩婚礼服款式设计

实例目的：了解绘制披肩婚礼服基本造型的基础工具的使用，以及婚礼服细节设计，如披肩造型、绣花图案等。

实例要点：使用钢笔工具和锚点工具绘制披肩婚礼服的基本造型（注意整体比例）；

装饰细节表现（如披肩造型、绣花图案及裙子褶裥的表现等）。

最终效果如图5-3-72所示。

图5-3-72

操作步骤

步骤01 启动Illustrator CC应用程序，执行菜单栏中的【文件】/【新建】命令，弹出“新建文档”对话框，设置文件名为“披肩婚礼服”，页面取向为“横向”，如图5-3-73所示。单击“确定”按钮，得到的效果如图5-3-74所示。

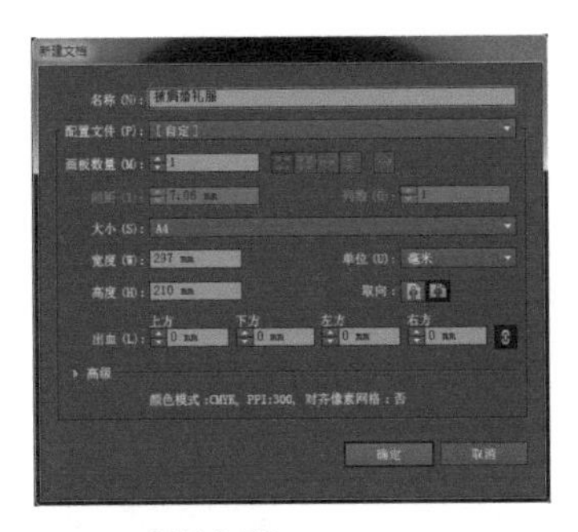

图5-3-73

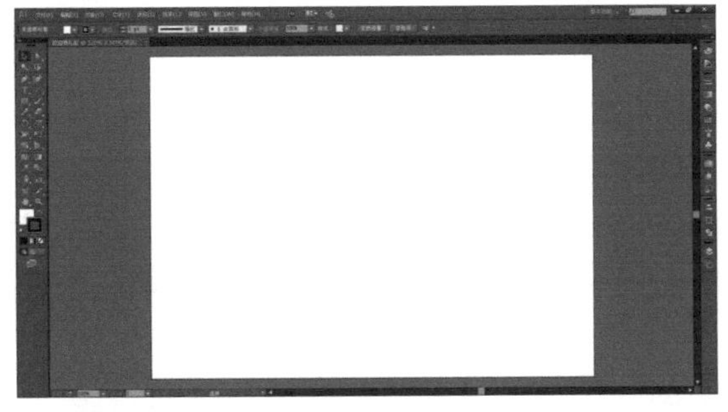

图5-3-74

步骤02 执行菜单栏中的【视图】/【标尺】/【显示标尺】命令，得到的效果如图5-3-75所示。

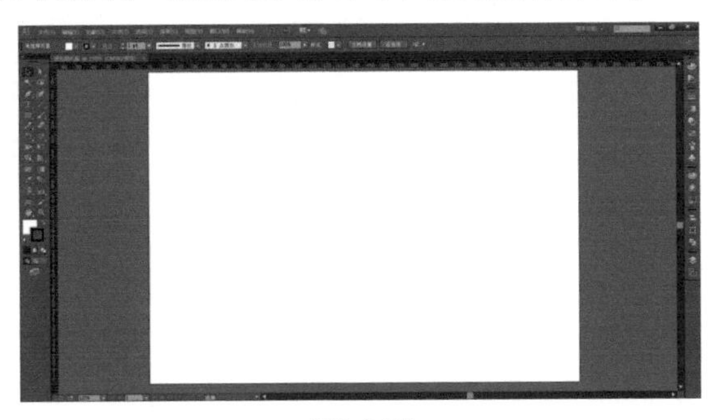

图5-3-75

步骤03 用鼠标单击上方和左方的标尺栏，分别从上往下、从左往右拖动鼠标，添加九条辅助线，确定领口、肩线、袖长、腰线、裙长等位置，如图5-3-76所示。

图5-3-76

步骤04 使用钢笔工具和锚点工具在辅助线的基础上绘制衣身，如图5-3-77所示，在属性栏中设置轮廓描边为。

步骤05 双击工具箱中的填色按钮□，弹出“拾色器”对话框，设置参数，如图5-3-78所示。单击“确定”按钮，得到的效果如图5-3-79所示。

图5-3-77　图5-3-78　图5-3-79

步骤06 使用钢笔工具和锚点工具绘制左边的袖子，在属性栏中设置轮廓描边为并填充和衣身一样的红色，得到的效果如图5-3-80所示。

步骤07 执行菜单栏中的【对象】/【排列】/【置于底层】命令，得到的效果如图5-3-81所示。

步骤08 使用钢笔工具绘制一条褶裥线，在属性栏中设置轮廓描边为，得到的效果如图5-3-82所示。

图5-3-80　图5-3-81　图5-3-82

步骤09 执行菜单栏中的【文件】/【打开】命令，打开“图案素材”中的“彩云图案”文件，如图5-3-83所示。用选择工具选择图案，按【Ctrl】+【X】组合键剪切图形，再单击“披肩婚礼服”文件，按【Ctrl】+【V】组合键粘贴图案，得到的效果如图5-3-84所示。

步骤10 使用选择工具把图案移动到袖子上，按【Ctrl】+【Alt】+【Shift】组合键等比例缩小并旋转图案，得到的效果如图5-3-85所示。

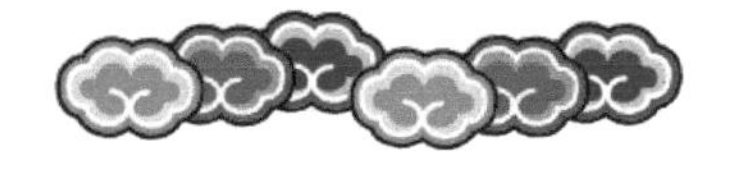

图5-3-83

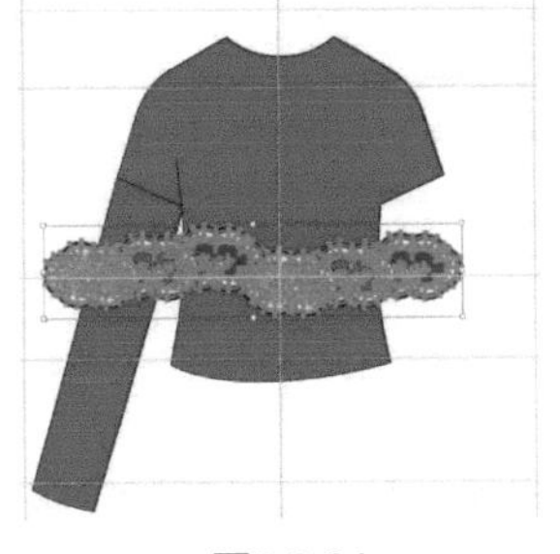

图5-3-84

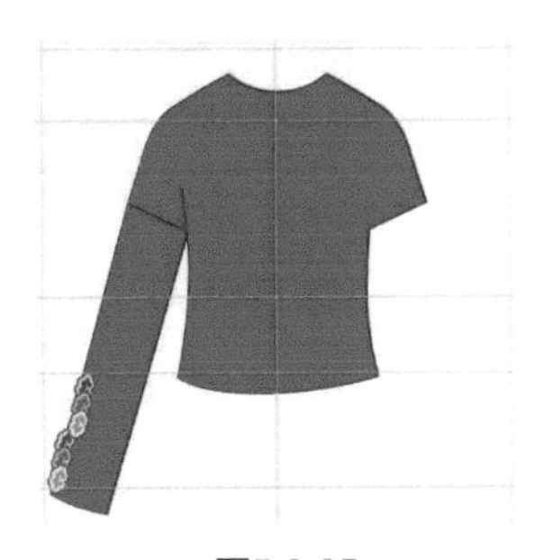

图5-3-85

步骤11 使用选择工具并按住【Shift】键选择袖子、图案和褶裥线，执行菜单栏中的【对象】/【变换】/【对称】命令，弹出“镜像”对话框，选择“轴→垂直”，单击“复制”按钮，得到的效果如图5-3-86所示。

步骤12 用向右方向键→把复制的图形向右平移到一定的位置，得到的效果如图5-3-87所示。

步骤13 执行菜单栏中的【对象】/【排列】/【置于底层】命令，得到的效果如图5-3-88所示。

步骤14 使用钢笔工具和锚点工具绘制两条省道线，在属性栏中设置轮廓描边为，得到的效果如图5-3-89所示。

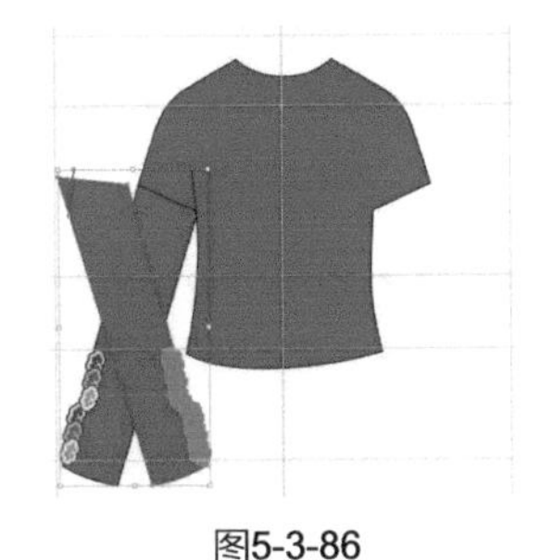

图5-3-86

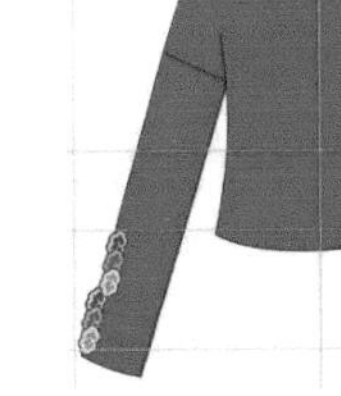

图5-3-87

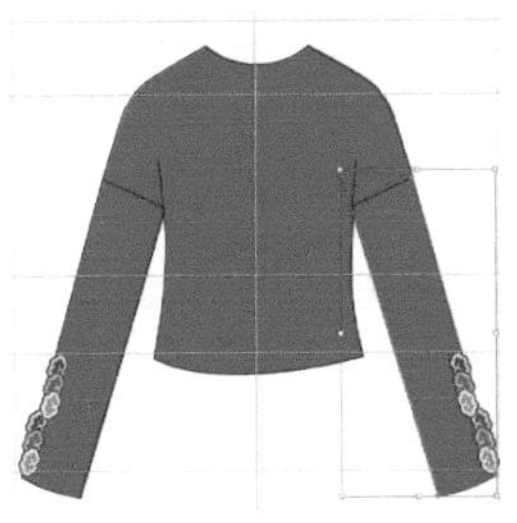

图5-3-88

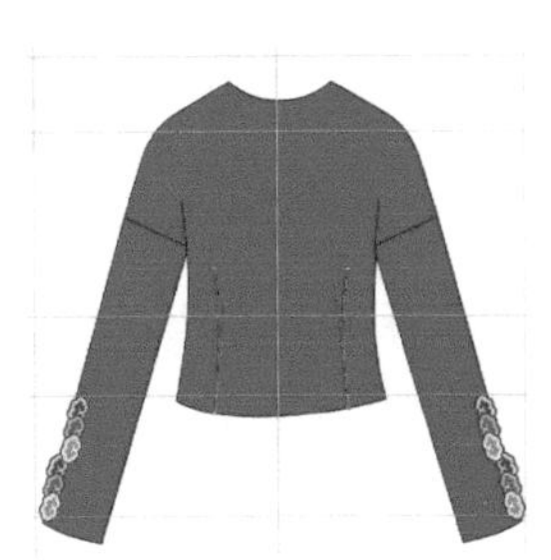

图5-3-89

步骤15 使用钢笔工具和锚点工具在辅助线的基础上绘制裙身，在属性栏中设置轮廓描边为并填充和上身一样的红色，得到的效果如图5-3-90所示。

步骤16 执行菜单栏中的【对象】/【排列】/【置于底层】命令，得到的效果如图5-3-91所示。

步骤17 使用钢笔工具和锚点工具绘制裙子上的褶裥线，在属性栏中设置轮廓描边为，得到的效果如图5-3-92所示。

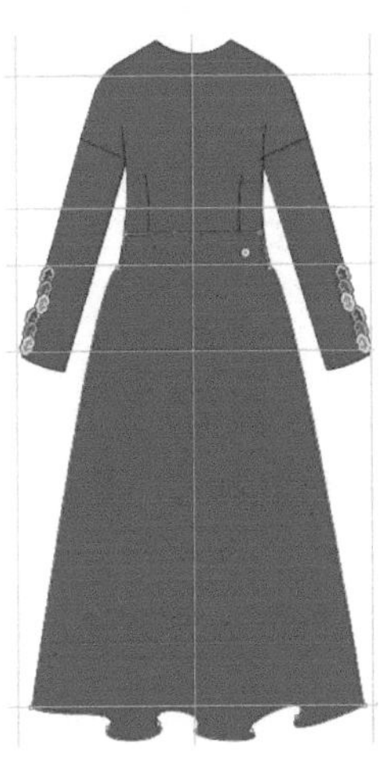

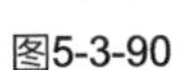

图5-3-90

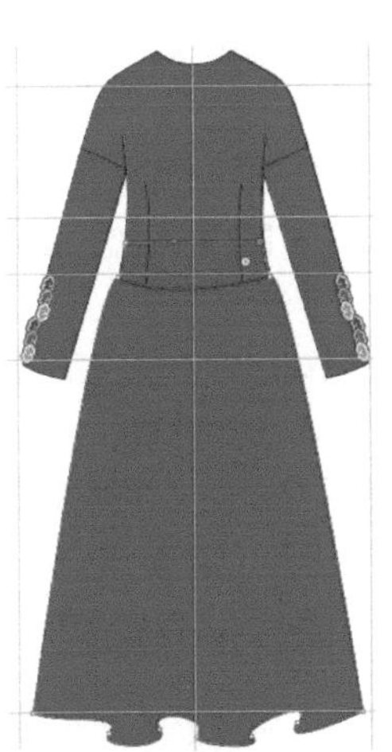

图5-3-91

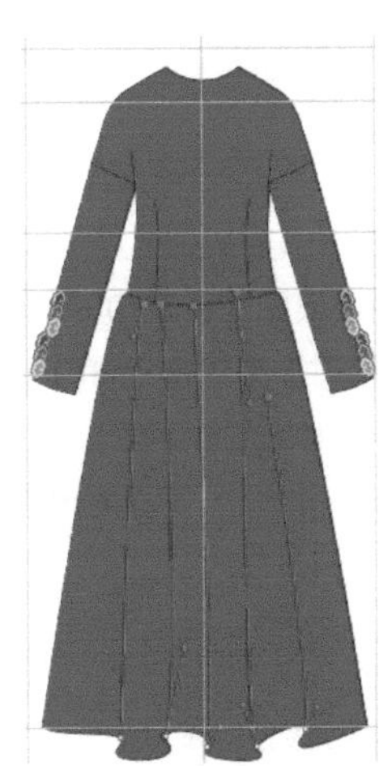

图5-3-92

步骤18 使用钢笔工具和锚点工具在裙摆处表现裙子的翻折部分，在属性栏中设置轮廓描边为并填充深红色，得到的效果如图5-3-93所示。

步骤19 执行菜单栏中的【对象】/【排列】/【置于底层】命令，得到的效果如图5-3-94所示。

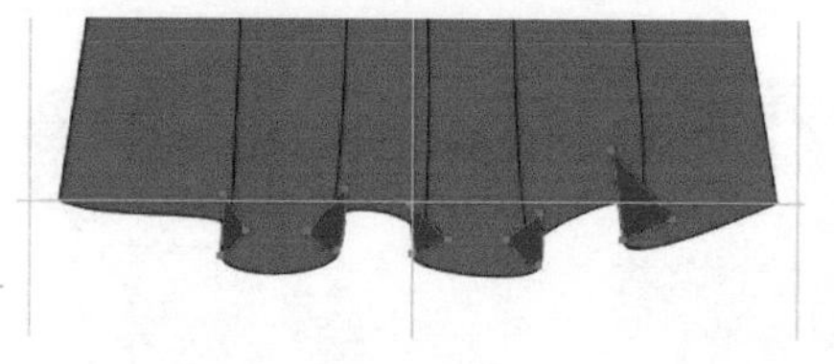

图5-3-93

图5-3-94

步骤20 使用钢笔工具和锚点工具绘制立领，在属性栏中设置轮廓描边为，得到的效果如图5-3-95所示。

步骤21 使用吸管工具单击衣身部分吸取颜色，执行菜单栏中的【对象】/【排列】/【置于底层】命令，得到的效果如图5-3-96所示。

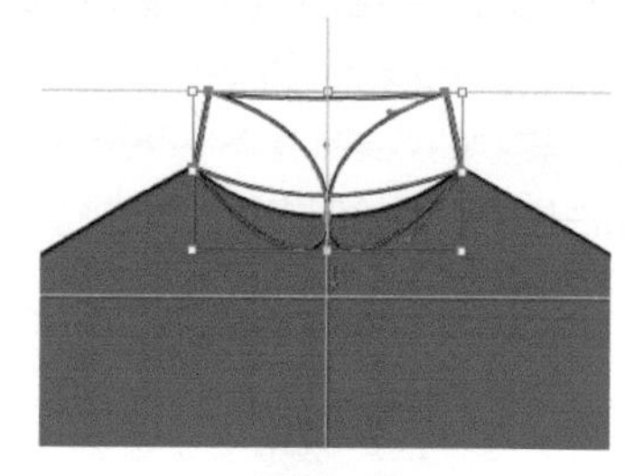

图5-3-95

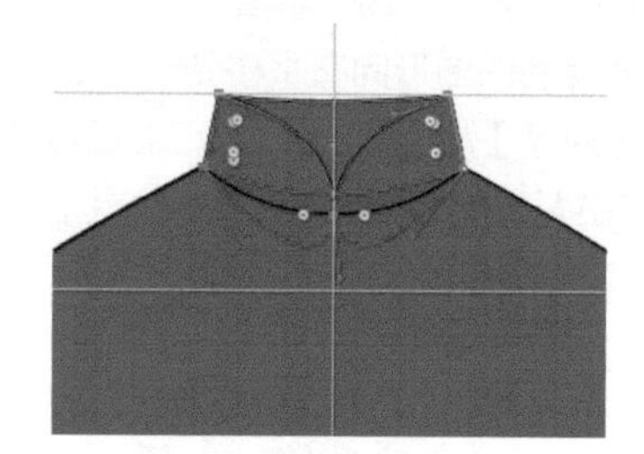

图5-3-96

步骤22 使用钢笔工具和锚点工具绘制披肩造型，在属性栏中设置轮廓描边为并填充红色，得到的效果如图5-3-97所示。

步骤23 执行菜单栏中的【文件】/【打开】命令，打开“图案素材”中的“浪花图案”文件，如图5-3-98所示。用选择工具选择图案，按【Ctrl】+【X】组合键剪切图形，再单击“披肩婚礼服”文件，按【Ctrl】+【V】组合键粘贴图案，使用选择工具把图案放在披肩上，得到的效果如图5-3-99所示。

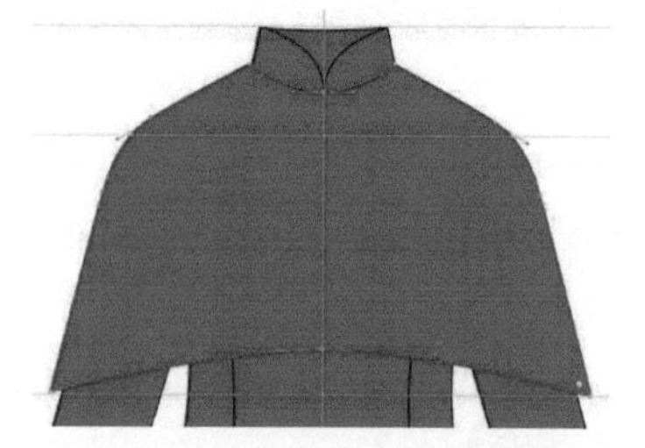

图5-3-97

图5-3-98

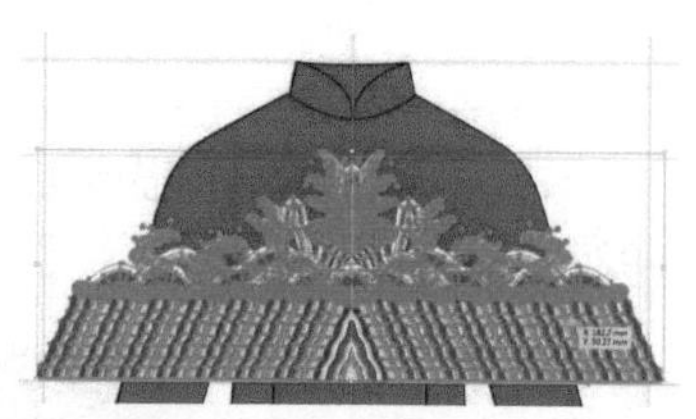

图5-3-99

步骤24 使用选择工具选择披肩造型，按【Ctrl】+【C】组合键复制图形，再按【Shift】+【Ctrl】+【V】组合键就地粘贴图形，得到的效果如图5-3-100所示。

步骤25 使用选择工具并按住【Shift】键加选浪花图案，执行菜单栏中的【对象】/【剪切蒙版】/【建立】命令，得到的效果如图5-3-101所示。

步骤26 使用钢笔工具和锚点工具绘制披肩后片造型，在属性栏中设置轮廓描边为并填充深红色，得到的效果如图5-3-102所示。

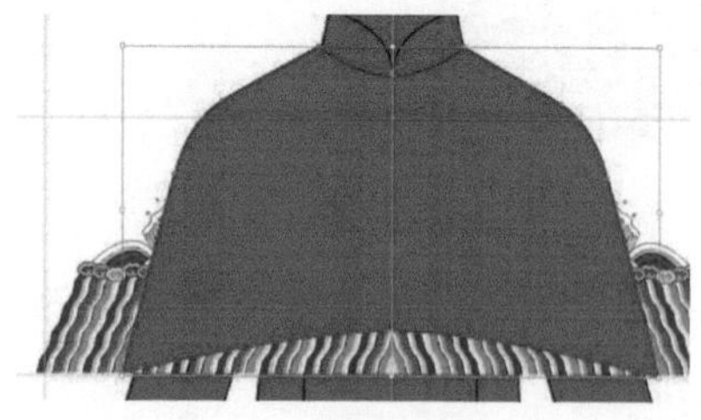

图5-3-100

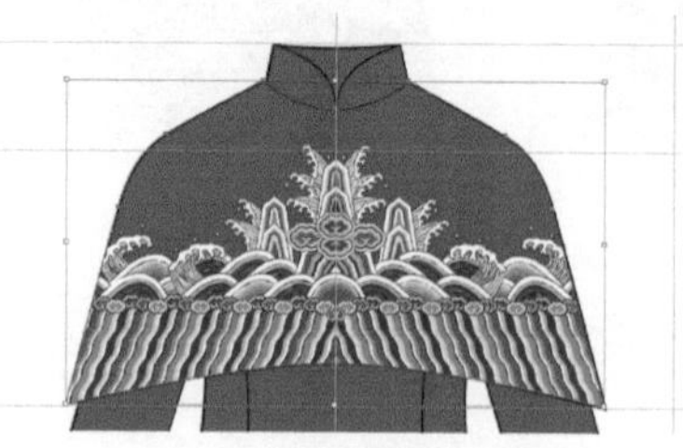

图5-3-101

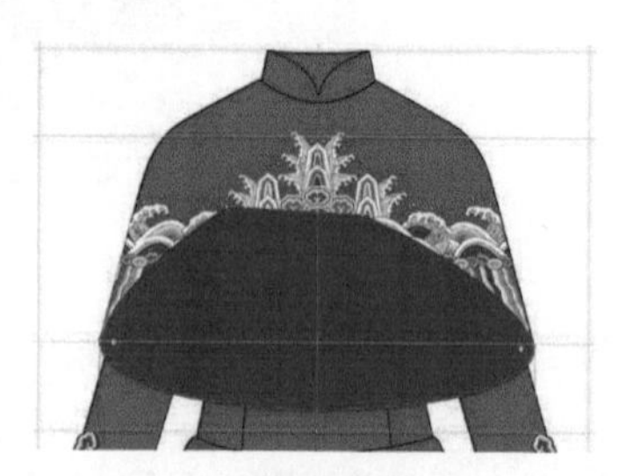

图5-3-102

步骤27 执行菜单栏中的【对象】/【排列】/【置于底层】命令，得到的效果如图5-3-103所示。

步骤28 执行菜单栏中的【视图】/【参考线】/【清除参考线】命令。使用钢笔工具在披肩上绘制分割线，在属性栏中设置轮廓描边为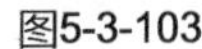，得到的效果如图5-3-104所示。

图5-3-103

图5-3-104

步骤29 执行菜单栏中的【文件】/【打开】命令，打开“图案素材”中的“金属扣”文件。用选择工具选择扣子，按【Ctrl】+【X】组合键剪切图形，再单击“披肩婚礼服”文件，按【Ctrl】+【V】组合键粘贴扣子，得到的效果如图5-3-105所示。

步骤30 使用选择工具把金属扣移动到立领上，按【Ctrl】+【Alt】+【Shift】组合键等比例缩小金属扣，得到的效果如图5-3-106所示。

图5-3-105

图5-3-106

步骤31 执行菜单栏中的【文件】/【打开】命令，打开“图案素材”中的“流苏”文件。用选择工具选择图案，按【Ctrl】+【X】组合键剪切图形，再单击“披肩婚礼服”文件，按【Ctrl】+【V】组合键粘贴图案，使用选择工具把图案放在披肩上，得到的效果如图5-3-107所示。

步骤32 执行菜单栏中的【对象】/【变换】/【对称】命令，弹出“镜像”对话框，选择“轴→垂直”，单击“复制”按钮，把复制的流苏移动到图5-3-108所示的位置。

图5-3-107

图5-3-108

步骤33 使用选择工具选择裙身，按【Ctrl】+【C】组合键复制图形，再按【Shift】+【Ctrl】+【V】组合键就地粘贴图形，得到的效果如图5-3-109所示。

步骤34 单击页面右侧的按钮，在弹出的面板中选择“透明度”面板，设置“不透明度”参数为47%。再使用直接选择工具把裙摆的节点往上移动，得到的效果如图5-3-110所示。

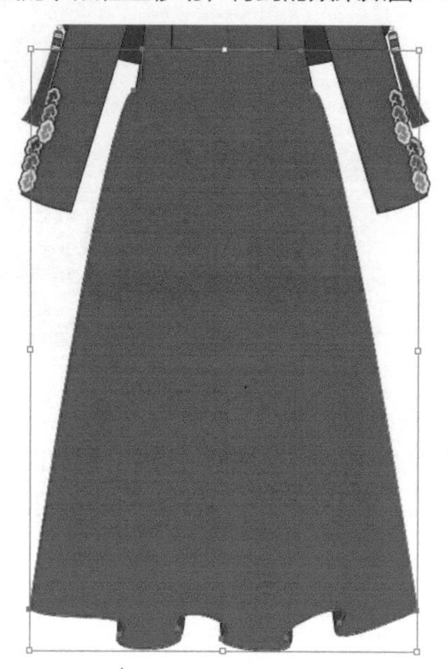

图5-3-109

图5-3-110

步骤35 使用直接选择工具往左右两边调整裙摆两侧的节点，得到的效果如图5-3-111所示。

步骤36 重复步骤（33）~（35）的操作绘制第三层裙子，得到的效果如图5-3-112所示。

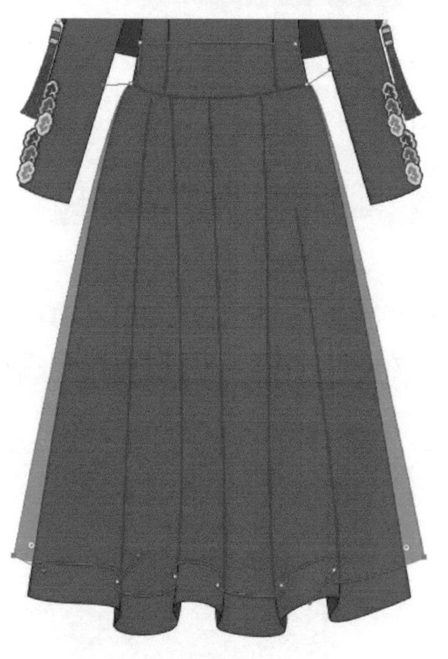

图5-3-111

图5-3-112

步骤37 使用选择工具框选三层裙子和褶裥线，执行菜单栏中的【对象】/【排列】/【置于底层】命令，得到的效果如图5-3-113所示。

步骤38 使用选择工具框选所有图形，按【Ctrl】+【G】组合键编组图形，得到的最终效果如图5-3-114所示。

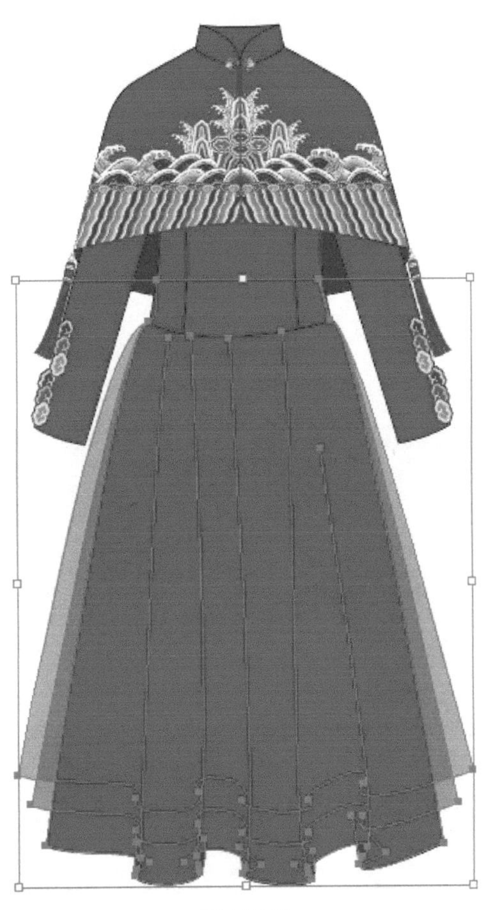
图5-3-113

图5-3-114

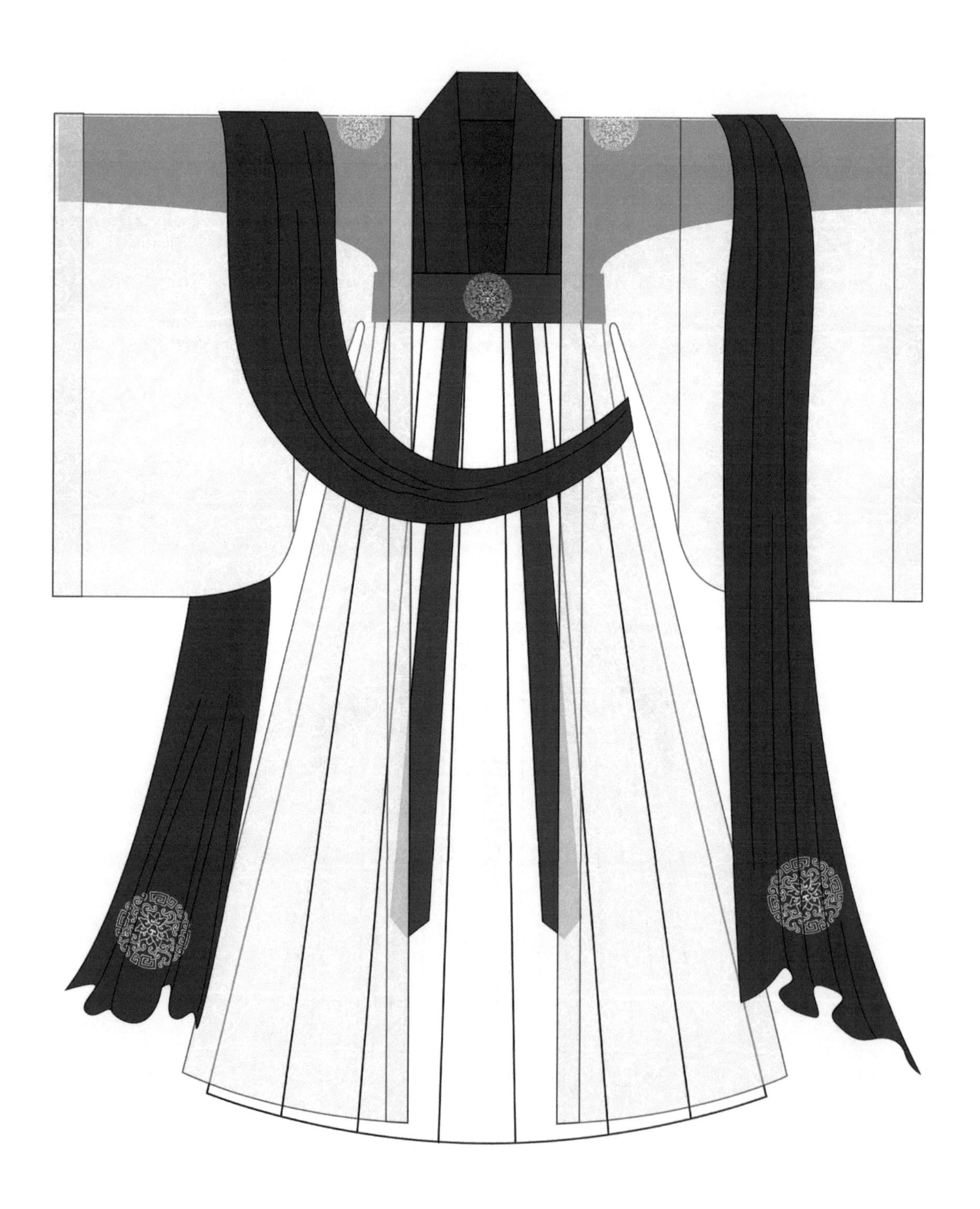